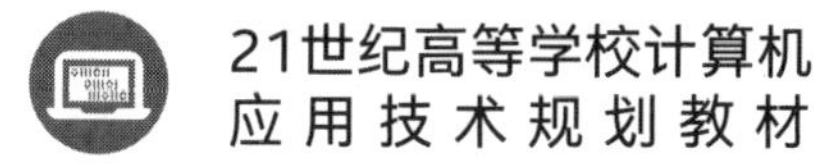

ASP.NET Web 应用开发技术（第2版）

喻钧 白小军 主编 岳鑫 代军 副主编

清華大学出版社
北京

内 容 简 介

本书从ASP.NET初学者的角度出发，由浅入深地对ASP.NET Web开发技术进行了详细介绍。本书共分为10章，分别介绍了Web程序设计基础，HTML、XML与CSS，客户端编程技术与开发框架，C#语法基础，Web Form技术，Web应用程序状态管理，数据访问技术，数据绑定，MVC开发模式，AJAX与Web API等内容。

全书内容翔实，通俗易懂，适合自学。书中给出了丰富的实例以帮助读者深入理解和学习，在每章的后面还配有习题和上机练习。本书既可作为高等院校学生的教材，也可作为自学ASP.NET动态网页设计的读者的参考书。

本书封面贴有清华大学出版社防伪标签，无标签者不得销售。
版权所有，侵权必究。举报：010-62782989，beiqinquan@tup.tsinghua.edu.cn。

图书在版编目(CIP)数据

ASP.NET Web应用开发技术/喻钧，白小军主编. —2版. —北京：清华大学出版社，2017（2023.1重印）
（21世纪高等学校计算机应用技术规划教材）
ISBN 978-7-302-47948-2

Ⅰ. ①A… Ⅱ. ①喻… ②白… Ⅲ. ①网页制作工具—程序设计 Ⅳ. ①TP393.092.2

中国版本图书馆CIP数据核字(2017)第207214号

责任编辑：魏江江 王冰飞
封面设计：刘 键
责任校对：徐俊伟
责任印制：丛怀宇

出版发行：清华大学出版社
网 址：http://www.tup.com.cn，http://www.wqbook.com
地 址：北京清华大学学研大厦A座 **邮 编**：100084
社 总 机：010-83470000 **邮 购**：010-62786544
投稿与读者服务：010-62776969，c-service@tup.tsinghua.edu.cn
质量反馈：010-62772015，zhiliang@tup.tsinghua.edu.cn
课件下载：http://www.tup.com.cn，010-83470236
印 装 者：北京鑫海金澳胶印有限公司
经 销：全国新华书店
开 本：185mm×260mm **印 张**：22.75 **字 数**：568千字
版 次：2013年1月第1版 2017年10月第2版 **印 次**：2023年1月第6次印刷
印 数：16501～17000
定 价：49.00元

产品编号：071244-01

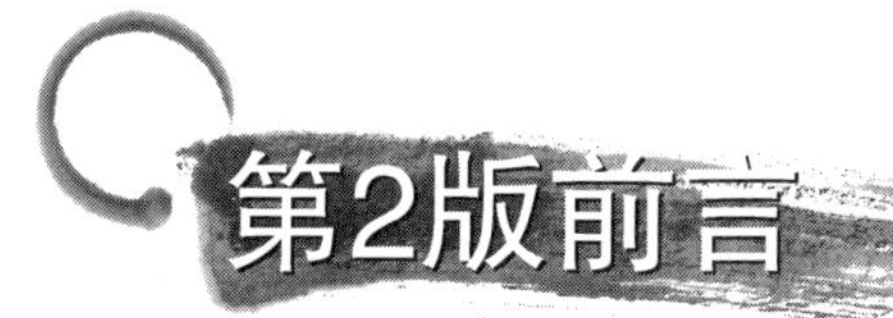

第2版前言

ASP.NET是构建现代Web应用及Web服务的开放平台，它基于.NET框架，并充分利用HTML5、CSS及JavaScript的优势，帮助开发人员构建简单、高效、易扩展的企业级应用。

作为Web应用开发的两大主流技术，Java EE与ASP.NET都已发展得非常成熟，体系结构日趋完善。在行业内，.NET技术越来越受到企业的重视，应用越来越广泛，国内外对.NET研发人员的需求量也在不断上升，熟悉.NET技术体系的学生就业前景良好。

本书作者长期从事Web应用开发和.NET技术课程的一线教学工作，有着深厚的开发功底和丰富的教学经验；熟悉ASP.NET和Java EE两大主流技术体系，对面向对象技术、设计模式、软件架构等知识理解较为深刻，能够站在理论的高度来指导实践；同时，作者也非常了解学生的认知规律。

Web应用开发有着很强的技巧性，要求学生从整体上把握软件的架构、框架，合理地使用设计模式，这样才能设计出稳定性好、扩展性强的软件产品。很多培训公司的课程体系和教材注重实践，却缺乏理论深度，培养出来的学生能够应付就业，却难以取得长远的发展。本书更注重思想方法的培养，将面向对象思想、设计模式和软件架构的知识融入各章节教学中，尽量使学生知其然并知其所以然，以思想方法指导设计实践。

本书第1版发行后，得到了广大师生的喜爱，并且加印了3次。近年来，Web开发技术又有了新的发展趋势，尤其是MVC开发模式、Web Service技术及AJAX技术的应用全面爆发，对象关系映射机制深入人心，而客户端编程技术和框架也变得越来越重要。在第1版中，这些关键内容没有充分体现出来，因此在新一版教材中做了改进。

本次改版充分反映Web 2.0时代的技术特征，对第1版教材内容进行了大刀阔斧的调整，增加了MVC框架、实体模型、客户端编程框架、响应式设计等内容，同时顺应技术潮流，重新设计了Web Service与AJAX技术的内容体系，突出REST风格的Web Service以及AJAX与Web API的交互，更利于合理构建软件架构，并开发扩展性强的大型Web应用。

全书的所有程序在Windows 7/Windows 10、IIS 7/IIS Express、.NET Framework 4下测试通过，数据库使用SQL Server LocalDB及SQL Server Express，集成开发环境采用Visual Studio 2015及2017 Community版，所有开发工具都为正版、免费产品，可以从微软官方网站免费下载。

本书第1章、第2章、第4～6章由喻钧编写，第7～10章由白小军编写，第3章由岳鑫编写，第1章、第5章部分内容和程序由代军完成，全书由喻钧统稿。

尽管在编写本书的过程中尽了最大努力，但由于编者水平有限，疏漏及不妥之处在所难免，恳请读者批评指正。

编　者

2017年8月

目录

第1章 Web程序设计基础

Web 技术的迅速发展极大地改变了整个世界，也深刻地影响了人们的日常生活。作为一个出色的 Web 开发框架，ASP. NET 已经成为 Web 应用开发中不可缺少的中坚力量，由此衍生出数以万计的产品、服务以及开源工程。学习 ASP. NET 程序设计基础将有助于理解 Web 应用的开发。

本章将从 Web 的工作原理开始阐述 Web 开发基础知识，并与读者一起搭建 ASP. NET 的运行和开发环境，创建第一个 ASP. NET Web 站点。

1.1 Web 的工作原理

当用户访问 Web 站点时，数据是遵从 HTTP(HyperText Transfer Protocol)协议进行传输的。HTTP 即超文本传输协议，是基于 Browser/Server(浏览器/服务器，B/S)模式使用 TCP 连接在应用层进行可靠的数据传输。

1.1.1 软件体系结构

在目前的应用软件开发领域中主要包括两大软件开发体系结构，一种是 Client/Server(客户机/服务器，C/S)结构，一种是 Browser/Server(浏览器/服务器)结构。

C/S 是较早的软件体系结构，主要适用于局域网环境，如图 1-1 所示。服务器通常采用高性能的 PC 或工作站，并安装大型的数据库系统，如 Oracle、Sybase 或 SQL Server 等。客户机需要安装专门的客户端应用程序。这种结构能够充分发挥客户端 PC 的处理能力，客户端响应速度快。但系统的可扩展性和可维护性差，例如软件升级时，每台客户机都需要重新安装，系统维护和升级的成本高。另外，由于采用 Intranet 技术，适用于局域网环境的可连接用户数有限，当用户数量增多时，系统性能会明显下降，代码的可重用性差。

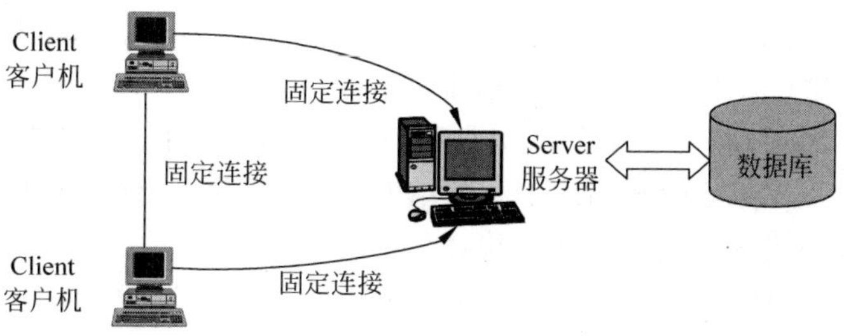

图 1-1 C/S 软件开发体系结构

B/S结构是随着Web技术的发展逐渐成熟的软件体系结构。在这种结构中，所有的应用程序以及数据库系统都安装在服务器(Server)上，客户端只需安装任意一个浏览器(Browser)即可，它是零维护的。用户通过浏览器向服务器发出一个请求(如在地址栏中输入一个网址，或者单击超链接及按钮)，服务器处理该请求后，将结果以HTML的形式返回给客户端，如图1-2所示。B/S结构采用Internet/Intranet技术，适用于广域网环境。它可以根据访问量动态地配置Web服务器、应用服务器，以支持更多的客户。其代码的可重用性好，系统的扩展维护简单。

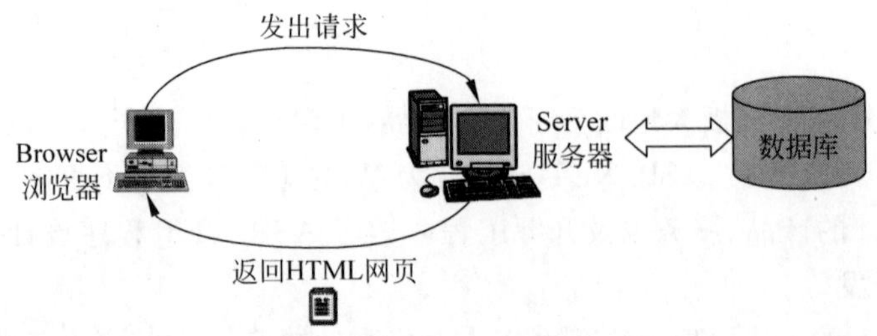

图1-2　B/S软件体系结构

B/S结构和C/S结构的比较如表1-1所示。

表1-1　B/S结构与C/S结构的比较

	B/S软件体系结构	C/S软件体系结构
硬件环境	广域网，不必是专门的网络环境，只要是能接入Internet的用户均可	局域网，专门的小范围网络硬件环境，用户固定，用户数量有限
系统维护	客户端零维护，易于实现系统的无缝升级	升级和维护难，成本高
软件重用性	多重结构，各构件相对独立，可重用性较好	单一结构，软件整体性较强，各部分间的耦合性强，可重用性较差
平台相关性	客户端和服务器端是平台无关的	客户端和服务器端是平台相关的，多是Windows平台
安全性	面向不可知的用户群，对信息安全的控制能力相对较弱	面向相对固定的用户群，对信息安全的控制能力强

1.1.2　HTTP协议

HTTP协议定义了Web浏览器和Web服务器之间交换数据的过程以及数据本身的格式，它是客户机与服务器交互遵守的协议。

HTTP协议的工作原理如图1-3所示。它表示基于HTTP的信息交换过程，共分为4个步骤，即建立连接、发送请求、返回响应、断开连接。首先，客户端的浏览器向服务器的某个端口发出请求，建立与服务器的连接，通常默认端口号为80。在连接建立后客户端向服务器发出一个请求(Request)。服务器接收和处理请求后返回一个响应(Response)页面。最后，客户端与服务器之间的连接断开，通信结束。一般来说，任何一方都可结束连接，但通常是客户端收到所请求的信息后关闭连接。

HTTP协议是一种请求/应答协议，它通过在客户机和服务器之间发送请求、应答消息的方式工作。通常，HTTP消息包括客户机向服务器的请求消息、服务器向客户机的响应

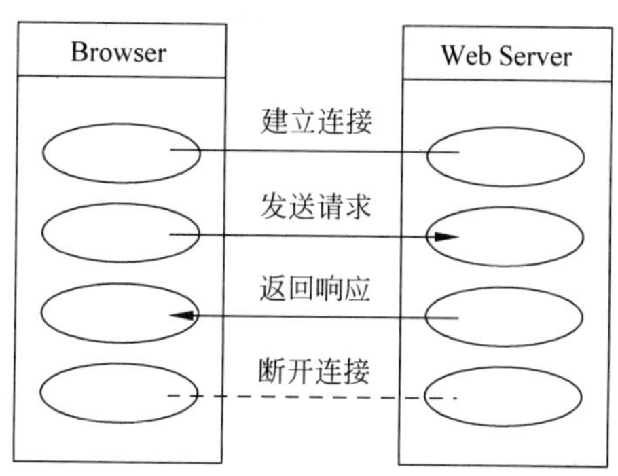

图 1-3　HTTP 的工作原理

消息。

一个 HTTP 请求消息包括 3 个部分，即一个请求行、若干消息头以及消息的实体内容。其中一些消息头和实体内容是可选的，消息头和实体内容之间用空行隔开。

例如，图 1-4 所示的矩形框就是一个 HTTP 请求消息的内容。第 1 行为请求行，中间的若干行为消息头，空行表示消息头的结束，最后是消息的实体内容。

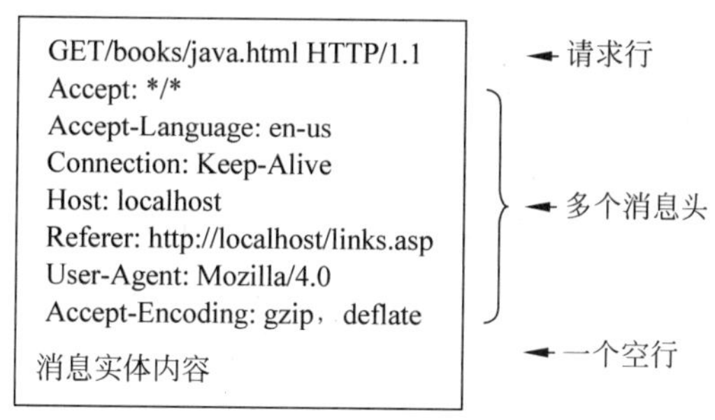

图 1-4　HTTP 请求消息

在图 1-4 中，第 1 行（请求行）表示客户端采用 GET 方式向服务器传送数据，请求的 URL 地址为本地文件/books/java.html，使用的 HTTP 协议版本为 1.1。

从第 2 行开始，直到空行前是 HTTP 请求头域的内容，它的常用参数如下。

- Accept：用于指定客户端可以接受的 MIME 类型，如 */* 表示任何类型。
- Accept-Charset：指定客户端可以使用的字符集，如 UTF-8。
- Accept-Language：指定客户端的接收语言，可以指定多个，如 zh-cn。
- Accept-Encoding：指定客户端的接收编码，如 gzip、deflate。
- Connection：指示处理完本次请求/响应后，客户端与服务器是否继续保持连接，取值为 Keep-Alive 或 close，默认为 Keep-Alive。
- Host：指定资源所在的主机和端口号。
- Referer：确定获得请求 URI 的资源地址。
- User-Agent：用户代理，指定初始化请求的客户端程序，如浏览器等。

和请求消息类似，一个 HTTP 响应消息包括 3 个部分，即一个状态行、若干消息头以及实体内容。其中一些消息头和实体内容是可选的，消息头和实体内容之间用空行隔开。

例如，图 1-5 展示了一个 HTTP 响应消息的内容。第 1 行为状态行，中间为若干消息头，空行表示消息头的结束，最后是消息的实体内容。

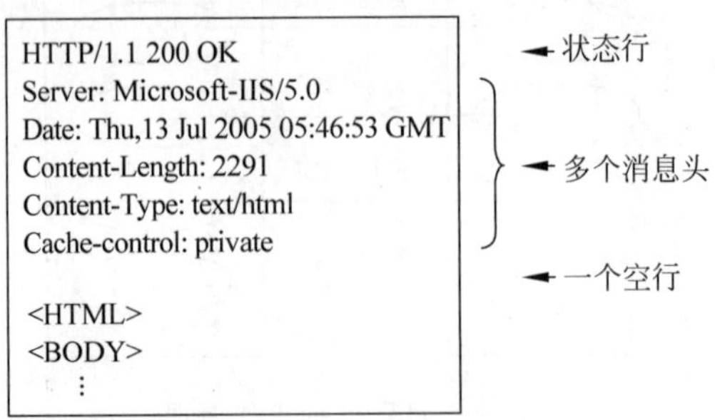

图 1-5　HTTP 响应消息

1.2　Web 程序设计技术

在 Web 程序的设计过程中，主要用到客户端技术和服务器端技术。客户端技术也叫 Web 前端技术，主要包括 HTML、CSS、JavaScript 等。服务器端技术也叫 Web 后端技术，主要包括 ASP. NET、PHP、JSP、Python 等。

无论 Web 前端还是后端，都要用到脚本编程。脚本(Scripts)是指嵌入到 Web 页中的程序代码，所使用的编程语言称为脚本语言。按照执行方式和位置的不同，脚本分为客户端脚本(Client-side Scripts)和服务器端脚本(Server-side Scripts)。脚本编程的基本特点是：由 HTML 构造页面模板，由语言解释引擎解释并运行脚本，运行后产生的页面内容插入到页面模板中。

客户端脚本的解释器位于 Web 浏览器中，在客户机上被 Web 浏览器执行。服务器端脚本的解释器则位于 Web 服务器中，在服务器上被 Web 应用服务器执行。

1.2.1　客户端技术

1. HTML 超文本标记语言

HTML(HyperText Marked Language，超文本标记语言)是 Web 页的标记性语言。"超文本"就是指页面内可以包含图片、链接，甚至音乐、程序等非文字元素。HTML 文件本身是一种文本文件，通过在文本文件中添加标记符可以告诉浏览器如何显示 HTML 文件中的内容(如文字如何处理、画面如何安排、图片如何显示等)。

浏览器按顺序解释执行 HTML 文件，对于书写出错的标记既不报错，也不停止执行。需要注意的是，不同的浏览器对于同一标记可能有不同的解释，也就可能有不同的显示效果。

2. CSS 样式表

CSS(Cascading Style Sheets，层叠样式表)是一种用来表现 HTML 或 XML 等文件样

式的计算机语言。CSS实现了页面形式和内容的分离，不仅可以静态地修饰网页，还可以配合各种脚本语言动态地对网页中的各元素进行格式化。

通常，应用样式表的网站的用户体验会更快。如果将所有样式保存在一个文件中，可以减少维护的时间、减少错误的机会，从而提高表达的一致性。使用CSS的HTML或XHTML网站更容易调整，以适应不同的浏览器。

3. JavaScript脚本语言

JavaScript是一种解释型的、基于对象的、采用事件驱动的脚本语言。它由Netscape公司开发。其主要工作机制是将JavaScript脚本嵌入到Web页面中，并随着HTML文件一起传送到客户端，由浏览器解释执行。在脚本执行期间无须与服务器交互，可以对用户的操作直接做出响应。

在使用JavaScript时，通常用标记< script >和</script >界定，将JavaScript代码放到HTML的< head >或< body >部分。

JavaScript不需要Java编译器，由浏览器逐行地解释执行；JavaScript具有跨平台性，它依赖于浏览器本身，与操作环境无关，只要是能支持JavaScript的浏览器就可以正确执行；JavaScript使网页变得生动；JavaScript可以使有规律、重复的HTML文段简化，减少下载时间；JavaScript能及时响应用户的操作，对提交表单做即时检查，大大减少了服务器的开销。

1.2.2 服务器端技术

服务器端技术主要是指服务器端的脚本编程技术，常用的服务器端脚本语言有ASP.NET、PHP、JSP和Python等。它们的共同点是：脚本都运行于服务器端，能够动态地生成网页；脚本运行不受客户端浏览器限制；脚本程序都是将脚本语言嵌入到HTML文档中，执行后返回给客户端的是HTML代码。

1. ASP.NET

ASP.NET是Microsoft公司在ASP(Active Server Pages)基础上推出的新一代脚本语言。ASP.NET是基于Microsoft.NET框架的，它建立在公共语言运行库上，可用于在服务器上生成功能强大的Web应用程序，为Web站点创建动态的、交互的HTML页面。ASP.NET的主要特点如下：

- ASP.NET采用基于组件的、面向对象的模块化开发模式。
- 更加广泛的底层支持，可以使用C#、VB等编程语言作为宿主开发。
- ASP.NET采用编译后运行的方式，执行效率大幅提高。它将程序第一次运行时编译成DLL文件，以后直接执行DLL文件，这样速度就变得非常快。
- 支持WYSIWYG(所见即所得)、拖放控件和自动部署等功能。
- 程序结构清晰：将程序代码和HTML标记分开，使程序设计简化，结构更清晰。
- 移植方便：ASP.NET可以向目标服务器直接复制组件，当需要更新时重新复制一个即可。

2. PHP(HyperText Preprocessor)

PHP由PHP网络小组开发，是免费的开放源代码产品。Apache和MySQL也同样是免费开源，Apache、PHP和MySQL搭配使用可以快速地搭建一套不错的动态网站系统，其执行效率比IIS+ASP+Access要高，而后者的使用还必须另外付钱给微软。

PHP是一种嵌入HTML页面中的脚本语言，类似于C、Java和Perl，语法简单，是一种解释型语言。它可以跨UNIX、Linux、Windows平台使用，具有平台无关性。PHP非常利于快速开发各种功能不同的定制网站，运行成本低。其不足之处是运行环境的安装、配置比较复杂，同时，由于PHP内部结构上的缺陷，使得PHP在复杂的大型项目上的开发和维护都比较困难。

3. JSP(Java Server Pages)

JSP是由Sun公司推出的，它是基于Java Servlet以及整个Java体系的Web开发技术。在HTML文档中嵌入Java程序片段(Scriptlet)和JSP标记就形成了JSP文件。JSP脚本在服务器端运行，可以跨UNIX、Linux、Windows平台使用，具有平台无关性。JSP代码须编译成Servlet并由Java虚拟机执行，编译操作仅在对JSP页面的第一次请求时发生。

JSP最大的好处就是开发效率高，可以使用JavaBeans或者EJB(Enterprise JavaBeans)来执行应用程序所要求的复杂处理，但这种网站架构因为其业务规则代码与页面代码混为一体，不利于维护，因此不适应大型应用的要求，取而代之的是基于MVC的Web架构。通过MVC的Web架构可以弱化各个部分的耦合关系，并将业务逻辑处理与页面以及数据分离开来，这样当某个模块的代码改变时，并不影响其他模块的正常运行。因此，不少国外的大型企业系统和商务系统都使用基于Java的MVC架构，能够支持高度复杂的基于Web的大型应用。

4. Python

Python是由荷兰人Guido van Rossum发明、于1991年公开发行的一种脚本语言。它是面向对象的、解释型的程序设计语言。Python是纯粹的自由软件。由于Python的简洁性、易读性以及可扩展性，它一经问世后就迅速地流行开来，并被逐渐广泛地应用于系统管理任务的处理和Web编程。

Python具有高度的可阅读性。它使用了限制性很强的语法，其中重要的一项就是缩进规则，通过强制程序员缩进(包括if、for和函数定义等所有需要使用模块的地方)使得程序更加清晰和具有可读性。

Python既支持面向过程的编程也支持面向对象的编程。在“面向过程”的语言中，程序是由过程或仅仅是可重用代码的函数构建起来的。在“面向对象”的语言中，程序是由数据和功能组合而成的对象构建起来的。

Python本身被设计为可扩充的。Python提供了丰富的API和工具，以便程序员能够轻松地使用C语言、C++等语言来编写扩充模块。Python编译器本身也可以被集成到其他需要脚本语言的程序内。因此，Python常被昵称为胶水语言，能够将用其他语言编写的程序进行集成和封装。

1.3 ASP. NET 基础

ASP. NET 是在 Microsoft . NET 框架的基础上构建的，可提供构建企业级 Web 应用程序所需服务的一个 Web 平台。ASP. NET 与 Microsoft . NET 框架平台紧密结合是 ASP. NET 的最大特点。本书使用的是 2015 年 7 月正式发行的 ASP. NET 4. 6 与 Visual Studio 2015。

1.3.1 Microsoft . NET Framework

. NET 是一种面向网络、支持各种用户终端的开发平台环境。在. NET 平台上，不同网站间通过相关协定联系在一起，形成自动交流、协同工作的模式，为系统提供全面的服务。

. NET Framework 是一个集成在 Windows 中的组件，是为其运行的应用程序提供各种服务的托管执行环境，如图 1-6 所示。它主要包括两个组件，即公共语言运行时(Common Language Runtime，CLR)和. NET Framework 类库(. NET Framework Class Library)。

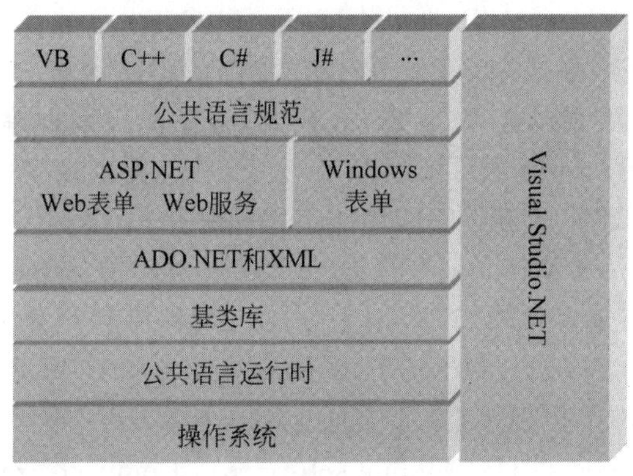

图 1-6 . NET Framework

1. 公共语言运行时(CLR)

CLR 是. NET Framework 的基础。它为执行用. NET 脚本语言编写的代码提供了一个运行环境。CLR 管理. NET 代码的执行，提供内存管理、线程管理、代码执行、安全验证、远程处理等服务，并保证应用和底层操作系统之间必要的分离。同时，CLR 使得开发人员可以调试和进行异常处理。如果要执行这些任务，需要遵循公共语言规范(Common Language Specification，CLS)。CLS 描述了运行库能够支持的数据类型的子集。

在 CLR 监视之下运行的程序属于受控代码，也叫托管代码(Managed codes)。不在 CLR 监视之下、直接在裸机上运行的应用或者组件叫非托管代码(Unmanaged codes)。

2. . NET Framework 类库

. NET Framework 类库是一个与 CLR 紧密集成的、面向对象的、可重用的类型集合。它是生成. NET 应用程序、组件和控件的基础，包括. NET 脚本语言、CLS、. NET

Framework 类库、CLR、Visual Studio. NET 集成开发环境等。

. NET Framework 是用于构建、开发以及运行 Web 应用程序和 Web Service 的公共环境。它主要由 3 个部分组成，即编程语言、服务器端和客户端技术、开发环境。

1）编程语言

- C♯（读作 C sharp）：C♯是一种简洁、类型安全的、面向对象的语言，它是 Microsoft 公司专门为. NET 量身定做、为生成在. NET Framework 上运行的应用程序而设计的。C♯从 C 和 C++衍生而来，更像 Java。使用 C♯可以创建 XML Web Services、分布式组件、客户端/服务器应用程序、数据库应用程序等。
- Visual Basic（VB. NET）：Visual Basic. NET 是从 Visual Basic 语言演变而来，面向. NET Framework、能生成类型安全和面向对象应用程序的一种语言。VB. NET 是 Visual Studio . NET 的一部分，是一套完整的、可生成企业级 Web 应用程序的开发工具。
- J♯（读作 J sharp）：J♯是一种供 Java 程序员构建在. NET Framework 上运行的应用程序和服务的语言。

2）服务器端和客户端技术

- ASP. NET（Active Server Pages. NET）：ASP. NET 是建立在. NET Framework 之上，利用 CLR 在服务器端为用户提供建立强大的企业级 Web 应用服务的编程框架。ASP. NET 主要包括 Web Form 和 Web Service 两种编程模型，前者提供建立功能强大的、基于 Form 的可编程 Web 页面，后者提供在异构网络环境下获取远程服务、连接远程设备、交互远程应用的编程界面。
- Windows Forms（Windows desktop solutions）：Windows Forms 是. NET Framework 的智能客户端组件，用于创建应用程序和用户界面。Windows Forms 应用程序是基于 System. Windows. Forms 命名空间中的类，通过在窗体上放置控件并对用户操作（如鼠标单击）进行响应来构建。
- Compact Framework（PDA/Mobile solutions）：Compact Framework 是为了在移动设备和嵌入式设备上运行而设计的。它包含. NET Framework 中的类库的子集，同时还包含一些专有类。

3）开发环境（Development Environments）

- Visual Studio：Visual Studio 是一个完整的集成开发环境（Integrated Development Environment，IDE），用于生成 ASP. NET Web 应用程序、XML Web Services、桌面应用程序和移动应用程序。VB. NET、Visual C++. NET、Visual C♯ . NET 和 Visual J♯ . NET 全都使用相同的 IDE，该环境允许它们共享工具并有助于创建混合语言解决方案。
- Visual Web Developer：Visual Web Developer 是一个功能齐备的开发环境，可用于创建 ASP. NET Web 应用程序。Visual Web Developer 提供网页设计、代码编辑、测试和调试，以及将 Web 应用程序部署到承载服务器等功能。

1.3.2 ASP. NET 的工作原理

ASP. NET 的工作原理如图 1-7 所示。

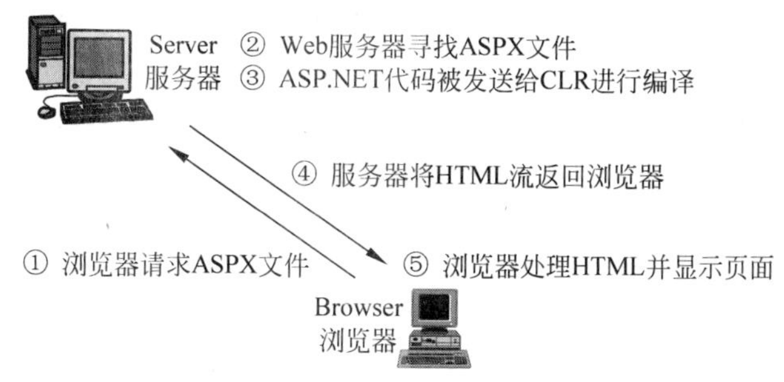

图 1-7 首次请求 ASP. NET 页面的处理过程

(1) Web 浏览器发送一个 HTTP 请求到 Web 服务器，要求访问一个 Web 网页。

(2) Web 服务器分析这个 HTTP 请求，定位所请求的 Web 网页的位置。

(3) 如果请求的网页是一个 HTML 文件，则服务器直接返回该文件。如果请求的是 ASP. NET 文件，那么 IIS 就把该文件传送到 aspnet_isapi. dll 进行处理，后者把 ASP. NET 代码提交给 CLR。若是首次请求该 ASP. NET 文件，就由 CLR 编译并执行，得到纯 HTML 结果；若是已经执行过这个文件，就直接执行编译好的程序并得到纯 HTML 结果。

(4) 把从(3)中得到的 HTML 文件传回浏览器作为 HTTP 响应。

(5) 浏览器收到这个响应之后就可以显示 Web 网页。

1.3.3 ASP. NET 开发的 4 种模式

ASP. NET 包括 4 种不同的开发模式，即 Web Forms、Web Pages、Single Page Applications 和 MVC，如图 1-8 所示。

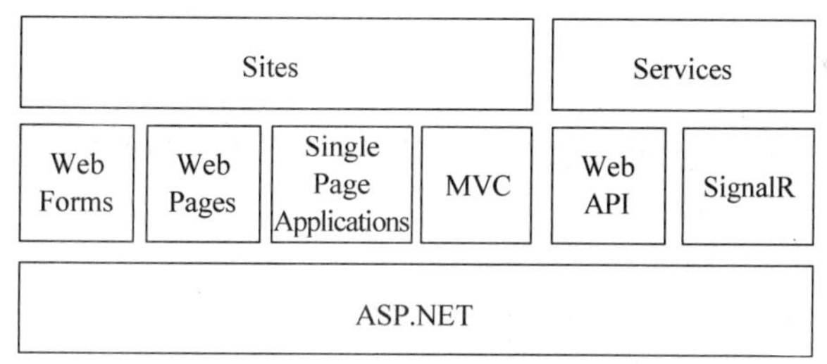

图 1-8 ASP. NET 的 4 种开发模式

1. Web Forms

Web Forms(Web 窗体)是最传统的 ASP. NET 编程模式，它是整合了 HTML、服务器控件和服务器代码的事件驱动网页。Web Forms 是在服务器上编译和执行的，再由服务器生成 HTML 网页。Web Forms 包含大量的 Web 控件和组件，开发人员可以轻松地在 Web Forms 中拖放各种控件，并通过响应页面和控件的各种事件来快速开发 Web 应用。

2. Web Pages

Web Pages(Web 页面)是最简单的 ASP. NET 网页开发编程模型，用于创建

ASP. NET 网站和 Web 应用程序。它提供了一种简单的方法将 HTML、CSS、JavaScript 以及服务器代码结合起来。它类似于 PHP 和 ASP,围绕单一网页进行构建,服务器脚本使用 Visual Basic 或 C#,对 HTML、CSS、JavaScript 可以完全控制。Web Pages 通过可编程的 Web Helpers 进行扩展,包括数据库、视频、图像、社交网络等。

3. MVC

MVC(Model View Controller,模型-视图-控制器)是用于构建 Web 应用程序的一种框架。MVC 架构降低了程序间的耦合性,把一个 Web 应用的输入、处理、输出流程按照 Model、View、Controller 的方式进行分离。Model(模型)是处理应用程序数据逻辑的部分,负责在数据库中存取数据。View(视图)是处理数据显示的部分,它依据模型数据创建。Controller(控制器)是处理用户交互的部分,负责从 View 读取数据,控制用户输入,并向 Model 发送数据。MVC 分层有助于管理复杂的应用程序,让应用程序的测试更加容易。MVC 交互示意图如图 1-9 所示。

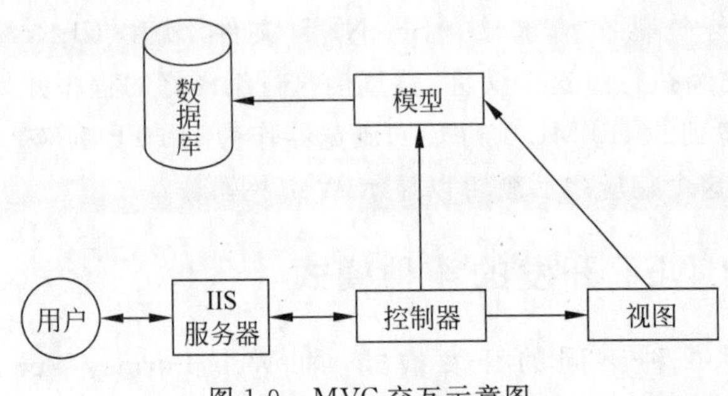

图 1-9　MVC 交互示意图

4. Single Page Applications

Single Page Applications(单页的 Web 应用程序,SPA)与标准的 MVC 和 Web Forms 方法不同,它只有一个 Web 应用页面,所有的业务功能都是它的子模块,通过特定的方式链接到该 Web 应用页面上。浏览器一开始会加载该页面上的 HTML、CSS 和 JavaScript 代码,之后由 JavaScript 来控制该页面上所有业务功能的操作。SPA 是 AJAX 技术的进一步升华,把 AJAX 的无刷新机制发挥到极致,减少了应用程序响应用户操作的时间,提供了与桌面应用程序类似的、更流畅的用户体验。

1.4　建立 ASP. NET 运行和开发环境

如果要运行 Web 程序,必须首先建立一个 Web 服务器,然后从任一台 Web 浏览器访问该服务器上的 Web 程序。建立 ASP. NET 的运行环境需要安装 Web 服务器 IIS 和 . NET Framework。

如果要运行 ASP. NET 程序,首先应在服务器上设置网站的根目录,并将网页文件放在该目录下,然后在 IIS 管理器上建立一个指向网站根目录的虚拟目录,最后在浏览器地址栏中输入相应的地址(通常包含虚拟目录)运行 ASP. NET 程序即可。

如果要编写和调试 ASP.NET 程序，通常选择 Visual Studio 集成开发环境。本书以当前主流配置的 Visual Studio 2015 为主要开发环境进行讲解。

1.4.1 安装和配置 Web 服务器

IIS(Internet Information Server，互联网信息服务)是 ASP.NET 唯一可以使用的 Web 服务器，目前常用的版本是 IIS 7。下面以 Windows 7 为例简述 IIS 7 的安装和配置过程。

1. 安装 IIS

(1) 在"控制面板"中选择"打开或关闭 Windows 功能"，这是一个触发 UAC 的操作，如果 Windows 7 没有关闭 UAC，则会弹出提示信息，确认并继续。

(2) 如果仅需要 IIS 7.0 支持静态内容，可直接选中"Internet 信息服务"，如果希望支持动态内容，则需展开"万维网服务"分支，将所需的选项全部选中。

(3) 单击"确定"按钮，Windows 7 即启动 IIS 的安装过程。

(4) 安装完成后打开浏览器输入"http://localhost/"，检查 IIS 是否正常。如果出现 IIS 的信息页面，则表示 IIS 安装成功，如图 1-10 所示。此时通常会在 C 盘上自动创建文件夹 inetpub，"C:\inetpub"是 IIS 的默认目录。"C:\inetpub\wwwroot"是默认的 Web 主页地址。

图 1-10 IIS 7 安装成功

2. 设置虚拟目录

假设 ASP.NET 文件 hello.aspx 存放在服务器上的某一目录(C:\myWebSite)里，如例 1-1 所示。

例 1-1 一个简单的 ASP.NET 程序(01-01.aspx)。

```
<%@page language="C#" %>
<html>
```

```
<body>
<%
Response.Write("hello world.");
%>
</body>
</html>
```

下面介绍如何建立虚拟目录，以及运行该程序的方法。

(1) 选择“控制面板”中的“系统与安全”，再选择“管理工具”，双击“Internet 信息服务(IIS)管理器”。

(2) 展开“网站”项，选择 Default Web Site，单击“查看虚拟目录”，在弹出的对话框中选择“添加虚拟目录”，输入别名 myWebSite，并选择物理路径“C:\myWebSite”，至此建立了一个别名为 myWebSite 指向 C:\myWebSite 的虚拟目录。

在浏览器中输入以下地址就可以看到如图 1-11 所示的结果。

```
http://localhost/myWebSite/hello.aspx
```

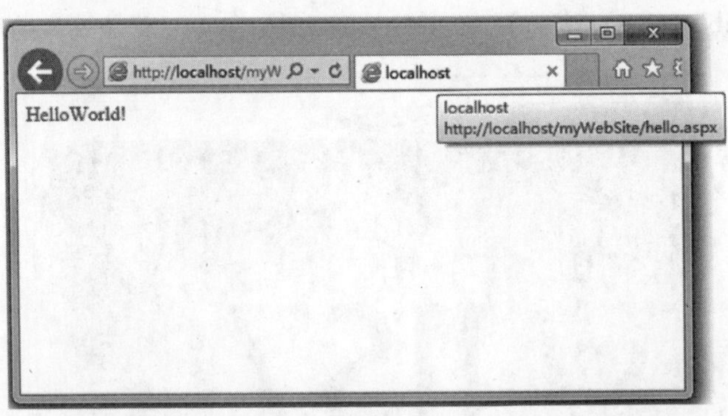

图 1-11　测试和运行 ASP.NET 程序

如果源文件放在二级目录下，例如“C:\myWebSite\chapter1\hello.aspx”，那么在浏览器中输入以下地址也可以得到同样的运行结果。

```
http://localhost/myWebsite/chapter1/hello.aspx
```

1.4.2 安装 Visual Studio 开发环境

如果要安装 Visual Studio 开发环境，必须首先安装.NET Framework，然后再安装 Visual Studio 工具包。本书选择安装 Visual Studio 2015 开发工具包。

Microsoft Visual Studio 2015 安装程序通常自带.NET Framework 4.6，后者也可从 Microsoft 官方网站“www.microsoft.com/downloads”下载。Visual Studio 2015 最常用的版本目前有 3 个，即专业版、企业版和社区版，如表 1-2 所示。

表 1-2 Visual Studio 2015 的版本

版 本	说 明
Professional(专业版)	面向个人开发者,可执行基本开发任务,提供集成开发环境、开发平台支持、测试工具等
Enterprise(企业版)	具备高级功能的企业级解决方案,面向应对各种规模或复杂程度项目的团队
Community(社区版)	Visual Studio 的免费版本,仅供个人使用免费,面向构建非企业应用程序的开发人员

基于普遍性的考虑,本书将安装 Visual Studio 2015 Community 版,简称 VS 2015 Community。用户可以通过下载一个 ISO 镜像文件进行安装,安装的初始界面如图 1-12 所示。

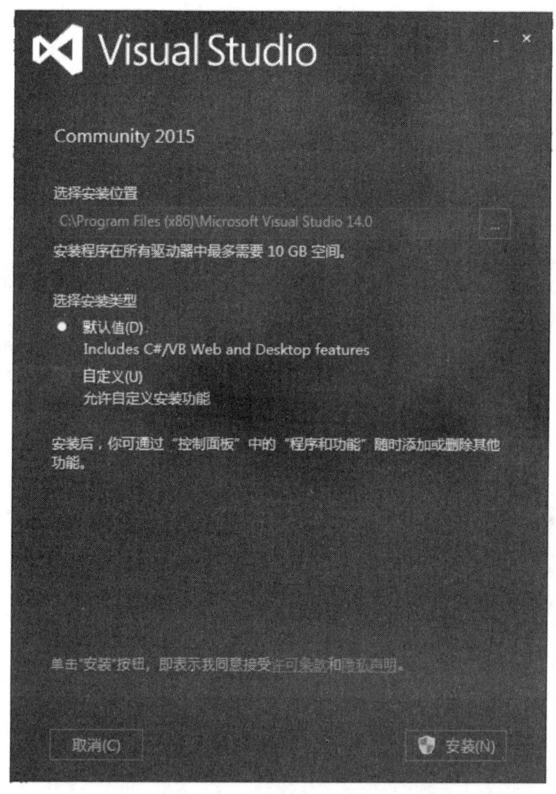

图 1-12 Visual Studio 2015 社区版的安装界面

Visual Studio 2015 Community 除了最基本的功能之外,还提供一些可选功能。为了方便,本书选择了默认安装。

安装完成后首次启动 VS 2015 Community,选择默认的环境设置,然后进入如图 1-13 所示的起始页。

通常,开发 ASP. NET 程序的第一步就是创建一个新网站。选择"文件"→"新建"→"网站"命令,打开"新建网站"对话框,如图 1-14 所示。选择"ASP. NET 空网站",输入网站的文件夹位置,然后单击"确定"按钮,Visual Studio 2015 将创建一个空网站项目。

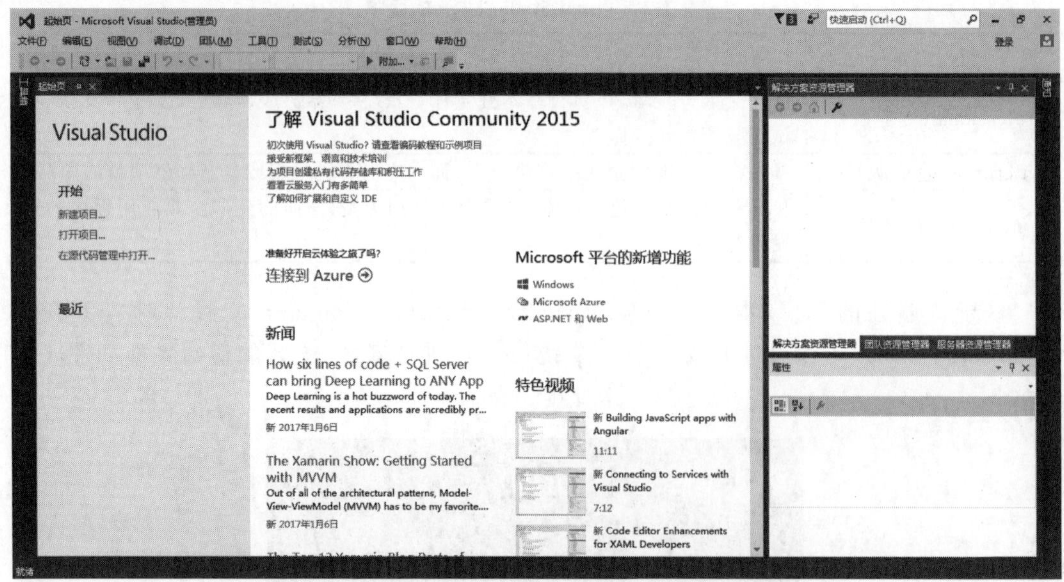

图 1-13　Visual Studio 2015 的起始页

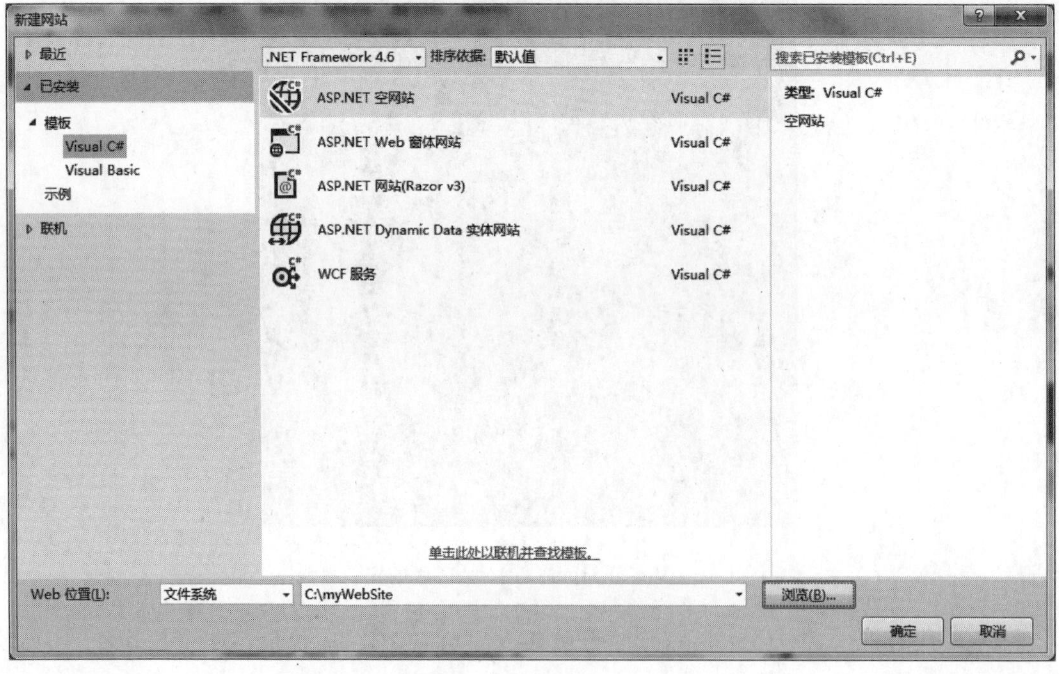

图 1-14　“新建网站”对话框

从“网站”菜单中选择“添加新项”，然后选择“Web 窗体”，则添加一个 ASP. NET 页面。单击“添加”按钮，进入如图 1-15 所示的 Visual Studio 2015 集成开发环境(IDE)的主界面。

IDE 主界面可分为 4 个部分，图中用编号①～④进行标注。各部分都能按照用户的选择进行移动、悬靠和叠加，下面逐一说明。

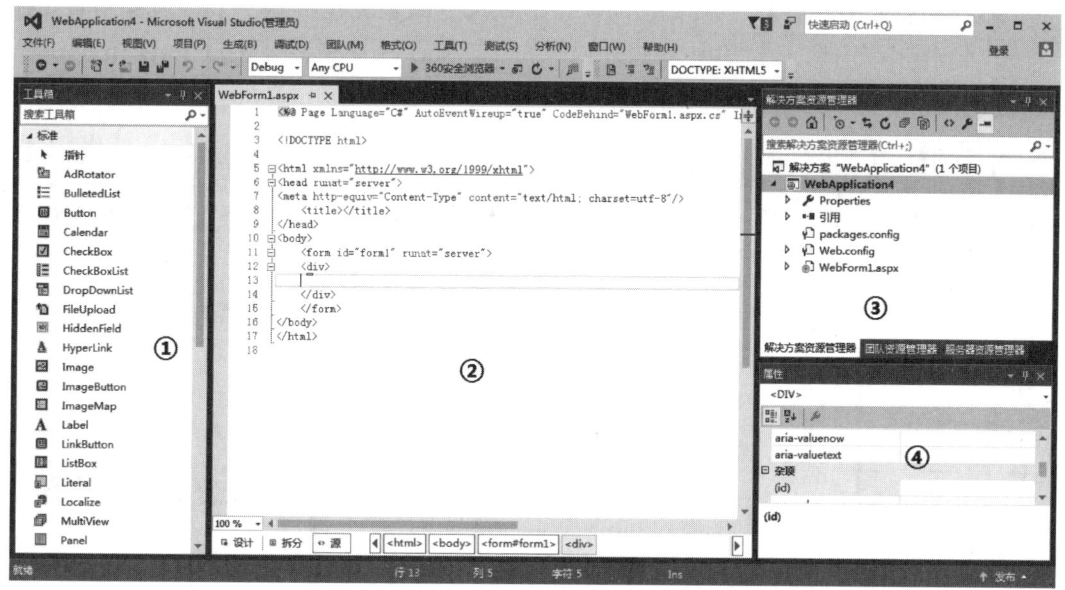

图 1-15 IDE 主界面

(1) 区域①为“工具箱”,悬靠在 IDE 的左边,用于选取控件。

(2) 区域②为“代码区”,位于 IDE 的中间部分,可选择不同视图来设计源代码和页面代码。

(3) 区域③为“解决方案资源管理器”,一般悬靠在 IDE 的右上部,分不同选项卡进行显示。解决方案资源管理器用于显示项目中的文件。

(4) 区域④为“属性窗口”,一般悬靠在 IDE 的右下部,用于设置区域②里面所选中控件的属性。

在上述页面中拖曳工具箱中不同的控件以及编写 Web 页面的执行代码,就可以对 Web 页面进行自由设计了。

1.4.3 创建一个 ASP.NET Web 站点

建立一个新的 ASP.NET Web 站点的步骤如下:

1. 创建一个 ASP.NET 空网站

启动 Visual Studio 2015,选择“文件”→“新建”→“网站”命令,在弹出的“新建网站”对话框中选择“ASP.NET 空网站”,选择 Web 位置之后单击“确定”按钮,此时 Visual Studio 2015 会自动创建一个只含有 Web.config 配置文件的空网站,以及一个空的数据目录。

2. 在网站中建立一个新的 Web 页面

选择“网站”→“添加新项”,则可以添加一个新的 Web 窗体页面,这时系统会自动创建一个默认页面,即 Default.aspx 和 Default.aspx.cs 两个文件,前者是当前页面布局的 XHTML 代码,后者是当前页面对应的 C# 程序代码。

在新添加的 Web 窗体中单击下方的“设计”标签进入设计视图，从左侧工具箱中直接拖曳一个 TextBox 控件、一个 Button 控件以及一个 Label 控件到设计窗口中，如图 1-16 所示。单击“源”标签，则看到当前页面的 XHTML 代码，即 Default. aspx 文件中的内容。

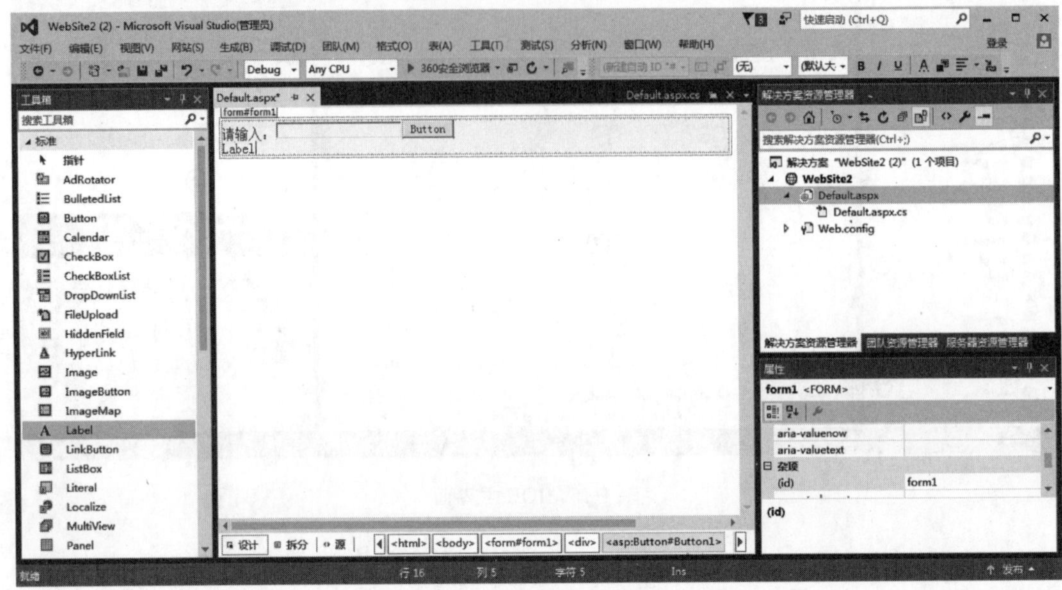

图 1-16　Web 页面的设计视图

3. 编写 Web 页面的程序代码

在 Web 页面的布局规划好后就开始编写页面的程序代码了。如果单击图 1-16 下方的“设计”标签，然后选中并双击 Button 控件，则打开 Default. aspx. cs 的设计页面，就可以编写相应的 C# 程序代码了。假设只编写 Button1_Click 事件的代码，最后得到的代码如下。

```
using System;
using System.Collections.Generic;
using System.Linq;
using System.Web;
using System.Web.UI;
using System.Web.UI.WebControls;
public partial class _Default : System.Web.UI.Page
{
    protected void Page_Load(object sender, EventArgs e) {
    }
    protected void Button1_Click(object sender, EventArgs e) {
        Label1.Text = "欢迎进入 BookShop 购物网站!";
    }
}
```

4. 调试运行网站程序

在该网站的页面和程序代码设计完成后编译并运行网站程序，图 1-17 所示为运行的简单网站页面。此时在文本框中输入内容，单击“确定”按钮，在Label标签的位置将显示程序的运行结果。

图 1-17 程序的运行结果

5. 网站的正式发布

打开VS的“解决方案资源管理器”中的myWebSite，单击“发布网站”按钮，如图1-18所示，选择目标位置后单击“确定”按钮。

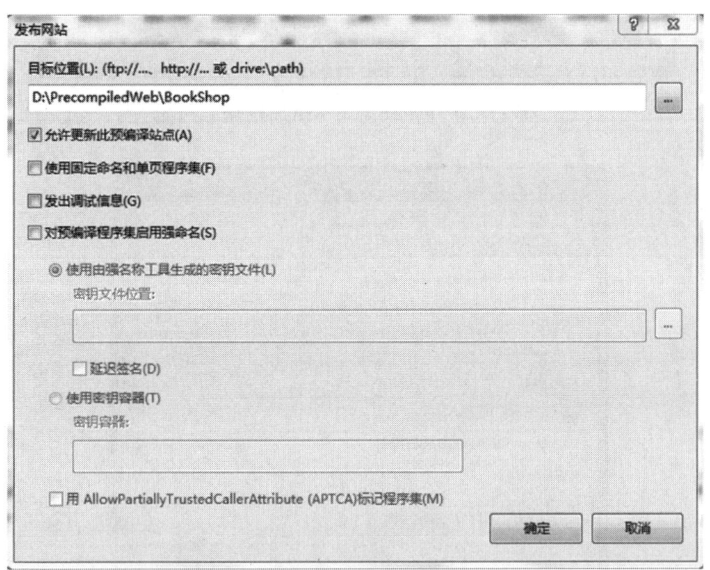

图 1-18 发布预编译完成的网站

打开计算机管理中的“Internet信息服务(IIS)管理器”，右击“网站”，打开“添加网站”对话框，如图1-19所示。在此输入“网站名称”“物理路径”“主机名”等信息。其中，网站名称为BookShop；主机名为已申请的域名，也可以不填，直接使用IP地址访问。最后单击“确定”按钮关闭该对话框。

添加完成后右击刚添加的网站BookShop，选择“添加虚拟目录”，填写别名并选择网站的物理路径，单击“确定”按钮，如图1-20所示，至此完成了该网站的发布。

打开浏览器，在地址栏中输入“http://127.0.0.1/MyBookShop/Default.aspx”，则可访问已经发布的Web网站，如图1-21所示。

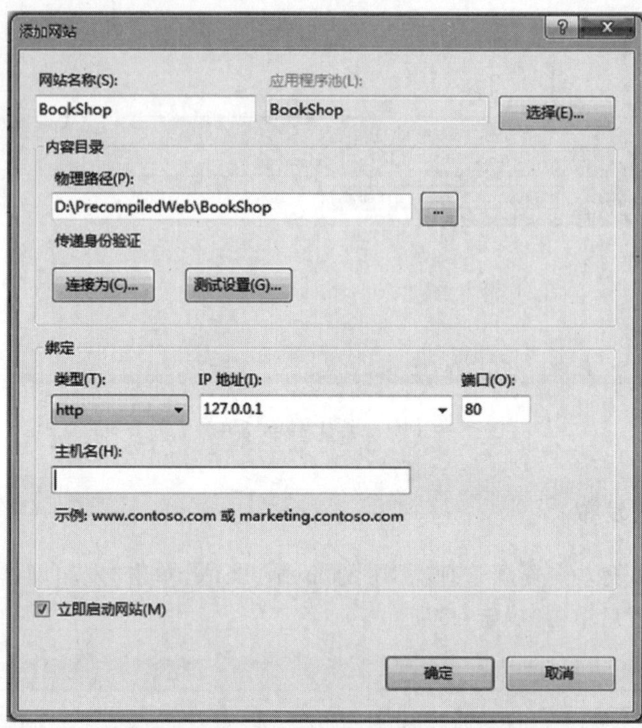

图 1-19　在 IIS 中添加网站

图 1-20　添加虚拟目录

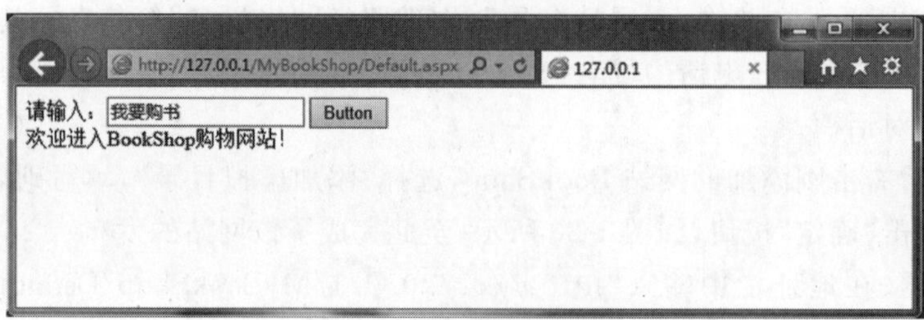

图 1-21　访问已发布的网站

1.5　习题与上机练习

1. 填空题

(1) ________定义了 Web 浏览器和 Web 服务器之间交换数据的过程以及数据本身的格式，是客户机与服务器交互遵守的协议。

(2) ASP. NET 的工作模式基于________模式以及________原理。

(3) 如果不使用 IP 地址，可以使用________来访问本机上的默认 Web 主页。

2. 选择题

(1) 下列(　　)方式无法正常浏览 ASPX 文件的运行结果。

A. http://localhost/test. aspx　　B. http://127. 0. 0. 1/test. aspx

C. http://IP 地址/test. aspx　　D. 在浏览器地址栏直接输入 test. aspx

(2) 在客户端网页脚本语言中最为通用的是(　　)。

A. JavaScript　　B. VB　　C. Perl　　D. ASP

3. 简答题

(1) C/S 结构与 B/S 结构有什么区别?

(2) 简述 ASP. NET 页面的处理过程。为什么第一次执行的时候 ASP. NET 程序执行的很慢?

(3) 客户端脚本语言和服务器端脚本语言有什么区别?

4. 上机练习

参照 1. 4. 3 节所描述的步骤试着创建一个网站页面。

第2章 HTML、XML与CSS

Web页面主要通过HTML和CSS表达信息。HTML定义了Web网页的结构，用固有标记来描述和显示页面内容，CSS则用于定义HTML页面在浏览器中的显示效果。HTML、CSS、图形、脚本一起构成了Web页面与Web应用的基础。

XML与HTML在Web应用开发中有着密切的关系。XML定义了Web信息本身的数据形式和结构，不能描述网页的外观和内容。

本章将从基本的HTML5语法开始介绍使用HTML、XML的基本知识，最后利用CSS对HTML网页进行布局。

2.1 使用HTML组织页面内容

HTML(HyperText Marked Language，超文本标记语言)是Web页的标记语言，通过一定的格式标记文本及图像等元素，使之在浏览器中显示出不同内容和风格的网页。

HTML文档通过浏览器在WWW上发布，并独立于各种操作系统平台。一个Web页面就是一个HTML文档。Web页面也就是人们通常所说的网页，在本书中不作区分。HTML文件本身是一种文本文件，通过在文件中添加各种标记告诉浏览器如何显示网页内容。浏览器按顺序解释执行HTML文件，但不同的浏览器对于同一标记可能有不同的显示效果。

2012年12月，万维网联盟(World Wide Web Consortium，W3C)正式推出HTML5规范，这一重大版本被称为“开发Web网络平台的奠基石”。HTML5将Web带入一个全新的应用平台，在此之上，视频、音频、动画以及和PC的交互都被标准化。

2.1.1 HTML文档的基本结构

HTML文档分为文档头和文档体两部分，文档头对当前文档进行了一些必要的定义，文档体才是要显示的各种信息。

下面是一个最基本的HTML文档结构：

```
<!doctype html>                    //文档类型
<html>                             //文档开始
    <head>                         //文档头开始
        <meta charset = "utf - 8"> //属性标记
```

```
        <title></title>                         //文档标题
    </head>                                     //文档头结束
    <body>                                      //文档体开始
    </body>                                     //文档体结束
</html>                                         //文档结束
```

1. 文档类型标记

和以前版本的 HTML 相比，HTML5 简化了文件类型定义，只要编写以下程序语句即可：

```
<!doctype html>
```

2. 文档开始和结束标记

HTML 文档的开始标记是<html>、结束标记是</html>。所有其他标记都必须置于<html>和</html>标记之间，否则浏览器将忽略不在其间的标记。

3. 文档头标记

HTML 文档的头标记是<head>和</head>，用于初始化文档信息。

在头标记<head>中包括了标题标记<title>和属性标记<meta>。

<title>和</title>之间的内容是当前网页的标题。<meta>标记用于指定 HTML 文档的特殊属性，它是一个单标记。例如：

```
<head>
    <title>我的第一个网页</title>
    <meta charset = "utf - 8">
</head>
```

4. 文档主体标记

HTML 文档的主体标记是<body>和</body>，它是 HTML 文档最核心的部分，Web 页面的主要内容都放在这里。它的语法格式如下：

```
<body [background = # | bgcolor = # | text = # | link = # | alink = # | vlink = # | leftmargin =
# | topmargin = # ]>
    ⋮
</body>
```

5. 文档结构标记

在以前的 HTML 页面中，大家基本采用 Div+CSS 的页面布局方式。由于 Div 中的内容无法从 Div 标记本身来判断，而是通过 class 和 id 等属性进行区分，并通过不同的 CSS 样式来处理，这就导致整个 HTML 文档内容和结构定义不清晰。在 HTML5 中为了解决这个问题，专门添加了页眉、页脚、导航等许多语义化的、跟结构相关的结构元素标签，这就使得 HTML 文档更加清晰、可阅读性更强，如图 2-1 所示。

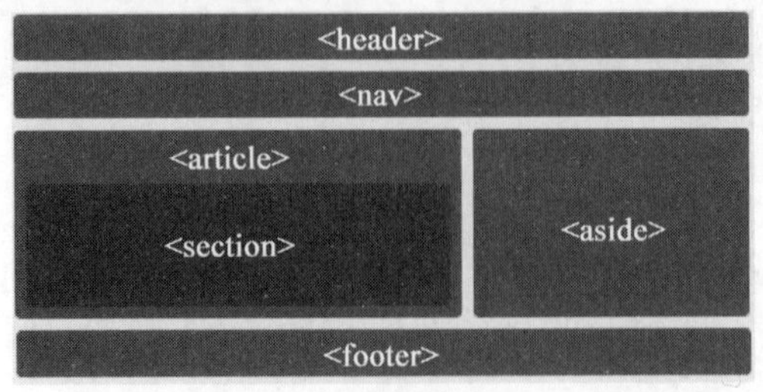

图 2-1　HTML5 定义的一种文档结构

与之相关的 HTML 代码如下：

```
<body>
<header>...</header>
<nav>...</nav>
<article>
    <section>...</section>
</article>
<aside>...</aside>
<footer>...</footer>
</body>
```

上述 HTML5 结构化标记的含义如表 2-1 所示。

表 2-1　HTML5 的结构化标记

标记	说　明
header	定义文档的页眉，通常是一些引导和导航信息，如商标、标题等。通常< header >标签至少包含一个标题字体标记(< h1 >到< h6 >)
nav	定义页面的导航链接，如 menu 等
aside	定义当前页面的附属信息，如侧边栏、广告、成组的链接等
footer	定义当前页面或 section 的页脚，如版权信息、隐私声明等
section	定义文档中的节，如章节、页眉、页脚或文档中的其他部分
article	定义一个独立、完整的文档内容块，如论坛帖子、博客文章等。article 可以嵌套

2.1.2　HTML 文档的主要标记

1. 文字和段落标记

1）标题字体标记< hn >

这里的标题是指 HTML 页面中文本的标题，而不是指网页标题。

标题元素有 6 种，分别为 h1、h2、h3、h4、h5、h6，用于表示文章中的各种题目。标题字号越小，字体越大，即 h1 是特大字体。

例如：

```
<h1>标题文字</h1>
```

2）文字布局标记

将文档划分为段落可以通过分段标记、换行标记、标题标记或插入水平线来实现。

(1) 分段标记<p>：分段标记<p>和</p>定义了一个段落，并在段与段之间加一个空行，后续行隔行显示。它的常用属性是 align，表示对齐方式，其取值有 right(右对齐)、left(左对齐)、justify(两端对齐)、center(居中对齐)。

(2) 换行标记
：换行标记
强行规定了当前行的中断，使后续内容在下一行显示，两行间不隔行。例如，下面两行 HTML 代码在浏览器中可看到不同的效果，前者隔行显示，后者不隔行显示。

```
你好吗?<p>很好.
你好吗?<br>很好.
```

(3) DIV 标记：DIV 标记用于为文档分节，以便在文档的不同部分应用不同的段落格式。单独的 DIV 标记不能完成任何工作，必须与 align 属性联合使用。位于 DIV 标记符中的多段文本将被认为是一个节，可以为它们设置一致的对齐格式。

DIV 标记的格式如下：

```
<div align=left|center|right> 文本或图像 </div>
```

(4) 水平线标记<hr>：水平线标记<hr>用于在网页中添加一条水平线，将不同的信息内容分开。其格式如下：

```
<hr align=对齐方式 color=颜色 size=粗细 width=长度 noshade>
```

其中，属性 align 指定对齐方式，color 指定水平线的颜色，size 指定粗细，width 指定线的长度，noshade 表示一条无阴影的实线，若省略 noshade，则显示带阴影的三维实线。

2. 超链接

所谓超链接(Hyperlink)，就是当单击网页上的某些内容时可以打开另一个网页内容。超链接的组织体现了 Web 站点内部或不同站点之间的页面存储的逻辑关系。

超链接的语法格式如下：

```
<a href=URL地址 title=标题 target=窗口名称> 链接文本 </a>
```

说明：href 属性表示链接所指向的 URL 地址；title 属性表示指向链接时所显示的标题文字；target 属性指定链接对象的显示位置，即打开链接的目标窗口，默认是原窗口。

针对链接对象的地址不同，超链接可以分为内部链接、外部链接和书签链接。

1）内部链接

内部链接是指链接到本地计算机上的文件。例如：

```
<a href = "1.htm"> 请单击查看 1.htm 中的内容 </a>
```

2）外部链接

外部链接是指链接到非本地计算机上的文件，可以是其他计算机或任意站点上的某个文件。例如：

```
<a href = "http://www.xatu.edu.cn/">链接到主页</a>
<a href = "telnet://bbs.xatu.edu.cn">远程登录</a>
```

3）书签链接

书签链接是指链接到同一页面中的某个特定位置。它相当于在页面的某个地方做上书签，需要时通过书签链接可以快速地找到该部分。例如：

在某个页面中使用 name 属性定义一个名为 first 的书签。

```
<a name = "first"> 第一章 </a>
```

在同一页面的另外一个位置使用 href 属性指向它。

```
<a href = "#first"> 指向第一章 </a>
```

当用户单击超链接"指向第一章"时页面就会跳转到 first 书签所在的位置。注意，在引用书签时要加上"#"号。

书签链接的基本格式如下。

(1) 在同一页面中要使用书签名：

```
<a href = "#书签名">  超链接标题名称  </a>
```

(2) 在不同页面之间要使用链接的 URL 地址：

```
<a href = "URL 地址#书签名"> 超链接标题名称  </a>
```

3. 列表

列表(List)通常用于列举相关的信息条目，提供一种有组织的、易于浏览的阅览格式，使得文本的条理更清晰。常见的列表有 3 种，即无序列表、有序列表和定义列表。

1）无序列表<ul>

无序列表中每一个表项的前面是项目符号，使用<ul>标记和<li>表项标记。其格式如下：

```
<ul type = 符号类型>
    <li> 列表项 1 </li>
    <li> 列表项 2 </li>
     ⋮
</ul>
```

<ul>标记有个 type 属性，用于指定列表项前面的项目符号，且必须小写。其取值如下：

- disc 表示实心圆"●"(默认值)；
- circle 表示空心圆"○"；
- square 表示小方块"■"。

在同一个列表中</li>也可以省略，下一个<li>的出现表明上一个列表项的结束。

2) 有序列表<ol>

有序列表使用标签<ol>和</ol>表示，它使内容按顺序编号。每插入或删除一个列表项，编号都会自动调整。其格式如下：

```
<ol type = 符号类型 start = 起始编号>
    <li> 列表项 1 </li>
    <li> 列表项 2 </li>
    ⋮
</ol>
```

<ol>标记有两个属性，即 start 属性和 type 属性。start 表示起始编号，默认为 1。type 属性设置列表项前面的数字序列的样式，其取值如表 2-2 所示。

表 2-2 有序列表的 type 属性的取值

取　值	说　明
type=1	列表项用数字编号(1、2、3…)，默认值
type=A	列表项用大写字母编号(A、B、C…)
type=a	列表项用小写字母编号(a、b、c…)
type=I	列表项用大写罗马数字编号(Ⅰ、Ⅱ、Ⅲ…)
type=i	列表项用小写罗马数字编号(ⅰ、ⅱ、ⅲ…)

3) 定义列表<dl>

定义列表用于给每一个列表项加上一段说明性文字，说明性文字独立于列表项，另起一行显示。定义列表以<dl>和</dl>作为起止标记，列表项用<dt>引导，说明性文字用<dd>引导。<dt>与<dd>不需要结尾标记。其格式如下：

```
<dl>
<dt>第一项 <dd>叙述第一项的定义
<dt>第二项 <dd>叙述第二项的定义
⋮
</dl>
```

例 2-1 列表标记的使用示例(02-01.html)。

```
<html>
<head><title>列表标记示例</title></head>
<body>
<ol type = 1>
```

```
<li><u>无序列表</u>
    <ul type=circle>
        <li>Photoshop
        <li>Illustrator
        <li>CorelDRAW
    </ul>
</li>
<li><u>有序列表</u>
    <ol type=a>
        <li>Photoshop
        <li>Illustrator
        <li>CorelDRAW
    </ol>
<li><u>定义列表</u>
    <dl>
        <dt>Photoshop<dd>Adobe公司的图像处理软件
        <dt>Illustrator<dd>Adobe公司的矢量绘图软件
        <dt>CorelDRAW<dd>Corel公司的图形图像软件
    </dl>
</ol>
</body>
</html>
```

上述代码定义了一个嵌套的列表。第一级是以数字为标号的有序列表，里面分别嵌套了无序列表、有序列表和定义列表作为第二级，并使用<u>标记加注了下画线。运行结果如图 2-2 所示。

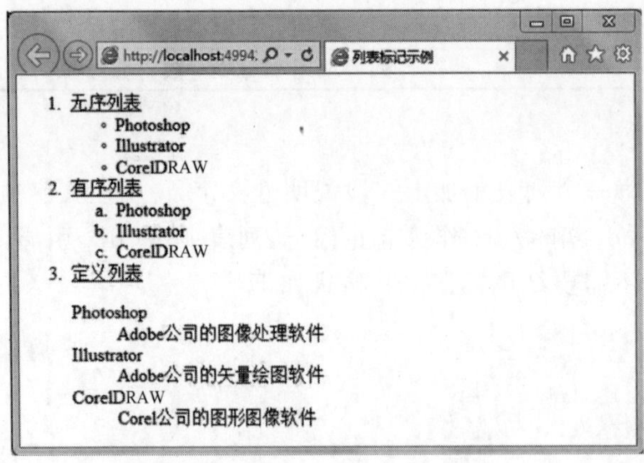

图 2-2　列表标记示例

4. 表格

表格(table)将文本和图片按行、列编排，有利于表达信息。在早期的网页布局中，往往使用 table 标记＋DIV 标记＋CSS 建立主页的框架，使整个页面更规则地放置图片和空白，并使条目清晰。

表格的语法格式如下：

```
<table align = left|center|right border = n width = x|x% height = y|y%>
    <tr><th>表头 1<th>表头 2…<th>表头 n
    <tr><td>表元 1<td>表元 2…<td>表元 n
     ⋮
    <tr><td>表元 1<td>表元 2…<td>表元 n
</table>
```

1) <table>标记

表格的标记为<table>，行的标记为<tr>，表头的标记为<th>，表项的标记为<td>。其中，<tr>是单标记，一行的结束也可以是新行的开始。参见表 2-3。

表 2-3　表格标记

标　　签	说　　明
<table>…</table>	定义一个表格的开始和结束
<tr>…</tr>	定义表行，在一组行标签内可以建立多组由<td>或<th>所定义的单元格
<th>…</th>	定义表头，表头中的文字将以粗体显示，<th>必须放在<tr>标签内
<td>…</td>	定义表项，一组<td>标签将建立一个单元格，<td>必须放在<tr>标签内

表格的整体外观由<table>标记的属性决定。在创建表格时，可以通过<table>的属性对表格的格式进行设置。

2) <caption>标记

<caption>标记用来给表格加标题，其格式如下：

```
<caption align = left|right|top|bottom valign = top|bottom> 标题 </caption>
```

3) 跨多行、多列的单元格

跨多行、多列的单元格使用 colspan 和 rowspan 属性进行定义。

(1) 跨多列的单元格：

```
<th colspan = n> 表项 </th> 或 <td colspan = n> 表项 </td>
```

其中，n 表示合并的列数。

(2) 跨多行的单元格：

```
<th rowspan = m> 表项 </th> 或 <td rowspan = m> 表项 </td>
```

其中，m 表示合并的行数。

例 2-2　跨多行、多列的单元格(02-02.html)。

```
<html>
  <head><title>单元格跨多行、多列</title></head>
  <body>
    <table align = center border = 5>
      <caption><font size = 5><b>学生成绩表</b></font></caption>
```

```
        <tr><th rowspan = 2 >学号<th rowspan = 2 >姓名<th colspan = 3 >成绩
        <tr><th> C 语言设计<th>数据结构<th>总分数
        <tr><td>0001<td>张 林<td>80<td>93<td>173
        <tr><td>0002<td>刘亚玲<td>90<td>90<td>180
        <tr><td>0003<td>赵 丽<td>72<td>88<td>160
        <tr><td>0004<td>李 进<td>85<td>85<td>170
      </table>
    </body>
</html>
```

显示结果如图 2-3 所示。

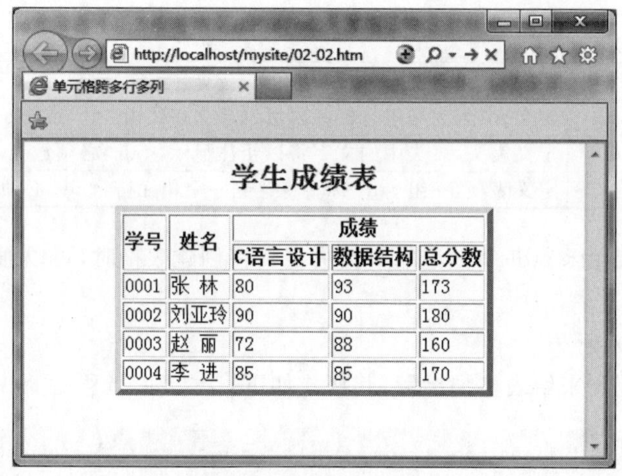

学号	姓名	成绩		
		C语言设计	数据结构	总分数
0001	张 林	80	93	173
0002	刘亚玲	90	90	180
0003	赵 丽	72	88	160
0004	李 进	85	85	170

图 2-3　跨多行、多列的单元格

5. 表单

表单是实现服务器与用户之间交互信息的主要方式。它最直接的作用就是从客户端浏览器收集信息，并指明一个处理信息的方法。

1）表单标记

表单是用户和 Web 应用程序进行交互的界面。用户填写完表单信息后做提交表单的操作，表单内容就从客户端传送给服务器端，服务器上的应用程序处理后将结果传送回客户端。

表单用< form >和</form >标记来创建。其语法格式如下：

```
<form id = "form" action = "处理程序名"method = "方式" target = "目标窗口">
  <input type = # name = ## value = ... />
     ⋮
</form>
```

说明：

(1) action 属性：指定服务器端处理程序的 URL 地址。

(2) method 属性：定义客户端提交数据的方式，取值有 GET 和 POST。

GET 方式是将表单数据附加在 action 指定的 URL 地址之后，并在 URL 与数据之间加上一个分隔符"?"，各数据项之间用"&"进行分隔。例如：

```
http://www.website.net/example.aspx?txtID = 007&txtName = James
```

由于浏览器地址栏长度的限制，GET 方法一次最多只能提交 256 个字符的数据。

POST 方法与 GET 方法不同，它把表单数据作为一个独立的数据块直接传递给服务器，传送的数据量要比 GET 方式大得多，且不受长度限制。

(3) target 属性：用来指定目标窗口。其值有 4 个，即_blank(空白窗口)、_parent(父级窗口)、_self(当前窗口)和_top(顶层窗口)。默认为当前窗口。

2) 表单域标记

常见的表单域有以下几种。

(1) 文本域：文本域根据输入方式的不同可分为单行文本域、密码文本域和多行文本域。

- 单行文本域：输入文本以单行显示，其类型为 type=TEXT。

```
< input type = TEXT name = 名称 value = 内容 maxlength = 最大字符数 size = 宽度>
```

其中，name 表示文本域的名称，value 表示默认值，maxlength 表示最大可输入字符数，size 表示文本域的宽度(以字符为单位)。

- 密码文本域：输入到文本域中的文字均以圆点的形式显示。其方法如下：

```
< input type = PASSWORD name = 名称 maxlength = 最大字符数 size = 宽度>
```

- 多行文本域：如果输入的文本较多，可使用< textarea >和</textarea >标记来创建一个能够输入多行的文本框。在输入时如果一行的内容过多或行数过多，则会自动加上水平和垂直滚动条。其语法格式如下：

```
< textarea name = 名称 value = 初始值 rows = 行数 cols = 列数> </textarea >
```

(2) 按钮域：使用按钮可以提交表单或重置表单，按钮分为以下 3 类。

- 提交按钮(type=submit)：单击提交按钮可以实现表单内容的提交。

```
< input type = submit name = 名称 value = "提交">
```

- 重置按钮(type=reset)：单击重置按钮可以清除表单中已经输入的内容。

```
< input type = reset name = 名称 value = "重置" >
```

- 普通按钮(type=button)：使用普通按钮可以通过调用函数完成其他操作。

```
< input type = button name = 名称 value = 文本>
```

(3) 选择域：选择域根据输入方式不同分为两类，即单选域和复选域。

• 单选域(type＝radio)用来在多个选项中选取一项。格式如下：

```
< input type = radio name = 名称 value  = 单选域的取值 checked >
```

其中，checked 表示默认选中的项，value 表示选中项传送到服务器的值。

• 复选域(type＝checkbox)用于进行多项选择。格式如下：

```
< input type = checkbox name = 名称 value = 取值 checked >
```

(4) 菜单和列表域：假如在表单中需要添加很多内容，可以使用菜单或者列表域来实现。格式如下：

```
< select name = 菜单名称 size = 选项个数 multiple >
    < option value = 选项值 1 selected > 显示内容 1 </option >
    < option value = 选项值 2 > 显示内容 2 </option >
    ⋮
    < option value = 选项值 n > 显示内容 n </option >
</select >
```

说明：

• size 表示选项个数，如果大于 1，则为选择列表；如果等于 1，则表示下拉菜单。
• multiple 表示可以复选，即选择多个选项。
• value 表示选项的值，通过检测该菜单的 value 值可以知道用户选择了哪一项。
• selected 表示当前选项在初始状态被选中。

6. 多媒体标记

图像、视频和音频可以通过标记< figure >、< audio >和< video >来访问。常用的多媒体标记如表 2-4 所示。

表 2-4　多媒体标记

标　　记	说　　明
figure	定义一个独立的流内容，如图片、图表等
audio	播放音频文件，可以替代背景音乐
video	播放一个多媒体视频

1) < figure >标记

< figure >标记定义媒介内容的分组以及它们的标题。标记规定独立的流内容(图像、图表、照片、代码等)，元素的内容应该与主内容相关，但如果被删除，则不应对文档流产生影响。例如：

```
< figure >
< img src = "image/chrome.png" alt = "chrome" />
< img src = "image/IE.png" alt = "IE" />
</figure >
```

2) <audio>标记

<audio>标记支持 3 种格式的音频,分别是 WAV、MP3 和 OGG 格式。运用 audio 标记可以完成对声音的调用和播放,例如:

```
<audio src = "song.ogg" controls = "controls"></audio>
```

3) <video>元素

HTML5 提供的<video>元素可以直接在 Web 页面中播放视频文件,但目前仅支持 OGG、MPEG 4、WebM 几种视频格式。

<video>元素包括以下主要属性。

- autoplay:用来设定视频是否在页面加载后自动播放。
- src:指定要播放的视频的 URL 地址。
- controls:用来设置是否为视频添加控制条,例如"播放""暂停"等。
- poster:为视频设置一个背景图片,当视频无法正常播放时可以向用户呈现。
- loop:用来设置视频是否循环播放。

例如:

```
<video src = "movie.ogg" controls =  "controls"></video>
```

2.2 使用 XML 表达数据

XML 是 Internet 环境中跨平台的、依赖于内容的技术,是当前处理结构化文档信息的有力工具。

XML 主要用于表达数据,它提供了一种描述结构数据的格式。XML 被广泛用来作为跨平台之间交互数据的形式,主要针对数据的内容,通过不同的格式化描述手段(XSLT、CSS 等)可以完成最终的形式表达。

2.2.1 XML 的概念

XML(eXtensible Markup Language,可扩展标识语言)是由万维网联盟 W3C 定义的,它与 HTML 一样,都是 SGML 的子集。XML 被设计用来传输和存储数据,HTML 被设计用来显示数据,XML 在 Web 中起到的作用不亚于作为 Web 基石的 HTML,但 XML 不是 HTML 的替代,而是对 HTML 的补充。

1. SGML、HTML 和 XML

SGML、HTML 是 XML 的先驱。

SGML(Standard Generalized Markup Language,标准通用标记语言)是一种定义电子文档结构和描述其内容的国际标准语言,是所有文档标记语言的起源。SGML 规定了在文档中嵌入描述标记的标准格式,指定了描述文档结构的标准方法,HTML 就是使用固定标签集的一种 SGML 文档。SGML 早于 Web 的诞生,虽然它定义文档的功能强大,但由于标准过严、过于复杂，使得 SGML 直接应用于 Web 的难度非常大，不适于 Web 数据描述。

HTML 是在 SGML 基础上开发出来的应用于 Web 的语言。由于它简单易用、使用成本低，很快成为 Web 的通用语言。随着 Web 的应用越来越深入，人们渐渐觉得 HTML 不够用了，过于简单的语法阻碍了它表达复杂的形式，有限的标记也严重制约着 Web 上的数据交换。HTML 不能表现深层的信息结构，不适于大量文档的存储。HTML 需要下载整份文件才能开始对文件做搜寻的动作。HTML 的扩充性、弹性、易读性均不佳。

为了解决以上问题，专家们使用 SGML 精简制作，并依照 HTML 的发展经验，产生出一套规则严谨、使用简单的描述数据语言——XML。

XML 结合了 SGML 和 HTML 的优点并消除其缺点。XML 是 SGML 的子集，它继承了 SGML 的大多数功能，并进行了机能的扩张。XML 继承了 SGML 的延展性、文件自我描述特性以及强大的文件结构化功能，摈除了 SGML 过于庞大复杂以及不易普及化的缺点。可以说，XML 以 SGML 之 20％的难度实现了 SGML 之 80％的机能，成为下一代 Web 运用的数据传输和交互的重要工具。

2. XML 的树结构

XML 是一种元标记语言。所谓"元标记"，就是 XML 不像 HTML 那样只能使用规定的标记，用户可以自己定义需要的标记。任何满足 XML 命名规则的名称都可以作为标记，这就为不同的应用程序打开了大门。

XML 文档是纯文本，可以用文本编辑器创建。XML 文档的扩展名为".xml"。

下面来看一个简单的 XML 文档。

例 2-3 一个 XML 文档(bookstore.xml)。

```
<?xml version = "1.0" encoding = " ISO - 8859 - 1"?>
< bookstore >
< book category = "COOKING">
  < title lang = "en"> Everyday Italian </title >
  < author > Giada De Laurentiis </author >
  < year > 2005 </year >
  < price > 30.00 </price >
</book >
< book category = "CHILDREN">
  < title lang = "en"> Harry Potter </title >
  < author > J K. Rowling </author >
  < year > 2005 </year >
  < price > 29.99 </price >
</book >
< book category = "WEB">
  < title lang = "en"> Learning XML </title >
  < author > Erik T. Ray </author >
  < year > 2003 </year >
  < price > 39.95 </price >
</book >
</bookstore >
```

每个 XML 文档都由第 1 行的 XML 声明开始，它定义了 XML 的版本和所使用的编码。第 2 行是文档的根元素< bookstore >，根元素的子元素是< book >元素。< book >元素有 4 个子元素，即< title >、< author >、< year >和< price >，同时< book >元素还有属性 category。

整个 XML 文档组成一个树形结构。也就是说，XML 文档必须包含根元素，该元素是所有其他元素的父元素。XML 文档中的所有元素形成一棵文档树。这棵树从根部开始，一直扩展到树的最底端。所有元素均可拥有子元素，也都可拥有文本内容和属性。

图 2-4 所示为一棵 XML 文档树。它包括 4 类结点，即根结点、元素结点、属性结点和文本结点。根结点表示的是根元素，元素结点用于表示根元素的所有子元素，属性结点用于表示元素的属性，文本结点表示元素的文本内容。

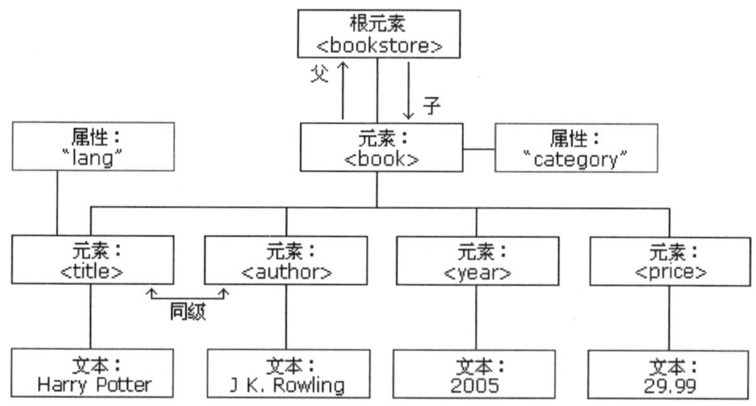

图 2-4　XML 文档树

3. XML 与 HTML 的不同

XML 和 HTML 都来自于 SGML，它们有着相似的语法，但却有着很大的不同。传统的 HTML 无法表达数据的含义，而这恰恰是电子商务、智能搜索所必须的。HTML 不能描述化学符号、数学公式、音乐符号、矢量图形、影音文件等内容。HTML 的可扩展性差，不像 XML 那样可以提供更多的数据操作。

XML 与 HTML 相比有以下不同：

1）XML 实现内容与形式的分离

HTML 中的数据和表现形式是混合在一起的，当改变内容数据的表现形式时需要更新整个文档。XML 文档只包含数据，数据的表现形式由另一个描述格式的文档来定义，因此只要改变该格式文档即可。

2）XML 扩展性比 HTML 强

XML 允许使用者创建个性化的标签，每一个行业或专业领域可以制定特定范围内的标签集，以满足特殊的需要。XML 的扩展性和灵活性允许它描述不同种类应用软件中的数据，从描述搜集的 Web 页到数据记录。XML 格式的数据发送给客户后，客户可以用应用软件解析数据，并对数据进行编辑和处理。使用者可以用不同的方法处理数据，而不仅仅是显示它。HTML 只能局限于按一定的格式在终端显示出来。

3）XML 的语法比 HTML 严格

由于 XML 的扩展性强，它需要稳定的基础规则来支持扩展，如起始标签和结束标签必须匹配、标签不能交叉嵌套、区分大小写等。HTML 并没有规定标签的绝对位置，也不区分大小写，这些全部由浏览器来识别和更正。

4）XML 具有良好的自描述性

HTML 使用固有的标签来描述和显示网页内容。XML 不能描述网页的外观和内容，只是描述内容的数据形式和结构。XML 标签拥有特定的语义，更容易被人理解。同时由于 XML 数据是自我描述的，数据不需要有内部描述就能被交换和处理。

2.2.2 XML 的语法规则

1. XML 文档的格式

前面说过，XML 比 HTML 在语法上有着更严格的要求。一个结构良好的 XML 文档必须满足以下条件：

- XML 文档由“XML 声明”开始；
- 有且仅有一个根元素；
- 所有的 XML 标记必须成对出现，将数据包围在中间；
- 所有的 XML 标记必须正确嵌套；
- XML 标记对大小写敏感。

所谓“结构良好”是针对 HTML 混乱的语法而言的，XML 文档只有格式良好才能被正确地分析和处理。下面是一个合理的 HTML 文档，但却完全不符合 XML 的格式要求。

```
<html>
<body>
<h2>西安欢迎你<br>
<font color="red" size=4>西安欢迎你</font>
<hr>
<b size=6><i>西安欢迎你</b></i>
</body>
</html>
```

还有一点要说明的是，XML 中的空格不会被删除，而是被保留。HTML 则会把多个连续的空格字符合并为一个。在 XML 文档中任何的差错都会得到同一个结果——网页不能被显示。

2. XML 标记的命名规则

- 名字中可以包含字母、数字以及其他字母；
- 名字不能以数字或"_"（下画线）开头；
- 名字不能以字母 xml（或 XML、Xml 等）开头；
- 名字中不能包含空格。

3. XML 声明

XML 声明的作用是告诉浏览器将要处理的文档是 XML 文件。例如：

```
<?xml version = "1.0" encoding = "gb2312" ?>
```

其中，version 属性指明文档遵循哪个版本的 XML 规范；encoding 属性指明文档中字符使用的编码标准，常见的有 GB2312、BIG5、UTF-8 等。

2.2.3 XML 文档的显示

原始的 XML 文档可以用浏览器查看，浏览器将其显示为一棵可折叠的树。这里仍以 person.xml 为例，用 IE 浏览器打开的结果如图 2-5 所示。

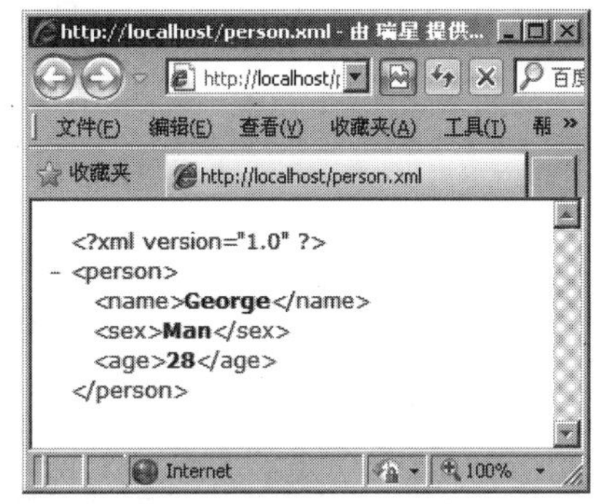

图 2-5 在浏览器中打开原始的 XML 文档

XML 文档本身并不包含数据显示的信息，如果希望 XML 文档在浏览器中按照一定的格式显示出来，必须要有一个专门的文件来定制 XML 文档的显示样式。这个专门的样式文档通常是 CSS(层叠样式表)。所谓样式表，就是包含一个或多个格式化规则的文档，包含指示 Web 浏览器如何将原文档的结构翻译为一个能够显示的结构的代码。

CSS(Cascading Style Sheets，层叠样式表)包含一个或多个格式化规则和定义。它控制 XML 或 HTML 文档中的标签在浏览器中如何显示。

假设创建一个 CSS 文档 person.css，其内容如下：

```
person {
  font - size: 24px;
  font - weight: bold;
  display: block;
  color: blue;
}
sex {
  font - size: 20px;
  font - style: italic;
  text - decoration: underline
}
```

上面定义了 XML 文档 person.xml 中的根元素 person、子元素 sex 的显示特性。

如果要按照 person.css 中的定义显示 XML 文档 person.xml 的内容，需要在 XML 文档中添加一条 xml-stylesheet 命令，这样此 XML 文档就与 CSS 文件关联起来了。

下面是修改后的 person.xml 文档(person-css.xml)：

```
<?xml version = "1.0"?>
<?xml - stylesheet type = "text/css" href = "person.css" ?>
< person >
    < to > George </to >
    < sex > Man </sex >
    < age > 28 </age >
</person >
```

在浏览器中打开该文档，显示的结果如图 2-6 所示。

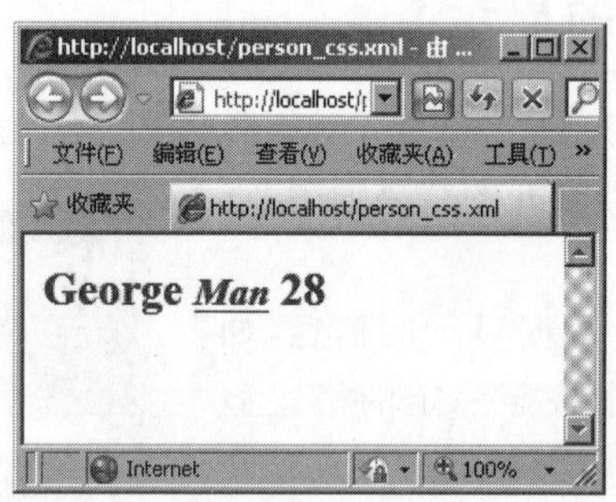

图 2-6　用 CSS 显示 XML 数据

2.3　使用 CSS 表达页面样式

CSS(Cascading Style Sheet，层叠样式表或级联样式表)可以定义 HTML 文档在浏览器中显示的样式。

CSS 是一种标记性语言，它用于控制网页样式，并允许将网页内容与显示样式分离，为网页里的元素创建在浏览器中的表现样式。CSS 以 HTML 语言为基础，提供了丰富的格式化功能，如字体、颜色、背景和整体排版等。

2.3.1　在 HTML 中使用 CSS

首先来看一个普通的 HTML 页面(welcome.htm)：

```
<! doctype html >
< html xmlns = "http://www.w3.org/1999/xhtml">
< head >
< meta charset = "utf - 8" /> </head >
< body >
< h1 >欢迎你到西安来!</h1 >
< h3 >欢迎你常到西安来!!</h3 >
</body >
</html >
```

当用浏览器打开这个网页时，浏览器将以默认的样式显示其内容，如图 2-7 所示。

修改上述页面内容，加入 CSS 代码，如下所示(welcome_css. htm)：

```
<!doctype html>
<html xmlns="http://www.w3.org/1999/xhtml">
<head>
<meta charset="utf-8" />
<style type="text/css">
    h1 {font-style:italic;color:red;display:inline; }
</style>
</head>
<body>
<h1>欢迎你到西安来!</h1>
<h3 style="color:black;font-weight:200">欢迎你常到西安来!!</h3>
</body>
</html>
```

在浏览器中打开 welcome_css. htm，显示结果如图 2-8 所示。可以看出，原来代码中的 <h1>、<h3>标记在加了 CSS 样式说明以后显示的效果明显不同了。

图 2-7 浏览器默认显示的 HTML 网页

图 2-8 按指定 CSS 样式显示的 HTML 网页

概括起来，在 HTML 文档中使用 CSS 样式表主要分为 3 种方式，即内嵌样式(Inline Style)、内部样式表(Internal Style Sheet)、外部样式表(External Style Sheet)，下面分别对这几种方式加以说明。

1. 内嵌样式

内嵌样式(Inline Style)是指对<body>和</body>之间的 HTML 标签直接设置 style 属性为 CSS 代码。它只对所在的 HTML 标签有效。其格式如下：

```
<标签名 style="CSS 代码"> </标签名>
```

例如：

```
<html>
    <body>
        <h3 style="color:black;font-weight:200">西安欢迎你</h3>
```

```
        <p style = "font - size:20pt; color:red">西安欢迎你</p>
    </body>
</html>
```

2. 内部样式表

内部样式表(Internal Style Sheet)是指在 HTML 文档的头部(< head ></head >标签对之间)定义一对< style ></style >标签。它只对当前所在的网页有效。其格式如下：

```
< style type = "text/css"> CSS 代码 </style >
```

例如：

```
< head >
    < style type = "text/css" media = "screen, projection">
        p { font - size:20pt; color:blue; font - family:宋体; list - style - type:circle; }
    </style >
</head >
```

3. 外部样式表

当多个 HTML 网页使用同样的 CSS 规则时，可以将这些 CSS 规则放在一个以.css 为扩展名的独立文件中，然后在网页里使用< link >引用这个 CSS 文件。其格式如下：

```
< link type = "text/css" rel = "stylesheet" href = "CSS 文件的 URL" />
```

属性 rel 是“relation”的缩写，表示 HTML 文件与所链接对象之间的关系；属性 href 可以是一个完整的 URL，指定 CSS 文件的位置。

例如：

```
< html >
    < head >
      < link href = "../css_tutorials/home.css" rel = "stylesheet" type = "text/css">
    </head >
    < body >
      < h1 class = "mylayout"> 这个标题使用了 Style </h1 >
      < h1 > 这个标题没有使用 Style </h1 >
    </body >
</html >
```

将 HTML 页面本身和 CSS 样式分离为不同的文件，实现了页面框架代码和页面布局 CSS 代码的完全分离，使得网页的前期制作和后台维护都非常方便。

使用外部样式表相对于内嵌样式和内部样式表有以下优点。

(1) 样式代码可以复用：一个外部 CSS 文件可以被很多网页共用。

(2) 便于修改：如果要修改样式，只需要修改 CSS 文件，而不需要修改每个网页。

(3) 提高网页显示的速度：如果样式写在网页里，会降低网页显示的速度，如果网页引用一个 CSS 文件，这个 CSS 文件多半已经在缓存区(其他网页早已引用过)，网页显示的速度就比较快。

4. 样式表的优先级顺序

样式表允许以多种方式规定样式信息。样式可以规定在单个的 HTML 元素中，在 HTML 页的头元素中或在一个外部 CSS 文件里。

当同一个 HTML 元素被不止一个样式定义时会使用哪个样式？

一般而言，所有的样式会根据下面的规则层叠于一个新的虚拟样式表中：

(1) 浏览器默认(Browser Default)：优先级最低。

(2) 外部样式表(External Style Sheet)。

(3) 内部样式表(Internal Style Sheet，位于< head >标签内部)。

(4) 内嵌样式(Inline Style，在 HTML 元素内部)：优先级最高。

内嵌样式拥有最高的优先权，样式的优先级依次是内嵌、内部、外部、浏览器默认。

假设内嵌样式中有 font-size:30pt，而内部样式中有 font-size:12pt，那么内嵌样式就会覆盖内部样式。例如：

```
<html>
<head>
    <title>cascading order</title>
    <style type="text/css"> p {font-size:12pt}</style>
</head>
<body>
    <p style="font-size:30pt">西安欢迎你!</p>
</body>
</html>
```

在上述代码中段落标记< p >的内嵌样式覆盖了内部样式表，因此显示的字体大小是 30pt，而不是 12pt。

2.3.2 CSS 样式规则

1. 样式规则的基本结构

一个样式(Style)的基本结构由 3 个部分组成，即选择器(Selector)、属性(Property)、属性值(Value)。其格式如下：

```
selector { property: value; property: value; … }
```

- selector：当定义一条样式规则时必须指定这条规则作用的 HTML 元素。
- property：指定要被修改的样式风格的名称，即 CSS 属性。
- value：property 属性的值。

例如：

```
p {color:blue}
```

在这里 p 就是选择器，color 就是属性，blue 就是属性值。

在 HTML 中所有的标签都可以作为选择器。如果想为 Style 添加多个属性，在两个属性之间要用分号加以分隔。

例如：

```
p { text - align:center; color:red }
```

为了提高 Style 代码的可读性，也可以分行写：

```
p {
    text - align: center;
    color: red
}
```

当多个选择器有相同的属性和属性值时，可以将多个选择器用逗号分隔。下面的例子是将所有正文标题(< h1 >到< h6 >)的字体的颜色都变成蓝色。

```
h1,h2,h3,h4,h5,h6 {
  text - align: center;
  color: blue
}
```

为了方便用户理解 CSS 代码，还可以添加 CSS 代码注释。CSS 代码注释以“/ * ”开头、以“ * /”结束。例如：

```
p {
  text - align: center;
  /* 居中显示 */
  color: black;
  font - family: arial
}
```

2. 样式规则的继承

样式规则的继承是指嵌套的 HTML 子元素会继承外层的父元素所设置的样式规则。例如有这样的 CSS 规则：

```
< style type = "text/css">
  body { font - family: Verdana, sans - serif; }
  p { font - family: Times, "Times New Roman", serif; }
</style >
```

根据上面的第一条规则，页面中< body >元素内的所有子元素将使用 Verdana 字体(假如系统中存在该字体），也就是说这些子元素将继承父元素< body >所拥有的一切属性（子元素诸如 p、td、ul、ol、li、dl、dt 和 dd 等），子元素的子元素也一样。但是，假如希望段落的字体是 Times，那么就创建一个针对 p 的特殊规则（即第二条规则），这样它就会摆脱父元素的规则。

2.3.3 CSS 选择器

HTML 页面中的标记都是通过不同的 CSS 选择器去控制的。每条 CSS 规则至少包含一个选择器。常用的 CSS 选择器主要包括 HTML 标签选择器（HTML selector）、类选择器（Class selector）、ID 选择器（ID selector）、伪类选择器（Pseudo-classes selector）、派生选择器（Contextual selector）。

一般而言，CSS 选择器越特殊，它的优先级越高，也就是选择器的指向越准确，它的优先级就越高。因此，选择器的优先级通常是派生选择器> ID 选择器>类选择器> HTML 标签选择器。

下面分别介绍这几种选择器。

1. HTML 标签选择器（HTML selector）

一个 HTML 页面由很多不同的标签组成，标签选择器直接声明哪些标签采用哪种 CSS 样式。格式如下：

```
标签名 { 属性:属性值; 属性:属性值; … }
```

例如：

```
h1 {color:red; font - size:15pt }
h1,h2,h3,h4 {color:red }
```

2. 类选择器（Class selector）

在同一个 HTML 文档中，当同一标签需要使用不同的样式或同一样式被不同标签使用时需要用到类选择器。例如，当显示论文的摘要和正文时需要用到不同的字体，但两者可能都使用了< p >标签，如果仅使用简单的标签选择器，则无法区别对待不同部分的段落样式，而类选择器很好地解决了这个问题。

(1) 定义 Class selector 的格式如下：

```
标签名.类名{ 属性:属性值; 属性:属性值; … }
```

或

```
类名{ 属性:属性值; 属性:属性值; … }
```

(2) 引用 Class selector 的格式如下：

```
<标签名 class = "类名">
```

下面对两种不同的使用情况分别举例(注意：类名是可以任意定义的)。

1）同一标签需要使用不同的样式

比如段落< p >有两种样式，一种是居中对齐，一种是居右对齐。定义样式如下：

```
p.center {text-align:center}
p.right {text-align:right}
```

其中，right 和 center 就是两个 Class。引用这两个 Class 的示例代码如下：

```
<p class = "center">这一段居中显示</p>
<p class = "right">这一段是居右显示</p>
```

2）同一样式被不同标签使用

比如直接用"."加上类名作为一个选择器。代码如下：

```
.center {text-align: center}
```

这种通用的 Class selector 没有 HTML 标签的限制，可以用于不同的标签。

```
<h1 class = "center">这个标题居中显示</h1>
<p class = "center">这个段落居中显示</p>
```

3. ID 选择器(ID selector)

ID 选择器可以为标有特定 id 的 HTML 元素指定特定的样式。在同一个 HTML 页面中 id 是唯一的，只能定义一次。如果多次使用同一个 id 名称会导致与其他要求唯一 id 的应用程序发生冲突。因此与类选择器不同，在一个 HTML 文档中 ID 选择器会使用一次，而且仅使用一次。

如果要定义一个 ID 选择器，需要在 id 名称前加一个"#"号。

(1) 定义 id 的格式如下：

```
#ID名 { 属性:属性值; 属性:属性值; …}
```

(2) 引用 id 的格式如下：

```
<标签名 id = "ID名">
```

例如：

```
<style type = "text/css">
<! -
   #red {color: red}
   #blue {color: blue}
->
</style>
<p id = "red">这个段落是红色</p>
<p id = "blue">这个段落是蓝色</p>
```

4. 伪类选择器(Pseudo-classes selector)

有一些特殊的 HTML 元素可以拥有不同的状态。例如,用于定义超链接的< a >标签就可以处于“未被访问”“已被访问过”“鼠标悬浮其上”等几种状态。

对于这种元素,CSS 使用伪类选择器为其不同的状态定义样式。

伪类选择器的格式如下:

```
HTML 元素:伪类名 { 属性:属性值; 属性:属性值; … }
```

常用的伪类如下。

- a:link:超链接的正常状态(没有任何动作前)。
- a:visited:访问过的超链接状态。
- a:hover:光标移动到超链接上的状态。
- a:active:选中超链接时的状态。
- p:first-line:段落中的第一行文本。
- p:first-letter:段落中的第一个字母。

例如:

```
<style type = "text/css">
a:link {color: #FF0000}        /* 未被访问的链接,红色 */
a:visited {color: #00FF00}     /* 已被访问过的链接,绿色 */
a:hover {color: #FFCC00}       /* 鼠标悬浮在其上的链接,橙色 */
a:active {color: #0000FF}      /* 鼠标点中激活链接,蓝色 */
</style>
```

此外还有一种方式,就是伪类可以与 CSS 类配合使用。其格式如下:

```
HTML 元素.类名:伪类名 { 属性:属性值; 属性:属性值; … }
```

例如:

```
<style type = "text/css">
a.c1:link {color: #FF0000}        /* 未被访问的链接,红色 */
a.c1:visited {color: #00FF00}     /* 已被访问过的链接,绿色 */
a.c1:hover {color: #FFCC00}       /* 鼠标悬浮在其上的链接,橙色 */
a.c1:active {color: #0000FF}      /* 鼠标点中激活链接,蓝色 */
</style>
```

注意:由于 CSS 优先级的关系(后面比前面的优先级高),用户在写< a >的 CSS 时一定要按照 a:link、a:visited、a:hover、a:actived 的顺序书写。

5. 派生选择器(Contextual selector)

派生选择器允许用户根据文档的上下文关系来确定某个标签的样式。通过合理地使用派生选择器可以使 HTML 代码变得更加整洁(有的资料也叫上下文选择器、关联选择器、后代选择器、父子选择器，等等)。

如果想对特定 HTML 元素的子元素设定样式，可以使用派生选择器。格式如下：

```
父元素 子元素
{ 属性:属性值; 属性:属性值; … }
```

说明：父元素和子元素之间用空格隔开，甚至子元素后面还可以有孙子元素。它们从左往右依次细化，最后锁定要控制的元素标签。

例如：

```
<html>
<head>
<title>Class Selector</title>
      <style type = "text/css"> p em {color:red}</style>
</head>
<body>
<p>段落中用 em 强调的字是 <em>红色</em> 的</p>
<h3>标题中用 em 强调的字 <em>不是红色</em> 的</h3>
</body>
</html>
```

在上述代码中为嵌入<p>元素中的子元素<em>定义了样式“p em{color: red}”。

在这里 p em 就叫 Contextual Selector，表示在<p>里面定义了一个用 em 标记的样式，即{color: red}。因此，只有在<p>里面用<em></em>标记的字体才是红色，而<h3>中用<em></em>标记的字不是红色。

再看下面的 CSS 规则：

```
<style type = "text/css">
  strong { color: red; }
  h2 { color: red; }
  h2 strong { color: blue; }
</style>
```

下面是它施加影响的 HTML 语句：

```
<body>
  <p> The strongly emphasized word in this paragraph is <strong> red </strong>.</p>
  <h2> This subhead is also red.</h2>
  <h2> The strongly emphasized word in this subhead is <strong> blue </strong>. </h2>
</body>
```

2.3.4 常见的样式属性

常见的样式属性包括字体、文本、背景、边框、边距、列表样式、定位属性等，下面对这些属性进行简要介绍。

1. 字体属性

CSS 的字体属性定义文本的字体、大小、加粗、风格(如斜体)等,如表 2-5 所示。

表 2-5　CSS 的字体属性

属　　性	描　　述
font	可设置字体的所有属性
font-family	设置字体系列
font-size	设置字体的尺寸
font-style	设置字体的风格,取值为 normal、italic、oblique
font-variant	字体变体,取值为 normal、small-caps
font-weight	设置字体的粗细,默认为 normal

2. 文本属性

CSS 的文本属性可以定义文本的外观。用户通过文本属性可以改变文本的颜色、字符间距,以及对齐文本、装饰文本、对文本进行缩进等,如表 2-6 所示。

表 2-6　CSS 的文本属性

属　　性	描　　述
color	设置文本的颜色
direction	设置文本的方向
line-height	设置行高
text-indent	文本首行缩进
text-decoration	设定文本下画线
text-align	文本对齐
vertical-align	文本的垂直对齐方式

3. 背景属性

CSS 既允许使用纯色作为背景,也允许使用背景图像创建复杂的效果。CSS 的背景属性如表 2-7 所示。

表 2-7　CSS 的背景属性

属　　性	描　　述
background-color	设定背景颜色
background-image	设定背景图片
background-attachment	图片是否跟随内容滚动
background-position	背景图片的最初位置
background	可设置背景的所有相关属性

在 CSS3 之前,背景图片的尺寸是由实际尺寸决定的。CSS3 能够使用像素或百分比来定义背景图片的尺寸。若以百分比规定尺寸,则尺寸相对于父元素的宽度和高度。

例如使用像素规定背景图片的宽度和高度,主要代码如下:

```
div
{
    background: url(flower.gif);
    background-size: 100px 75px;
    background-repeat: no-repeat;
}
```

又如使用百分比规定背景图像的尺寸，假设按指定的宽、高百分比对背景图片进行伸缩，使其完成填充内容区域。其主要代码如下：

```
div
{
    background: url(flower.gif);
    background-size: 40% 100%;
    background-repeat: no-repeat;
}
```

使用 background-origin 属性确定背景图片的区域。如图 2-9 所示，背景图片可以放置于 content-box、padding-box 或 border-box 区域。

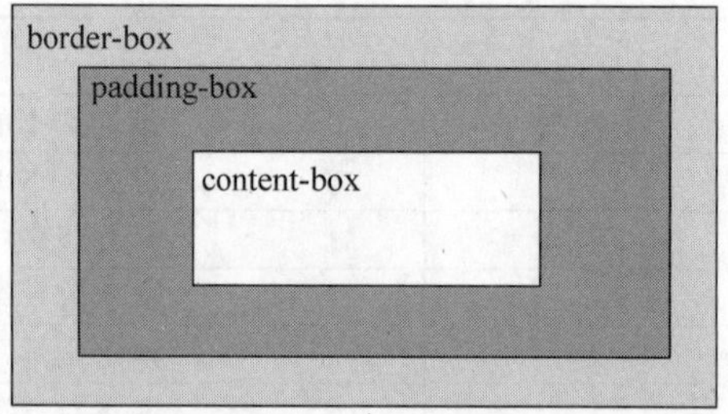

图 2-9　背景图片的定位区域

在 content-box 中定位背景图片：

```
div {
    background: url(flower.gif);
    background-repeat: no-repeat;
    background-size: 100% 100%
    background-origin: content-box;
}
```

CSS3 允许为元素使用多个背景图像，例如为 body 元素设置两幅背景图片：

```
body {
    background-image: url(sky.jpg), url(sun.jpg);
}
```

4. 边框属性

使用 CSS 边框属性可以在文本周围创建出效果出色的边框，并且可以应用于任何元素。元素的边框就是围绕元素内容和内边距的一条或多条线。每个边框有 3 个方面，即宽度、样式及颜色，见表 2-8。

表 2-8　CSS 的边框属性

属　　性	描　　述
border-style	设定上、下、左、右边框的风格
border-width	设定上、下、左、右边框的宽度
border-color	设定上、下、左、右边框的颜色
border	可设置边框的所有属性

边框模块是 CSS3 中最常用的特性之一，之前开发者需要使用多个 div 元素或带有圆角的图片实现圆角边框，在 CSS3 中只需要添加少量样式规则即可。例如：

```
div {
        border - radius:10px;
        box - shadow:6px 6px rgba(0,0,0,0.5);
}
```

上述代码除添加一个圆角边框之外还为 div 元素周围设置阴影。使用 CSS3 边框特性的代码如下。

例 2-4　CSS3 边框特性(02-04.html)。

```
<!doctype html>
<html xmlns = "http://www.w3.org/1999/xhtml">
<head>
<meta http - equiv = "Content - Type" content = "text/html; charset = utf - 8"/>
    <title>CSS3 Borders</title>
    <style type = "text/css">
        .pageFeel {
            border: 1px solid #CCCCCC;
            width: 400px;
            height: 200px;
            border - radius: 10px;
            box - shadow: 5px 5px rgba(0,0,0,0.2);
        }
    </style>
</head>
<body>
    <div class = "pageFeel">
        This is a rounded border with shadow!
    </div>
</body>
</html>
```

在浏览器中执行的效果如图 2-10 所示。

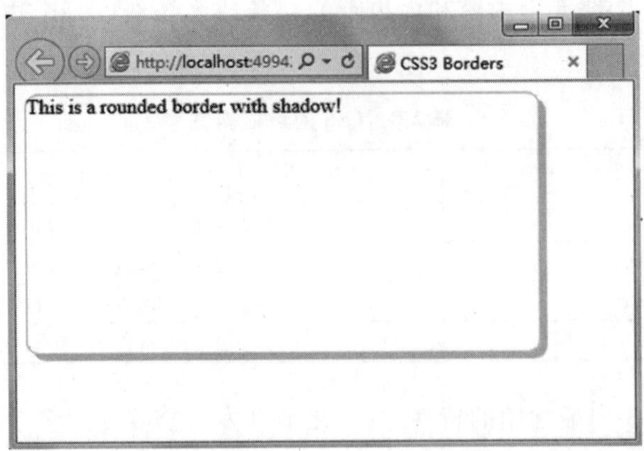

图 2-10　CSS3 的边框特性

5. 边距属性

边距属性设置页面中一个元素所占空间的边缘到相邻元素之间的距离,见表 2-9。

表 2-9　CSS 的边距属性

属　性	描　述
margin-left	设定左边距的宽度
margin-right	设定右边距的宽度
margin-top	设定上边距的宽度
margin-bottom	设定下边距的宽度
margin	可以设置上、下、左、右边距的属性

例 2-5　设置元素的上、下、左、右边距(宽度相同)。

```
<html>
<head>
    <title>CSS 边距属性 margin</title>
    <style type="text/css">
      .D1{border:1px solid #FF0000;}
      .D2{border:1px solid gray;}
      .D3{margin:1cm;border:1px solid gray;}
    </style>
</head>
<body>
    <div class="D1"><div class="D2">没有 margin</div></div>
    <p>上面的 div 没有设置边距属性,仅设置了边框属性(border).</p>
    <hr>
    <p>下面的 div 设置了边距属性为 1 厘米,表示上下左右边距都为 1 厘米</p>
    <div class="D1"><div class="D3">margin 设为 1cm</div></div>
</body>
</html>
```

在浏览器中打开后的效果如图 2-11 所示。

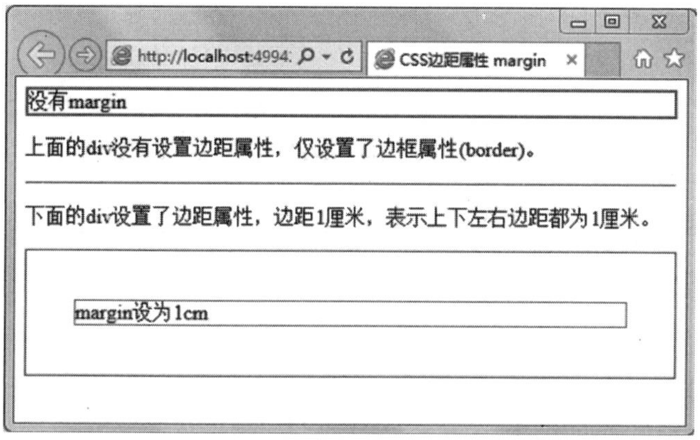

图 2-11　设置元素的上、下、左、右边距

6. 列表样式属性

使用 CSS 的列表样式属性可以放置、改变列表项标志，或者将图像作为列表项标志，见表 2-10。

表 2-10　CSS 的列表样式属性

属　　性	描　　述
list-style-type	设置列表样式类型
list-style-position	设置列表样式位置
list-style-image	设置列表样式图片
list-style	设置列表样式的所有属性

例如，设定列表样式相关属性的代码如下：

```
<html>
<head><title>列表样式 list-style</title>
   <style type="text/css">
     ul {list-style:circle inside url(../images/dot02.gif)}
   </style>
</head>
<body>
   <ul><li>茶</li><li>咖啡</li><li>可乐</li></ul>
</body>
</html>
```

7. 间隙属性

间隙属性(Padding)用来设置元素内容到元素边界的距离，见表 2-11。

表 2-11 CSS 的间隙属性

属　性	描　述
padding-left	设定左间隙的宽度
padding-right	设定右间隙的宽度
padding-top	设定上间隙属性
margin-bottom	设定下间隙属性
Padding	同时设定上、下、左、右间隙属性

例如可以为上、下、左、右间隙设置相同的宽度，代码如下：

```
.d1 {padding:1cm}
```

用户也可以分别设置间隙，顺序是上、右、下、左，代码如下：

```
.d1 {padding:1cm 2cm 3cm 4cm}
```

表示上间隙为 1cm、右间隙为 2cm、下间隙为 3cm、左间隙为 4cm。

8. 定位属性

使用 CSS 定位(Positioning)属性可以对元素进行定位。利用这些属性可以定义元素的位置、可见性、移动元素、堆叠元素等。定位的基本思想很简单，就是允许用户定义元素框相对于其正常位置的定位，或者相对于父元素、另一个元素甚至浏览器窗口本身的位置。CSS 的定位属性见表 2-12。

表 2-12 CSS 的定位属性

属　性	描　述
position	定义元素的定位方式(absolute、fixed、relative、static、inherit)
top	定义元素的顶部边缘(元素顶部的垂直位置)
right	定义元素的右边缘
bottom	定义元素的底部边缘
left	定义元素的左边缘(元素左边的水平位置)
overflow	设置当元素的内容溢出其区域时发生的事情
clip	设置元素的形状，即规定一个元素的可见尺寸
vertical-align	设置元素的垂直对齐方式
z-index	设置元素的堆叠顺序

2.4 习题与上机练习

1. 填空题

(1) HTML 网页文件的标记是________，网页文件的主体标记是________，标记页面标题的标记是________。

(2) 表格的标签是________,单元格的标签是________。表格的宽度可以用百分比和________两种单位来设置。

(3) 表单对象的名称由________属性设定;提交方法由________属性指定;若要提交大量数据,则应采用________方法;表单提交后的数据处理程序由________属性指定。

(4) CSS 样式的基本结构由________、________和________ 3 个部分组成。

2. 选择题

(1) 下面(　　)属性不是文本的标签属性。

A. nbsp;　　B. align　　C. color　　D. face

(2) 下列表示不是按钮的是(　　)。

A. type="submit"　　B. type="reset"

C. type="image"　　D. type="button"

(3) 下列 HTML 标记中属于非成对标记的是(　　)。

A. <li>　　B. <ul>　　C. <P>　　D. <font>

(4) 若设计网页的背景图形为 bg.jpg,以下标记正确的是(　　)。

A. <body background="bg.jpg">　　B. <body bground="bg.jpg">

C. <body image="bg.jpg">　　D. <body bgcolor="bg.jpg">

(5) 若在页面中创建一个图形超链接,要显示的图形为 myhome.jpg、所链接的地址为"http://www.pcnetedu.com",以下用法中正确的是(　　)。

A. <a href="http://www.pcnetedu.com"> myhome.jpg </a>

B. <a href=" http://www.pcnetedu.com"><img src="myhome.jpg"></a>

C. <img src="myhome.jpg"><a href ="http://www.pcnetedu.com"></a>

D. <a href =http://www.pcneredu.com ><img src="myhome.jpg">

(6) 下面说法错误的是(　　)。

A. CSS 样式表可以将格式和结构分离

B. CSS 样式表可以控制页面的布局

C. CSS 样式表可以使许多网页同时更新

D. CSS 样式表不能制作体积更小、下载更快的网页

(7) 若要在网页中插入样式表 main.css,以下用法正确的是(　　)。

A. <link href="main.css" type=text/css rel=stylesheet>

B. <link src="main.css" type=text/css rel=stylesheet>

C. <link href="main.css" type=text/css>

D. <Include href="main.css" type=text/css rel=stylesheet>

(8) 引用外部样式表的元素应该放在(　　)。

A. HTML 文档的开始位置　　B. HTML 文档的结束位置

C. head 元素中　　D. body 元素中

(9) 下列(　　)项是 CSS 正确的语法构成。

A. body:color=black　　B. {body;color:black}

C. body {color: black;}　　D. .{body:color=black(body}

(10) 如果需要在 XML 文件中显示简体中文，那么 encoding=（　　）。

A. GB2312　　B. BIG5　　C. UTF-8　　D. UTF-16

3. 上机练习

设计一个网站登录主页面并使用 CSS 样式表。

(1) 设置页面背景图像为 login_back. gif，使用 CSS3 定义背景图像尺寸。

(2) 使用类选择器设置按钮的样式。按钮的背景图像为 login_submit. gif、字体颜色为 #FFFFFF、字体大小为 14px、字体粗细为 bold，按钮的边界、边框和填充均为 0px。

第3章 客户端编程技术与开发框架

JavaScript 是一种解释型脚本语言，其最初设计目的是在 HTML 网页中增加动态效果和交互功能。随着 Web 技术的发展，JavaScript 与其他技术相结合，产生了客户端与服务器端异步通信的 AJAX 技术，为用户提供更加丰富的上网体验。本章首先讲解 JavaScript 语法及对象化编程等基础知识，然后介绍目前最流行的 JavaScript 编程框架 jQuery，最后简单介绍 BootStrap 前端开发框架的使用。

3.1 JavaScript 概述

3.1.1 什么是 JavaScript

JavaScript 主要用于客户端脚本编程，通常嵌入在 HTML 代码中，由浏览器解释和运行。JavaScript 与 C、C++和 Java 类似，有分支、循环等控制结构及异常处理机制，还具有基于对象和事件驱动的特性，可以通过文档对象模型(DOM)访问浏览器及页面中的各个对象，捕获对象的特定事件并编写代码处理事件。

JavaScript 可以实现的基本功能如下。

(1) 控制文档的外观和内容：用户可以通过 Document 对象的 write 方法将内容写入文档中，也可以调用 Document 对象的 getElementById 方法找到文档中的某个对象，然后动态地改变其内容和外观。

(2) 验证表单输入内容：在客户端取得的表单中输入数据并进行验证，只有当数据合法时才提交给服务器，减轻了服务器的处理负荷。

(3) 实现客户端的计算和处理：从表单中读取客户输入的数据进行相应的计算和处理。

(4) 设置和检索 cookie：将用户名、账号等用户的特定信息持久地保存于 cookie 中，当用户下一次访问网站时自动地读取这些信息。

(5) 捕捉用户事件并相应地调整页面：根据键盘或鼠标的动作使页面的某一部分变得可编辑。

(6) 在不离开当前页面的情况下与服务器端应用程序进行交互：这是 AJAX 的基础，可以用于填充选项列表、更新数据以及刷新显示，并且不需要重新载入页面。这有助于减少表单提交次数，从而节约服务器资源。

3.1.2 在网页中嵌入 JavaScript 脚本

和其他脚本语言一样，JavaScript 程序不能独立运行，只有把它嵌入到 HTML 网页中才能运行。引入 JavaScript 脚本的方式有以下 3 种：

- 在 HTML 文档中直接嵌入脚本程序。
- 在 HTML 文档中链接脚本文件。
- 在 HTML 标记内嵌入 JavaScript 代码。

下面分别对以上 3 种方式进行描述。

1. 在 HTML 文档中直接嵌入脚本程序

用户可以使用< script >标记将 JavaScript 脚本块嵌入 HTML 页面中，用法如下：

```
<script>
    JavaScript 脚本块;
</script>
```

早期的规范要求在< script >标签中使用 type＝"text/javascript"指定脚本语言，现在已经不用这样做了，JavaScript 是所有现代浏览器以及 HTML5 中的默认脚本语言。

JavaScript 脚本块可以放在 HTML 页面中的任何位置，但通常放在< head >标记内，这样可以保证在页面装载前脚本已经加载完成，页面可以随时调用脚本代码；若放在< body >内，则可能出现页面中调用脚本而脚本代码尚未加载的情况。

例 3-1 在 HTML 中嵌入 JavaScript 脚本(03-01. html)。

```
<html>
<head>
    <script>
        document. write ("Hello, world! ")      // 直接在浏览器中显示提示信息
        alert("Hello, world! ")                 // 弹出对话框显示提示信息
    </script>
</head>
<body></body>
</html>
```

在上述代码中 document. write()是文档对象的输出函数，它将括号中的内容输出到浏览器窗口；alert()是窗口对象的方法，用于弹出一个对话框。值得注意的是，脚本是大小写敏感的，例如将 document. write()写成 Document. write()，程序将无法正确执行。程序的运行结果如图 3-1 所示。

2. 在 HTML 文档中链接脚本文件

为便于代码重用，开发人员可以将 JavaScript 代码保存到扩展名为. js 的文件中，这样就可以被多个 HTML 文件引用。这需要在< script >标记中使用 src 属性导入外部脚本文

图 3-1　在 HTML 中嵌入 JavaScript 脚本

件，格式如下：

```
<script src="文件名.js"></script>
```

例 3-2　在 HTML 中链接外部脚本文件(03-02.html)。

```
<html>
    <head>
    <script src="test01.js"></script>
    </head>
    <body></body>
</html>
```

其中，脚本文件 test01.js 的内容如下：

```
document.write("Hello, world!");
alert("Hello, world!");
```

以上页面的显示效果同图 3-1。

3. 在 HTML 标记内嵌入 JavaScript 代码

在 HTML 标记中嵌入 JavaScript 脚本代码，以便响应相关事件。例如单击页面中的一个按钮，弹出 alert 对话框。

例 3-3　在 HTML 标记中嵌入 JavaScript 脚本并执行(03-03.html)。

```
<html>
<head><title>在标记内添加脚本测试</title></head>
<body>
    <button onClick="alert('这是标记内的脚本!')">在标记内添加脚本测试</button>
</body>
</html>
```

在 button 标记的 onClick 属性中直接写了一句 JavaScript 代码，当单击该按钮时将触发执行该代码。

3.1.3 使用 JavaScript 输入与输出信息

在 JavaScript 中常用的字符串输入输出方法有 Document 对象的 write()方法、window 对象的 alert()方法、消息框等。消息框包括确认框、提示框等。

1. 利用 Document 对象的 write()方法输出字符串

其功能是向页面输出文本，具体格式如下：

```
document. write("待输出的字符串");
```

注意：仅在文档加载时使用 document. write()向文档中写内容，如果文档已完成加载，再执行 document. write，则整个 HTML 页面将被覆盖。

2. 利用警告框

警告框用于弹出一个带“确定”按钮的对话框，并显示要输出的字符串，具体格式如下：

```
alert ("待输出的字符串");
```

当警告框出现后，用户需要单击“确定”按钮才能继续进行操作。

3. 使用确认框

当需要确认或者接受某项操作时，通常用 JavaScript 弹出一个确认框，用户必须单击“确定”或“取消”按钮才能继续。

例 3-4 确认框示例(03-04. html)。

```
<html>
<head><title>确认框示例</title>
 <script>
    function test() {
        var value = confirm("确定要执行该操作吗?");
        alert("你的选择是: " + value);
    }
 </script>
</head>
<body>
    确认框示例<button onClick = "test()">测试</button>
</body>
</html>
```

当单击“测试”按钮时将弹出确认框，如图 3-2 所示。在确认框中单击“确定”按钮将返回 true，单击“取消”按钮将返回 false。

图 3-2　确认框示例

4. 使用提示框输入内容

在程序中有时要提示用户输入一个值，这可以通过提示框实现，格式如下：

```
prompt("提示文本","默认值")
```

例 3-5　提示输入框示例(03-05.html)。

```
<html>
<head>
<title>提示输入框示例</title>
<script type = "text/javascript">
    function test() {
        var value = prompt("请输入你的名字","佚名")
        alert("您的名字是: " + value);
    }
</script>
</head>
<body>
  提示输入框示例<button onClick = "test()">测试</button>
</body>
</html>
```

单击“测试”按钮将弹出如图 3-3 所示的输入框。当用户输入一个值后，单击“确定”按钮将返回输入值，单击“取消”按钮将返回空值 null。

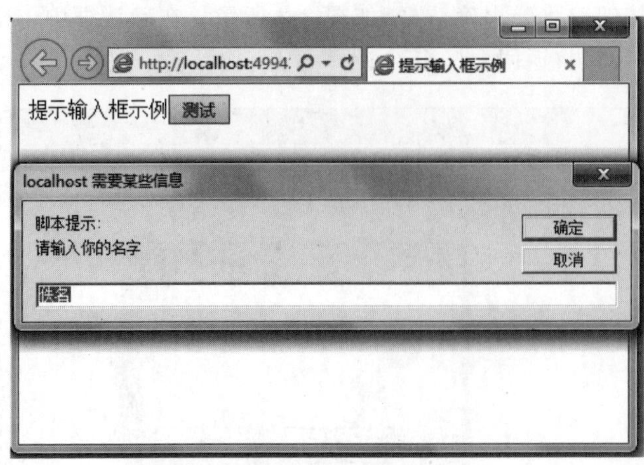

图 3-3　提示输入框示例

3.2　JavaScript 基本语法

和其他计算机语言一样，JavaScript 也有自己的基本数据类型、运算符、表达式及流程控制语句等。

3.2.1　数据类型

JavaScript 可以使用下面 6 种基本数据类型。

- string(字符串)类型：用单引号或双引号括起来的一个或几个字符。
- number(数值)类型：可以是整数或浮点数。
- boolean(布尔)类型：值为 true 或者 false。
- object(对象)类型：用于定义对象。
- null(空值)类型：用于清空变量值。
- undefined(未定义)类型：表示变量不含有值。

3.2.2　变量

JavaScript 是一种弱类型语言，并不要求一定要对变量进行声明。为了避免混淆，用户最好养成声明变量的习惯。在 JavaScript 中用关键字“var”来声明变量，语法如下：

```
var 变量名 1, 变量名 2, … , 变量名 n
```

在声明中仅指定了变量名，在为变量赋值时系统会自动判断类型并进行转换。这也意味着在程序执行过程中程序员可以根据需要随意改变某个变量的数据类型。

例如：

```
var test;                          // 声明变量
var level = 10, amount = 100;    // 在变量声明的同时进行初始化
test = 100;
test = "Hello"
```

如果在声明时没有对变量进行初始化，变量将自动取值 undefined。

此外，JavaScript 还提供了强制类型转换函数，常用的有 number()和 string()。

例如：

```
number(ch);                        // 将字符型数据"ch"转换为数值型
string(x);                         // 将数值型数据 x 转换为字符型
```

3.2.3　运算符和表达式

在 JavaScript 中构成表达式的主要元素是运算符，根据运算符可以将表达式分为算术表达式、关系表达式和逻辑表达式等，这些表达式可以共同构成一个复合表达式。

表 3-1 将运算符按优先级从高到低的顺序排列。

表 3-1　JavaScript 的运算符

描述	符　　号	说　　明
括号	(x) [x]	中括号只用于指明数组的下标
求反 自加 自减	−x	返回 x 的相反数
	!x	返回与 x (布尔值)相反的布尔值
	x++	x 值加 1，但仍返回原来的 x 值
	x−−	x 值减 1，但仍返回原来的 x 值
	++x	x 值加 1，返回后来的 x 值
	−−x	x 值减 1，返回后来的 x 值
算术运算	x * y	返回 x 乘以 y 的值
	x/y	返回 x 除以 y 的值
	x%y	返回 x 与 y 的模(x 除以 y 的余数)
	x+y	返回 x 加 y 的值
	x−y	返回 x 减 y 的值
关系运算	x<y、x>y x<=y、x>=y x==y、x!=y	符合条件时，返回 true，否则返回 false
位运算	x&y	位与：当两个数位同时为 1 时，返回 1，其他情况都为 0
	x^y	位异或：当两个数位中有且只有一个为 0 时，返回 0，否则返回 1
	x|y	位或：x 或 y 为 1 则返回 1；当 x 和 y 均为 0 时，返回 0
逻辑运算	x&&y	当 x 和 y 同时为 true 时，返回 true，否则返回 false
	x||y	当 x 和 y 中的任一个为 true 时，返回 true；当两者均为 false 时，返回 false
条件运算	c? x:y	当条件 c 为 true 时，返回 x，否则返回 y

续表

描述	符　号	说　明
赋值运算	$x=y$	把 y 的值赋给 x，返回所赋的值
	$x+=y$	x 与 y 相加，将结果赋给 x，返回赋值后的 x 值
	$x-=y$	x 与 y 相减，将结果赋给 x，返回赋值后的 x 值
	$x*=y$	x 与 y 相乘，将结果赋给 x，返回赋值后的 x 值
	$x/=y$	x 与 y 相除，将结果赋给 x，返回赋值后的 x 值
	$x\%=y$	x 与 y 求余，将结果赋给 x，返回赋值后的 x 值
字符串连接	$x+y$	字符串与数字一起执行“+”运算时，实际上也是执行连接运算。例如“x="5" + 5”，结果 x 的值为字符串"55"

位运算符通常被当作逻辑运算符使用。把两个操作数（即 x 和 y）转化成二进制数，对每个数位执行运算后得到一个新的二进制数。通常，“真”值是全部数位为 1 的二进制数，“假”值是全部数位为 0，所以位运算符可以充当逻辑运算符。

3.2.4 流程控制

JavaScript 提供了多种方式实现选择结构、循环结构等流程控制。

1. 选择结构

JavaScript 使用 if-else 语句或 switch 语句实现选择结构的流程控制。

(1) if-else 语句的格式如下：

```
if (条件) {
    语句体 1
}
else { 语句体 2  }
```

例如：

```
<script>
    var d = new Date() ;
    var time = d.getHours() ;
    if (time<12) document.write("<b>Good morning</b>");
    else document.write("<b>Good afternoon</b>");
</script>
```

上述代码根据当前时间进行判断，然后在浏览器中显示相应的问候语。

(2) switch 语句用于多路选择控制，格式如下：

```
switch(expr){
  case 常量表达式 1: 代码段 1; break;
  case 常量表达式 2: 代码段 2; break;
  ⋮
  case 常量表达式 n: 代码段 n; break;
  default: 默认代码段;
}
```

在执行时系统先对 switch 后面的表达式 expr 求值，然后用求得的结果与 case 后的各常量表达式值作比较。若与某 case 相匹配，则执行该 case 后面的代码段；若所有 case 表达式都不匹配，则执行 default 后的默认代码段。在执行完一个代码段后通常使用 break 语句跳出选择结构。

例 3-6　多路选择结构(switch 语句)示例(03-06.html)。

```
<html>
  <head>
  <title> switch 语句示例 </title>
  <script>
    var now = new Date();
    var date = now.getDay();
    switch (date) {
        case 1: alert("今天是星期一"); break;
        case 2: alert("今天是星期二"); break;
        case 3: alert("今天是星期三"); break;
        case 4: alert("今天是星期四"); break;
        case 5: alert("今天是星期五"); break;
        case 6: alert("今天是星期六"); break;
        default: alert("今天是星期日");
    }
  </script>
  </head>
  <body></body>
</html>
```

2. 循环结构

JavaScript 提供了 3 种循环控制语句，即 while 语句、do-while 语句和 for 语句。

1）while 语句

while 循环语句是当满足指定条件时不断地重复执行循环体。其语法格式如下：

```
while (条件) {
    循环体
}
```

2）do-while 语句

do-while 循环是 while 循环的一种变体，它首先执行循环体，再判断条件表达式，如果条件表达式的值为真，则继续执行循环体，否则退出循环。也就是说循环至少执行一次。其语法格式如下：

```
do{
    循环体
} while(条件表达式);
```

3）for 语句

for 循环用于将代码块执行指定的次数，格式如下：

```
for( 循环变量赋初值; 循环条件; 循环变量增值) {
    循环体
}
```

和其他程序设计语言一样，分支和循环都可以嵌套，请看以下示例。

例 3-7 打印乘法口诀表(03-07.html)。

```
<html>
   <head>
   <title>for 循环语句打印乘法口诀</title>
   <script>
       for (var i = 1 ; i<= 9 ; i++) {
          for (var j = 1 ; j<= 9 ; j++) {
              if (j<= i) {                  // 只打印下三角
                document.write("\t" + j + " * " + i + " = " + (i * j));
              }
          }
          document.write("<br/>");      // 换行
       }
   </script>
   </head>
   <body></body>
</html>
```

程序的运行结果如图 3-4 所示。

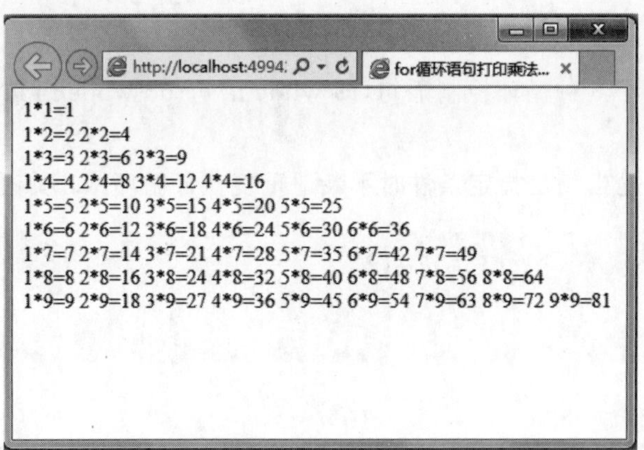

图 3-4 使用 for 循环打印的乘法表

4）break 和 continue 语句

break 和 continue 用于改变程序的正常流程，说明如下。

(1) break 语句：出现在循环语句或 switch 语句内，用于强行跳出循环或 switch 语句。在嵌套循环中，break 语句只跳出当前循环体，并不跳出整个嵌套循环。

（2）continue 语句：用在循环结构中，作用是跳过循环体内剩余的语句而提前进入下一次循环。

3.2.5　函数

函数是已命名的代码块，并作为一个整体被调用执行。

1. 定义函数

JavaScript 中定义函数的一般形式如下：

```
function 函数名(形式参数列表){
    语句块;
    return 返回值;      // 当函数无返回值时不用此语句
}
```

说明：函数名是调用函数时所引用的名称。形式参数表用于接收传入的数据。在调用函数时实际参数的个数和类型必须与形式参数一致。如果要返回一个值，则应使用 return 语句。

例如下列函数用于计算 n 的阶乘：

```
Function fact (n) {
    var fact = 1;
    for (var i = 1; i <= n; i++)   fact = fact * i;
    return fact;
}
```

2. 调用函数

通常有两种方式调用函数，一是语句调用，二是事件调用。

1）语句调用

在程序语句中调用函数的形式如下：

```
函数名(实际参数列表)
```

说明：实际参数应与定义函数时的形式参数一一对应。如果在定义的时候没有参数，在调用的时候也不用参数，但括号不能省略。

例 3-8　函数的语句调用(03-08. html)。

```
<script>
    a = 2;
    b = 3;
    add(a,b);
```

```
    function add(a,b) {
      alert("a与b两数之和为 " + (a+b));
    }
</script>
```

注意：当被调用的函数有返回值时可以使用以下格式调用：

```
变量名 = 函数名( 参数列表 )
```

例 3-9 有返回值函数的调用(03-09.html)。

```
<script>
    function add(a,b){
      return (a+b);
    }
    var result = add(2,3);
    alert( "a与b两数之和为 " + result);
</script>
```

这里使用变量 result 接收并保存了函数的返回值。

2）事件调用

在网页中经常要捕获某些事件，由事件触发某段代码的执行。例如当鼠标单击按钮时调用某函数，或者当鼠标指针指向一个对象时调用某函数。

例 3-10 函数的事件调用(03-10.html)。

```
<html>
<head>
<title>javascript 函数的事件调用</title>
<script>
  function showmessage( ) {
    alert("这是 javascript 事件调用函数");
  }
</script>
</head>
<body>
  <input type="button" value="鼠标单击事件调用函数" onClick="showmessage ()" />
</body>
</html>
```

程序运行结果如图 3-5 所示。当用户单击页面上的按钮时就会调用 showmessage()函数，弹出一个消息框。

3. 变量的作用域

变量通常都有自己的作用范围。在函数之外定义的变量为全局变量，可在各个函数之间共享；在函数内部用 var 声明的变量为局部变量，只在当前函数内部有效；但那些在函数内部没有用 var 声明的变量，在赋值后也会被当成全局变量使用。例如：

图 3-5　函数的事件调用

```
function inc(n) {
    y = ++n;
    return(y);
}
var x = 3;
var sum = inc(x) + y;
alert(sum);        // sum 的值是 8
```

在上述代码中，函数 inc 的内部没有用 var 声明变量 y，当 inc 函数执行完后局部变量 y 变成了全局变量，它的值仍然存在，所以 inc(x)＋y 的值是 8。但如果将 inc(x)＋y 改成 y＋inc(x)，就会发生错误，因为 y 会被先引用，此时 y 还没有被声明，所以产生错误。

3.2.6　异常处理

在程序运行过程中引发错误通常有两种情况，一是程序内部的逻辑或语法错误，二是运行环境或者用户输入了不可预知的数据。前者称为错误(error)，可通过调试程序来解决；后者则称为异常(exception)。异常并不等同于错误，有时还可利用异常来解决某些问题。JavaScript 可以捕获异常并进行处理，避免了浏览器向用户报错。

1. 使用 try-catch-finally 处理异常

使用 try-catch-finally 结构处理可能发生异常的代码，格式如下：

```
try {
    // 要执行的代码
} catch(e) {
    // 处理异常的代码
} finally {
    // 无论异常发生与否，都会执行的代码
}
```

try 块用于捕获异常，当 try 块中的某一行代码抛出异常时该行后面的代码将不再被执行，转而执行 catch 块的代码，在这里处理异常。若后面还有 finally 块，则不管 try 块中是否有异常产生都要执行 finally 块中的语句。

catch 和 finally 块都是可以省略的，但至少要保留其中之一与 try 块结合使用。

在 catch 块中括号里的参数 e 表示捕获到的异常对象实例，它包含异常的详细信息，可以在这里根据不同的异常类型进行不同的处理。

finally 块中的语句始终会被执行，通常在这里做一些最后的清理工作。如果在 try 块中遇到 return 等流程跳转语句，要跳出异常处理，程序的流程也会先执行 finally 中的代码，然后再进行跳转。

如果在一个异常处理语句中只包含 try-finally 语句而没有处理异常的 catch 语句，则在 try 中抛出异常后会直接执行 finally 块的语句，最后再将异常抛出。

例 3-11 使用 try-catch-finally 处理异常(03-11. html)。

```
<html>
<head>
<title>使用 try - catch - finally 处理异常</title>
<script>
    try{
        var date = new Date();
        date.test();      // 调用 date 对象的 test 方法,但未定义该方法
        document.write("try 块执行结束<br>");
    }catch(error){
        with(document){
            write("出现了异常<br>");
            write("异常类型: " + error.name + "<br>");
            write("异常消息: " + error.message + "<br>");
        }
    }finally{
        document.write("<br>异常处理完毕!");
    }
</script>
</head>
<body></body>
</html>
```

程序运行结果如图 3-6 所示。可以看出：出现异常后跳过了 try 块中的后续语句，转而执行 catch 中的异常处理语句，并在最后执行 finally 块中的语句。

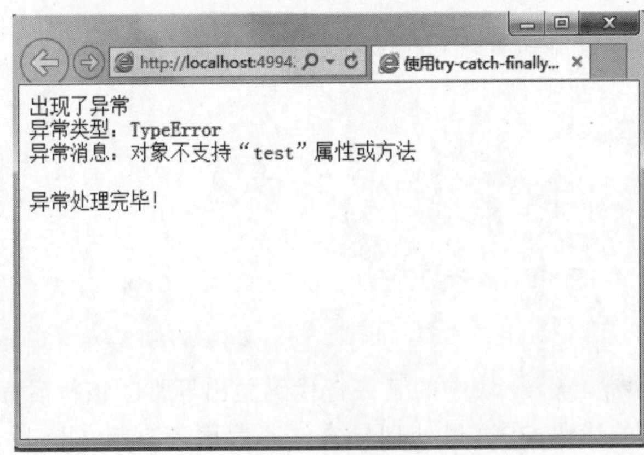

图 3-6 使用 try-catch-finally 处理异常

2. 使用 throw 语句抛出异常

前面的示例用 try-catch 结构处理了系统内置的异常类型，有时开发人员想抛出自定义的异常类型，以达到控制程序流并产生精确异常消息的目的，这就需要使用 throw 语句，其基本格式如下：

```
throw (exception);
```

exception 就是要抛出的异常值，它可以是字符串、整数、逻辑值或者对象。

例 3-12　使用 throw 语句抛出异常示例(03-12.html)。

```
<script>
   var x = prompt("Enter a number between 0 and 10:","")
   try{
     If (x>10)  throw "Err1"
     else if (x<0)  throw "Err2"
   } catch (err) {
     If (err == "Err1")  alert("Error! The value is too high")
     else if (err == "Err2")  alert("Error! The value is too low")
   }
</script>
```

该代码块用于对输入的一个数值进行验证，若大于 10，则抛出异常 Err1；若小于 0，则抛出异常 Err2。在 catch 块中可以判断抛出的异常，并显示相应的提示信息。

3.2.7 事件处理

JavaScript 通过事件响应与用户交互。例如，当用户单击一个按钮或者在某段文字上移动鼠标时，就触发了一个单击事件或鼠标移动事件，通过对这些事件的响应，可以完成特定的功能(例如单击按钮时弹出对话框，将鼠标指针移动到文本上改变文本的颜色等)。

1. 基本概念

JavaScript 是基于对象的语言，其基本特征就是事件驱动(Event Driven)。通常把鼠标或热键的动作称为事件(Event)，把由事件引发的一连串程序的动作称为事件处理，对事件进行处理的程序或函数被称为事件处理程序。

JavaScript 对事件的处理通常由函数完成。通常浏览器会默认定义一些通用的事件处理程序，以便响应那些最基本的事件。例如，单击超链接的默认响应就是装入并显示目标页面，单击表单提交按钮的默认响应就是将表单提交到服务器等。虽然如此，如果要实现动态的、具有交互功能的页面，经常要自定义事件处理函数，这样可以让页面完成定制的处理功能。

2. JavaScript 标准事件

JavaScript 就文档、表单、图像、超链接等对象定义了若干个标准事件，同时针对常用的

HTML 标记定义了事件处理属性，以便指定事件处理代码。下面简要介绍一些常用的 JavaScript 事件。

1）onLoad 和 onUnload 事件

当用户进入页面时会触发 onLoad 事件；当退出一个页面时会触发 onUnload 事件。若在< body >标记的 onLoad 或 onUnload 属性中设定了事件处理程序，则页面加载和退出时会自动执行该程序代码。请看以下代码：

```
< body onLoad = "alert('Welcome to JavaScript World! ');" >
    // 页面代码
</body >
```

这样每次进入该页面时都会自动弹出“Welcome to JavaScript World!”消息框。

2）onClick 事件

当用户单击按钮或超链接时就触发了 onClick 事件，由 onClick 属性指定的事件处理程序将被调用。例如：

```
< button name = "button1" onClick = "btn1Click();"> Click Me </button >
```

这样当用户单击该按钮时会自动调用 btn1Click()函数。

3）onFocus、onBlur 和 onChange 事件

这 3 个事件通常与输入元素（text、textarea 及 select 等）配合使用。当某元素获得焦点时触发 onFocus 事件，当元素失去焦点时将触发 onBlur 事件，当元素失去焦点且内容被改变时将触发 onChange 事件。这几个事件经常配合使用来验证表单的输入内容。

例如：

```
< input type = "text" size = "30" id = "email" onchange = "checkEmail()" />
```

这样当 email 输入框中的值改变时会自动调用 checkEmail 函数验证输入。

4）onMouseOver 和 onMouseOut 事件

当鼠标移向某个对象时将触发 onMouseOver 事件，当鼠标移出某个对象时将触发 onMouseOut 事件，这两个事件通常用来为页面对象创建一些动态效果。请看以下代码：

```
< a href = "#" onmouseover = "alert('An onMouseOver event');return false"> Click Me </a >
```

当鼠标指向超链接时会弹出一个消息框。

5）onSubmit 事件

当表单提交时会触发 onSubmit 事件。用户经常要在表单提交之前验证所有的输入域，以保证数据的正确性，这时就可以使用 onSubmit 事件。

请看以下代码：

```
< form method = "post" action = "xxx.aspx" onsubmit = "return checkForm()" >
      // 表单内容
</form >
```

当用户单击表单中的确认按钮时，checkForm()函数会被调用，通常用于验证输入域中的值是否有效。checkForm()函数的返回值为 true 或者 false。如果为 true，则提交 Form 表单，反之放弃提交。

关于 JavaScript 事件驱动的更多知识，读者可查阅相关书籍。

3.3 JavaScript 对象编程

面向对象技术是当前软件开发的主流方向，JavaScript 也支持面向对象编程。在 JavaScript 中可以定义类并创建对象实例，也可以使用 JavaScript 内建的类和对象，另外还可以访问浏览器及文档对象模型中的对象，可以说 JavaScript 为对象化编程提供了强大的支持。

JavaScript 对象可以是一段文字、一幅图片、一个 Form 表单等，可以从属性、方法两个方面来描述对象。属性反映对象某些特定的性质，例如字符串的长度、图像的长宽、文本框(Textbox)里的文字等；方法指对象可以执行的行为(或者可以完成的功能)，例如 String 对象的 toUpperCase()方法可以将所有字符转换为大写。如果要引用对象的某一"性质"，应使用"<对象名>.<性质名>"这种写法。

本节主要介绍 JavaScript 内置对象的使用以及浏览器对象、文档对象模型中的对象的使用，关于自定义类和对象的方法请读者参阅相关书籍。

3.3.1 常用的 JavaScript 对象

1. String 对象

字符串是 JavaScript 的一种基本数据类型，声明一个 String 类型对象的最简单方法就是直接赋值。例如：

```
var s = "JavaScript"
```

String 类只有一个常用属性，即 length 属性，它返回字符串的长度。

String 类的常用方法如表 3-2 所示。

表 3-2　String 类的常用方法

方　法	描　述
charAt()	返回在指定位置的字符
concat()	连接字符串
indexOf()	检索字符串
lastIndexOf()	从后向前搜索字符串
match()	找到一个或多个正则表达式的匹配
replace()	替换与正则表达式匹配的子串
search()	检索与正则表达式相匹配的值
split()	把字符串分割为字符串数组
substr()	从起始索引号提取字符串中指定数目的字符
toLowerCase()	把字符串转换为小写
toUpperCase()	把字符串转换为大写

请看以下代码：

```
var msg = "Hello" + "World" ;              //"+"用于字符串,可以实现字符串的拼接
var msg = concat("Hello", "World");        // 和上一句等效
document.writeln( msg.length );            // 输出字符串的长度 10
var idx = msg.indexOf("World");            // 检索子串出现的位置,这里为 5
// 截取从第 5 个字符往后到第 10 个字符之间的所有字符,为"World"
document.writeln( msg.substring(idx,10) );
document.writeln(msg.toUpperCase());       // 输出为"HELLOWORLD"
```

2. Array 对象

Array 为数组对象,可以在单个变量中存储多个值。

通常使用以下方法创建和访问数组：

```
var mycars = new Array();                            // 创建数组对象,可以不用指定元素个数
mycars[0] = "BMW";                                   // 为数组元素赋值
mycars[1] = "AUDI";
var yourcars = new Array(3);                         // 创建数组对象并指定元素个数
var hiscars = new Array("Buick", "Benz", "Volvo"); // 创建数组对象并同时赋值
for (x in mycars) {                                  // 遍历数组元素,x 能得到元素的下标
    document.write(mycars[x] + "<br />")            // 输出数组元素
}
```

同样数组对象也有 length 属性,用于设置或返回数组中的元素个数。

数组的常用方法见表 3-3。

表 3-3　数组的常用方法

方　法	描　述
concat()	连接两个或更多的数组并返回结果
join()	把数组的所有元素放入一个字符串,元素通过指定的分隔符进行分隔
sort()	对数组的元素进行排序
reverse()	颠倒数组中元素的顺序
shift()	删除并返回数组的第一个元素
pop()	删除并返回数组的最后一个元素

例如：

```
var arr1 = new Array("Tom", "Jerry")
var arr2 = new Array("Bingo")
var arr = arr1.concat(arr2);           // 连接两个数组,生成新的数组
document.write(arr.join(" | "));       // 将 arr 中的元素拼接成字符串,使用|分隔
arr = new Array(7, 5, 3, 8, 6);
document.write(arr.sort());            // 对数组元素进行排序
```

3. Date 对象

Date 对象用于表示日期和时间,通过它可以进行一系列与日期、时间有关的操作。

用户可以使用以下方法创建 Date 对象，并为其赋日期和时间值。

```
var d = new Date();                                        // 创建日期对象
d.setFullYear(2011,11,1);                                  // 赋日期值
d.setHours(9,58,58,0);                                     // 赋时间值
document.write(d.getYear() + "-" + d.getMonth() + "-" + d.getDate());    // 输出日期
document.write("<br>" + d.toLocaleDateString());           // 显示为 2011 年 12 月 1 日 星期四
```

需要注意的是，当为 Date 对象设置日期时月份可接收的数值为 0～11，代表 1～12 月，所以这里设置月份值为 11 时实际上是作为 12 月处理。

Date 对象的常用方法如表 3-4 所示。

表 3-4　Date 对象的常用方法

方　　法	描　　述
Date()	返回当日的日期和时间
getDate()	从 Date 对象返回一个月中的某一天(1～31)
getDay()	从 Date 对象返回一周中的某一天(0～6)
getMonth()	从 Date 对象返回月份(0～11)
getFullYear()	从 Date 对象以 4 位数字返回年份
getHours()	返回 Date 对象的小时(0～23)
getMinutes()	返回 Date 对象的分钟(0～59)
getSeconds()	返回 Date 对象的秒数(0～59)
setDate()	设置 Date 对象中月的某一天(1～31)
setMonth()	设置 Date 对象中的月份(0～11)
setFullYear()	设置 Date 对象中的年份(4 位数字)
setHours()	设置 Date 对象中的小时(0～23)
setMinutes()	设置 Date 对象中的分钟(0～59)
setSeconds()	设置 Date 对象中的秒钟(0～59)
setTime()	以毫秒设置 Date 对象

若只是创建 Date 对象而不为其赋值，可从中获得当前的日期和时间。

例 3-13　Date 对象的使用(时钟的显示，03-13.html)。

```
<html>
<head>
<script>
    function startTime() {
      var d = new Date();
      var h = d.getHours();                    // 获取当前的时、分、秒
      var m = d.getMinutes();
      var s = d.getSeconds();
      m = checkTime(m);                        // 若分、秒的值小于 10,则在前面补 0
      s = checkTime(s);
      // 在 div 上显示当前时间
      document.getElementById('clock').innerHTML = "本地时间: " + h+":"+m+":"+s;
      setTimeout( 'startTime()', 500);         // 设置 500 毫秒后再次调用以更新时间
    }
```

```
        function checkTime(i) {
          If (i<10) i = "0" + i;
          return i
        }
    </script>
  </head>
  <body onload = "startTime()">
      <div id = "clock" />
  </body>
  </html>
```

在页面中定义了 id 属性为“clock”的 div 对象，用于显示一个数字时钟。当页面加载时自动启动 startTimer()函数创建 Date 对象，并获得时、分、秒，拼接起来显示在 div 中。值得一提的是，startTime()函数的最后调用了 setTimeout()函数，设置在 500 毫秒后再次调用当前函数，这样显示时间就会不断被刷新，形成电子时钟的效果。

4. Math 对象

Math 对象用于执行一些数学计算任务，该对象不需创建，可以直接使用。

JavaScript 提供了 8 个可被 Math 对象访问的算术值，例如自然对数 e、圆周率 π 等，通过属性访问它们，例如 Math. E、Math. PI。

另外，调用 Math 对象的方法可以实现一些常用的数学计算，例如：

```
var pi_val = Math.PI;                      // 获得 PI 值
var sin_val = Math.sin(pi_val);            // 计算 sin(PI)
var sqrt_val = Math.sqrt(5);               // 求 5 的平方根
var rnd_val = Math.round(sqrt_val);        // 对 5 的平方根并取整
document.write("PI = " + pi_val + "<br/>");
document.write("sin(PI) = " + sin_val + "<br/>");
document.write("sqrt(5) = " + sqrt_val + "<br/>");
document.write("round(sqrt(5)) = " + rnd_val + "<br/>");
```

3.3.2 浏览器对象模型

浏览器作为 JavaScript 的运行环境提供了一系列的宿主对象，通过这些对象可以获取浏览器的信息，并控制浏览器执行指定的操作。浏览器对象模型(Browser Object Model, BOM)结构如图 3-7 所示。

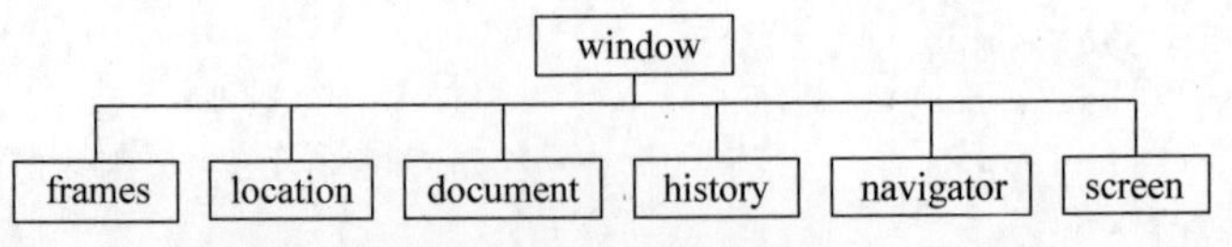

图 3-7　常用的 BOM 对象

可以看出，window 是一个顶层的对象，其他对象都包含在 window 内部，通过它可以访问到其他对象；document 是最重要的一个对象，包含了很多与 HTML 元素相关的成员，使用它可以控制加载到浏览器中的 HTML 文档，并且可以实现动态控制。

1. window 对象

window 对象表示浏览器中打开的窗口。如果文档包含框架（frame 或 iframe），那么浏览器会为 HTML 文档创建一个 window 对象，并为每个框架创建一个额外的 window 对象。

window 作为顶层对象，在访问它的属性和方法时一般无须指定对象名，例如下面两个调用是完全等价的：

```
window.alert( " 欢迎进入 JavaScript!") ;
alert( " 欢迎进入 JavaScript!") ;
```

使用 window 提供的 alert、confirm、prompt 等方法可以完成基本的浏览器交互，由于这些内容在前面已经讲过，这里不再重复讲解。

使用 window 对象的 open 方法可以打开一个新的窗口，语法格式如下：

```
window.open( [sURL] [, sname] [,sfeatures]) ;
```

说明：

- sURL：打开网页的 URL 地址，若该参数省略则打开空白网页。
- sname：显示网页窗口的名称，可以使用_top、_blank、_parent、_self 等内建名称，也可以自定义一个名称，以后可以使用该名称引用该窗口。
- sfeatures：指定被打开窗口的特征，例如窗口的宽度、高度、是否需要菜单栏等，若要打开一个普通窗口可以忽略该参数。

例如下面的代码将打开一个 300×200 的空白窗口，并且没有菜单栏和工具栏。

```
window.open( " ", "_blank", "width = 300, height = 200, menubar = no, toolbar = no") ;
```

又如下面的代码将在顶层框架中打开 163 邮箱首页。

```
window.open( " mail.163.com", "_top" ) ;
```

调用 window 对象的 close 方法可以关闭一个窗口，代码如下：

```
window.close() ;
```

打开一个窗口后可以设置或移动窗口的位置，例如：

```
window.moveTo( 300, 200 ) ;          // 绝对定位方法，以屏幕的左上角为原点
```

或者

```
window.moveBy( -10, -10 ) ;        // 相对定位方法，以当前窗口的左上角为原点
```

moveTo()方法以屏幕的左上角为坐标原点，将窗口移动到指定位置，两个偏移量都必须为正；moveBy()方法则以当前窗口的左上角为坐标原点，实现相对偏移，若偏移量为正，则向右、下方向移动，若为负，则向左、上方向移动。

使用 resizeTo()方法可以调整窗口的大小，例如：

```
var w = window.screen.availwidth / 2 ;
var h = window.screen.availheight / 2 ;
window.resizeTo( w, h ) ;     // 将窗口的宽度和高度调整到屏幕宽、高的一半
```

在 JavaScript 中有时希望窗体加载后延迟一段时间，然后执行某项操作，或者以指定的时间间隔反复调用某函数，这可以使用 window 对象的 SetTimeout 方法来实现，例如：

```
window.setTimeout( myfunction, 1000 ) ;
```

这将在 1 秒钟后自动调用 myfunction 方法。如果在 myfunction 方法中使用上面的语句，则会形成每秒一次反复调用的效果。

除上面介绍的方法外，在程序中还经常访问 window 对象的一些属性，如表 3-5 所示。

表 3-5　window 对象的常用属性

属　性	描　述
document、screen、history、location、navigator 等	几个下级对象
frames	集合对象，代表当前窗口中的框架集，从而可以获取并操纵所有的子窗口
length	窗口中的框架个数
opener	代表使用 open 方法打开当前窗口的窗口
self	代表当前窗口
top	代表所有框架中的顶层窗口
status	代表窗口的状态栏
XMLHttpRequest	和服务器端异步交互的对象

例如：

```
window.location.href = "http://cn.yahoo.com";      // 当前窗口跳转到 Yahoo 主页
window.status = "欢迎使用本系统";                   // 在窗体的状态栏中显示欢迎信息
```

2. location 对象

location 对象描述的是浏览器所打开网页的地址。如果要表示当前窗口地址，直接使用 location 或 window.location 即可；若要表示指定窗口的地址，则使用“窗口名.location”的格式。例如：

```
var newwin = window.open("http://localhost/login.htm", "_blank") ;
document.write( newwin.location ) ;
```

使用 location 对象的属性可以获取详细的地址信息，例如：

```
document.write("当前位置: " + location.href + "<br/>");
document.write("主机名称: " + location.host + "<br/>");
document.write("请求路径: " + location.pathname + "<br/>");
document.write("主机端口: " + location.port + "<br/>");
document.write("请求字符串: " + location.search + "<br/>");
```

location 对象的常用方法如表 3-6 所示。

表 3-6 location 对象的常用方法

方　法	描　述
assign	加载一个新的 HTML 文档
reload	刷新当前网页，相当于单击浏览器的"刷新"按钮
Replace	打开一个新的 URL，并取代历史中的 URL

这 3 个方法的使用格式非常简单，例如：

```
location.assign("http://localhost/login.aspx");
location.replace("http://localhost/index.html");
location.reload();
```

3. history 对象

history 对象代表了浏览器的浏览历史。鉴于安全性考虑，该对象的使用受到了很多限制，目前只能使用 back、forward 和 go 等几个方法，格式如下：

```
history.back( n )              // 浏览器后退 n 步
history.forward()              // 浏览器前进 1 步
history.go(location)           // 浏览器跳转到指定的网页
```

在 go 方法中 location 可以是一个 URL 字符串，也可以是一个整数。若是字符串，则代表了历史列表中的某个 URL；若是整数，则代表前进（正数）或后退（负数）的步数；若 location 为 0，则刷新当前页面，等同于 location.reload( )调用。

3.3.3 文档对象模型

当网页被加载时，浏览器会创建页面的文档对象模型（Document Object Model，DOM），这通常表现为树形的结构形式，如图 3-8 所示。

有了 DOM，JavaScript 就获得了足够的能力来创建动态的 HTML，例如：

- 动态地创建或删除页面中的 HTML 元素。
- 动态地改变页面中任意 HTML 元素的内容或属性。
- 动态地改变页面中所有 HTML 元素的 CSS 样式。
- 对页面中的所有事件作出适当的响应。

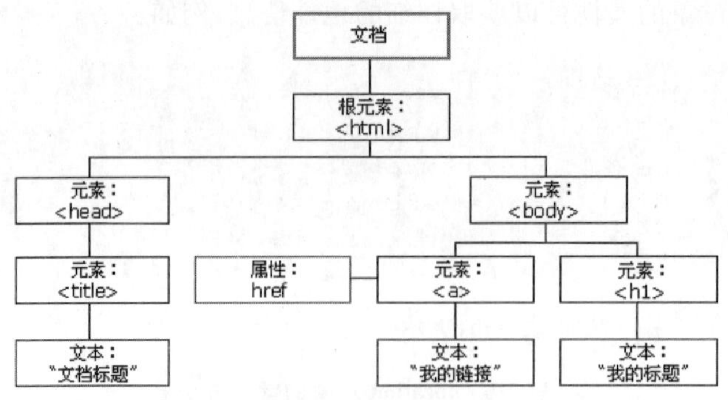

图 3-8　DOM 树实例

1. 在 DOM 中查找 HTML 元素

在 JavaScript 中为了操作某个 HTML 元素，必须先在 DOM 树中定位到该元素。通常使用页面元素的 id 或者 name 属性进行定位。

在 DOM 中查找 HTML 元素的最简单的方法是调用 document 对象的 getElementById 方法，并传递元素的 id 属性。例如查找 id 属性为 intro 的元素：

```
var x = document.getElementById("intro");
```

如果在文档中能够找到该元素，则返回该元素并以对象的形式保存在变量 x 中；如果未找到，则 x 将包含 null 值。

调用 document 对象的 getElementsByName 方法可以按名称查找 HTML 元素，例如：

```
var y = document.getElementsByName("tbxname");
```

这将在整个文档中查找 name 属性为 tbxname 的元素，并将结果保存到变量 y 中。需要注意的是，根据 id 检索只会返回一个元素，而根据 name 检索通常会返回一组元素（例如表单中的多个单选按钮会使用同一个名称，这样按 name 检索会找到这一组对象），所以结果会保存到数组中。请看以下示例：

例 3-14　按 name 属性检索页面元素（03-14. html）。

```
<html>
<head>
<script>
    function getElements() {
        var x = document.getElementsByName("myInput");
        alert(x.length);
    }
</script>
</head>
<body>
    <input name = "myInput" type = "text" size = "20" /><br />
```

```
    <input name = "myInput" type = "text" size = "20" /><br />
    <input type = "button" onclick = "getElements()" value = "共多少个同名输入框?" />
</body>
</html>
```

当单击按钮时执行按 name 属性查找，得到由两个文本输入框 name="myInput"组成的数组，再调用数组的 length 属性得到元素数量。

除了以上两种检索方式外还可以按照元素类别(即 HTML 标签名)进行检索，例如：

```
var x = document.getElementById("main");
var y = x.getElementsByTagName("p");
```

在该例中首先通过 id 找到某一个元素，然后在该元素内部检索所有的段落元素。

2. 动态地改变元素内容

当检索到某个元素后可以通过其 innerHTML 属性获取或设置元素内容，例如：

```
<h1 id = "header">Old Header</h1>
<script>
    var element = document.getElementById("header");
    element.innerHTML = "New Header";
</script>
```

一级标题元素的内容原先为 Old Header，随后在 JavaScript 中定位到该元素，并将其内容重新设置为 New Header。

用户也可以在 JavaScript 中访问对象的属性，实现更多的动态效果。请看以下示例：

例 3-15　动态地改变页面上的图片(03-15.html)。

```
<html>
<body>
    <img id = "image" src = "smiley.gif">
    <script>
        document.getElementById("image").src = "landscape.jpg";
    </script>
</body>
</html>
```

开始时 img 元素显示的图片为 smiley.gif，随后在 JavaScript 中定位该对象，并更改其 src 属性，这样将显示另一张图片 landscape.jpg。

3. 动态地改变元素样式

如果要动态地改变 HTML 元素的显示样式，可以使用以下语法：

```
document.getElementById(id).style.property = "属性值"
```

例如：

```
<p id="p2">Hello World!</p>
<script>document.getElementById("p2").style.color="blue";</script>
```

在页面中有时需要隐藏或显示某个对象，这可以通过设置 visibility 样式属性来实现，请看以下示例：

例 3-16 显示和隐藏页面元素(03-16.html)。

```
<html>
<body>
    <p id="p1">这是一段文本.</p>
    <input type="button" value="隐藏文本"
        onclick="document.getElementById('p1').style.visibility='hidden'" />
    <input type="button" value="显示文本"
        onclick="document.getElementById('p1').style.visibility='visible'" />
</body>
</html>
```

关于更多的 DOM 样式设置，请读者参阅 HTML DOM Style 对象参考手册。

4. 对 DOM 事件作出响应

在设计 HTML 页面时，针对 HTML 元素可以捕获鼠标单击事件、鼠标移动事件、内容改变事件等一系列事件，并为每个事件编写处理函数。借助 DOM 技术还可以将一个事件处理函数动态地分配给某个 HTML 元素的相应事件。请看以下示例。

例 3-17 为按钮动态地分配事件处理函数(03-17.html)。

```
<html>
<body>
<p>动态地分配事件处理函数示例</p>
<button id="myBtn">单击这里</button>
<script>
    function displayDate() {
        document.getElementById("demo").innerHTML=Date();
    }
    document.getElementById("myBtn").onclick = function(){ displayDate( ) };
</script>
<p id="demo"></p>
</body>
</html>
```

该例在声明 myBtn 按钮时，并没有为其指定单击事件处理程序，所以通常情况下不会响应鼠标单击事件。在后面的 JavaScript 代码中首先定义了 displayDate()函数，然后根据 id 找到 myBtn 按钮，并将该函数动态地挂接到该按钮的单击事件上，这样可以更灵活地控制对象的事件处理方法。

5. 动态地添加或删除元素

借助 JavaScript 和 DOM 技术还可以向 HTML 文档中动态地添加元素，或者删除已存在的元素。请看以下示例。

例 3-18 向页面中动态地添加 HTML 元素(03-18.html)。

```
<html>
<body>
<div id="div1">
    <p id="p1">这是一个段落.</p>
</div>
<script>
    var para = document.createElement("p");
    var node = document.createTextNode("这是新段落");
    para.appendChild(node);
    var element = document.getElementById("div1");
    element.appendChild(para);
</script>
</body>
</html>
```

在该页面中设置了一个 div 元素作为容器，并放置了一个段落 p1。在 JavaScript 代码中，首先调用 document.createElement("p")动态地创建一个段落对象 para(相当于 HTML 中的< p >和</p >标签对)，然后调用 document.createTextNode()创建一个文本结点 node，接着通过 para.appendChild(node)将文本结点加入到新创建的段落对象中；下一步通过 getElementById()找到 div 元素，并调用其 appendChild()方法将新段落对象添加到 div 对象之中，这样 div 元素内部就包含了两个段落。

可以看出，向页面添加新元素的一般步骤如下：

(1) 创建新元素。

(2) 检索要将其加入的父元素。

(3) 在父元素之中加入新元素。

如果要删除页面中已经存在的元素，需要先检索到该元素，然后在其父元素上调用 removeChild 方法进行删除。例如：

```
<div id="div1">
    <p id="p1">这是第一个段落.</p>
    <p id="p2">这是第二个段落.</p>
</div>
<script>
    var parent = document.getElementById("div1");
    var child = document.getElementById("p1");
    parent.removeChild(child);
</script>
```

在该例的 div1 中最初放置了两个段落；通过 id 检索分别定位了 p1 对象及其父对象

div1，然后在 div1 上调用 removeChild()方法将 p1 对象删除。

用户可以使用以下方式来简化代码：

```
var child = document.getElementById("p1");
child.parentNode.removeChild(child);
```

在这里只需要定位到要删除的子元素，然后使用其 parentNode 属性找到父元素，完成结点的删除操作。

3.4 jQuery 框架

jQuery 是精简、高效、强大的 JavaScript 库，它提供了一套易用且兼容各种浏览器的 API，使得诸如遍历和操作 HTML 文档、事件处理、动画和特效以及 AJAX 编程变得非常容易。由于功能丰富、扩展性强，jQuery 彻底改变了 JavaScript 的编程方式。

3.4.1 jQuery 基础

首先通过一段代码来认识 jQuery。

例 3-19 创建一个 HTML 页面，并利用 jQuery 代码实现简单的页面特效(03-19.html)。

```
<!doctype html>
<html>
<head>
    <title>jQuery 练习</title>
    <script src="https://code.jquery.com/jquery-3.1.1.min.js"></script>
    <script>
        $(document).ready(function(){
            $("p").click(function(){ $(this).hide(); });
        });
    </script>
</head>
<body>
    <p>如果您点击我,我会消失.</p>
    <p>点击我,我会消失.</p>
    <p>也要点击我哦.</p>
</body>
</html>
```

浏览该页面，效果如图 3-9 所示。当单击任何一行文字内容时该行内容会自动消失。

为了使用 jQuery，需要首先在页面中引入 jQuery 库。jQuery 库是一个.js 文件，可以直接下载到本地，然后引入到 HTML 页面，也可以从官方提供的 URL 引用。本例直接从 jQuery 官方网站引入 jQuery 3.1.1 库，这是编写本书时官方提供的最新库。

在该段代码中通过 jQuery 函数可以返回一个对象的集合（基于 DOM 或 HTML 字符串），然后就可以访问该集合中所有元素的属性或者方法。例如：

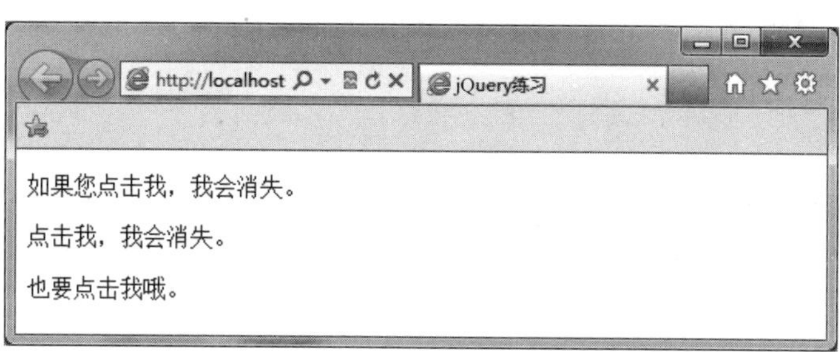

图 3-9　使用 jQuery 实现简单的页面特效

```
jQuery("p").hide()       // 返回页面中所有的段落标签,并对其调用 hide 方法
```

为了简化代码,通常用 $ 符号来替代 jQuery,两者完全等价。例如：

```
$("p").hide()            // 返回页面中所有的段落标签,并对其调用 hide 方法
```

可以看出,jQuery 操作 HTML 元素的基本方法是：先选取一个 HTML 元素,然后对其执行指定的操作。其语法格式如下：

```
$(selector).action()
```

说明：selector 为选择器,用于选择一个或一组对象；action 为方法名,用于指定要在所选对象上执行的操作。例如：

```
$(this).hide();           // 选取当前元素,并对其调用 hide 方法
$("p").hide()             // 隐藏所有的段落元素,这里使用了 HTML 标签选择器
$(".test").hide()         // 隐藏所有 class="test"的元素,这里使用了类选择器
$("#test").hide()         // 隐藏 id="test"的元素,这里使用了 ID 选择器
```

jQuery 选择器的语法和 CSS 基本相同,除 3 种基本的选择器(标签选择器、类选择器以及 ID 选择器)外,还可以使用复合选择器(后代选择器、交集选择器、并集选择器)。例如：

```
$("p.intro")              // 选择所有 class="intro"的<p>元素
$("ul li:first")          // 选择所有<ul>中的第一个<li>元素
$("div#intro .head")      // 选择 id="intro"的<div>元素中的所有 class="head"的元素
```

jQuery 还可以使用 XPath 表达式选择带有指定属性的元素,例如：

```
$("[href]")               // 选取所有带有 href 属性的元素
$("[href='#']")           // 选取所有带有 href 属性且其值等于"#"的元素
$("[href!='#']")          // 选取所有带有 href 属性且其值不等于 "#" 的元素
$("[href$='.jpg']")       // 选取所有带 href 属性且其值以".jpg"结尾的元素
```

在传统的 JavaScript 编程中,为了保证自己的代码能够在浏览器中加载文档完成后才运行,经常需要捕获 window.onload 事件,并嵌入自己的处理代码。例如：

```
window.onload = function() {
    alert( "welcome" );
};
```

但是如果页面中包含很多图片，那么只有当所有图片都下载完后代码才可以执行，这显然是不合理的。为了尽早执行代码，jQuery 使用文档对象上的 ready 事件，形式如下：

```
$ ( document ).ready(function() {
    // 代码
});
```

当捕获到 ready 事件时为它传递了一个匿名函数，大括号{}中的代码就是要执行的函数体。通常会在 ready 事件函数中完成页面的初始化，比如实现按钮、超链接等元素的事件绑定。例如：

```
$ (document).ready(function(){
    $ ("p").click(function(){
        $ (this).hide();
    });
});
```

在 ready 事件处理函数中，为所有的段落标签注册了单击事件处理函数，这里同样使用了匿名函数，在函数体中使用 $ this 选择当前对象，再调用 hide 方法将其隐藏。

在事件驱动编程中，回调函数(Callback)是当捕获到某事件发生时自动调用的事件处理函数。在程序运行时，JavaScript 允许将回调函数作为一个函数的参数进行传递，当其父函数执行完成后自动执行回调函数。

在使用回调函数时，应注意区分下面两种情况：

(1) 当回调函数没有参数时，可以直接通过函数名传递，例如：

```
$ .get( "myhtmlpage.html", myCallBack );
```

这里调用了 get 方法来请求 myhtmlpage.html 页面，当该页面下载完成后，自动回调 myCallBack 函数。由于回调函数不带任何参数，所以通过函数名即可调用。

(2) 当回调函数带有参数时，需要使用一个匿名函数来包装回调代码，例如：

```
$ .get( "myhtmlpage.html", myCallBack( param1, param2 ) );     // 错误的回调形式
```

该行代码无法正确执行，因为系统会立刻调用 myCallBack 函数，并将其返回值作为 Get 请求的第二个参数，这与目标完全不同。正确的调用方法如下：

```
$ .get( "myhtmlpage.html", function() {     // 正确的回调形式
    myCallBack( param1, param2 ) ;
} );
```

当 get 方法完成对 myhtmlpage.html 页面的下载后会自动执行一个匿名函数，进而在

匿名函数中调用 myCallBack 回调函数。

3.4.2 使用 jQuery 操作 HTML 元素

使用 jQuery 可以通过文档对象模型(DOM)来操作 HTML 元素和属性，非常方便地获取和设置各种 HTML 元素的内容和属性、添加或删除 HTML 元素、设置 HTML 元素的样式等。

1. 获取或设置 HTML 元素的内容

使用以下 3 个 jQuery 方法可以获取或设置 HTML 元素的内容。

- text()：设置或返回 HTML 元素的文本内容。
- html()：设置或返回 HTML 元素的内容(包括 HTML 标记)。
- val()：设置或返回表单字段的值。

例 3-20 使用 jQuery 获取 HTML 元素的内容(03-20.html)。

```
<!doctype html>
<html>
<head>
    <meta charset="utf-8">
    <title>获取 HTML 元素的内容</title>
    <script src="https://code.jquery.com/jquery-3.1.1.min.js"></script>
    <script>
        $(document).ready(function(){
            $("#btn1").click(function(){
              alert("Text: " + $("#test").text());
            });
            $("#btn2").click(function(){
              alert("HTML: " + $("#test").html());
            });
            $("#btn3").click(function(){
              alert("Val: " + $("#test2").val());
            });
        });
    </script>
</head>
<body>
    <p id="test">这是段落中的<b>粗体</b>文本.</p>
    <button id="btn1">显示文本</button>
    <button id="btn2">显示 HTML</button>
    <p>姓名: <input type="text" id="test2" value="米老鼠"></p>
    <button id="btn3">显示值</button>
</body>
</html>
```

浏览该页面，效果如图 3-10 所示。单击页面上的 3 个按钮，分别弹出如图 3-11(a)、图 3-11(b)、图 3-11(c)所示的对话框。

可以看出这 3 种方法都不带参数，能够获得所选对象的内容。若要设置所选对象的内

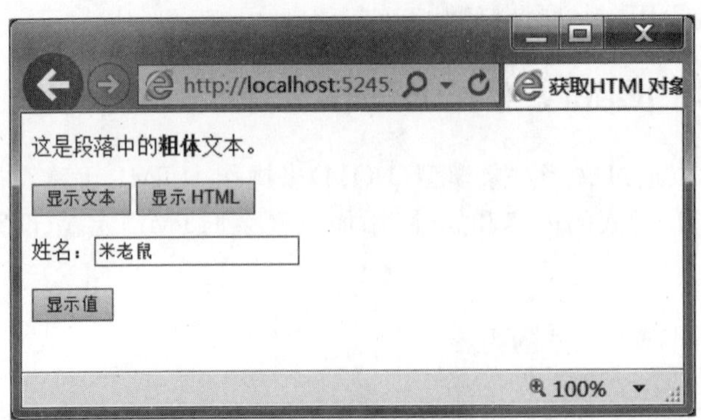

图 3-10　使用 jQuery 获取 HTML 元素的内容

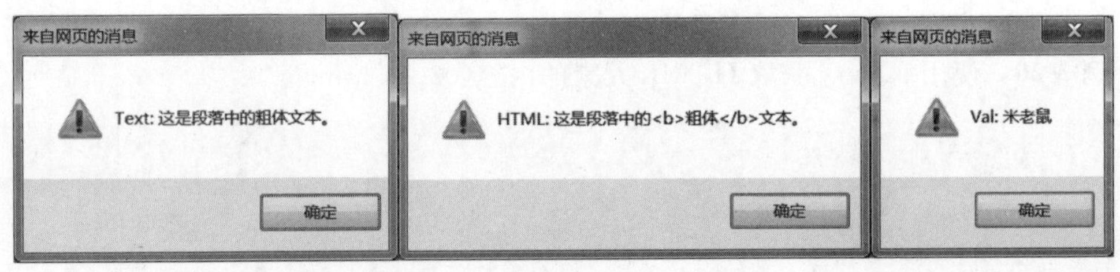

(a) 单击“显示文本”按钮　　(b) 单击“显示HTML”按钮　　(c) 单击“显示值”按钮

图 3-11　单击图 3-10 中的各按钮后的结果

容，只需将设置值作为参数传入即可，例如：

```
$("p").html("Hello<b>world</b>!");
```

上面代码的作用是将所有段落元素的内容都设置为指定的 HTML 文本。

2. 获取或设置 HTML 元素的属性

在 HTML 元素上调用 attr 方法可以获取或设置元素的属性值，其基本用法如下。

- $(selector).attr(attribute)：获取所选对象指定属性的值。
- $(selector).attr(attribute, value)：设置所选对象指定属性的值。

例如：

```
alert($("#w3s").attr("href"));     // 显示 id 为 w3s 的元素的 href 属性值
$("img").attr("width","180");      // 将所有 img 元素的 width 属性设置为 180
```

3. 在文档中添加新的 HTML 元素或内容

如果要在文档中的指定位置插入新的元素或内容，可以使用以下 4 个 jQuery 方法。

- append()：在被选元素的结尾处添加新的元素或内容。
- prepend()：在被选元素的开始处添加新的元素或内容。
- after()：在被选元素之后添加新的元素或内容。

• Before()：在被选元素之前添加新的元素或内容。

例如：

```
$("p").prepend("Some appended text.");       // 在段落的起始处添加文字内容
var prg = document.createElement("p");       // 创建一个新的 DOM 元素
prg.innerHTML = "Hello World!";
$("p").append(prg);                          // 将新建对象添加到原有段落元素的结尾
$("img").after("Some text after");           // 在 img 元素后面添加一段文字内容
$("img").after(prg);                         // 在 img 元素之后添加一个新元素
```

4. 删除指定的 HTML 元素

使用 remove 方法可以删除被选元素(若被选元素含有子元素，则一起删除)；使用 empty 方法可以删除被选元素的所有子元素。例如：

```
$("#div1").remove();                         // 删除 div1 及其所有子元素
$("#div1").empty();                          // 清空 div1 中的所有子元素
```

remove 方法还允许接收一个参数，以便过滤被删除的元素，例如：

```
$("p").remove(".italic");                    // 删除段落中所有 class 属性为 italic 的元素
```

5. 设置 HTML 元素的 CSS 样式

使用 jQuery 也可以获取或设置页面的样式，还可以动态地添加或删除样式。

例如在文档中定义了以下 CSS 样式：

```
.important { font-weight:bold; font-size:xx-large; }
.blue { color:blue; }
```

用户可以使用以下代码为 HTML 元素设置样式：

```
$("h1,h2,p").addClass("blue");               // 将所有 h1、h2 及 p 元素设置为.blue 样式
$("div").addClass("important");              // 将所有 div 元素设置为.important 样式
```

用户还可以使用以下代码删除或切换 HTML 元素的样式：

```
$("h1,h2,p").removeClass("blue");            // 对所有 h1、h2 及 p 元素删除.blue 样式
$("h1,h2,p").toggleClass("blue");            // 对所有 h1、h2 及 p 元素切换(添加/删除)样式
```

3.4.3 使用 jQuery 进行 DOM 遍历

jQuery 提供了多种遍历 DOM 的方法，可以从一个指定结点出发向上遍历其父级结点，向下遍历其子孙结点，或平级遍历其兄弟结点；还可以对选择的结点进行条件过滤。

1. 向上遍历父级结点

用户可以使用以下 3 个方法来遍历选定元素的父级结点。

- parent：返回被选元素的直接父元素。
- parents：返回被选元素的所有祖先元素(向上直到文档的根元素)。
- parentsUntil()：返回介于当前元素与指定元素之间的所有祖先元素。

例如有以下 HTML 内容定义：

```
<body class = "ancestors"> body (曾曾祖父)
  <div style = "width:500px;"> div (曾祖父)
    <ul> ul (祖父)
      <li> li (直接父)
        <span> span </span>
      </li>
    </ul>
  </div>
</body>
```

执行以下 3 行代码：

```
$ ("span").parent().css({"color":"red","border":"2px solid red"});
$ ("span").parents().css({"color":"red","border":"2px solid red"});
$ ("span").parentsUntil("div").css({"color":"red","border":"2px solid red"});
```

由于“span”元素的父节点为“li”元素，所以第一行只对“li”元素设置样式；第二行为所有父元素设置样式，所以从“body”到“li”各个元素都加上了红色边框；第三行为“div”元素以下的各级父节点设置样式，所以“ul”和“li”元素加上了红色边框。

2. 向下遍历子孙结点

用户可以使用以下两个方法遍历当前结点的子孙结点。

- children()：返回被选元素的所有直接子元素(即向下一级对 DOM 树进行遍历)。
- find()：返回被选元素的后代元素，一路向下直到最后一个后代。

例如：

```
$ ("#div1").children();          // 返回 div1 的所有直接子结点
$ ("#div1").find("*");           // 返回 div1 的所有后代结点
$ ("#div1").find("span");        // 返回 div1 后代中所有的 span 元素
$ ("#div1").children("p.c1");    // 返回 div1 的所有类名为 c1 的段落子元素
```

3. 平级遍历兄弟结点

有很多方法可以在 DOM 树中进行同级遍历，常用的如下。

- siblings()：返回被选元素的所有同胞元素。
- next()：返回被选元素的下一个同胞元素。

• nextAll()：返回被选元素的所有后续同胞元素。
• nextUntil()：返回从被选元素到指定元素的所有后续同胞元素。
• prev()：返回被选元素的上一个同胞元素。
• prevAll()：返回被选元素的所有前续同胞元素。
• prevUntil()：返回从被选元素到指定元素的所有前续同胞元素。

例如：

```
$("h2").siblings();              //返回<h2>的所有同胞元素
$("h2").siblings("p");           //返回<h2>的所有同胞元素中的<p>元素
$("#div1").next();               //返回 div1 的下一个同胞元素
$("h2").nextUntil("h6");         //返回从<h2>到<h6>的所有同胞元素
```

4. 条件过滤结点

用户可以使用以下方法对$(selector)返回的结点进行条件过滤。

• first()：返回被选元素中的首元素。
• last()：返回被选元素中的最末一个元素。
• eq()：返回被选元素中带有指定索引号的元素(索引从0开设编号)。
• filter()：返回被选元素中所有满足指定条件的元素。
• not()：返回被选元素中所有不满足指定条件的元素。

例如：

```
$("div p").first();              //返回所有<div>元素内部的第一个<p>元素
$("div p").last();               //返回所有<div>元素内部的最后一个<p>元素
$("p").eq(1);                    //返回所有<p>元素中索引号为 1 的元素(第 2 个)
$("p").filter(".intro");         //返回所有<p>元素中类名为 intro 的部分元素
$("p").not(".intro");            //返回所有<p>元素中类名不为 intro 的部分元素
```

3.4.4 使用 jQuery 实现网页特效

使用jQuery可以实现很多网页特效，例如BootStrap框架就借助jQuery提供了很多特效，这里只做简单介绍，常用的特效方法如下。

• hide()：隐藏选定的元素。
• show()：显示选定的元素。
• toogle()：对选定的元素在隐藏和显示之间切换。
• fadeIn()：淡入已隐藏的元素。
• fadeOut()：淡出可见的元素。
• fadeToogle()：对指定元素在淡入、淡出之间进行切换。
• slideDown()：向下滑动元素。
• slideUp()：向上滑动元素。
• slideToogle()：对指定元素在slideDown()与slideUp()方法之间进行切换。

- animate()：对指定元素设置动画效果。
- stop()：在动画或特效完成前停止动画或特效。

例如：

```
$("#div1").fadeIn();                     //以正常速度淡入
$("#div2").fadeIn("slow");               //慢速淡入
$("#div3").fadeIn(3000);                 //以指定的时长慢速淡入
$("#panel").slideDown();                 //将 panel 面板向下展开
$("#panel").slideUp();                   //将 panel 面板向上闭合
$("#panel").slideToggle("slow");         //对 panel 面板在展开和闭合之间切换
```

在调用特效方法时还可以设定两个参数，格式如下：

```
$(selector).特效方法名(speed,callback);
```

第一个参数用于指定特效的执行速度，可以用 fast、slow 或一个毫秒数描述；第二个参数可以指定一个回调函数，当特效执行完成后自动调用该函数。例如：

```
$("p").hide(1000,function(){  alert("The paragraph is now hidden"); });
```

该代码在<p>元素上执行隐藏特效，特效完成时间为 1000 毫秒，完成后自动调用匿名函数，用 alert 显示了一段文字。

在 JQuery 中还允许将特效方法连接起来，形成一系列连续特效，例如：

```
$("#p1").css("color","red").slideUp(2000).slideDown(2000);
```

这里对 id 为 p1 的元素首先设置 CSS 样式，然后调用 slideUp 特效关闭显示，接着又调用 slideDown 特效展开显示。

3.5 BootStrap 框架

Web 开发的任务通常分为前端开发与后端开发两个部分：前者主要关注应用程序的可视化界面及用户交互，代码运行在客户端；后者主要关注请求处理、业务逻辑及数据持久化逻辑，代码运行在服务器端。显然，前端开发与后端开发在技术上存在很大的差异，通常后端开发人员长于软件架构和编程，但对界面美化较为生疏；而前端开发人员长于布局、配色和切图，但普遍编程能力薄弱。

近几年来随着技术的发展，前端开发的重要性越来越凸显出来，不仅需要良好的界面，还需要大量的编程。显然，传统的美工和程序员都难以胜任前端开发的重任，急需一套开发框架帮助开发人员高效地搭建应用程序的前端系统。BootStrap 就是目前最流行的一套前端开发框架，它让前端开发更加快速、简单，让所有开发者都能快速上手，并且所有设备都可以适配。

3.5.1 BootStrap 基础

BootStrap 是最受欢迎的 HTML、CSS 和 JS 框架，用于开发响应式布局、移动设备优先的 Web 项目，目前的稳定版本是 3.3.7。BootStrap 最早由 Twitter 的两名工程师开发，目前已成为 Github 上的开源项目。它的主要特性如下。

(1) 移动设备优先：样式库中包含针对移动设备优化的样式。

(2) 多浏览器支持：目前主流的 IE、Firefox、Chrome、Opera、Safari 等浏览器都支持 BootStrap。

(3) 响应式设计：其响应式 CSS 能够自适应台式机、平板电脑和手机等各种不同尺寸的设备。

(4) 容易上手：使用非常简单，只要具有 HTML 和 CSS 基础就可以使用 BootStrap。

BootStrap 框架的主要内容如下。

(1) 全局 CSS 样式：BootStrap 提供了一套全局 CSS 样式，所有 HTML 元素均可以通过 class 属性设置样式并得到增强效果；另外还有一套先进的栅格系统，用于方便地实现布局控制。

(2) 可重用组件：BootStrap 定义了一批可重用的组件，用于创建图像、菜单、导航条、弹出框、进度条、面板等，总之常用的 Web 页面组件都能在这里找到，使用非常方便。

(3) JavaScript 插件：BootStrap 提供了一批自定义的 jQuery 插件，可以实现模态对话框、下拉菜单、滚动监听、标签页等复杂效果，为站点提供了更多的互动。

下面通过一个简单示例了解使用 BootStrap 框架的基本方法。

例 3-21 第一个 BootStrap 示例(03-21.html)。

使用 Visual Studio 创建一个空的 Web 网站，并添加一个 index.html 页面，代码如下：

```
<!doctype html>
<html>
<head>
    <meta charset="utf-8">
    <meta http-equiv="X-UA-Compatible" content="IE=edge">
    <meta name="viewport" content="width=device-width, initial-scale=1">
    <!-- 上面 3 个 meta 标签必须放在最前面,任何其他内容都必须跟随其后 -->
    <title>第一个 BootStrap 示例</title>
    <link href="StyleSheet.css" rel="stylesheet" />
    <!-- Bootstrap -->
    <link href="https://cdn.bootcss.com/bootstrap/3.3.7/css/bootstrap.min.css"
        rel="stylesheet" />
</head>
<body>
    <nav class="navbar navbar-inverse navbar-fixed-top">
        <div class="container">
            <div class="navbar-header">
                <button type="button" class="navbar-toggle collapsed"
                   data-toggle="collapse" data-target="#navbar"
                   aria-expanded="false" aria-controls="navbar">
                    <span class="sr-only">Toggle navigation</span>
                    <span class="icon-bar"></span>
                    <span class="icon-bar"></span>
                    <span class="icon-bar"></span>
                </button>
                <a class="navbar-brand" href="#">Project name</a>
```

```
            </div>
            <div id="navbar" class="collapse navbar-collapse">
                <ul class="nav navbar-nav">
                    <li class="active"><a href="#">Home</a></li>
                    <li><a href="#about">About</a></li>
                    <li><a href="#contact">Contact</a></li>
                </ul>
            </div><!-- /.nav-collapse -->
        </div>
    </nav>
    <div class="container">
        <div class="starter-template">
            <h1>Bootstrap starter template</h1>
            <p class="lead">Use this document as a way to quickly start any new
          project.<br>All you get is this text and a mostly barebones HTML document.</p>
        </div>
    </div><!-- /.container -->
    <!-- jQuery (necessary for Bootstrap's JavaScript plugins) -->
    <script src="https://cdn.bootcss.com/jquery/1.12.4/jquery.min.js"></script>
    <!-- Include all compiled plugins (below), or include individual files as needed -->
    <script src="https://cdn.bootcss.com/bootstrap/3.3.7/js/bootstrap.min.js"></script>
</body>
</html>
```

然后向网站添加 StyleSheet.css 样式单文件，内容如下：

```
body { padding-top: 50px; }
.starter-template { padding: 40px 15px; text-align: center; }
```

启动该网站，在浏览器中访问 index.html 页面，效果如图 3-12(a)所示。

拖动浏览器窗口的右边框缩小宽度，使其变为手机浏览器形状，如图 3-12(b)所示。

可以看出页面内容会随着浏览器的尺寸自动调整，完全能够适应手机等移动设备的屏幕尺寸。注意观察菜单栏的变化，由于无法显示 3 个菜单项，自动采用了隐藏菜单的形式；单击页面右上角的☰图标，菜单项能够浮动显示出来，如图 3-12(c)所示。

这就是使用 BootStrap 框架创建的一个响应式页面，要点说明如下：

(1) BootStrap 使用到的某些元素需要将页面设置为 HTML5 文档类型，所以第一行的文档类型说明必须写成以下形式：

```
<!doctype html>
```

(2) 为确保“移动设备优先”的特性，在 head 中必须增加以下说明，以使视窗(viewport)能够自动缩放以适应设备的尺寸。

```
<meta name="viewport" content="width=device-width, initial-scale=1">
```

(a) 正常尺寸下的显示效果

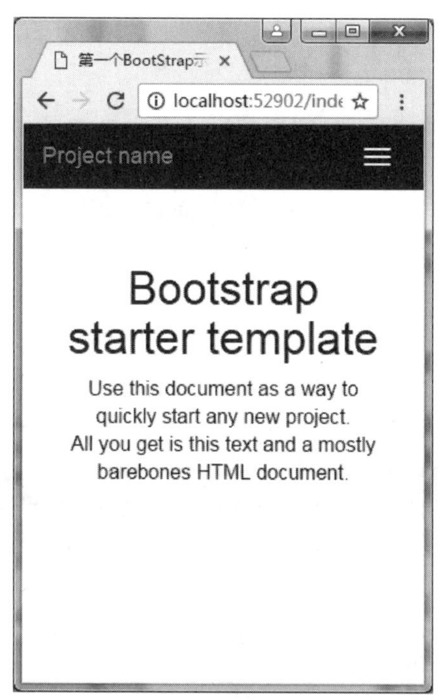

(b) 小尺寸下的显示效果

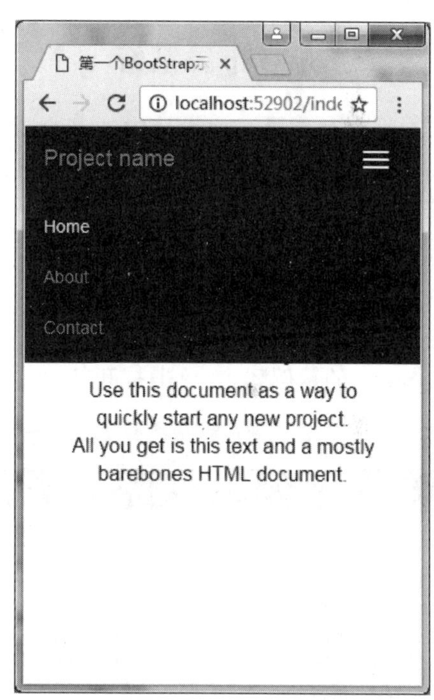

(c) 小尺寸下的菜单显示效果

图 3-12　第一个 BootStrap 页面

(3) 为使用 BootStrap 提供的全局样式需要引入相应的 CSS。本例使用了 BootStrap 官方提供的 CDN 链接，引用格式如下：

```
<link href = "https://cdn.bootcss.com/bootstrap/3.3.7/css/bootstrap.min.css" rel =
"stylesheet" />
```

当然也可以从官方下载相应的 CSS 文件保存在本地，并在页面中使用本地链接引用。

(4) 为了使用 BootStrap 的 UI 组件及 JS 插件，必须引入 jQuery 库和 BootStrap 核心 JS 库，引用格式如下：

```
<script src="https://cdn.bootcss.com/jquery/1.12.4/jquery.min.js"></script>
<script src="https://cdn.bootcss.com/bootstrap/3.3.7/js/bootstrap.min.js"></script>
```

这里同样使用了官方的 CDN 链接，也可以下载到本地进行引用，最好将这两个引用放在 body 元素的底部，以加快页面的加载速度。

(5) 在页面顶部使用了响应式的导航条，这通过 BootStrap 的 nav 组件实现，而该组件又依赖于 collapse 插件，所以上面提到的两个 JS 库必须引入。关于 nav 组件和 collapse 插件的详细用法，请读者参阅 BootStrap 官方文档。

(6) 页面中大量使用了 BootStrap 的全局样式，使用方法就是设置各元素的 class 属性，并且对一个元素可以设置多个 class 属性，以使其同时遵循多个样式的要求。关于各类样式的使用详情，请读者参阅 BootStrap 官方文档。

3.5.2 栅格布局系统

布局控制通常是页面设计中的一个重点和难点问题，常用的方法有表格布局、DIV 布局、Frame 布局等。为了解决布局难题，BootStrap 引入了流式栅格系统。

类似于表格布局，栅格系统通过一系列的行与列的组合来创建页面布局，页面内容就放入这些创建好的布局中。请看以下示例：

例 3-22 BootStrap 栅格布局示例。

在浏览器的地址栏中输入“http://v3.bootcss.com/getting-started/#examples”，导航到 BootStrap 的示例列表，单击打开其中的“Jumbotron”示例，页面效果如图 3-13 所示。

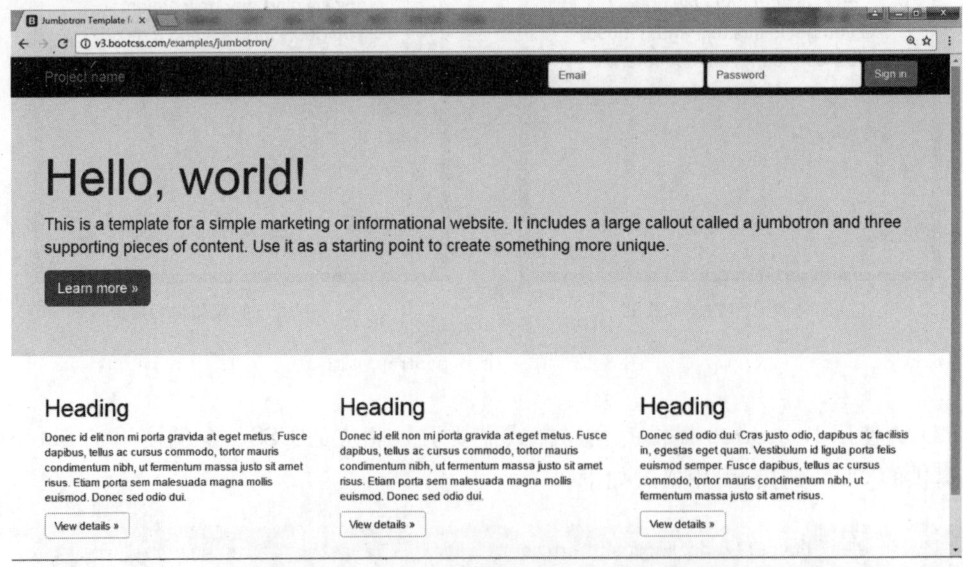

图 3-13 BootStrap 栅格布局示例的显示效果

这是一个典型的首页模板，注意底部的 3 个 Heading 内容，从左到右依次排开，属于典型的流式栅格布局，核心代码如下：

```
<div class = "container">
  <div class = "row">
    <div class = "col - md - 4">
      <h2>Heading</h2>
      <p>Donec id elit non mi ...... </p>
      <p><a class = "btn btn - default" href = "#" role = "button">View details </a></p>
    </div>
    <div class = "col - md - 4">
      <h2>Heading</h2>
      <p>Donec id elit non mi ......</p>
      <p><a class = "btn btn - default" href = "#" role = "button">View details </a></p>
    </div>
    <div class = "col - md - 4">
      <h2>Heading</h2>
      <p>Donec sed odio dui......</p>
      <p><a class = "btn btn - default" href = "#" role = "button">View details </a></p>
    </div>
  </div><! -- /row -->
</div> <! -- /container -->
```

本例的栅格系统包含一个 class="row"的 div 元素，以及 3 个 class="col-md-4"的 div 元素，这样构造出 1 行 3 列的栅格，文字内容放置在这些栅格中，实现了横向 3 列的布局控制。

在使用栅格系统时要注意以下要点：

(1) 行(row)必须包含在.container(固定宽度)或.container-fluid(100%宽度)容器中。

(2) 通过行在水平方向上创建一组列(column)，且只有列可以作为行的直接子元素。

(3) 页面内容应当放置于列中。

(4) 通过为列设置 padding 属性可以创建列与列之间的间隔。

(5) 一行最多可以容纳 12 个列，若大于 12，多余列中的元素将作为一个整体另起一行排列。

(6) 可以将多列合并成一个列，通过指定 1 到 12 的值来表示列跨越的范围；在本例中使用了 class="col-md-4"，表示该列跨越了 4 列，这样 3 个列元素就占满了一行的 12 个列。

为适应各种不同屏幕尺寸的设备，BootStrap 内置了 4 种类，分别用不同的类前缀来表示，如表 3-7 所示。

表 3-7　针对不同尺寸的设备使用的类前缀

屏幕尺寸	超小屏幕手机	小屏幕平板	中等屏幕桌面显示器	大屏幕大桌面显示器
尺寸临界点	<768px	≥768px	≥992px	≥1200px
类前缀	.col-xs-	.col-sm-	.col-md-	.col-lg-
栅格系统行为	总是水平排列	小于临界值时堆叠在一起，大于临界值时水平排列		

使用单一的一组“. col-md- * ”栅格类就可以创建一个基本的栅格系统，在超小屏幕到小屏幕这一范围内这些栅格是堆叠在一起的，当扩大到中等屏幕尺寸时这些栅格将变为水平排列。请看以下代码：

```
<div class = "container">
  <div class = "row">
      <div class = "col - md - 8">.col - md - 8 </div>
      <div class = "col - md - 4">.col - md - 4 </div>
  </div>
  <div class = "row">
      <div class = "col - md - 4">.col - md - 4 </div>
      <div class = "col - md - 4">.col - md - 4 </div>
      <div class = "col - md - 4">.col - md - 4 </div>
  </div>
  <div class = "row">
      <div class = "col - md - 6">.col - md - 6 </div>
      <div class = "col - md - 6">.col - md - 6 </div>
  </div>
</div>  <! -- /container -->
```

第一行被分为 8∶4 两个栅格，第二行被分为 4∶4∶4 三个栅格，第三行被分为 6∶6 两个栅格。在计算机显示器上尝试放大、缩小浏览器窗口，观察栅格的排列情况，可以看到当窗口尺寸小于 992px 时一行中的栅格会自动变为多行堆叠起来。

如果不希望在中小屏幕设备上栅格堆叠起来，就要使用针对超小屏幕和中等屏幕设备所定义的类，即“. col-xs- * ”和“. col-md- * ”，请看以下示例：

```
<div class = "row">
  <div class = "col - xs - 12 col - md - 8">.col - xs - 12 .col - md - 8 </div>
  <div class = "col - xs - 6 col - md - 4">.col - xs - 6 .col - md - 4 </div>
</div>
<div class = "row">
  <div class = "col - xs - 6 col - md - 4">.col - xs - 6 .col - md - 4 </div>
  <div class = "col - xs - 6 col - md - 4">.col - xs - 6 .col - md - 4 </div>
  <div class = "col - xs - 6 col - md - 4">.col - xs - 6 .col - md - 4 </div>
</div>
<div class = "row">
  <div class = "col - xs - 6">.col - xs - 6 </div>
  <div class = "col - xs - 6">.col - xs - 6 </div>
</div>
```

该页面以中等屏幕为基准设计，当窗口尺寸小于中等屏幕临界值时，会自动切换到超小屏幕的栅格分布。

3.5.3 表单系统

表单是 Web 前端设计中必不可少的一部分内容，使用 BootStrap 可以快速设计出美观、实用的表单，请看如下代码片段：

```
<form>
  <div class="form-group">
    <label for="tbxEmail">Email address</label>
    <input type="email" class="form-control" id="tbxEmail" placeholder="Email">
  </div>
  <div class="form-group">
    <label for="tbxPwd">Password</label>
    <input type="password" class="form-control" id="tbxPwd" placeholder="Password">
  </div>
  <div class="checkbox">
    <label><input type="checkbox"> Check me out </label>
  </div>
  <button type="submit" class="btn btn-default">Submit</button>
</form>
```

该表单的显示效果如图 3-14 所示。

Email address

Email

Password

Password

Check me out

Submit

图 3-14　登录表单的显示效果

在表单中，通常为输入元素(< input >、< textarea >及< select >等)设置. form-control 样式，这样系统会将其宽度默认设置为 width:100%。另外，由于< label >元素与输入元素密切相关，通常将其与输入元素一起包裹在 class="form-group"的 div 元素中，以获得更好的排列效果。

为表单添加. form-inline 类可使其内容左对齐并且表现为 inline-block 级别的控件，请看以下示例代码：

```
<form class="form-inline">
  <div class="form-group">
    <label class="sr-only" for="tbxEmail">Email address</label>
    <input type="email" class="form-control" id="tbxEmail" placeholder="Email">
  </div>
  <div class="form-group">
    <label class="sr-only" for="tbxPwd">Password</label>
    <input type="password" class="form-control" id="tbxPwd" placeholder="Password">
  </div>
  <div class="checkbox">
    <label><input type="checkbox"> Remember me </label>
  </div>
  <button type="submit" class="btn btn-default">Sign in</button>
</form>
```

该表单的显示效果如图 3-15 所示。需要注意的是，内联表单要求视窗尺寸必须达到 768px 以上，否则会以折叠的方式显示。

Email	Password	☐ Remember me	Sign in

图 3-15　为表单设置 form-inline 样式后的显示效果

为了实现如图 3-16 所示的水平排列 label 与输入控件的效果，可以使用. form-horizontal 类，并配合栅格布局，使每个 form-group 都表现为栅格系统中的一行，示例代码如下：

Email	Email
Password	Password
	☐ Remember me
	Sign in

图 3-16　为表单设置 form-horizontal 样式后的显示效果

```
<form class = "form - horizontal">
  <div class = "form - group">
    <label for = "Email" class = "col - sm - 2 control - label"> Email </label >
    <div class = "col - sm - 10">
      <input type = "email" class = "form - control" id = "Email" placeholder = "Email">
    </div >
    </div >
      <div class = "form - group">
        <label for = "PWD" class = "col - sm - 2 control - label"> Password </label >
        <div class = "col - sm - 10">
        <input type = "password" class = "form - control" id = "PWD" placeholder = "Password">
      </div >
      </div >
      <div class = "form - group">
        <div class = "col - sm - offset - 2 col - sm - 10">
          <div class = "checkbox">
            <label > <input type = "checkbox"> Remember me </label >
          </div >
        </div >
      </div >
      <div class = "form - group">
        <div class = "col - sm - offset - 2 col - sm - 10">
          <button type = "submit" class = "btn btn - default"> Sign in </button >
        </div >
      </div >
    </form >
```

该例中对于 checkbox 和 button 两个控件，其 div 容器都使用了 class＝"col-sm-offset-2 col-sm-10"，指定该容器占用 10 个栅格，且向右偏移两个栅格，实现了与输入框对齐摆放的效果。

除栅格布局系统和表单系统之外，BootStrap 框架的全局 CSS 还提供了大量的样式模板，用于简化页面内容排版、表格排版以及按钮、图像样式控制等。使用这些模板，开发人员不再需要设计复杂的 CSS，只需按模板要求简单地复制代码就可以实现增强的页面效果。

3.5.4　导航条组件

导航条是 Web 中的常用组件，BootStrap 使用 nav 组件实现导航条效果，并且允许对导航条进行多种定制。

本节的第一个示例就使用了导航条，其核心代码如下：

```
<nav class = "navbar navbar - inverse navbar - fixed - top">
  <div class = "container">
    <div class = "navbar - header">
      <button type = "button" class = "navbar - toggle collapsed"
          data - toggle = "collapse" data - target = "#navbar"
          aria - expanded = "false" aria - controls = "navbar">
          <span class = "sr - only">Toggle navigation</span>
          <span class = "icon - bar"></span>
          <span class = "icon - bar"></span>
          <span class = "icon - bar"></span>
      </button>
      <a class = "navbar - brand" href = "#">Project name</a>
    </div>
    <div id = "navbar" class = "collapse navbar - collapse">
      <ul class = "nav navbar - nav">
        <li class = "active"><a href = "#">Home</a></li>
        <li><a href = "#about">About</a></li>
        <li><a href = "#contact">Contact</a></li>
      </ul>
    </div><! -- /.nav - collapse -->
  </div><! -- /.container -->
</nav>
```

通过该示例可以学习导航条组件的一般用法：

(1) 可以使用< nav >标签或者“role="navigation"”的< div >标签来构造导航条；class 属性中的 navbar-inverse 指定使用反色的导航条，而“navbar-fixed-top”指定导航条固定在页面顶部，不会随着页面滚动而消失。

(2) 为控制导航条中内容的排列，一般都会在< nav >中嵌套一个“class="container"”或“class="container-fluid"”的 div 元素，前者使容器中的内容居中排列，后者使容器中的内容顶头排列。

(3) 为适应多种类型的设备，导航条内容被分为折叠部分和非折叠部分，前者在页面宽度变窄时会自动折叠，而后者始终显示；使用“class="navbar-header"”的 div 标签构造非折叠部分，而使用“class="collapse navbar-collapse"”的 div 标签构造折叠部分。

(4) 通常将非折叠部分称为“导航头”，它通常包含一个网站 Logo 和一个菜单按钮；网站 Logo 可以是文字，也可以是图片，本例中使用了超链接文字，即“< a class="navbar-brand" href="#"> Project name </a >”，也可以将文字内容 Project name 替换成一个 < img >标签以插入图片 Logo；使用“class="navbar-toggle collapsed"”的< button >标签创建了菜单按钮，并设置其 data-target 属性为 #navbar，表示该按钮包含的折叠内容为 #navbar 对象；多个< span >标签指明了菜单按钮上的显示内容，即显示 3 条横线。

（5）使用“< div id="navbar" class="collapse navbar-collapse">”构造可折叠的菜单容器，所有的菜单项都包含在该容器中，并且要注意该容器的 id 属性应与菜单按钮的 data-target 属性一致；本例采用无序列表的形式组织多个超链接形成菜单项，这也是最常使用的菜单形式。

除超链接以外，在导航条上还可以放置表单、按钮、文本等其他内容。对导航条上的表单元素使用. navbar-form 类，系统会较好地对齐显示，并在页面变窄时自动折叠。

在上例的</ul >标签后面加入以下代码：

```
<form class = "navbar - form navbar - right" role = "search">
  <div class = "form - group">
    <input type = "text" class = "form - control" placeholder = "Search">
  </div>
  <button type = "submit" class = "btn btn - default"> Submit </button>
</form>
```

导航条的显示效果如图 3-17 所示。

图 3-17　带有搜索表单的导航条

3.5.5　面板组件

在页面中经常要将一些内容放置在矩形或圆角矩形的盒子里，这可以使用 BootStrap 提供的面板组件方便地实现，请看以下示例：

```
<div class = "panel panel - default">
   <div class = "panel - heading"> <h3 class = "panel - title"> Panel title </h3> </div>
   <div class = "panel - body"> Panel content </div>
   <div class = "panel - footer"> Panel footer </div>
</div>
```

该面板的显示效果如图 3-18 所示。

Panel title

Panel content

Panel footer

图 3-18　面板组件的显示效果

可以看出< div class="panel">用来定义面板，面板又包含头部、脚部和内容 3 个部分，其中头部和脚部可以省略。

在定义面板时还可以加入有情境效果的类，生成针对特定情境的面板，例如将上例中的 panel-default 换成 panel-primary、panel-success、panel-info、panel-danger、panel-warning 等情境类时效果会大不相同。

查阅 BootStrap 的组件文档，可以发现有大约 20 种组件可以使用，本节只举例说明了导航条和面板两种组件的用法，其余组件请参考"http://v3.bootcss.com/components/"。

3.5.6　模态框插件

大家在 C/S 结构的应用中经常会看到弹出一个模态对话框，供用户输入数据或做出选择。在 B/S 应用中要弹出模态框需要结合使用多项技术，而 BootStrap 提供了现成的插件，可以很方便地使用模态框。请看以下示例：

```
<div id = "myModal" class = "modal fade" tabindex = " - 1" role = "dialog">
  <div class = "modal - dialog" role = "document">
    <div class = "modal - content">
      <div class = "modal - header">
        <button type = "button" class = "close" data - dismiss = "modal" aria - label = "Close">
          <span aria - hidden = "true"> &times;</span>
        </button>
        <h4 class = "modal - title"> Modal title </h4>
      </div>
      <div class = "modal - body">
        <p> One fine body&hellip;</p>
      </div>
      <div class = "modal - footer">
        <button type = "button" class = "btn" data - dismiss = "modal"> Close </button>
        <button type = "button" class = "btn btn - primary"> Save changes </button>
      </div>
    </div><! -- /.modal - content -->
  </div><! -- /.modal - dialog -->
</div><! -- /.modal -->
```

在这段代码中定义了一个模态对话框，如图 3-19 所示。

图 3-19　模态框的显示效果

可以看出这里连续使用了 modal、modal-dialog 和 modal-content 几个样式来创建一个模态对话框，而核心的内容都放在 modal-content 中。

modal-content 又包含 3 部分。

(1) 弹出框头部：一般使用 modal-header 表示，主要包括标题和关闭按钮。

(2) 弹出框主体：一般使用 modal-body 表示，定义弹出框的主要内容。

(3) 弹出框脚部：一般使用 modal-footer 表示，主要放置操作按钮。

本例在 modal-header 中使用< button >标签及其中的< span >标签定义了对话框右上角的关闭按钮，使用< h4 >标签定义了对话框的标题。

为弹出模态对话框，需要一个触发条件，这里使用按钮触发，代码如下：

```
<button type = "button" class = "btn btn - primary" data - toggle = "modal"
  data - target = "#myModal"> Launch demo modal </button>
```

该按钮使用了 btn-primary 情境样式进行突出显示，单击该按钮将触发打开 id 为#myModal 的对话框。

在 BootStrap 库中共提供了十余款 JavaScript 插件，使用非常简单。这里只介绍了模态对话框插件的用法，其他插件的详细使用方法见“http://v3.bootcss.com/javascript/”。

3.6 习题和上机练习

1. 选择题

(1) 写“Hello World”的正确 JavaScript 语法是(　　)。

A. document.write("Hello World")　　B. "Hello World"

C. response.write("Hello World")　　D. ("Hello World")

(2) 下列 JavaScript 判断语句中(　　)是正确的。

A. if(i==0)　　B. if(i=0)　　C. if i==0 then　　D. if i=0 then

(3) 下列选项中(　　)不是网页中的事件。

A. onClick　　B. onMouseOver　　C. onSubmit　　D. onPressButton

(4) 阅读以下 JavaScript 语句：

```
var a1 = 10;
var a2 = 20;
alert("a1 + a2 = " + a1 + a2)
```

将显示(　　)中的结果。

A. a1+a2=30　　B. a1+a2=1020　　C. a1+a2=a1+a2

(5) 某网页中有一个窗体对象，其名称是 mainForm。该窗体对象的第一个元素是按钮，其名称是 myButton，表示该按钮对象的方法是(　　)。

A. document.forms.myButton　　B. document.mainForm.myButton

C. document.forms[0].element[0]　　D. 以上都可以

(6) 在 JavaScript 浏览器对象模型中，window 对象的(　　)属性用来指定浏览器状态栏中显示的临时消息。

A. status　　B. screen　　C. history　　D. document

(7) 下列选项中关于浏览器对象的说法错误的是(　　)。

A. history 对象记录了用户在一个浏览器中已经访问过的 URL

B. location 对象相当于 IE 浏览器中的地址栏,包含关于当前 URL 地址的信息

C. location 对象是 history 对象的父对象

D. location 对象是 window 对象的子对象

(8) 在 HTML 页面中包含一个按钮控件 mybutton,如果要实现单击该按钮时调用已定义的 JavaScript 函数 compute,要编写的 HTML 代码是(　　)。

A. <input name="mybutton" type="button" onBlur="compute()"value="计算">

B. <input name="mybutton" type="button" onFocus="compute()"value="计算">

C. <input name="mybutton" type="button" onClick="function compute()" value="计算">

D. <input name="mybutton" type="button" onClick="compute()"value="计算">

(9) 分析下面的 JavaScript 代码段,输出结果是(　　)。

```
var mystring = "I am a student";
var a = mystring.substring(9,13);
document.write(a);
```

A. stud　　B. tuden　　C. uden　　D. udent

(10) 在 HTML 页面上,当按下键盘的任意一个键时都会触发 JavaScript 的(　　)事件。

A. onFocus　　B. onBlur　　C. onSubmit　　D. onKeyDown

2. 程序题

写出下列程序的运行结果:

```
function replaceStr(inStr, oldStr, newStr) {
    var rep = inStr;
    while (rep.indexOf(oldStr) > -1){
        rep = rep.replace(oldStr, newStr);
    }
    return rep;
}
alert(replaceStr("how do you do","do","are"));
```

3. 简答题

(1) 在页面中引入 JavaScript 有哪几种方式?

(2) 简要说明 JavaScript 的异常处理代码结构,并说明每一部分的作用。

(3) 简述文档对象模型中常用的查找访问元素结点的方法。

第4章 C#语言基础

Microsoft .NET Framework 提供了多种语言，例如 Visual Basic. NET、Visual C＃、Visual C++、Visual J＃、Python 等。

C＃(读作 C sharp)是一种简单的、面向对象、类型安全的编程语言，它是 Microsoft 专门为生成在. NET Framework 上运行的各种应用程序而设计的。C＃从 C 和 C++衍生而来，它继承了 C++最好的功能，比 C++更简洁、高效。

Visual C＃是 Microsoft 对 C＃语言的实现。Visual C＃和. NET Framework 的结合使得程序设计人员可以创建 Windows 应用程序、XML Web Services、分布式组件、数据库应用程序等。Visual Studio 通过功能齐全的代码编辑器、编译器、项目模板、设计器、调试器等工具实现了对 Visual C＃的支持。

4.1 创建一个简单的 C＃程序

先看一个简单的 C＃程序，从而使读者对 C＃程序有一个初步的认识。

选择“文件”→“新建项目”命令，在“新建项目”对话框中选择 Visual C＃和“控制台应用程序”，填写程序的保存路径，如图 4-1 所示，单击“确定”按钮，系统将自动创建一个控制台程序的框架 Program. cs，代码如下：

```
using System;
using System.Collections.Generic;
using System.Linq;
using System.Text;
using System.Threading.Tasks;
namespace ConsoleApplication1
{
    class Program
    {
        static void Main(string[] args)
        {
        }
    }
}
```

代码的第 1～5 行是引入命名空间。using 指令的作用是引入命名空间，System 或 System. Collections. Generic 就是名字空间。引入命名空间后，就可以直接使用它们的方法

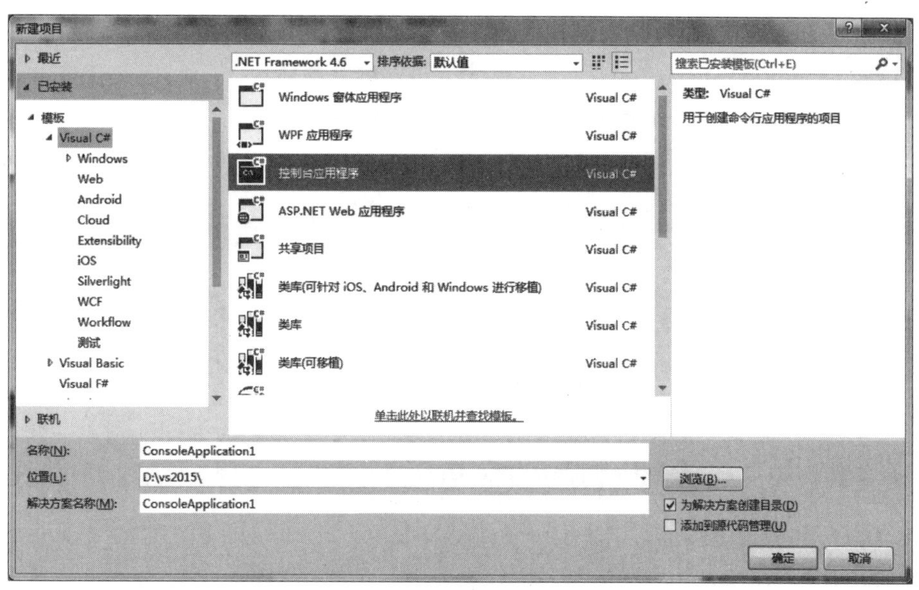

图 4-1 新建一个控制台应用程序

和属性。在建立一个控制台应用程序时,IDE 会自动引入常用的命名空间。

代码的第 6 行 namespace ConsoleApplication1 是声明这个程序使用的命名空间。

第 7～14 行是用{}括起来的 C＃代码块。其中 class Program 就是声明类名。一般类名和.cs 文件名相同,如果更改了.cs 文件名,IDE 会自动更新类名。类里面包含了一个静态的 Main()方法,它是程序执行的起点和终点。

每一个 C＃程序都会包含一个 Main()方法,这里在 Main()中输入以下代码:

```
Console.WriteLine("Hello 2017 ! ");
```

运行程序后输出"Hello 2017 !"字样。这里 Console 是 System 命名空间下的类,WriteLine 是 Console 类的方法。如果没有 using System 引入语句,则需写成以下形式:

```
System.Console.WriteLine("Hello 2017");
```

通常运行程序有两种方式,即调试运行(按 F5 键)、不调试运行(按 Ctrl+F5 组合键)。按 F5 键启动调试,程序运行结束后立即关闭,如果发生异常能定位异常,还可设置断点让程序单步执行。按 Ctrl+F5 组合键开始执行程序后提示"请按任意键继续…",如图 4-2 所示,通常这种方式会忽略程序设置的断点。

图 4-2 按 Ctrl+F5 组合键运行程序

需要附带说明的是，向控制台输出有以下几种常见方式：

(1) **Console.WriteLine();** // 相当于换行

(2) **Console.WriteLine(要输出的值);** // 输出一个值

例如：

```
Console.WriteLine ("Hello World!");          // 直接输出一个值
string course = "C#";
Console.WriteLine(course);                  // 输出一个变量的值
```

(3) **Console.WriteLine("格式字符串", 变量列表);** // 格式化输出变量

例如：

```
Console.WriteLine("我的课程名称是:{0}",course);
```

4.2 C#基本语法

4.2.1 C#数据类型

C#的数据类型分为两大类，即值类型(value types)和引用类型(reference types)。值类型和引用类型的区别在于值类型变量直接包含它们的数据，而引用类型变量存储对于对象的引用。

1. 值类型(value types)

值类型包含简单类型、结构类型和枚举类型。

1) 简单类型(simple type)

简单数据类型就是.NET系统类型，表4-1列出了所有的简单数据类型。

表4-1 C#的简单数据类型

类型	关键字	大小/精度	范　围	.NET类型	后缀
整型	byte	无符号8位整数	0～255	System.Byte	无
	sbyte	有符号8位整数	−128～127	System.SByte	无
	short	有符号16位整数	−32 768～32 767	System.Int16	无
	ushort	无符号16位整数	0～65 535	System.UInt16	无
	int	有符号32位整数	−2 147 483 648～2 147 483 647	System.Int32	无
	uint	无符号32位整数	0～4 294 967 295	System.UInt32	U或u
	long	有符号64位整数	−9 223 372 036 854 775 808～9 223 372 036 854 775 807	System.Int64	L或l
	ulong	无符号64位整数	0～0xffffffffffffffff	System.UInt64	UL
浮点型	float	32位浮点值，7位精度	$\pm1.5\times10^{-45}$～$\pm3.4\times10^{38}$	System.Single	F或f
	double	64位浮点值，15～16位精度	$\pm5.0\times10^{-324}$～$\pm1.8\times10^{308}$	System.Double	D或d

续表

类型	关键字	大小/精度	范　围	.NET 类型	后缀
字符型	char	16 位 Unicode 字符		System.Char	无
布尔型	bool	8 位空间,1 位数据	true 或 false	System.Boolean	无
小数型	decimal	128 位数据类型,28～29 位精度	$\pm1.0\times10^{-28}\sim\pm7.9\times10^{28}$	System.Decimal	M 或 m

2）结构类型(struct)

将所有相关数据项(这些数据项的数据类型可能完全不同,称为域)组合在一起,形成一个新的数据结构,称为结构(struct)。

结构类型的声明格式如下：

```
struct 结构名 {
   public 数据类型 域名;
};
```

下面的代码就是一个典型的结构类型定义,它定义了一个点的坐标。

```
struct Point {
    public Double x , y , z ;
}
```

在使用该结构类型时可编写以下代码：

```
Point p ;
p.x = 100 ;
p.y = 200 ;
p.z = 300 ;
```

值得说明的是,结构类型不仅可以包含数据成员,还可以包含函数成员,这与类的定义十分类似,因此结构类型的声明可以细化为以下形式：

```
struct 结构名 {
   public 数据类型 域名;
   ...
   public void 方法名 {
      // 方法的实现
   }
};
```

下面看结构类型 student 的定义,所有与 student 关联的信息都作为一个整体进行存储和访问。

```
struct student {
    public int stud_id;
    public string stud_name;
```

```
    public float stud_marks;
    public void show_details() {
        // 显示学生的详细信息
    }
}
```

关于类和结构的主要区别总结如下：

(1) 结构是比类更简单的对象。和类一样，它可以包含各种成员，也可以实现接口。

(2) 结构适合表示点、矩形等简单的数据结构，和使用类相比可以降低成本、效率更高。

(3) 最重要的差别在于结构是“值类型”，而类是“引用类型”，结构不支持继承。

(4) 结构的实例化可以使用 new 运算符，也可以不使用 new（所有的域默认为 0、false、null 等），而类的实例化必须使用 new。

3) 枚举类型（enumeration）

枚举类型是一组已命名的数值常量。使用这种方法可以把变量的取值一一列出，变量只能在所列的范围内取值。

枚举类型的声明格式如下：

```
enum 枚举名 {
   // 枚举元素列表
};
```

以下代码定义并使用了一个枚举类型 fruit。

```
enum fruit
{  Apple,Banana,Orange };   // 值为 0、1、2
class EnumTest {
   public static void Main( ) {
   int choice;
   choice = (int)fruit.Apple;
   Console.Write("your choice:{0}", choice);
  }
}
```

枚举元素的默认基础类型为 int 型。在默认情况下，第一个枚举元素的数值为 0，后面每个枚举元素依次按 1 递增。在初始化过程中可重写默认值。

如果定义了下列枚举：

```
public enum WeekDays {
    Monday,
    Tuesday,
    Wednesday = 20,
    Thursday,
    Friday = 5
}
```

那么 Monday 的值是 0、Tuesday 是 1、Wednesday 是 20、Thursday 是 3、Friday 是 5。

2. 引用类型(reference types)

和值类型相比，引用类型不存储实际数据，而是存储对实际数据的引用。引用类型包括对象、类、指代、接口、数组、字符串等。

1）对象类型(Object)

在C＃中所有的类型都可以看成是对象，对象类型 Object 是一切类型的基类型。Object 类型对应的.NET 系统类型是 System. Object。

2）类类型(Class)

类类型可以包含数据成员、函数成员和嵌套类型。数据成员为常量、字段和事件。函数成员包括方法、属性、索引、操作符、构造函数和析构函数。

一个类可以派生多重接口。

3）指代(delegate)

指代类型可将方法用特定的签名封装。用户可以在一个指代实例中同时封装静态方法和实例方法。指代的声明格式如下：

```
delegate 返回类型 代理名(参数列表)
```

例如：

```
Public delegate double MyDelegate(double x);    //声明了一个代理类型
MyDelegate d;                                   //声明该代理类型的变量
```

对代理进行实例化的方法如下：

```
new 代理类型名(方法名);
```

其中，方法名可以是某个类的静态方法名，也可以是某个对象实例的方法名，但方法的返回值类型必须与指代类型中声明的一致。例如：

```
MyDelegate d1 = new MyDelegate(System.Math.Sqrt);
MyDelegate d2 = new MyDelegate(obj.myMethod());
```

4）接口类型(interface)

一个接口定义一个只有抽象成员的引用类型。该类型不能实例化对象，但可以从它派生出类。

接口的声明格式如下：

```
interface 接口名 {
    // 接口成员的定义
};
```

以下是一个接口定义的例子。

```
public interface MyInterf {
        void showface();
}
```

5）数组(array)

数组是一组类型相同的有序数据。数组可以存储整数对象、字符串对象或任何一种用户提出的对象。在声明数组时并不需要明确指定其大小，否则会出现编译错误。在声明多维数组时每一维之间要用逗号隔开。

例如：

```
string [ ] myarray = { "ab","aa","c","ddd"};      // 一维数组
string [ , ] twarray;                             // 二维数组
```

在使用 new 关键字新建数组时，若指定了数组的大小，则大括号{ }中指定的元素个数必须相符，否则会出错；若未指定大小，则根据{ }中元素的个数自动分配大小。

例 4-1　使用一维数组和二维数组(04-01. aspx)。

```
<% @page language = "C#" %>
<script language = "C#" runat = "server">
void page_load(object serder, EventArgs e) {
     int[ ] myArray1 = new int[5] {1,2,3,4,5};
     int[, ] myArray2 = new int[2,3] {{1,2,3},{4,5,6}};
     labContent1.Text = myArray1[1].ToString();
     labContent2.Text = myArray2[1,2].ToString();
}
</script>
<html>
<body>
<asp:label runat = server id = labContent1/><br>
<asp:label runat = server id = labContent2/><br>
</body>
</html>
```

在上例中分别定义了一维数组和二维数组并赋了初值，然后将两个数组的两个元素分别显示出来，最后显示的结果是 2 和 6。

6）字符串(string)

字符串类型就是 string 类型。它是由一系列字符组成的，所有的字符串都是写在双引号中的。例如，"this is a book."和"hello"都是字符串。

"A"和'A'有本质的不同，前者是 string 类型，后者是 char 类型。

4.2.2　运算符和表达式

运算是对数据进行加工的过程，运算符就是描述各种不同运算的符号，参与运算的数据称为操作数，操作数可以是常量、变量或者函数。

表达式由操作数和运算符组成。表达式的类型由运算符的类型决定，且每个表达式都

产生一个唯一的值。在 C# 中可以进行多种类型的运算，例如算术运算、比较运算、(字符串)连接运算和逻辑运算等。

1. 算术运算符(Mathematical Operators)

算术运算符作用于整型或浮点型数据的运算。C# 有 8 个算术运算符，包括＋(加法运算，若操作数是字符串，则为字符串连接符)、－(减法运算)、*(乘法运算)、/(除法运算)、%(求余数)、＋＋(将操作数加 1)、－－(将操作数减 1)、～(将一个数按位取反)。

2. 赋值操作符(Assignment Operators)

表 4-2 给出了赋值操作符。

表 4-2 赋值运算符(op：操作数)

运 算 符	表 达 式	说 明
=	op1 = op2	给变量赋值
+=	op1+= op2	运算结果 op1 = op1 + op2
-=	op1-= op2	运算结果 op1 = op1- op2
*=	op1 *= op2	运算结果 op1 = op1 * op2
/=	op1/= op2	运算结果 op1 = op1 / op2
%=	op1 %= op2	运算结果 op1 = op1 % op2

3. 比较运算符(Relational Operators)

比较运算符用于将表达式两边的值进行比较，其返回值为逻辑值 true 或 false。

C# 有 6 个比较运算符，即等于(==)、不等于(!=)、小于(<)、大于(>)、小于等于(<=)、大于等于(>=)。

4. 逻辑运算符(Logical Operators)

逻辑运算符对布尔值 true 和 false 进行逻辑比较，共有 3 个逻辑运算符，即 &&(表示逻辑与)、||(表示逻辑或)、!(表示逻辑非)。

逻辑运算的返回值是 true 或 false。

5. 条件运算符(Conditional Operators)

C# 只有一个条件运算符，即三元操作符(? :)，它是 if-else 语句的缩写。其形式如下：

```
条件表达式?语句 1: 语句 2
```

如果条件表达式的值为真，执行语句 1，否则执行语句 2。

下面的语句使用了条件运算符：

```
int result1,result2 ;
result1 = 10 > 1 ? 20 : 10 ;
result2 = 10 < 1 ? 20 : 10 ;
```

第一个表达式“10 > 1”为比较表达式，其值为 true，那么三元运算符的返回值为第一个值 20，因此 result1 被置为 20。第二个条件表达式“10 < 1”的值为 false，那么三元运算符的返回值为第二个值 10，因此 result2 被置为 10。

6. 位运算符(Bitwise Operators)

位运算符对二进制位(0 或 1)进行比较和操作，共有 6 种运算符(见表 4-3)，注意区分位运算与逻辑运算。“位与”运算使用“&”符号，“逻辑与”运算使用“&&”符号。

表 4-3　位运算符

运　算　符	描　　述	运　算　符	描　　述
&	位与	～	位非
|	位或	<<	左移
^	位异或	>>	右移

对于位与运算(&)来说，比较两位二进制数，如果都是 1，返回 1，否则返回 0，如表 4-4 所示。

表 4-4　位与运算的结果

位 1	位 2	位 1& 位 2
0	0	0
0	1	0
1	0	0
1	1	1

类似地，对于其他的位运算符，其运算结果有以下规律：

(1) 位或运算(|)比较两位，只要其中一位为 1 就返回 1，否则返回 0。

(2) 位异或运算(^)比较两位，只有当其中一位为 1 时才返回 1，否则返回 0。

(3) 如果位是 0，位非运算(～)返回 1，否则返回 0。

(4) 左移运算(<<)把二进制的位向左移动指定的位数，移出左边的数被丢弃，而右边位补 0。

(5) 右移运算(>>)把二进制的位向右移动指定的位数，移出右边的数被丢弃，而左边位补 0。

下面的例子定义了两个叫 byte1 和 byte2 的变量：

```
byte1 = 0x9a;     // 二进制 10011010，十进制 154
byte2 = 0xdb;     // 二进制 11011011，十进制 219
```

注意，byte1 被设置为十六进制的 9a(十六进制数以 0x 开头)，用二进制表示，9a 就是 10011010，用十进制表示就是 154。同样，byte2 被设置为十六进制的 db，也就是二进制的 11011011，十进制的 219。这些二进制和十进制数都显示在 byte1 和 byte2 赋值后的注释中。

设置字节变量 result 存储变量 byte1 和 byte2 的位运算结果。

```
result = (byte)(byte1 & byte2);
```

将结果变量设为10011010(十进制154)。为什么这样？看一下二进制数：

```
  byte1 = 10011010 (154)
& byte2 = 11011011 (219)
____________________
  result = 10011010 (154)
```

byte1和byte2的每一位进行与运算，相应位的运算结果列在了下面。可以看到最后的结果为二进制数10011010，也就是十进制数154。

例 4-2 位运算符(04-02.cs)。

```
class 04 - 02 {
 public static void Main{} {
     byte byte1 = 0x9a;              // 二进制 10011010，十进制 154
     byte byte2 = 0xdb;              // 二进制 11011011，十进制 219
     byte result;
     System.Console.WriteLine("byte1 = " + byte1);
     System.Console.WriteLine("byte2 = " + byte2);
     result = (byte)(byte1 & byte2); // 按位与
     System.Console.WriteLine("byte1 & byte2 = " + result);
     result = (byte)(byte1 | byte2); // 按位或
     System.Console.WriteLine("byte1 | byte2 = " + result);
     result = (byte)(byte1 ^ byte2); // 按位异或
     System.Console.WriteLine("byte1 ^ byte2 = " + result);
     result = (byte)~byte1;          // 按位取反
     System.Console.WriteLine("~byte1 = " + result);
     result = (byte)(byte1 << 1);    // 左移
     System.Console.WriteLine("byte1 << 1 = " + result);
     result = (byte)(byte1 >> 1);    // 右移
     System.Console.WriteLine("byte1 >> 1 = " + result);
     }
}
```

上述程序的输出如下：

```
byte1 = 154
byte1 = 219
byte1 & byte2 = 154
byte1 | byte2 = 219
byte1 ^ byte2 = 65
~byte1 = 101
byte1 << 1 = 52
byte1 >> 1 = 77
```

7. 运算符的优先级

当一个表达式包含多个运算符时，将按照运算符的优先级顺序进行计算。表 4-5 列出了按照优先级由高到低的顺序分组的 C#运算符，每个组中的运算符具有相同的优先级，优先级为 1 的级别最高。

表 4-5 运算符的优先级

优先级	类　别	运　算　符
1	基本	(x)、x.y、f(x)、a[x]、x++、x--、new、typeof、sizeof、checked、unchecked
2	单目	+、-、!、~、++x、--x、(type)x
3	乘法与除法	*、/、%
4	加法与减法	+、-
5	移位	<<、>>
6	关系和类型检测	<、>、<=、>=、is、as
7	相等	==、!=
8	位与	&
9	位异或	^
10	位或	|
11	逻辑与	&&
12	逻辑或	||
13	三元	?:
14	赋值	=、*=、/=、%=、+=、-=、<<=、>>=、&=、^=、|=

在一个复杂的表达式中，具有高优先级的运算符先于低优先级的运算符进行计算。如果表达式包含多个相同优先级的运算符，则按照从左到右或从右到左的方向进行运算。例如加运算符是从左到右进行计算，而赋值运算符和三元运算符是从右到左进行运算。

4.2.3 程序控制结构

在程序的编写过程中，通常要根据条件的成立与否来改变代码的执行顺序，这就需要使用控制结构。C#的程序控制语句包括 3 类，即分支语句、循环语句、跳转语句。

1. 分支结构

在分支结构中可以根据一个条件表达式的值进行判断，并根据判断的结果执行不同的程序代码块。C#主要有两个分支结构，一个是实现双向分支的 if 语句，另一个是实现多分支的 switch 语句。

1) if 语句

if 语句的格式如下：

```
if (条件)
   { 语句段 1; }
else
   { 语句段 2; }
```

例 4-3 if 语句示例(04-03. aspx)。

```
<%@page language = "C#" %>
<script language = "C#"runat = "server">
        void page_load(object serder, EventArgs e) {
          int intNowHour;
          intNowHour = DateTime.Now.Hour;
          if (intNowHour < 12) labContent1.Text  =  "Good morning,Cindy!";
          if (intNowHour = 12) labContent1.Text  =  "Good noon,Cindy!";
          if (intNowHour > 12) labContent1.Text  =  "Good afternoon,Cindy!";
          }
</script>
<html>
<body>
    <asp:label runat = server id = labContent1 /><br>
</body>
</html>
```

上述代码定义了一个 int 型变量 intNowHour,用于保存当前时间的小时数。后面的 3 条 if 语句判定当前的时间是上午、中午还是下午,并分别给出问候信息。

与 JavaScript 相同,C# 的 if 语句也支持嵌套,其嵌套形式如下:

```
if  条件表达式 1
    {语句序列 1}
else if  条件表达式 2
    {语句序列 2}
    …
else
    {语句序列 n + 1}
```

说明:如果 if 或 else 后面有多条语句,必须使用大括号将其括起来。else 必须与 if 配对使用,每个 else 只与离它最近的一个尚未匹配的 if 配对。

2) switch 语句

与 JavaScript 中的 switch 语句相同,其语法格式如下:

```
switch (表达式){
    case 常量 1: 语句 1; break;
    case 常量 2: 语句 2; break;
    …
    case 常量 n: 语句 n; break;
    default: 语句 n + 1; break;
}
```

例 4-4 switch 语句示例(04-04. cs)。

```
using System;
class Sample {
    public static void Main() {
```

```
        int myage = 10;
        string mystr;
        switch (myage) {
          case 10: mystr = "还是小孩!"; break;
          case 25: mystr = "可以结婚了!"; break;
          default: mystr = "不对吧!你到底多大!"; break;
        }
        Console.WriteLine("小子,你{0}",mystr);
    }
}
```

上述程序的输出如下：

```
小子,你还是小孩!
```

2. 循环结构

C#中的循环语句主要有4种，即while语句、do-while语句、for语句、foreach语句。

(1) while语句：当条件为true时执行循环。

(2) do-while语句：直到条件为true时执行循环。

(3) for语句：指定循环次数，使用计数器重复运行语句。

(4) foreach语句：对于集合中的每项或数组中的每个元素重复执行。

1) while循环

while语句的格式如下：

```
while (<条件>) {
   <循环体>
}
```

例4-5 while循环(04-05.cs)。

```
using System;
class Sample {
      public static void Main() {
        int sum = 0;
         int i = 1;
         while (i <= 100) {
            sum += i;
            i++;
         }
         Console.WriteLine("从 0 到 100 的和是{0}", sum);
      }
}
```

上述程序的输出如下：

```
从 0 到 100 的和是 5050
```

2）do-while 循环

do-while 语句的格式如下：

```
do {
   <循环体>
}
while( <条件> );
```

例 4-6　do-while 循环(04-06.cs)。

```
using System;
class test {
    public static void Main() {
        int sum = 0;        // 初始值设置为 0
        int i = 1;          // 加数的初始值为 1
        do  {
            sum += i;
            i++;
        } while (i <= 100);
        Console.WriteLine("从 0 到 100 的和是{0}",sum);
    }
}
```

3）for 循环

for 循环的格式如下：

```
for (循环变量赋初值; 循环条件; 循环变量增值) {
   <执行语句>;
}
```

例 4-7　for 循环(04-07.cs)。

```
using System;
class test {
    public static void Main() {
        int sum = 0;
        for (int i = 1; i <= 100; i++) {
            sum += i;
        }
        Console.WriteLine("从 0 到 100 的和是{0}\n",sum);
    }
}
```

4）foreach 循环

foreach 循环通过一个指定类型的变量循环访问数组或集合中的元素。其基本语法如下：

```
foreach(type 变量名 in 集合){
    // 循环体
}
```

例 4-8 foreach 循环(04-08.cs)。

```
using System;
class test_foreach {
    public static void Main() {
        int[] myValues = {2,3,4,1};
        foreach(int x in myValues){
            Console.WriteLine("x = " + x);
        }
    }
}
```

该代码将在页面中显示：

```
x = 2
x = 3
x = 4
x = 1
```

3. 跳转语句

常见的跳转语句主要是 break 语句和 continue 语句，其他的有 return 和 goto 语句。

1) break 语句

break 语句跳出包含它的 switch、while、do、for 或 for-each 语句。

例 4-9 break 语句(04-09.cs)。

```
using System;
class test{
    public static void Main() {
        int sum = 0;
        int i = 1;
        while (true) {
            sum += i;
            i++;
            if (i > 100) break; // 如果 i 大于 100,则退出循环
        }
        Console.WriteLine("从 0 到 100 的和是{0}",sum);
    }
}
```

在上述代码中，如果没有 break 语句，while 循环不会停止。在这个程序中，当 i 大于 100 时跳出循环，程序执行循环之后的下一个语句。

2）continue 语句

continue 语句用于结束本次循环，继续下一次循环，但是并不退出循环体。

例 4-10　break 语句(04-10.cs)。

```
using System;
class test {
    public static void Main() {
      for(int n = 100;n<= 200;n++) {
         if(n % 3 == 0)
         continue;
         Console.WriteLine("从 100 到 200 的不能被 3 整除的数是{0}",n);
      }
    }
}
```

在上述代码中，当 n 是 3 的整数倍时，if 语句中的 continue 将被执行，这样立即跳出本次循环而开始下一次循环。

4.3　类和对象

使用类和对象的好处是可以模型化现实世界中的对象，即把对象的属性和行为封装在一个类中，这样可以减少解决复杂问题的难度。C# 是面向对象的程序设计语言，典型的 C# 应用程序由程序员自定义的类和.NET Framework 提供的类组成。

4.3.1　类和对象的创建

类是相似对象的一个组，类定义对象的属性和行为。类可以认为是一个模板，通过它创建了对象。在 C# 中属性保存在叫作“域”的变量中，行为则用“方法”来描述，两者都是类的成员。

类是一种数据结构，它包含数据成员(变量、域和事件)和函数成员(方法、属性、构造函数和析构函数)。类的数据成员反映类的状态，而类的函数成员反映类的行为。

如果要创建一个类，选择“文件”→“新建项目”命令，接着选择 Visual C# 和“类库”，如图 4-3 所示，单击“确定”按钮系统将自动创建一个类库的命名空间 ClassLibrary1，并建立一个类文件 Class1.cs。

在新建的类文件 Class1.cs 中默认的内容如下。

```
using System;
using System.Collections.Generic;
using System.Linq;
using System.Text;
using System.Threading.Tasks;
namespace ClassLibrary1 {
    public class Class1 {
    }
}
```

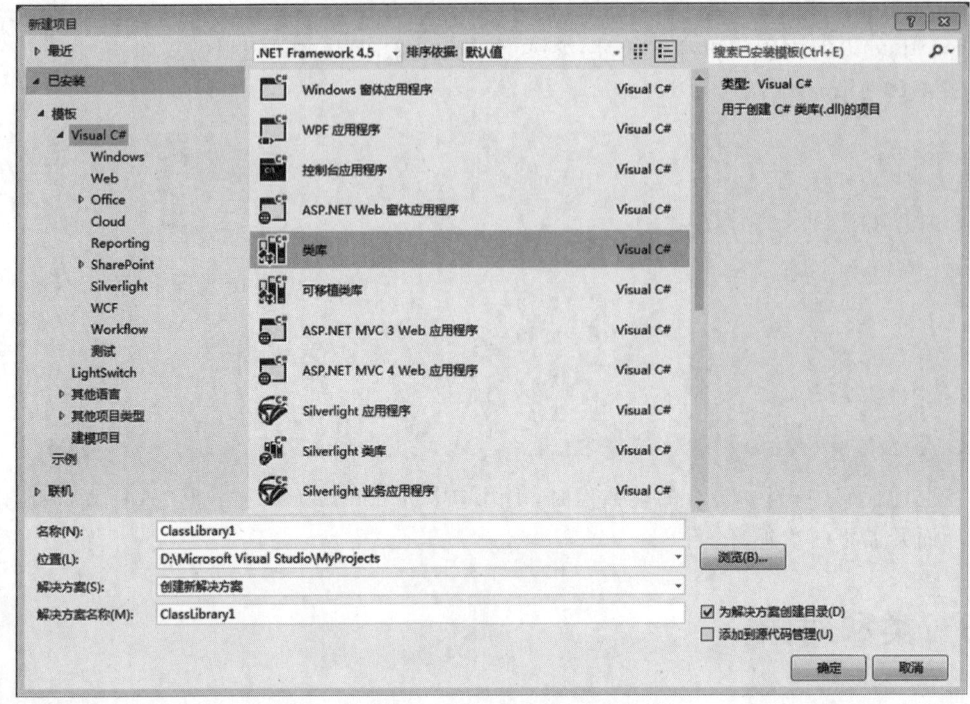

图 4-3 创建类

在上述代码中使用 class 关键字定义了一个类，类名为 Class1。此时可以在类体中定义类的数据成员和函数成员。

1. 类的声明

类的定义格式如下：

```
[访问权限符] class 类名 [: 基类名] {
    <实例变量>
    <方法>
}
```

在这里[访问权限符]定义类的成员被其他类使用的权限，如表 4-6 所示。

表 4-6 访问权限符

访问权限符	说明
public	完全公开，可以被所有的类所访问
internal	内部成员，只有本程序中的成员能够访问
protected	只有该类的派生类可以访问，对其他类是隐藏的
private	只有该类的成员可以访问，任何其他类（包括派生类）都不能访问

下面的语句定义了一个叫 Car 的类。

```
public class Car {
  // 定义域(类的数据成员)
  public string model;
  …
  // 定义方法(类的函数成员)
  public void Start() {
     System.Console.WriteLine(model + " started");
  }
}
```

在 Car 类的定义中每个域都有一个访问权限符，一般用 public 声明，表示对其存取无限制。方法也用 public 定义，表示对它的调用无限制。void 关键字表示不返回值。

2. 创建对象

1）创建和访问对象

类是创建对象的模板，一旦创建了类就可以创建那个类的对象。下面的语句创建了一个 Car 对象。

```
Car myCar;
myCar = new Car();
```

第 1 个语句声明了一个叫 myCar 的 Car 对象的引用，用来保存实际的 Car 对象的内存地址。第 2 个语句在计算机内存中实际创建 Car 对象。new 操作符为 Car 对象分配内存，Car()方法创建对象(也叫构造函数)。

另外还有一种简化的写法来创建对象。

```
Car myCar = new Car();
```

访问对象的域和方法使用点操作符(.)。例如：

```
myCar.color = "red";    // 给 color 域赋值
myCar. Start();         // 调用方法 Start()
```

2）空值

当定义一个对象的引用时，其初始设置为 null(也可当作“无引用”)，它并不是内存中的一个实际对象。例如下面的语句声明了一个 myOtherCar 对象的引用：

```
Car myOtherCar;
```

在这里 myOtherCar 初始设置为 null，它没有引用实际的对象(或者说没有赋值)，此时下面的行在编译时会出错。

```
System.Console.WriteLine(myOtherCar.model);
```

用户也可以把 null 直接赋给一个对象引用。例如：

```
myOtherCar = null;
```

它的意思是 myOtherCar 不再引用一个对象。程序不能使用 myOtherCar 对象，该对象将在资源回收的过程中被移出内存。

例 4-11 一个完整的类的定义和使用(04-11.cs)。

```
using System;
public class Car {
  public string model;            // 定义域
  public string color;
  public int yearBuilt;
  public void Start() {           // 定义方法
     System.Console.WriteLine(model + " started.");
  }
  public void Stop() {
     System.Console.WriteLine(model + " stopped.");
  }
}
public class Tester {
  static void Main( ) {
    Car myCar;                    // 声明一个叫 myCar 的 Car 对象的引用
    myCar = new Car();            // 创建 Car 对象，将它的内存地址保存到 myCar 中
    myCar.model = "Toyota";       // 给 Car 对象的域赋值
    myCar.color = "red";
    myCar.yearBuilt = 2010;
    System.Console.WriteLine("myCar.model = " + myCar.model);
    System.Console.WriteLine("myCar.color = " + myCar.color);
    System.Console.WriteLine("myCar.yearBuilt = " + myCar.yearBuilt);
    myCar.Start();
    myCar.Stop();
    }
}
```

在上述代码中设计了一个类 Car，同时实现了主类 Tester，这里通过 Main()函数定义程序运行的入口。最后这个程序的输出如下：

```
myCar.model = Toyota
myCar.color = red
myCar.yearBuilt = 2010
Toyota started.
Toyota stopped.
```

4.3.2 属性和方法

1. 类的数据成员和属性

在声明类的数据成员时必须指明其访问级别，默认的访问级别是 private。若要使某些

数据成员对外公开,可由属性来实现。换句话说,如果类的数据成员声明为 public,则用户可以在程序中直接、任意地访问该成员,导致类之间出现紧耦合。克服这一问题的方法是定义私有的成员,再定义公有的属性,对其提供 get 和 set 访问。

属性的定义通过 get 和 set 关键字来实现,get 用来定义读取属性时的操作,set 用来定义设置属性时的操作。

请看下面的代码:

```
public class Car {
    private string model;                    // 私有的数据成员
    public string color;
    public string Model {                    // 公有的属性
        get { return model; }                // 获取属性(提供读的权限)
        set { return model = value ; }       // 设置属性(提供写的权限)
    }
}
```

如果一个属性同时具备了 get 和 set 操作,则该属性为读/写性质的属性;如果只有 set 操作,则为只写属性;如果只有 get 操作,则为只读属性。

2. 类的方法

方法是执行一个任务的一组语句。在声明方法时需要指定访问权限、返回值类型、使用的参数等。方法通过 return 语句返回值。如果没有返回值,则使用 void 关键字。

1) 方法的定义

声明方法的语句如下:

```
[访问权限符] [返回值类型] 方法名 (参数列表)
{ 方法体 }
```

在前面定义的 Car 类中只有两个无返回值的 start()和 stop()方法,下面的代码定义了一个带返回值的 Age()方法。

```
public class Car {
    public int yearBuilt;
    public int Age(int currentYear) {       // Age()方法计算并返回 Car 的已使用年限
        int age = currentYear - yearBuilt;
        return age;
    }
}
```

2) 方法的重载

通过方法的重载可以在类中定义方法名相同而参数不同的方法。参数不同指的是参数的个数不同或参数的类型不同。当一个重载方法被调用时 C# 会根据调用该方法的参数自动调用具体的方法来执行。

注意,在 C# 中方法的重载不关心返回值。也就是说 C# 不允许在一个类中存在两个方法名和参数列表相同但返回值不同的方法。

例 4-12 方法的重载(04-12.cs)。

```
using System;
class Overload{
    public void show() {
        Console.WriteLine( "nothing" );
    }
    public void show( int x ) {
        Console.WriteLine( x );
    }
    public void show( string x, string y ) {
        Console.WriteLine( x, y );
    }
    public static void Main( string[] args ) {
        Overload myOverload = new Overload();
        myOverload.show();
        myOverload.show(3);
        myOverload.show("hello", "world");
    }
}
```

在上面代码中，第 1 个方法 show()没有参数，第 2 个方法 show()有一个 int 型参数，第 3 个方法 show()有两个 string 型参数。

上面程序的运行结果如下：

```
nothing
3
hello
```

4.3.3 构造函数和析构函数

构造函数在类创建时自动执行(使用 new 语句时)，析构函数在销毁类的时候自动执行。

1. 构造函数

类的构造函数是这样一种机制：用户通过它可以在创建类的对象时赋予数据成员的值。构造函数是一种特殊的类成员函数，与类名相同，但不能有返回值。

构造函数用于执行类的实例的初始化。每个类都提供一个默认的构造函数。

在使用构造函数时请用户注意以下几个问题：

(1) 一个类的构造函数通常与类名相同。

(2) 构造函数不声明返回类型。

(3) 构造函数总是 public 类型的。

(4) 构造函数可以重载。

例 4-13 构造函数(04-13.cs)。

```
using System;
class Point {
  public double x, y;
  public Point() {
    this.x = 0;
    this.y = 0;
  }
  public Point(double x, double y) {
    this.x = x;
    this.y = y;
  }
}
class Test {
static void Main() {
   Point a = new Point();
   Point b = new Point(3, 4);       // 用构造函数初始化对象
  }
}
```

上述代码声明了一个类 Point,它提供了两个重载的构造函数,一个是 Point()函数,另一个是 Point(double x, double y)函数。如果类中没有提供这些构造函数,那么 C# 会自动创建一个默认的构造函数。

2. 析构函数

析构函数是实现销毁一个类的实例的方法成员。析构函数不能有参数,不能加任何修饰符而且不能被调用。由于析构函数的目的与构造函数相反,加前缀"~"以示区别。虽然 C# 提供了一种新的内存管理机制——自动内存管理机制(Automatic memory management),资源的释放是可以通过"垃圾回收器"自动完成的,一般不需要用户干预,但在有些特殊情况下还是需要用到析构函数的,例如在 C# 中非托管资源的释放。

下面使用一段代码来表示析构函数是如何使用的:

```
public class ResourceHolder {
  …
  ~ResourceHolder() {
    // 这里是清理非托管资源的用户代码段
  }
}
```

以下的例子综合使用了构造函数和析构函数。

例 4-14 构造函数和析构函数(04-14.cs)。

```
using System;
class Desk {
  public Desk() { // 构造函数和类名一样
```

```
    Console.WriteLine("Constructing Desk");
    weight = 6;
    high = 3;
    width = 7;
    length = 10;
    Console.WriteLine("{0},{1},{2},{3}",weight,high,width,length);
  }
  ~Desk() {       // 析构函数,前面加~
    Console.WriteLine("Destructing Desk ");
    }
    protected int weight, high, width, length;
    public static void Main() {
      Desk aa = new Desk();
      Console.WriteLine("back in main() ");
    }
};
```

4.3.4 继承和多态

1. 类的继承性(inheritance)

继承的机制定义了类与类之间的父子关系。父类又称基类(base class),子类又称派生类(derived class),父类和子类之间形成了继承的层次体系。

在C#中,派生类从它的直接基类中继承成员,例如方法、域、属性、事件、索引指示器。除了构造函数和析构函数以外,派生类隐式地继承了直接基类的所有成员,并在此基础上进行局部更改或扩充。

下面通过一个例子来认识基类与派生类的继承关系。

例 4-15 类的继承(04-15.cs)。

```
using System;
class Vehicle {                                         // 定义汽车类
  int wheels;                                           // 定义公有成员(轮子个数)
  protected float weight;                               // 定义保护成员(重量)
  public Vehicle(){ ; }                                 // 构造函数
  public Vehicle(int w, float g) {                      // 重载的构造函数
    wheels  =  w;
    weight  =  g;
  }
  public void Speak() {
    Console.WriteLine("the w vehicle is speaking!");
  }
};

class Car:Vehicle {                                     // 定义轿车类,即汽车类的派生类
   int passengers;                                      // 定义私有成员(乘客数)
   public Car (int w,float g,int p) :base(w,g) {        // 使用 base 保留字代表基类成员
```

```
            wheels = w;
            weight = g;
            passengers = p;
        }
    }
    class Test {
        public static void Main( string[ ] args ) {
        Car myCar = new Car();
        myCar.Speak ();  }
    }
```

在上述代码中 Vehicle 作为基类体现了汽车实体具有的公共性质——汽车都有轮子和重量。Car 类继承了 Vehicle 的这些性质并且添加了自身的特性——搭载的乘客数。

C＃中的继承符合下列规则：

(1) 继承是可传递的，如果 A 是基类，B 从 A 中派生，C 从 B 中派生，那么 C 不仅继承了 B 中声明的成员，同样也继承了 A 的成员，Object 类作为所有类的基类。

(2) 派生类是对基类的扩展，它可以添加新的成员，但不能除去已继承的成员的定义。

(3) 构造函数和析构函数不能被继承。

(4) 派生类如果定义了与继承而来的成员同名的新成员，就可以覆盖已继承的成员。

2. 类的多态性(Polymorphism)

通过继承实现的不同对象调用相同的方法表现出不同的行为，称为多态。

C＃支持两种类型的多态性，即编译时的多态和运行时的多态。

(1) 编译时的多态是通过重载实现的，如方法重载和操作符重载。

(2) 运行时的多态是直到系统运行时才根据实际情况决定实现何种操作。

编译时的多态性为用户提供了运行速度快的特点，而运行时的多态性则带来了高度灵活和抽象的特点。

4.4 字符串

4.4.1 使用字符串

在程序中经常需要存储一系列的字符，通常使用 Unicode 格式的字符串来描述字符。Unicode 为世界上绝大多数书写语言编码的标准，它使用 16 位来表示一个单词。

1. 创建字符串

下面的语句创建了一个叫 myString 的字符串：

```
string myString = "Hello World";
```

2. string 类的属性和方法

字符串实际上是 System. String 类的对象，可以在程序中使用其包含的属性和方法来操作字符串。表 4-7 给出了 string 类的属性和方法。

表 4-7 string 类的属性和方法

属性或方法	描　　述
Chars 属性	字符串索引器，获取当前 string 对象中位于指定字符位置的字符
Length 属性	字符串中的字符个数（只读）
Clone()	返回对此 string 实例的引用
Compare(string, string)	比较两个字符串
CompareOrdinal(string, string)	通过计算每个字符串中字符的数值来比较两个 string 对象
Compare(string, string)	比较两个指定的字符串，并返回一个整数
CompareTo(Object)	将此实例与指定的 Object 进行比较
Concat(string, string, string)	连接一个或多个字符串，构建一个新字符串
string1. Contains(string2)	判断字符串 string2 是否出现在字符串 string1 中，返回一个布尔值
Copy(string)	复制一个字符串 string
EndsWith(string)	确定字符串的结尾是否与指定的字符串匹配
Equals(string, string)	判断两个字符串是否相等
Format(string, Object)	格式化字符串，即将字符串 string 的每项按 Object 的对应项替换
IndexOf(char)	报告指定字符 char 在字符串中第一次出现处的索引
Insert (int, string)	在字符串的指定起始位置(int)插入一个指定的 string 实例
Intern(string)	检索系统对指定 string 的引用
IsInterned()	返回一个对指定 string 的引用
Join(string, string[])	串联字符串数组的所有元素，在每个元素之间使用指定的分隔符
LastIndexOf(char)	报告指定字符或字符串在此字符串中最后出现处的索引
Normalize()	返回一个新字符串，其二进制表示形式符合特定的 Unicode 范式
PadLeft(int32)	返回一个新字符串，该字符串通过在字符左侧填充空格来达到指定的总长度，从而实现右对齐
PadRight(int32)	返回一个新字符串，该字符串通过在此字符串中的字符右侧填充空格来达到指定的总长度，从而使这些字符左对齐
Remove(int32)	从当前字符串中删除指定数量的字符，并返回新字符串
Replace(char, char)	在当前字符串中用指定字符（或字符串）替换另一个字符（或字符串），返回新字符串
Split(char[])	返回的字符串数组包含此实例中的子字符串（由指定 Unicode 字符数组的元素分隔）
StartsWith(string)	确定字符串的开头是否与指定的字符串 string 匹配
Substring(int32)	从指定的字符位置开始检索一个子字符串
ToCharArray()	从当前字符串复制字符到一个字符数组
ToLower()	字符串转换为小写形式
ToUpper()	字符串转换为大写形式
Tostring()	将此实例的值转换为 string
Trim()或 Trim(char[])	对象的开始和结尾移除所有的空格或一组指定字符
TrimEnd()	功能与 Trim()类似，但仅移除尾部的所有空格或指定字符
TrimStart()	功能与 Trim()类似，但仅移除开头的所有空格或指定字符

下面简单介绍几个最常用的属性和方法。

1）使用 Length 属性从字符串中读取单个字符

string 类有一个 Length 属性，表示字符串中的字符个数，返回一个 int 值。

通过指定一个字符在字符串中的位置(字符索引从 0 开始)从字符串中读取单个字符。例如，myString 字符串被设置为"Hello World"，则 myString[0]为 H。

下面的语句使用一个 for 循环来读取一个字符串的全部字符。

```
for (int count = 0; count < myString.Length; count++) {
    Console.WriteLine("myString[" + count + "] = " + myString[count]);
}
```

2）使用 ToString()方法把数据转换成字符串

ToString 方法可以应用于任何.NET Framework 提供的数据类型，将之转换成字符串。一般来说，数据类型在转换时都是直接使用 ToString()方法，不带任何参数。但 DateTime 类型除外，它需要在 ToString()中添加参数以选择输出日期的格式。此外，数字要想格式化输出也要添加参数。

例如：

```
int age = 25;
string strAge = age.ToString();     // 整型转换成字符串
```

(1) 使用 ToString 方法格式化数字：常用的参数及其含义如下。

- C、c：货币，可指定小数点后的位数。
- F、f：定点记数法，指定小数位的位数。
- X：十六进制。

例如：

```
double a = 17688.658
string str = a.ToString("C")          // 返回￥17688.658
str = a.ToString("C2")                // 返回￥17688.65
str = a.ToString("F2")                // 返回?17688.65
```

(2) 使用 ToString 方法格式化日期和时间：常用的参数及其含义如下。

- D：长日期；d：短日期。
- T：长时间；t：短时间。
- F：长日期和时间；f：短日期和时间。
- M、m：月和日。
- Y、y：月和年。

例如：

```
DateTime dt = DateTime.Now
t = dt.ToString("D")                  // 返回 Thursday,September 22,2011
t = dt.ToString("d")                  // 返回 9/22/2011
```

```
t = dt.ToString("T")                  // 返回 9:32:34 AM
t = dt.ToString("t")                  // 返回 9:32 AM
t = dt.ToString("f ")                 // 返回 Thursday,September 22,2011 9:26 PM
t = dt.ToString("yyyy 年 MM 月 dd 日")  // 返回 2011 年 09 月 22 日
```

3）使用 Compare()方法比较两个字符串

使用 Compare()方法的语法格式如下：

```
string.Compare( string1, string2 )
```

在这里 string1 和 string2 是要比较的字符串，分别返回一个 int 值 1、0、−1 来指明第一个字符串大于、等于或小于第二个字符串。例如：

```
int result1 = String.Compare("bbc","abc");    // Compare()返回 1
int result2 = String.Compare("abc","bbc");    // Compare()返回 - 1
```

如果要在比较中考虑字符串的大小写，可以使用以下语法：

```
string.Compare( string1, string2, ignoreCase )
```

在这里 ignoreCase 是一个 bool 值。如果设置为 true(默认值)，则无须考虑字符串的大小写；如果被设置为 false，在比较时要考虑大小写。例如：

```
int res1 = string.compare("bbc", "BBC", true ); // 忽略大小写,Compa re()返回 0
int res2 = string.compare("abc", "BBC", false); // 考虑大小写,Compare()返回 - 1
```

4）连接字符串

(1) 使用 Concat()方法连接字符串：使用静态的 Concat()方法可以把字符串连接起来。该方法返回一个新的字符串，即把后面的字符串添加到前一个字符串的末尾。Concat()是可以重载的，最简单的语法如下：

```
string.Concat (string1, string2)
```

在这里 string1 和 string2 是想连接在一起的字符串。Concat()中的参数也可以是 3 个字符串。

请看下面的例子：

```
string myString4 = string.Concat("Friends,", "Romans");
      // 字符串"Friends,Romans"将存储在 myString4 中
string myString5 = string.Concat("Friends,", "Romans," , "and countrymen");
      // 字符串"Friends,Romans and countrymen"将存储在 myString5 中
```

(2) 使用重载的加运算符来连接字符串：用户也可以使用重载的加运算符(+)来连接字符串，例如：

```
string myString6 = "To be, " + "or not to be";
```

字符串"To be, or not to be"将存储在 myString6 中。

5) 检查两个字符串是否相等

(1) 使用 Equals()方法检查两个字符串是否相等：使用 Equals()方法可以检查两个字符串是否相等，返回一个布尔值。它有两种格式：一个是在 string 类中调用 Equals()的静态版本；一个是通过使用实际的字符串来进行比较的实例版本。其格式如下：

```
string.Equals(string1, string2)          // 静态版本
string1,Equals(string2)                  // 实例版本
```

其中的 string1 和 string2 是想要比较的两个字符串。

在下面的例子中，mystring1 和 mystring2 是想要比较的两个字符串。

```
bool boolResult = string.Equals("bbc" , "bbc"):
boolResult = mystring1.Equals(mystring2);
```

(2) 使用重载的等运算符来检查两个字符串是否相等：用户可以使用重载的等运算符(==)来检查两个字符串是否相等。在下面的例子中，因为 myString 和 myString2 内容不同，boolResult 被设置为 false。

```
boolResult = myString = = myString2;
```

例 4-16 字符串使用示例(04-16.cs)。

```
namespace Programming_CSharp {
using System;
public class StringTester {
static void Main() {
    string s1 = "abcd";
    string s2 = "ABCD";
    string s3 = "Liberty Associates, Inc. provides custom .NET development, on - site Training
and Consulting";
    int result;                                          // 保存比较结果

    result = string.Compare(s1, s2);                     // 比较两个字符串,区分大小写
    Console.WriteLine( "compare s1: {0}, s2: {1}, result: {2}\n", s1, s2, result);

    result = string.Compare(s1,s2, true);                // 重载 Compare 方法,不区分大小写
    Console.WriteLine("compare insensitive\n");
    Console.WriteLine("s4: {0}, s5: {1}, result: {2}\n",s1, s2, result);

    string s6 = string.Concat(s1,s2);                    // 字符串的连接
    Console.WriteLine("s6 concatenated from s1 and s2: {0}", s6);

    string s7 = s1 + s2;                                 // 重载操作符 +
```

```
    Console.WriteLine("s7 concatenated from s1 + s2: {0}", s7);

    string s8 = string.Copy(s7);                        // 字符串的复制
    Console.WriteLine("s8 copied from s7: {0}", s8);

    string s9 = s8;                                     // 使用重载后的操作符
    Console.WriteLine("s9 = s8: {0}", s9);
    // 使用 3 种方法进行比较
    Console.WriteLine("\nDoes s9.Equals(s8)?: {0}",s9.Equals(s8));
    Console.WriteLine("Does Equals(s9,s8)?: {0}",string.Equals(s9,s8));
    Console.WriteLine("Does s9 == s8?: {0}", s9 == s8);

    Console.WriteLine("\nString s9 is {0} characters long. ",s9.Length);// 长度属性
    Console.WriteLine("The 5th character is {1}\n",s9.Length, s9[4]);  // 索引属性
    Console.WriteLine("\nThe first occurrence of Training ");          // 返回子串的索引值
    Console.WriteLine ("in s3 is {0}\n",s3.IndexOf("Training"));
    string s10 = s3.Insert(67,"excellent ");      // 在"training"之前插入单词 excellent
    Console.WriteLine("s10: {0}\n",s10);
        }
    }
}
```

上述代码的输出结果如下：

```
compare s1: abcd, s2: ABCD, result: -1
compare insensitive
s4: abcd, s5: ABCD, result: 0
s6 concatenated from s1 and s2: abcdABCD
s7 concatenated from s1 + s2: abcdABCD
s8 copied from s7: abcdABCD
s9 = s8: abcdABCD
Does s9.Equals(s8)?: True
Does Equals(s9,s8)?: True
Does s9 == s8?: True
String s9 is 8 characters long.
The 5th character is A
The first occurrence of Training
in s3 is 67
s10: Liberty Associates, Inc. provides custom .NET development, on-site excellent Training
and Consulting
```

4.4.2 创建动态字符串

使用 System.Text.StringBuilder 类可以创建动态字符串。和 string 对象的一般字符串不同，动态字符串的字符可以被直接修改。string 对象是不可改变的，修改的总是字符串的副本。每次使用 System.String 类中的方法时都要在内存中新建一个 string 对象，这就需要为新对象分配空间，增加了系统开销。如果要修改字符串而不创建新的对象，则可以使

用 System. Text. StringBuilder 类提升性能。

因此，当进行频繁的字符串操作或操作很长的字符串时使用 StringBuilder 类比使用 string 类在效率上高很多。

1. 创建 StringBuilder 对象

下面的语句创建了一个叫 mysb 的 StringBuilder 对象。

```
StringBuilder mysb = new StringBuilder();
```

在默认情况下，StringBuilder 对象初始最多可存储 16 个字符，但随着加入对象，其容量将自动增加。用户可以通过构建函数传递一个 int 参数来指定 StringBuilder 对象的初始容量；或者传递两个 int 参数，分别指定初始容量和最大容量。

例如：

```
int capacity = 50;
StringBuilder mysb1 = new StringBuilder(capacity);                    // 指定初始容量
int maxCapacity = 100;
StringBuilder mysb2 = new StringBuilder(capacity, maxCapacity); // 最大容量
```

StringBuilder 对象的最大容量是 2 147 483 647(这也是 StringBuilder 对象的默认容量)。

用户可以通过传递一个字符串给构建函数来设置 StringBuilder 对象的初始字符串：

```
string myStr = "To be or not to be";
StringBuilder mysb3 = new StringBuilder(myStr);
```

2. 使用 StringBuilder 对象的属性和方法

StringBuilder 类提供了许多属性和方法，如表 4-8 和表 4-9 所示。

表 4-8 StringBuilder 类的属性

属　性	类型	描　述
Capacity	int	获取或设置 StringBuilder 对象中可以存储的最大字符数
Length	int	获取或设置 StringBuilder 对象中的字符数
MaxCapacity	int	获取 StringBuilder 对象的最大容量

表 4-9 StringBuilder 类的方法

方　法	返回类型	描　述
Append()	StringBuilder	在 StringBuilder 对象的结尾处添加字符串
AppendFornat()	StringBuilder	在 StringBuilder 对象的结尾处添加格式化字符串
EnsureCapacity()	int	确定 StringBuilder 对象的当前容量至少等于一个特定值，并返回一个 int 值，其中包括 StringBuilder 对象的当前容量
Equals()	bool	返回布尔值，指定 StringBuilder 对象是否等于一个特定对象
GetHashCode()	int	返回类型的 int 型哈希码

续表

方　　法	返回类型	描　　述
GetType()	Type	返回当前对象的类型
Insert()	StringBuilder	在 StringBuilder 对象的指定位置插入字符串
Remove()	StringBuilder	从 StringBuilder 对象的指定位置开始删除特定数目的字符
Replace()	StringBuilder	在 StringBuilder 对象中用字符串或字符代替出现的所有字符串或字符
ToString()	string	将 StringBuilder 对象转换为一个字符串

可以看到，操作动态字符串的方法比操作一般字符串的方法少。

以下语句是错误的：

```
StringBuilder sb = "hello world!";      // 不合法，不能这样初始化一个字符串
sb = "change the content";              // 不合法，不能直接把 string 转换成 StringBuilder
```

下面来看几个合法的语句：

```
StringBuilder sb = new StringBuilder("Hello World! ");// 初始化字符串 sb
sb.Insert(6, "Beautiful ");                          // 将字符串"Beautiful "添加到当前指定位置
Console.WriteLine(sb);                                  // 输出"Hello Beautiful World! "
sb.Remove(0, sb.Length);                                // 移除整个字符串
sb.Append("Test for string change!");                   // 追加一个新字符串
int myInt = 25;
sb.AppendFormat("...{0:C} ", myInt);                 // 将一个货币值整数放到 StringBuilder 的末尾
```

StringBuilder 类还有一个特性，它的 Length 属性不是 ReadOnly（只读）的，可以手动设置。而在 String 类中，Length 属性是 ReadOnly 的。有这样一组语句：

```
StringBuilder mysb = new StringBuilder("12345");      // 初始化一个字符串 mysb
mysb.Length = 7;                                       // 改变 mysb 的 Length 属性
Console.WriteLine("mysb(len = 7): {0}\n", mysb);       // 输出 mysb 的内容为"12345 "
mysb.Length = 3;
Console.WriteLine("mysb(len = 3): {0}\n", mysb);       // 输出 mysb 的内容为"123"
```

4.5 集合编程

集合是 C# 中的一个重要的数据组成形式，通过集合可以将数据存储于其中，并通过集合提供的特性对数据进行索引、取值、排序等操作。System.Collections 命名空间包含这样一些集合类，如 ArrayList、哈希表、字典、堆栈、队列等，其对象创建以后还可以改变容量，同时提供了很多灵活的方法来操作和存取元素。

4.5.1 ArrayList

ArrayList 是 System.Collections 命名空间的一部分。ArrayList 可以理解为一种特殊

的数组，它与数组(Array)相似，都用于存储一组有序的数据元素。但由于数组本身需要固定的长度，如果向其中增加元素则可能抛出异常，所以数组不够灵活。

ArrayList 集合可以动态地添加或删除所存储的元素。使用整数索引可以访问 ArrayList 集合中的元素，集合中的索引从 0 开始。

在创建一个 ArrayList 集合对象时不用定义其大小。ArrayList 有一个属性 Capacity，表示集合的容量，即能够存储的最多元素个数。ArrayList 集合的默认初始容量为 16，当添加第 17 个元素时其容量自动翻倍到 32。用户可以手工设置 Capacity，其值应该大于或等于元素个数，如果设置的值小于元素个数，则程序将抛出一个异常 ArgumentOutOfRangeException。

创建一个 ArrayList 对象可以使用以下方法：

```
ArrayList myArrayList = new ArrayList();
```

使用 Add()方法可以给 ArrayList 增加一个元素，并把新元素添加到 ArrayList 的末尾。下面的代码给 myArrayList 增加了两个字符串。

```
myArrayList.Add("Hello ")
myArrayList.Add("World ")
```

用户可以使用 Count 属性来获取存储在 ArrayList 中的元素个数。在读取 ArrayList 中的元素时可以在 for 循环中使用 Count 属性。例如：

```
for (int i = 0; i < myArrayList.Count; i++) {
    Console.WriteLine(myArrayList[counter]);
}
```

例 4-17　ArrayList 示例(04-17.cs)。

```
using System;
using System.Collections;
public class Employee {                                   // 定义一个类 Employee
  public Employee(int empID) { this.empID = empID; } // 构造函数
  public override string ToString( ) { return empID.ToString( ); }
  public int EmpID {
    get { return empID; }
    set { empID = value; }
  }
  private int empID;
}
public class Tester {
  static void Main( ) {
    ArrayList empArray = new ArrayList( );
    ArrayList intArray = new ArrayList( );
    for (int i = 0;i<5;i++) {                          // 构造 intArray 和 empArray 集合中的元素
        empArray.Add(new Employee(i + 100));
        intArray.Add(i * 5);
    }
```

```
        for (int i = 0;i< intArray.Count;i++) {          // 打印 intArray 集合的全部内容
            Console.Write("{0} ", intArray[i].ToString( ));
        }
        Console.WriteLine("\n");
        for (int i = 0;i< empArray.Count;i++) {          // 打印 empArray 集合的全部内容
          Console.Write("{0} ", empArray[i].ToString( ));
        }
        Console.WriteLine("\n");
        Console.WriteLine("empArray.Capacity: {0}", empArray.Capacity);
    }
}
```

上面程序的输出结果如下：

```
0  5  10  15  20
100  101  102  103  104
empArray.Capacity: 16
```

4.5.2 哈希表

哈希表(Hash Table)表示一个关键码(Key)和值(Value)相关联的集合，也就是说在哈希表中每一个关键码都与一个值相对应，即 Key-Value 对。这就好像字典一样，字典中的单词相当于关键码(Key)，对应的单词定义就是值(Value)。

建立一个哈希表可以使用以下方法：

```
Hashtable myHashtable = new Hashtable();
```

1. 添加元素

向哈希表中增加“Key-Value”对可以使用 Add()方法。

```
myHashtable.Add("cn","China");
myHashtable.Add("hk","Hongkong");
myHashtable.Add("ca","Canada");
```

Add()方法的第一个参数是关键码，第二个参数是值。但在添加元素时如果使用了重复的关键码，则会给出一个异常 ArgumentException。

2. 查找关键码对应的值

如果想查找一个关键码对应的值，可以使用索引来表示。例如，下面的代码在 myHashtable 表中查找一个关键码“hk”对应的值。

```
string myCountry = (string) myHashtable["hk"];
```

查找的返回值是一个对象，在存储到 myCountry 变量之前被强制转换为字符串。

3. 获取关键码和值

如果要获取哈希表中的关键码和值，可以使用它的 Keys 属性和 Values 属性。

在下面的语句中，利用 foreach 循环分别读取 myHashtable 的 Keys 属性和 Values 属性来显示哈希表中全部的关键码和值。

```
foreach (string mykey in myHashtable.Keys) {        // 显示全部的关键码
    Console.WriteLine("mykey = " + mykey);
}
foreach (string myValue in myHashtable.Values) { // 显示全部的值
    Console.WriteLine("myValue = " + myValue);
```

哈希表有很多属性和方法，下面通过一个例子来了解它们的用法。

例 4-18 哈希表的属性和方法(04-18.cs)。

```
    using System;
    using System.Collections;
    class 04 - 18 - Hashtable {
    pulic static void Main()
    {
    Hashtable myHashtable = new Hashtable();              // 创建一个哈希表对象 myHashtable
    myHashtable.Add("AL","Alabama");                      // 添加 Key - Value 对
    myHashtable.Add("CA","California");
    myHashtable.Add("FL","Florida");
    myHashtable.Add("NY","New York");
    foreach (string myKey in myHashtable.Keys) {          // 显示哈希表的全部 Keys
        Console.WriteLine("myKey = " + myKey);
    }
    foreach(string myValue in myHashtable.Values) {  // 显示哈希表的全部 Values
        console.WriteLine("myValue = " + myValue);
    }
    if (myHashtable.ContainsKey("FL")) {                  // 判断哈希表是否包含特定 Key
        Console.WriteLine("myHashtable contains the key FL");
    }
    if (myHashtable.ContainsValue("Florida")) {       // 判断哈希表是否包含特定 Value
        Console.WriteLine("myHashtable contains the value Florida");
    }
    Console.WriteLine("Removing FL from myHashtable");
    myHashtable.Remove("FL"):                             // 移除哈希表中的某个 Key - Value 对
    int count = myHashtable.Count;                        // 获取哈希表的元素个数
    Console.WriteLine("Copying keys to myKeys array");
    string[] myKeys = new string[count];
    myHashtable.Keys.CopyTo(myKeys, 0);                   // 将哈希表的 Keys 复制到数组 myKeys 中
    for (int counter = 0; counter < myKeys.Length; counter++) {      // 显示数组 myKeys 的内容
        Console.WriteLine("myKeys[" + counter + "] = " + myKeys[counter]);
    }
  }
}
```

这个程序的输出结果如下：

```
myKey = AL
myKey = CA
myKey = FL
myValue = Alabama
myValue = California
myValue =  Florida
myHashtable contains the key FL
myHashtable contains the value Florida
Removing FL from myHashtable
Copying keys to myKeys array
myKeys[0]  =  AL
myKeys[1] = CA
myKeys[2] = NY
```

4.5.3 队列

队列(Queues)是一个遵循“先进先出”(First In First Out,FIFO)原则的集合。在一端输入数据(称为“加队”,Enqueue),在另一端输出数据(称为“减队”,Dequeue)。可见,队列中数据的插入和删除都必须在队列的头尾进行,而不能直接在中间的任意位置插入和删除数据。

在管理有限的资源时,队列是一个非常好的数据结构。例如,当需要在只有一个CPU的计算机系统中运行多个任务时,由于计算机一次只能处理一个任务,其他的任务就被放在一个专门的队列中排队等候。另外,打印机缓冲池中的等待作业也是使用队列的例子。

创建一个Queue对象可以使用以下方法：

```
Queue myQueue  =  new Queue();
```

使用Enqueue()方法可以添加元素到队列尾,例如：

```
myQueue.Enqueue("This");
myQueue.Enqueue("is");
myQueue.Enqueue("a");
myQueue.Enqueue("test");
```

这些元素在队列myQueue中的顺序为This、is、a、test。

使用Dequeue()方法可以删除队列头的元素。该方法返回这个元素,然后从队列中删除它。以下代码将显示This,它也将从myQueue中删除。例如：

```
Console.WriteLine(myQueue.Dequeue());
```

读取队列中最前面的元素可以使用Peek()方法。该方法也返回这个元素,但并不从队列中删除它。下面的代码将会显示is,该元素在队列myQueue的最前面。

```
Console.WriteLine(myQueue.Peek());
```

例 4-19　队列操作(04-19.cs)。

```
using System;
using System.Collections;
class 04 - 19 - Queue {
public static void Main() {
    Queue myQueue  =  new Queue();                  // 创建一个队列对象 myQueue
    myQueue.Enqueue("Happy ");                      // 向队列中添加元素
    myQueue.Enqueue("New ");
    myQueue.Enqueue("Year ");
    foreach (string myString in myQueue) {          // 显示队列中的元素
        Console.WriteLine("myString  =  " + myString);
    }
    int numElements  =  myQueue.Count;              // 获取队列的元素个数
    for (int count = 0; count < numElements; count++); {
      // 使用 Peek 方法查找队列中的下一项,然后使用 Dequeue 方法使其出队
      Console.WriteLine( "myQueue.Peek()  =  " + myQueue.Peek() );
      Console.WriteLine( "myQueue.Dequeue()  =  " + myQueue.Dequeue() );
     }
  }
}
```

这个程序的输出结果如下：

```
myString  =  Happy
myString  =  New
myString  =  Year
myQueue.Peek()  =  Happy
myQueue.Dequeue()  =  Happy
myQueue.Peek()  =  New
myQueue.Dequeue()  =  New
myQueue.Peek()  =  Year
myQueue.Dequeue()  =  Year
```

4.5.4　堆栈

堆栈(Stacks)是一种遵循"后进先出"(Last In First Out,LIFO)原则的数据集合,简称为栈。栈只能在一端输入/输出,它有一个固定的栈底和一个浮动的栈顶。所有对堆栈的操作都是针对栈顶元素进行的。如果栈顶指针指向了栈底,说明当前的堆栈是空的。

创建一个堆栈对象可以使用下列代码：

```
Stack myStack  =  new Stack();
```

对堆栈进行操作主要有以下方法。

(1) void Push(object item)：在堆栈顶部添加一个元素,也叫入栈。

(2) object Pop()：删除栈顶的元素并返回该元素，也叫出栈。

(3) object Peek()：返回栈顶元素，但不删除它。

下面的例子演示了这个堆栈。

例 4-20 堆栈操作(04-20.cs)。

```
using System;
using System.Collections;
class 04 - 20 - Stacks {
    public static void Main() {
    Stack myStack = new Stack();                    // 创建一个堆栈对象 myStack
    myStack.Push ("Happy");                         // 向堆栈中添加元素
    myStack.Push ("New");
    myStack.Push ("Year");
    foreach (string myString in myStack) {          // 显示堆栈中的元素
      Console.WriteLine("myString = " + myString );
    }
    int numElements = myStack.Count;                // 获取堆栈中的元素个数
    for (int count = 0; count < numElements; count++); {
      // 使用 Peek 方法找到堆栈中的下一个元素,然后使用 Pop 方法使其出栈
      Console.WriteLine( "myStack.Peek() = " + myStack.Peek() );
      Console.WriteLine( "myStack.Pop() = " + myStack.Pop() );
     }
  }
}
```

这个程序的输出结果如下：

```
myString = Year
myString = New
myString = Happy
myStack.Peek() = Year
myStack.Pop() = Year
myStack.Peek() = New
myStack.Pop() = New
myStack.Peek() = Happy
myStack.Pop() = Happy
```

4.6 习题与上机练习

1. 简答题

(1) 在 C# 语言中值类型和引用类型有何不同？

(2) 结构和类的区别是什么？

2. 程序题

(1) 写出以下程序的运行结果。

```
using System;
class Test {
   public static void Main() {
      int x = 5;
      int y = x++;
      Console.WriteLine(y);
      y = ++x;
      Console.WriteLine(y);
   }
}
```

(2) 写出下列函数的功能。

```
static float FH() {
    float y = 0,n = 0;
    int x = Convert.ToInt32(Console.ReadLine()); // 从键盘读入整型数据赋给 x
    while (x != -1) {
           n++; y += x;
           x = Convert.ToInt32(Console.ReadLine());
    }
if (n == 0)
    return y;
else
    return y/n;
}
```

3. 上机练习

(1) 编写一个学生类用于处理学生信息(学号、姓名、性别、专业),在创建学生类的实例时,把学生信息作为构造函数的参数输入,然后将学生信息在浏览器输出。

(2) 编写一个类输入矩形的长和宽,计算矩形的面积。

第5章 Web Form技术

为了提高 Web 开发的效率，ASP.NET 应用了“基于控件的可视化界面设计”和“事件驱动的程序运行模式”。通过使用 ASP.NET 提供的服务器控件将这些控件拖放到 Web 窗体中，轻松地进行 ASP.NET 页面设计。同时给特定的事件提供事件响应代码的编写模板，大大方便了 Web 软件开发者，提高了开发效率。

本章将介绍 Web Form 技术，包括 Web 服务器控件、数据验证控件、用户控件的使用，以及如何创建模板页等。

5.1 ASP.NET 页面的生命周期

ASP.NET 页面的生命周期是 ASP.NET 中非常重要的概念，了解并掌握 ASP.NET 页面的生命周期就能够在合适的生命周期内编写代码，执行事务，并开发自定义控件。

ASP.NET 网页一般由两部分组成，即可视界面和处理逻辑。

- 可视界面：由 HTML 标记、ASP.NET 服务器控件等组成，即.aspx 文件。
- 处理逻辑：包含事件处理程序和代码，如 C#代码，即.cs 文件。

ASP.NET 页面运行时将经历一个生命周期，在生命周期内该页面执行一系列的步骤，包括控件的初始化、控件的实例化、还原状态和维护状态等，以及通过 IIS 反馈给用户呈现成 HTML。

一般来说，Web 页面的生命周期要经历以下阶段：

页面请求—开始—初始化—页面加载控件—验证—回发事件处理呈现—卸载。

(1) 页面请求(Page Request)：页面请求发生在 Web 页面生命周期开始之前。当用户请求一个 Web 页面时，ASP.NET 将确定是否需要分析或者编译该页面，或者是否可以在不运行页的情况下直接请求缓存响应客户端。

(2) 开始(Start)：在发生了请求后页面就进入开始阶段，在该阶段页面将确定请求是回发请求还是新的客户端请求，并设置 IsPostBack 属性。

(3) 初始化(Page Initialization)：在页面开始后进入了初始化阶段，在初始化期间页面可以使用服务器控件，并为每个服务器控件进行初始化，即设置每一个控件的 UniqueID 属性。

(4) 页面加载控件(Load)：如果当前请求是回发请求，则页面中各个控件的新值和 ViewState 将被恢复或设置。

(5) 验证(Validation)：在验证期间页面中的验证控件调用自己的 Validate 方法进行验

证以便设置自己的 IsValid 属性，因为验证控件是在客户端和服务器端都要进行验证的。

(6) 回发事件处理(Postback event handling)：如果请求是回发请求，则调用所有事件的处理程序。

(7) 呈现(Rendering)：在呈现之前会保存所有控件的 ViewState 视图状态。在呈现期间，页面会调用每个控件的 Render 方法，将各个控件的 HTML 文本写到 Response 的 OutputStream 属性中。

(8) 卸载(Unload)：完全呈现页面后将页面发送到客户端，在准备丢弃该页时，将调用卸载并执行清理，资源被释放。

5.2 Web 服务器控件概述

通常情况下，服务器控件都包含在 ASP. NET 页面中，可以被服务器端的程序代码访问和操作。

服务器控件都是 ASP. NET 页面上的对象，采用事件驱动的编程模型，客户端触发的事件在服务器端处理。所有的服务器控件事件都传递两个参数，如按钮单击事件(Button_Click (object sender, EventArgs e))。其中，第一个参数 sender 表示引发事件的对象以及包含任何事件特定信息的事件对象；第二个参数 e 是 EventArgs 类型，对于某些控件来说是特定于该控件的类型。

5.2.1 服务器控件的不同类型

ASP. NET 提供不同类型的服务器控件(见图 5-1)，以此来满足开发人员的需求，主要如下。

(1) 标准控件(Standard Controls)：Web 服务器控件是服务器可理解的特殊 ASP. NET 标签。它的功能更强大，使用更灵活，但不一定对应到某个 HTML 元素。

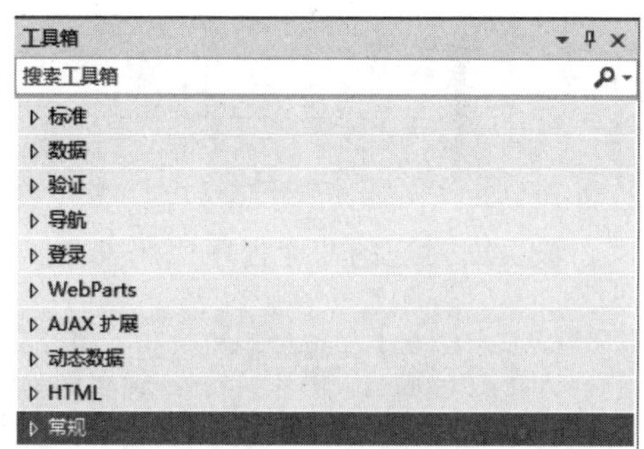

图 5-1 服务器控件的分类

(2) 数据控件(Data Controls)：帮助输入、访问和显示 Web 页面上的数据，主要包括数据源控件、数据显示控件和数据表单管理控件等。

(3) 验证控件(Validation Controls)：用于验证用户输入。如果没有通过验证，将向用户显示一条错误消息。

(4) 导航控件(Navigation Controls)：目的是让用户能方便、直接地从一个页面移到另一个页面。它有 3 个不同的服务器控件，即 TreeView、Menu 和 SiteMapPath，这些控件提供不同的方式来管理 Web 应用程序中的链接和导航。

(5) 登录控件(Login Controls)：支持用户的注册和身份验证，允许根据当前用户是否已登录显示特殊的内容。

(6) HTML 控件(HTML Controls)：这是对 HTML 标记的扩展，每个 HTML 控件都

和原来的 HTML 标记一一对应。通常，ASP. NET 文件中的 HTML 元素默认作为文本进行处理。为了使这些元素可编程化，需要添加 runat="server"属性，指示 HTML 元素应作为服务器控件进行处理。

5.2.2 服务器控件的共有属性和事件

1. 共有属性

共有属性就是所有的服务器控件都有的属性，这些属性主要用来设置控件的外观、布局、可访问性等，主要包括布局属性（如 Height、Width）、行为属性（如 Enabled、Visible 等）、可访问属性（如 AccessKey、TabIndex）、外观属性（如 BackColor、ForeColor、BorderColor 等）。

每个服务器控件都有一个 id 属性和 runat="server"属性。其中 id 属性是服务器控件的唯一标识，供服务器端代码进行访问。

因此定义一个服务器控件的基本语法如下：

```
<asp:控件 id="控件标识" runat="server" 属性1=值1,...,属性n=值n />
```

服务器控件的属性既可以通过属性页窗口来设置（见图 5-2），也可以通过 HTML 代码来实现。

例 5-1 一个包含服务器控件的页面（05-01. aspx）。

一个页面包括两个服务器控件，即 asp:Button 按钮控件和 asp:Label 标签控件。其中，asp:Button 控件的 OnClick 属性声明了单击事件的处理程序名。

该页面的 HTML 代码如下：

```
<form id="form1" runat="server">
    <asp:Button id="btnSubmit" Text="OK" OnClick="btnSubmit_Click" runat="server" />
    <asp:Label id="lblMessage" runat="server"/>
</form>
```

该页面对应的 C# 程序代码如下：

```
protected void Page_Load(Object sender, EventArgs e) {
  if (!IsPostBack) {      // 判断页面是否为第一次加载
    lblMessage.Text = "页面第一次访问!";
  }
  else {
    lblMessage.Text = "页面被提交了!";
  }
}
// 按下 OK 按钮后的处理代码:
public void btnSubmit_Click (Object sender, EventArgs e) {
  btnSubmit.Text = "You click me!";
}
```

上面的代码首先定义了一个 Page_Load 事件，其次定义了一个按钮的 Click 事件处理程序 btnSubmit_Click。

当页面被初次加载时会执行 Page_Load 中的代码，它通过判断 Page 对象的 IsPostBack 属性来确定页面是否为第一次加载。

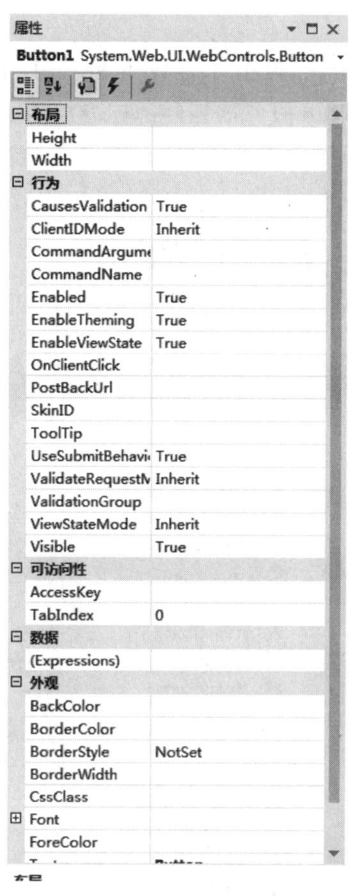

图 5-2 服务器控件的属性页

2. 共有事件

服务器控件的事件当服务器进行到某个时刻时引发从而完成某些任务。事件的回发会导致页面的 Init 事件和 Load 事件等，有时还需要根据情况判断是否需要检测回发事件，常用的检测方法就是判读 Page. isPostBack、Page. IsCallback、Page. IsCrossPagePostBack 等属性来确定页面事件的状态。服务器控件共有的事件如表 5-1 所示。

表 5-1 服务器控件共有的事件

事 件	说 明
DataBind	当控件上的 DataBind 方法被调用并且该控件被绑定到一个数据源时触发
Disposed	从内存中释放一个控件时触发
Init	控件被初始化时触发
Load	把控件装入页面时触发，该事件在 Init 后发生
PreRender	在控件准备生成它的内容时触发
Unload	从内存中卸载控件时触发

5.3 标准的 Web 服务器控件

Web 服务器控件位于 System. Web. UI. WebControls 命名空间中，是从 WebControl 基类直接或间接派生出来的。Web 服务器控件的标准控件如图 5-3 所示。它通常分为 4 类控件，即文本输入与显示控件、控制权转移控件、选择控件、容器控件。下面分别对这 4 类控件进行介绍。

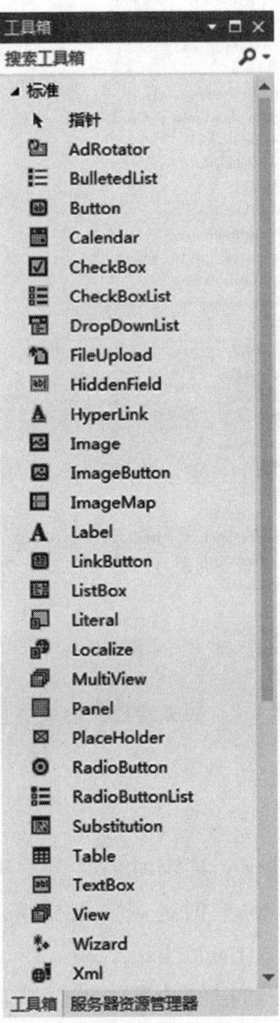

图 5-3 Web 服务器控件

5.3.1 文本输入与显示控件

文本输入控件即文本控件(TextBox)。显示控件包括两种，即显示文本的标签控件(Label)、显示图片的图像控件(Image)。下面分别对它们加以介绍。

1. 文本控件(TextBox)

TextBox 控件用于提供文本编辑能力。TextBox 控件支持多种模式,可以用来实现单行输入、多行输入和密码输入。表 5-2 为文本控件的常用属性。

表 5-2 TextBox 控件的常用属性

属　性	说　明
AutoPostBack	在文本修改以后是否自动重传,默认为 false,当设置为 true 时,用户更改内容后触发 TextChanged 事件
Columns	文本框的宽度
EnableViewState	控件是否自动保存其状态以用于往返过程
MaxLength	用户输入的最大字符数
ReadOnly	是否为只读
Rows	作为多行文本框时所显示的行数
Text	获取或设置 TextBox 控件中的数据
TextMode	显示模式,取值为 SingleLine、MultiLine 或 Password

例如:

```
private void txtUserName_TextChanged(object sender, System.EventArgs e) {
        Label1.Text = txtUserName.Text;
}
```

2. 标签控件(Label)

Label 控件用于在页面中显示只读的静态文本或数据绑定的文本。当触发事件时某一段文本能够在运行时更改。示例代码如下:

```
<asp:Label ID = "Label1" runat = "server" Text = "Hello"></asp:Label>
```

上述代码声明了一个标签控件,并将该控件的 ID 属性设置为默认值 Label1。由于该控件是服务器端控件,故包含 runat="server"属性。表 5-3 为 Label 控件的属性和事件。

表 5-3 Label 控件的属性和事件

属性/事件	说　明
Text 属性	获取或设置 Label 控件中的数据
TextChanged 事件	用户输入信息后离开 TextBox 控件时引发的事件

3. 图像控件(Image)

图像控件用来在 Web 窗体中显示图片或图像,图像控件的常用属性如表 5-4 所示。

表 5-4　Image 控件的常用属性

属　　性	说　　明
AlternateText	在图像无法显示时显示的替换文字
DescriptionUrl	包含更详细的图像说明的 URL
GenerateEmptyAlternateText	当未指定替换文字时是否生成空的替换文字属性，默认为 false
ImageAlign	图像的对齐方式
ImageUrl	要显示图像的 URL
ToolTip	把鼠标指针放在控件上时显示的工具提示

当图片无法显示的时候图片将被替换成 AlternateText 属性中的文字，ImageAlign 属性控制图片的对齐方式，而 ImageUrl 属性用来设置图像的链接地址。图像控件具有可控性的优点，可以通过编写 HTML 来控制图像控件。例如图像控件的声明代码如下：

```
<asp:Image ID = "Image1" runat = "server" AlternateText = "图片连接失效"
ImageUrl = "http://www.shangducms.com/images/cms.jpg" />
```

上述代码设置了一个图片，当图片失效的时候提示图片连接失效。

注意：当双击图像控件时，系统并没有生成事件所需要的代码段，这说明 Image 控件不支持任何事件。

5.3.2　控制权转移控件

控制权转移控件包括以下 4 种类型。

- Button 控件：显示标准 HTML 窗体按钮。
- LinkButton 控件：在按钮上显示文本超链接。
- ImageButton 控件：显示图像按钮。
- HyperLink 控件：在某些文本上显示文本超链接。

1. 按钮控件(Button、LinkButton、ImageButton)

Button、LinkButton 和 ImageButton 为按钮控件，能够触发事件或将网页中的信息回传给服务器。它们的作用基本相同，但表现形式不同，如图 5-4 所示。其声明代码如下：

```
<asp:Button ID = "Button1" runat = "server" Text = "click me" /><br />
<asp:LinkButton ID = "LinkButton1" runat = "server">click me</asp:LinkButton><br />
    <asp:ImageButton ID = "ImageButton1" runat = "server" ImageURL = "a.bmp" />
```

图 5-4　3 种按钮类型(Button、LinkButton、ImageButton)

按钮控件用于事件的提交，它们通常包含一些公共的属性和事件。表 5-5 和表 5-6 分别显示了按钮控件的公共属性和特殊属性，表 5-7 显示了它们的公共事件。

表 5-5 按钮控件(Button、LinkButton、ImageButton)的公共属性

属　性	说　明
CausesValidation	按钮是否导致触发验证，默认为 true
CommandArgument	与此按钮关联的命令参数
CommandName	与此按钮关联的命令
Enabled	控件的已启用状态，默认为 true
OnClientClick	在客户端 OnClick 上执行的客户端脚本
ValidationGroup	当控件导致回发时应验证的组

表 5-6 按钮控件(Button、ImageButton、LinkButton)的特殊属性

控件名称	属　性	说　明
Button	UseSubmitBehavior	指示按钮是否呈现为提交按钮
	Text	在按钮上显示的文本
ImageButton	ImageAlign	图像的对齐方式
	PostBackURL	单击按钮时所发送到的 URL
	AlternateText	在图像无法显示时显示的替换文字
	ImageURL	要显示的图像的 URL
LinkButton	Text	要为该链接显示的文本
	PostBackURL	单击按钮时所发送到的 URL

表 5-7 按钮控件(Button、LinkButton、ImageButton)的公共事件

事　件	说　明
Click	单击按钮时会引发该事件
Command	在单击按钮并定义关联的命令时触发
DataBinding	在要计算控件的数据绑定表达式时触发
Disposed	在控件已被释放后触发
Init	在初始化页后触发
Load	在加载页后触发
PreRender	在呈现该页前触发
Unload	在卸载该页时触发

值得一提的是，最常用的按钮事件是 Click(单击)和 Command(命令)事件。Click 事件不能传递参数，处理的事件相对简单。而 Command 事件可以传递参数，负责传递参数的是 CommandArgument 属性和 CommandName 属性。

当按钮同时包含 Click 事件和 Command 事件时通常会执行 Command 事件。通过判断按钮的 CommandArgument 属性和 CommandName 属性值可以执行不同的方法，这样就实现了同一个按钮根据不同的值进行不同的处理和响应，或者多个按钮与一个处理代码相关联。相比 Click(单击)事件而言，Command(命令)事件具有更高的可控性。

2. 超链接控件(HyperLink)

超链接控件相当于实现了 HTML 代码中的"< a href=URL 地址> </a >"效果。当拖动一个超链接控件到页面时，系统会自动生成控件声明代码，示例代码如下：

```
<asp:HyperLink ID = "HyperLink1" runat = "server"> HyperLink </asp:HyperLink>
```

表 5-8 是 HyperLink 控件的属性。

表 5-8 HyperLink 控件的属性

属　性	说　明
Text	要为该链接显示的文本
ImageURL	要显示的图像的 URL
NavigateURL	定位到的 URL
Target	NavigateUrl 的目标框架

5.3.3 选择控件

顾名思义，选择控件就是在一组选项中选出一项或多项，它通常包括以下 4 个类型。

- 单选控件(RadioButton)：用于在一个选项列表中选择一个选项，使用时通常会与其他 RadioButton 控件组成一组，以提供一组互斥的选项。
- 复选框控件(CheckBox)：用于在选中和清除这两种状态间切换。
- 下拉列表控件(DropDownList)：允许用户从预定义的列表中选择一项。
- 列表控件(ListBox)：允许用户从预定义的列表中选择一项或多项。

下面分别对这几种控件加以介绍。

1. 单选控件和单选组控件(RadioButton 和 RadioButtonList)

1) 单选控件(RadioButton)

单选控件可以为用户选择某一个选项，单选控件的常用属性和事件如表 5-9 所示。

表 5-9 RadioButton 控件的属性和事件

属性/事件	说　明
AutoPostBack 属性	当单击控件时自动回发到服务器，默认为 false
Checked 属性	控件的已选中状态，默认为 false
GroupName 属性	此单选控件所属的组名
Text 属性	显示的文本标签
TextAlign 属性	文本标签相对于控件的对齐方式，默认为 right
CheckedChanged 事件	在更改控件的选中状态时触发

单选控件通常需要 Checked 属性来判断某个选项是否被选中，多个单选控件之间可能存在着某些联系，这些联系通过 GroupName 进行约束和联系。

例 5-2 一个含单选控件的页面(05-02. aspx)。

该页面的 HTML 代码如下：

```
<form id = "form1" runat = "server">
<div>
```

```
<asp:RadioButton ID = "RadioButton1" runat = "server" GroupName = "chos" Text = "choose first"
  AutoPostBack = "true" OnCheckedChanged = "RadioButton1_CheckedChanged"/>
</div>
<div>
<asp:RadioButton ID = "RadioButton2" runat = "server" GroupName = "chos"
  Text = "choose second" AutoPostBack = "true"
  OnCheckedChanged = "RadioButton2_CheckedChanged"/></div>
<div>
<asp:RadioButton ID = "RadioButton3" runat = "server" GroupName = "chos"
  Text = "choose third" AutoPostBack = "true"
  OnCheckedChanged = "RadioButton3_CheckedChanged"/>
</div>
<div>
<asp:Label ID = "Label1" runat = "server" Text = "Label" ></asp:Label></div>
</form>
```

上述代码声明了 3 个单选控件，并将 GroupName 属性都设置为 chos。单选控件中最常用的事件是 CheckedChanged，当控件的选中状态改变时将触发该事件。该页面对应的程序代码如下：

```
using System;
using System.Collections.Generic;
using System.Linq;
using System.Web;
using System.Web.UI;
using System.Web.UI.WebControls;

public partial class _05_02 : System.Web.UI.Page
{
    protected void Page_Load(object sender, EventArgs e) {
    }
    protected void RadioButton1_CheckedChanged(object sender, EventArgs e) {
        Label1.Text = "第一项被选中";
    }
    protected void RadioButton2_CheckedChanged(object sender, EventArgs e) {
        Label1.Text = "第二项被选中";
    }
    protected void RadioButton3_CheckedChanged(object sender, EventArgs e) {
        Label1.Text = "第三项被选中";
    }
}
```

当选中状态改变时触发相应的事件，显示第几项被选中，如图 5-5 所示。

和 TextBox 控件相同的是，单选控件不会自动进行页面回传，必须将 AutoPostBack 属性设置为 true 才能在焦点丢失时触发相应的 CheckedChanged 事件。

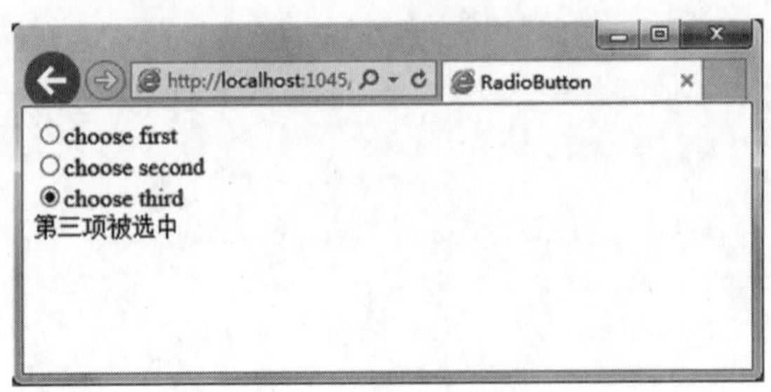

图 5-5　单选控件的使用

2）单选组控件(RadioButtonList)

单选组控件也是只能选择一个项目的控件，和单选控件不同的是，单选组控件没有 GroupName 属性，但是却能够列出多个单选项目。另外，单选组控件所生成的代码也比单选控件实现的相对少。单选组控件添加项如图 5-6 所示。

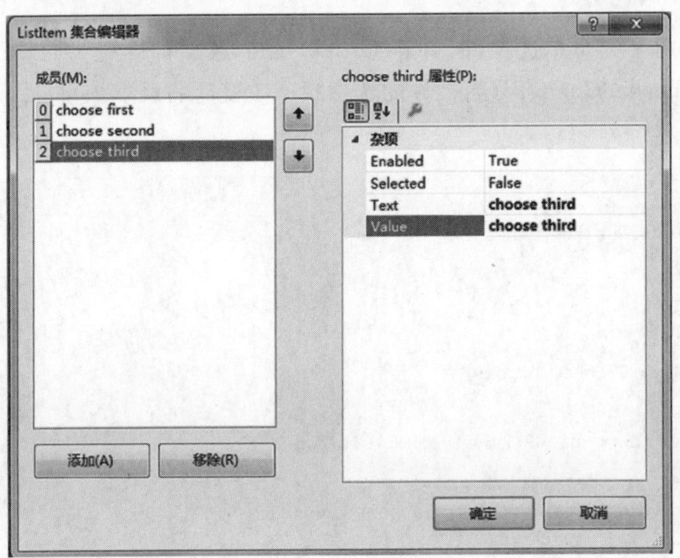

图 5-6　单选组控件添加项

添加项目成员后系统自动在.aspx 页面声明服务器控件代码，代码如下：

```
<asp:RadioButtonList ID = "RadioButtonList1" runat = "server"
    SelectedIndexChanged = "RadioButtonList1_SelectedIndexChanged">
    <asp:ListItem > Choose1 </asp:ListItem >
    <asp:ListItem > Choose2 </asp:ListItem >
    <asp:ListItem > Choose3 </asp:ListItem >
</asp:RadioButtonList >
```

上面的代码使用了单选组控件实现单选功能。单选组控件的属性和事件如表 5-10 所示。

表 5-10 RadioButtonList 控件的属性和事件

属性/事件	说 明
AutoPostBack 属性	当选定内容更改后自动回发到服务器，默认为 false
DataSourceID 属性	将被用作数据源的 DataSource 的控件 ID
DataTextFiled 属性	数据源中提供项文本的字段
DataTextFormatString 属性	应用于文本字段的格式，例如"{0:d}"
DataValueField 属性	数据源中提供项值的字段
Items 属性	列表中项的集合
RepeatColumns 属性	用于布局项的列数，初值为 0
RepeatDirection 属性	项的布局方向，默认为 vertical
SelectedIndexChanged 事件	在更改选定索引后触发
TextChanged 事件	在更改文本属性后触发

和单选控件一样，双击单选组控件时，系统会自动生成 SelectedIndexChanged 事件的声明，可以在该事件中编写代码。当选定一项内容时示例代码如下：

```
protected void RadioButtonList1_SelectedIndexChanged(object sender, EventArgs e) {
    Label1.Text = RadioButtonList1.Text;   // 文本标签的值等于所选控件的值
}
```

2. 复选框控件和复选组控件(CheckBox 和 CheckBoxList)

1）复选框控件(CheckBox)

和单选框控件一样，复选框也是通过 Check 属性判断是否被选择，不同的是复选框控件没有 GroupName 属性。以下代码声明了两个复选框控件：

```
<form id = "form2" runat = "server">
<asp:CheckBox ID = "CheckBox1" runat = "server" Text = "Check1" AutoPostBack = "true" />
<asp:CheckBox ID = "CheckBox2" runat = "server" Text = "Check2" AutoPostBack = "true" />
</form>
```

当双击复选框控件时，系统会自动生成 CheckedChanged 事件的声明。当复选框控件的选中状态被改变后会触发该事件。示例代码如下：

```
protected void CheckBox1_CheckedChanged(object sender, EventArgs e) {
        Label1.Text = "选框 1 被选中";     // 当选框 1 被选中时
}
protected void CheckBox2_CheckedChanged(object sender, EventArgs e) {
        Label1.Text = "选框 2 被选中";     // 当选框 2 被选中时
        Label1.Font.Size = FontUnit.XXLarge;
}
```

上述代码分别为两个选框设置了事件，设置了当选择选框 1 时，文本标签输出“选框 1 被选中”，当选择选框 2 时，输出“选框 2 被选中”。

对于复选框而言，用户可以在复选框控件中选择多个选项，所以就没有必要为复选框控件进行分组，也就是说复选框控件没有 GroupName 属性。

2）复选组控件(CheckBoxList)

和单选组控件相同，服务器控件同样包括了复选组控件(CheckBoxList)，拖动一个复选组控件到页面可以添加复选组列表，将其添加在页面后系统生成的代码如下：

```
<asp:CheckBoxList ID = "CheckBoxList1" runat = "server" AutoPostBack = "true"
        SelectedIndexChanged = "CheckBoxList1_SelectedIndexChanged">
        <asp:ListItem Value = "Choose1"> Choose1 </asp:ListItem>
        <asp:ListItem Value = "Choose2"> Choose2 </asp:ListItem>
        <asp:ListItem Value = "Choose3"> Choose3 </asp:ListItem>
</asp:CheckBoxList>
```

复选组控件最常用的是 SelectedIndexChanged 事件，当控件中某项的选中状态被改变时将会触发该事件，示例代码如下：

```
protected void CheckBoxList1_SelectedIndexChanged(object sender, EventArgs e) {
    if (CheckBoxList1.Items[0].Selected) {        // 判断某项是否被选中
        Label1.Font.Size = FontUnit.XXLarge;  // 更改字体大小
    }
    if (CheckBoxList1.Items[1].Selected) {        // 判断是否被选中
        Label1.Font.Size = FontUnit.XLarge;   // 更改字体大小
    }
    if (CheckBoxList1.Items[2].Selected) {
        Label1.Font.Size = FontUnit.XSmall;
    }
}
```

在上述代码中 Item 数组是复选组控件中项目的集合，其中 Items[0]是复选组中的第一个项目。CheckBoxList1. Items[0]. Selected 用来判断是否被选中。上述代码用来修改 Label 标签的字体大小。

注意：复选组控件和单选组控件不同的是不能够直接获取复选组控件的某个选中项目的值，因为复选组控件返回的是第一个选择项的返回值，只能够通过 Item 集合获取某个或多个选中的项目值。

3. 下拉列表控件(DropDownList)

列表控件能够在一个控件中为用户提供多个选项，既简化了用户的输入，同时又防止用户输入错误的选项。列表控件主要包括两种，即下拉列表 DropDownList 和多项选择列表 ListBox。

使用 DropDownList 控件可以有效地避免用户输入无效或错误的信息。例如，当输入性别时除了男就是女，输入其他的信息就是错误的。下列语句声明了一个 DropDownList 控件。

```
<asp:DropDownList ID = "DropDownList1" runat = "server" AutoPostBack = "true"
    SelectedIndexChanged = "List_Changed" >
```

```
        <asp:ListItem>1</asp:ListItem>
        <asp:ListItem>2</asp:ListItem>
        <asp:ListItem>3</asp:ListItem>
        <asp:ListItem>4</asp:ListItem>
</asp:DropDownList>
```

DropDownList 控件也可以绑定数据源控件。它最常用的事件是 SelectedIndexChanged，当用户选择相应的项目使得 DropDownList 控件的选择项发生变化时将会触发该事件，示例代码如下：

```
protected void DropDownList1_SelectedIndexChanged1(object sender, EventArgs e)
{
    Label1.Text = "你选择了第" + DropDownList1.Text + "项";
}
```

下拉列表控件的属性和事件如表 5-11 所示。

表 5-11　DropDownList 控件的属性和事件

属性/事件	说　明
AutoPostBack 属性	当选定内容更改后自动回发到服务器，默认为 false
DataSourceID 属性	将被用作数据源的 DataSource 的控件 ID
DataTextFiled 属性	数据源中提供项文本的字段
DataTextFormatString 属性	应用于文本字段的格式，例如"{0:d}"
DataValueField 属性	数据源中提供项值的字段
Items 属性	列表中项的集合
SelectedIndexChanged 事件	在更改选定索引后触发
TextChanged 事件	在更改文本属性后触发

4. ListBox 控件

相对于 DropDownList 控件而言，ListBox 控件可以通过 SelectionMode 属性指定是否允许用户选择多项。在创建一个 ListBox 控件后示例代码如下：

```
<asp:ListBox ID="ListBox1" runat="server" AutoPostBack="true"
    onselectedindexchanged="ListBox1_SelectedIndexChanged">
    <asp:ListItem>第 1 项</asp:ListItem>
    <asp:ListItem>第 2 项</asp:ListItem>
    <asp:ListItem>第 3 项</asp:ListItem>
    <asp:ListItem>第 4 项</asp:ListItem>
</asp:ListBox>
<asp:Label ID="Label1" runat="server" Text=" 你所选的项目为: "></asp:Label>
```

ListBox 控件的属性和 DropDownList 控件基本相同，只增加了两个属性，如表 5-12 所示。

表 5-12　ListBox 控件比 DropDownList 控件增加的属性

属　性	说　明
Rows	要显示的可见行的数目
SelectionMode	列表的选择模式，默认为 single

当设置 SelectionMode 属性为 Single 时，表明只允许用户从列表框中选择一个项目；如果设置 SelectionMode 属性为 Multiple，用户可以按住 Ctrl 键或者使用 Shift 组合键从列表中选择多个数据项。

同样，SelectedIndexChanged 也是 ListBox 控件中最常用的事件，可对事件编码如下：

```
protected void ListBox1_SelectedIndexChanged(object sender, EventArgs e) {
        Label1.Text = "你选择了" + ListBox1.Text ;
}
```

上面的程序实现了与 DropDownList 同样的效果。

但是，当用户需要选择 ListBox 列表中的多项时（即 SelectionMode 属性为 Multiple），开发人员编写的事件代码如下：

```
protected void ListBox1_SelectedIndexChanged1(object sender, EventArgs e) {
    Label1.Text += "<br>你选择了" + ListBox1.Text ;
}
```

上述代码使用了“+=”运算符，当用户每多选一项的时候都会触发 SelectedIndexChanged 事件，如图 5-7 所示。

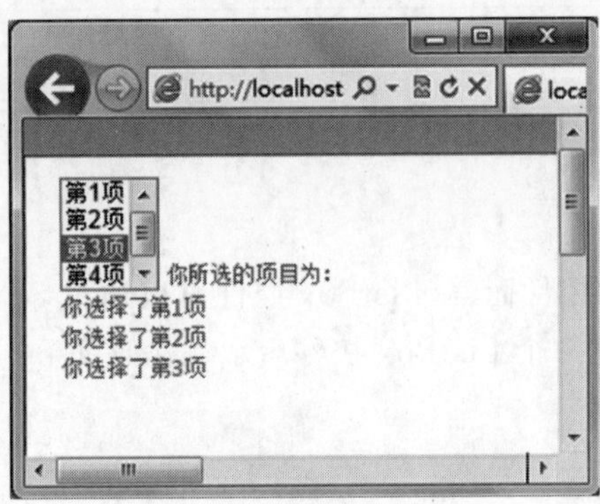

图 5-7　ListBox 控件的多选效果

5.3.4　容器控件

容器控件有两种类型。

- 面板控件（Panel）：可用作静态文本和其他控件的父级控件。
- 占位控件（PlaceHolder）：存储动态添加到网页上的服务器控件的容器。

1. 面板控件(Panel)

面板控件可以作为一组控件的容器,通过设置面板控件内的所有控件是显示还是隐藏来达到设计者的特殊目的。当创建一个面板控件时,系统生成的 HTML 代码如下:

```
<asp:Panel ID = "Panel1" runat = "server">
</asp:Panel >
```

面板控件的常用功能就是显示或隐藏一组控件,其 Visible 属性的默认值为 true。设置 Panel 控件的 HTML 代码如下:

```
<form id = "form1" runat = "server">
  <asp:Button ID = "Button1" runat = "server" Text = "Show Panel" />
  <asp:Panel ID = "Panel1" runat = "server" Visible = "false">
    <br /> The controls in a Panel are in follows.
    <br />
    <asp:Label ID = "Label1" runat = "server" Text = "Hello"></asp:Label >
    <asp:TextBox ID = "TextBox1" runat = "server"></asp:TextBox >
  </asp:Panel >
</form >
```

上述代码创建了一个 Panel 控件,初始状态为不可见。在 Panel 控件外有一个 Button 控件,当用户单击 Button 控件时将显示 Panel 控件。代码如下:

```
protected void Button1_Click(object sender, EventArgs e) {
    Panel1.Visible  =  true;     // Panel 控件显示可见
}
```

当页面被初次载入时,Panel 控件以及 Panel 控件内的所有控件都为隐藏,如图 5-8 所示。当用户单击 Button 时,Panel 控件及其内部的控件都为可见,如图 5-9 所示。Panel 控件还包含一个 GroupText 属性,当 Panel 控件的 GroupText 属性被设置时,Panel 将会被创建一个带标题的分组框,效果如图 5-10 所示。

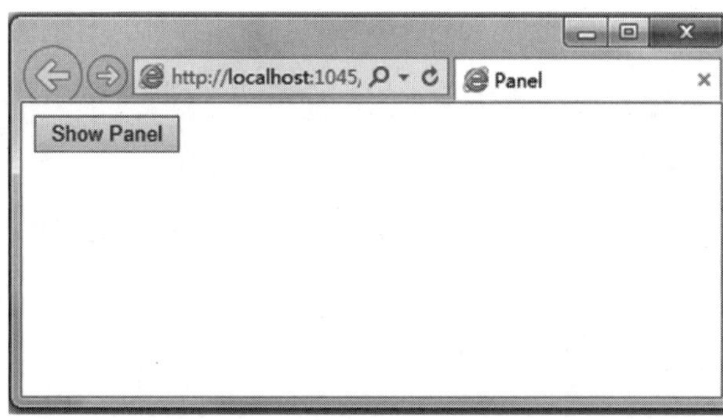

图 5-8　Panel 控件被隐藏

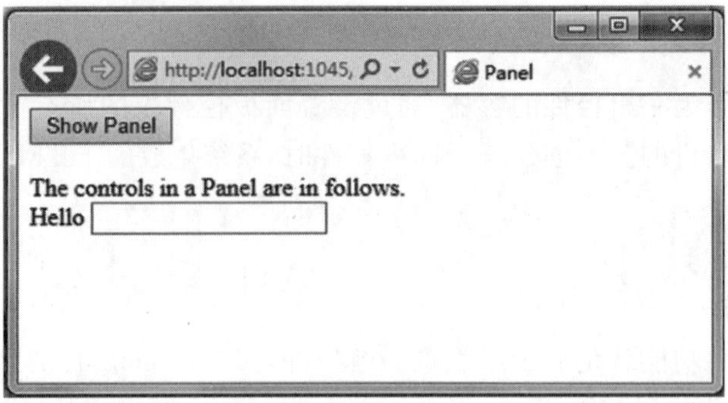

图 5-9　Panel 控件被显示

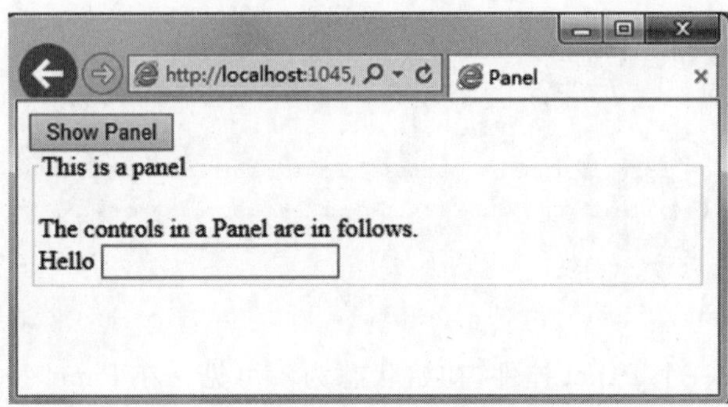

图 5-10　Panel 控件的 GroupText 属性

2．占位控件(PlaceHolder)

和 Panel 控件相同的是，PlaceHolder 控件也是控件的容器，但是在 HTML 页面呈现中本身并不产生 HTML。创建一个 PlaceHolder 控件的代码如下：

```
<asp:PlaceHolder ID = "PlaceHolder1" runat = "server">
</asp:PlaceHolder >
```

在 CS 页面中允许用户动态地在 PlaceHolder 上创建控件，CS 页面代码如下：

```
protected void Page_Load(object sender, EventArgs e) {
    TextBox text  =  new TextBox();             // 创建一个 TextBox 对象
    text.Text  =  "happy";
    this.PlaceHolder1.Controls.Add(text);  // 为占位控件动态地增加一个控件
}
```

上述代码动态地创建了一个 TextBox 控件并显示在占位控件中，运行效果如图 5-11 所示。

开发人员不仅能够通过编程在 PlaceHolder 控件中添加控件，还可以在 PlaceHolder 控件中拖动相应的服务器控件进行控件的呈现和分组。

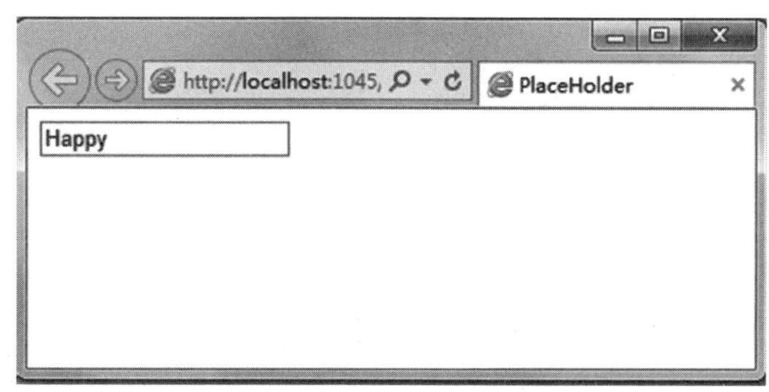

图 5-11 PlaceHolder 控件的使用

5.4 数据的有效性检测

Visual Studio 2015 提供了强大的数据验证控件，可以验证用户的输入，并在验证失败的情况下显示错误消息。在 Visual Studio 的工具箱中可以看到的验证控件如图 5-12 所示。

图 5-12 工具箱中的验证控件

注意，验证控件本身并不接受用户的输入，它们需要与其他控件（如 TextBox）相配合完成验证数据的工作，可以使用验证控件的 ControlToValidate 属性将验证控件和被验证控件关联起来。每个验证控件的基本说明见表 5-13。

表 5-13 验证控件的使用说明

验 证 控 件	功 能 说 明
RequiredFieldValidator	确保用户不跳过输入
CompareValidator	使用比较运算符（大于、小于、等于）将输入控件与一个固定值或另一个输入控件进行比较
RangeValidator	与 CompareValidator 非常相似，只是它用来检查输入是否在两个值或其他输入控件的值之间
RegularExpressionValidator	检查用户的输入是否与正则表达式定义的模式相匹配，允许检查可预知的字符序列，如电话号码、邮政编码、社会保障号等
CustomValidator	允许用户编写自己的验证逻辑检查用户的输入，通常用于奇偶验证
ValidationSummary	验证总结，以摘要的形式显示页上所有验证程序的验证错误

5.4.1 必须输入验证控件

在实际的应用中（如在用户填写表单时）有一些项目是必填项，例如用户名和密码。使用必须输入验证控件（RequiredFieldValidator）能够要求用户在特定的控件中必须提供相应的信息，否则就提示错误信息。RequiredFieldValidator 控件的格式如下：

```
< asp:RequiredFieldValidator ID = "控件名称" runat = "server"
ControlToValidate = "要检查的控件名称"
ErrorMessage = "出错信息" Display = "Dynamic | Static | None" />
```

示例代码如下：

```
< form id = "form1" runat = "server">
< div >用户名：
< asp:TextBox ID = "txtName" runat = "server"></asp:TextBox >
< asp:RequiredFieldValidator ID = "Validator1" runat = "server"
  ControlToValidate = " txtName" ErrorMessage = "用户名不能为空" Display = "Static">
</asp:RequiredFieldValidator > < br />
  密  码:< asp:TextBox ID = "txtPass" runat = "server"></asp:TextBox > < br />
< asp:Button ID = "Validate1" runat = "server" Text = "登录" /> < br />
</div >
</form >
```

在上述代码中，RequiredFieldValidator 控件通过它的 ControlToValidate 属性绑定了一个文本控件 txtName(要验证的控件)，当输入值为空且单击 OK 按钮时，提示错误信息“用户名不能为空”，如图 5-13 所示。此时用户的所有页面输入都不会提交，只有将必填输入项都填写完成，页面才会向服务器提交数据。

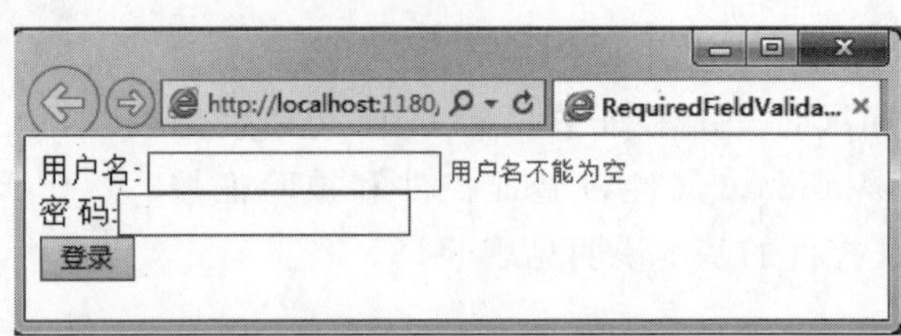

图 5-13　RequiredFieldValidator 验证控件

值得注意的是，RequiredFieldValidator 控件的 Initialvalue 属性(表示要验证的字段的初始值)默认值为空串，因此当用户什么都不输入而直接单击提交按钮时将显示出错，仅当输入控件失去焦点，而且用户在此输入控件中输入的值等于 Initialvalue 属性的值时，RequiredFieldValidator 控件才认为其数据不能通过验证。

5.4.2　比较验证控件

比较验证控件(CompareValidator)可以对比在两个控件中输入的数据。例如在修改密码时，通常需要在两个文本框中分别输入一次新密码，并对两次输入的密码进行比对。

CompareValidator 控件的格式如下：

```
< asp:CompareValidator ID = "控件名称"
ControlToValidate  = "要验证的控件 ID"
ControlToCompare  = "要比较的控件 ID"
Type  = "String | Integer | Date |Double|Currency"
Operator  = "Equal|NotEqual|
        GreaterThan|GreaterThanEqual|LessThan|LessThanEqual|DataTypeCheck"
```

```
ErrorMessage = "出错信息" Display = "Dynamic | Static | None"
runat = "server" />
```

CompareValidator 控件的属性见表 5-14。

表 5-14 CompareValidator 控件的属性

属　　性	说　　明
ControlToValidate	要验证的控件 ID
ControlToCompare	用于进行比较的控件 ID
Type	表示要比较的两个值的数据类型，取值有 5 种，即 String、Integer、Date、Double、Currency
Operator	表示要使用的比较运算符
ErrorMessage	出错提示信息
Text	当验证的控件无效时显示的验证程序文本
Display	验证程序的显示方式，取值包括 3 种，即 Dynamic、Static、None
SetFocusOnError	控件无效时验证程序是否在控件上设置焦点，默认为 false
ValueToCompare	用于进行比较的值

注意，用户也可以直接将与 CompareValidator 控件相关联的输入控件的值与某个特定值进行比较，只需将 CompareValidator 控件的 ValueToCompare 属性设定为要比较的特定值即可。在这种情况下不需要另外指定 ControlToCompare 属性。

CompareValidator 控件的示例代码如下：

```
<form id = "form2" runat = "server">
<div>密码 1:
<asp:TextBox ID = "passwd1" TextMode = "Password" runat = "server" />
<br />密码 2:
<asp:TextBox ID = "passwd2" TextMode = "Password" runat = "server" />
<asp:CompareValidator ID = "Validator2" runat = "server"
    ControlToValidate = "passwd1" ControlToCompare = "passwd2"
    Type = "String" Operator = "Equal"
    Display = "static" ErrorMessage = "两者不一致">
</asp:CompareValidator>
<br /><asp:Button ID = "Validate2" runat = "server" text = " 验 证 " />
</form>
```

在上述代码中判断两个密码输入框 passwd1 和 passwd2 中的输入值是否一致，比较类型为 String，比较运算符为 Equal，因此如果不相等则提示出错，如图 5-14 所示。

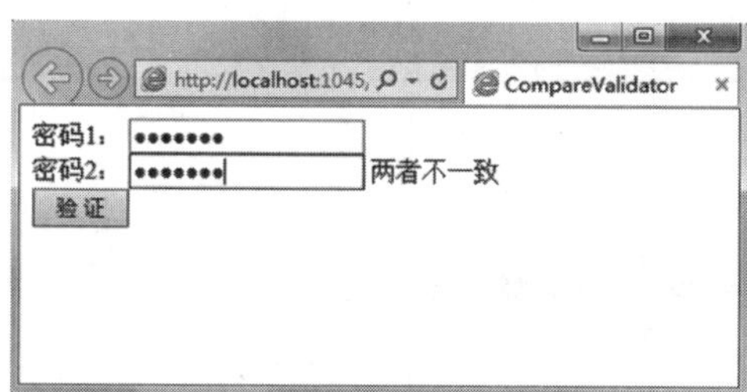

图 5-14 CompareValidator 控件

5.4.3 范围验证控件

范围验证控件(RangeValidator)可以要求用户输入特定范围内的数据。该控件可以检查用户的输入是否在指定的最大值与最小值之间，通常情况下用于检查数字、日期、货币等。其常用属性如表 5-15 所示。

表 5-15 范围验证控件的属性

属 性	说 明
ControlToValidate	要验证的控件 ID
MaximumValue	指定有效范围的最大值
MinimumValue	指定有效范围的最小值
Type	要比较的值的数据类型，取值有 5 种，即 String、Integer、Date、Double、Currency
ErrorMessage	出错提示信息

RangeValidator 控件的示例代码如下：

```
<form id = "form3" runat = "server">
 <div>请输入生日：
  <asp:TextBox ID = "TextBox1" runat = "server"></asp:TextBox>
  <asp:RangeValidator ID = "RangeValidator1" runat = "server"
      ControlToValidate = "TextBox1" ErrorMessage = "超出规定范围"
      MaximumValue = "2017/1/1" MinimumValue = "1990/1/1" Type = "Date">
  </asp:RangeValidator><br />
  <asp:Button ID = "Validate3" runat = "server" Text = " 验 证 " />
  </div>
</form>
```

在上述代码中要求用户输入生日的日期，MinimumValue 属性和 MaximumValue 属性分别指定了输入范围的下限和上限，比较类型为日期型，当用户的输入超出范围时提示错误，如图 5-15 所示。

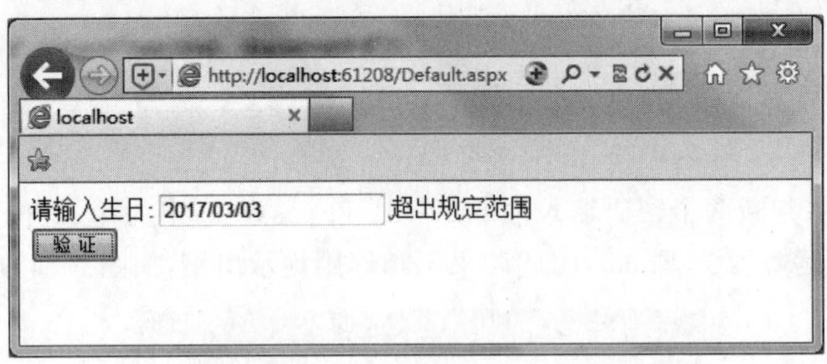

图 5-15 RangeValidator 控件

5.4.4 正则表达式验证控件

在实际的验证过程中经常需要对用户输入进行一些复杂的格式验证。例如要求用户按照"(区号)电话号码"的格式输入电话号码，或者按照电子邮件、身份证号的格式进行输入等，这就需要用到正则表达式验证控件(RegularExpressionValidator)。

所谓正则表达式，就是比通常用的 * 和？通配符更复杂的一种字符串定义规则。例如：

```
[a-zA-Z]{3,6}[0-9]{6}
```

该正则表达式表示可以输入 3～6 个任意字母和 6 个数字。其中限定符的含义如表 5-16 所示。

表 5-16　正则表达式中的限定符

限　定　符	说　　明
[ ]	表示可以输入的字符表达式
a-z	表示所有的小写字母
A-Z	表示所有的大写字母
0-9	表示所有的数字
{n}	表示限定的表达式必须出现 n 次
{n,}	表示限定的表达式至少出现 n 次
{n,m}	表示限定的表达式必须出现 n～m 次
{}	表示一个字符
.{0,}	表示任意个字符
*	表示所限定的表达式出现任意次
?	表示所限定的表达式出现 0 次或 1 次
|	表示"或者"
^	表示限定表达式的开头
$	表示限定表达式的结尾
\	匹配限定符本身
\d	指定输入的值是一个数字

使用正则表达式能够实现字符串格式匹配验证，RegularExpressionValidator 控件的功能就是确定输入控件的值是否与某个正则表达式所定义的模式相匹配。在该控件的属性列表中选择 ValidationExpression 属性可以看到系统提供的常用正则表达式，如图 5-16 所示。

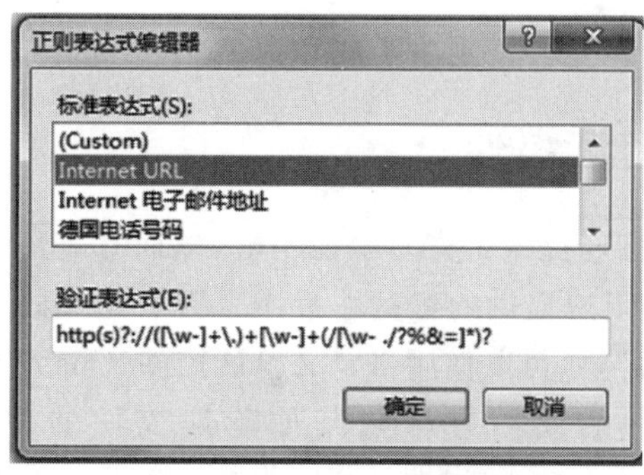

图 5-16　系统提供的正则表达式

当在系统提供的正则表达式中进行了选择并指定了要验证的控件后，系统自动生成的 HTML 代码如下：

```
<asp:RegularExpressionValidator ID="RegularExpressionValidator1" runat="server"
    ControlToValidate="TextBox1"
    ErrorMessage="格式不匹配"
    ValidationExpression="\w+([-+.']\w+)*@\w+([-.]\w+)*\.\w+([-.]\w+)*">
</asp:RegularExpressionValidator>
```

在上述代码中属性 ValidationExpression 指定正则表达式，程序运行后，当用户单击按钮时，如果输入的信息与正则表达式不匹配，则提示错误信息，如图 5-17 所示。

图 5-17　RegularExpressionValidator 控件

同样，也可以自定义正则表达式来规范用户的输入。例如，比较常用的正则表达式如下。

- 只允许输入数字：[0-9]*
- 只允许输入 *n* 位数字：\d{*n*}或[0-9]{*n*}
- 只能输入 *n*～*m* 位数字：\d{*n*,*m*}或[0-9]{*n*,*m*}
- 可以输入 3～6 个字母：[a-zA-Z]{3,6}
- 验证 E-mail 格式：.{1,}@.{1,}\.[a-zA-Z]{2,3}
- 电话号码：[0-9]{3,4}-[0-9]{7,8}
- 18 位身份证号码：[0-9]{6}[12][0-9]{3}[01][0-9][0123][0-9][0-9]{3}[12]

RequiredFieldValidator 控件通常和文本框控件一起使用，以检查电子邮件 ID、电话号码、信用卡号码、用户名和密码等是否有效。

需要注意的是，当用户输入为空时，除了 RequiredFieldValidator 控件外，其他的验证控件都能验证通过，所以这些验证控件通常需要和 RequiredFieldValidator 控件一起使用。

5.4.5　自定义验证控件

前述的数据验证控件已经提供了许多验证功能，然而有时还需要特殊的数据验证。例如在网上购物时需要验证用户提供的银行账户中是否有足够的余额可供支付货款，等等。为了满足这种数据验证的需要，可以使用自定义验证控件(CustomValidator)。

CustomValidator 控件的使用方法与其他验证控件的使用方法基本一致，也有 ControlToValidate 和 ErrorMessage 等属性。其特殊之处在于它提供了一个 ServerValidate 事件，可以在此事件中编写完成数据验证的代码。

包含 CustomValidator 控件的 HTML 代码如下：

```
<form ID = "form4" runat = "server">
<div>请输入系统密码:
<asp:TextBox ID = "passwd4" TextMode = "Password" runat = "server" />
<asp:CustomValidator ID = "CustomValidator1" runat = "server"
    ControlToValidate = "passwd4" ErrorMessage = "输入的密码不正确"
    onservervalidate = "CustomValidator1_ServerValidate" >
</asp:CustomValidator>
<br/>
<asp:Button ID = "btnLogin" runat = "server" text = " 登 录" onclick = "btnLogin_Click" />
<asp:Label ID = "lblmessage" runat = "server" text = ""></asp:Label>
</form>
```

ServerValidate 事件的处理程序如下：

```
protected void CustomValidator1 _ ServerValidate ( object source, ServerValidateEventArgs
args) {
        string strVal = args.Value.ToUpper();
        if ( strVal.Equals("administrator") ) {
            args.IsValid = true;
        }
        else {
            args.IsValid = false;
        }
}
protected void btnLogin_Click(object sender,System.EventArgs e)
{
        if (CustomValidator1.IsValid ) {
            lblmessage.Text = "密码验证通过!";
        }
}
```

上述程序运行后，在文本框中输入“administrator”，则密码输入正确，页面的显示结果如图 5-18 所示。

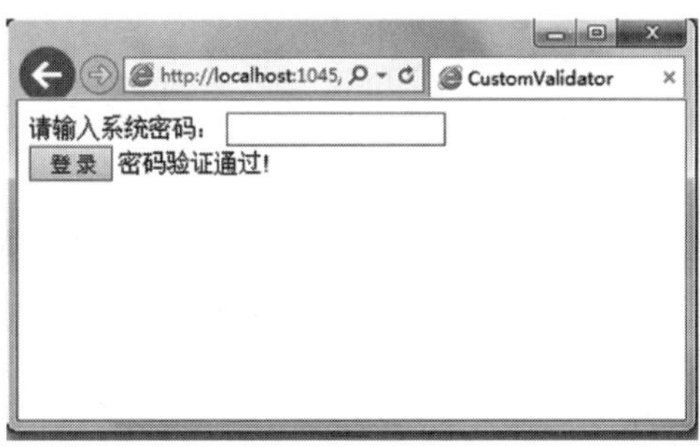

图 5-18 CustomValidator 控件

用户特别要注意数据为空时的处理方法。在默认情况下，如果相关联的输入控件为空，CustomerValidator 控件将不进行数据验证的工作。如果需要处理输入为空的情况，可将 ValidateEmptyText 属性设置为 true，此时如果单击“登录”按钮，将显示 CustomerValidator

控件设定的出错信息，即“输入的密码不正确”。

5.4.6 验证总结控件

验证总结控件(ValidationSummary)本身并不提供任何验证，它可以和其他验证控件一起使用，对同一页面的多个验证控件集中给出验证结果。也就是说，当前页面有多个错误发生时 ValidationSummary 控件能够同时捕获多个验证错误并呈现给用户，其显示的错误信息摘要都是由该页面的其他验证控件的 ErrorMessage 属性提供的。

ValidationSummary 控件的常用属性如表 5-17 所示。

表 5-17 验证总结控件的属性

属 性	说 明
DisplayMode	错误摘要的显示方式，取值包括 3 种，即 List(列表)、BulletList(项目符号列表)、SingleParagraph(单个段落)
HeaderText	在错误摘要中显示的标题文本
ShowMessageBox	是否在弹出的消息框中显示错误摘要，默认为 false
ShowSummary	是否在页面上显示错误摘要，默认为 true

值得一提的是，Page. IsValid 属性检查页面中的所有验证控件是否均已成功进行验证。该属性为 Web 窗体页中的一个属性，如果页面验证成功，则将具有值 true，否则将具有值 false。例如有以下代码：

```
private void ValidateBtn_Click(Object Sender, System.EventArgs e) {
if (Page.IsValid == true) {
lblMessage.Text = "页面有效";
   }
   else {
lblMessage.Text = "页面中存在一些错误";
   }
}
```

5.5 用户控件

用户控件是一种自定义的、可复用的组合控件，通常由系统提供的可视化控件组合而成。程序员可以将一些反复使用的部分用户界面(既包括页面代码，也包括事件处理程序)封装成一个控件，然后像使用普通 Web 控件一样使用该控件。

5.5.1 用户控件概述

1. 用户控件的基本特点

如果要理解用户控件，需要明确以下几点：

(1) 用户控件是实现代码与内容分离、代码重用的技术。

(2) 可以像设计 Web 窗体一样设计用户控件,并定义其属性和方法。

(3) 用户控件可以单独编译,但不能单独运行,必须嵌入到 Web 页面中才能运行。

2. 用户控件与 Web 窗体页面的比较

用户控件与普通 Web 页面非常相似,都具有自己的用户界面和程序代码。创建用户控件所采用的方法与创建 Web 页面的方法基本相同。

用户控件与普通 Web 页面之间也存在一些不同:

(1) 用户控件的扩展名为.ascx 和.ascx.cs,ASP.NET 页面的扩展名是.aspx 和.aspx.cs。

(2) 用户控件不包含< html >、< body >和< form >标记。

(3) 用户控件不包含@Page 指令,而是@Control 指令。

(4) 不能独立地请求用户控件,用户控件必须包括在 Web 窗体页面内才能使用。

5.5.2 创建用户控件

用户控件是封装成可复用控件的 Web 窗体,可以使用标准 Web 窗体页面上相同的 HTML 元素和 Web 控件来设计用户控件。创建一个用户控件有两种方式:一种是直接创建用户控件;另一种是将已经设计完成的 Web 窗体页面改为用户控件。

1. 直接创建用户控件

步骤如下:

(1) 添加一个新的用户控件。

打开解决方案资源管理器,右击项目名称,选择"添加新项"命令,出现如图 5-19 所示的"添加新项"对话框,选择"Web 用户控件",默认的用户控件名称为 WebUserControl.ascx,假设修改名称为 myControl.ascx,然后单击"添加"按钮,则该用户控件会添加到解决方案资源管理器的项目列表中。

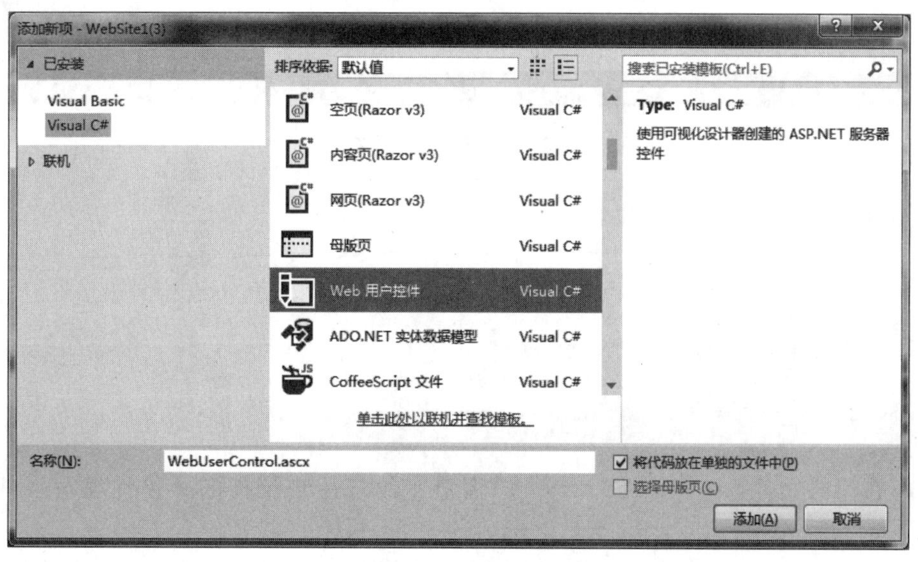

图 5-19 "添加新项"对话框

此时可以看到该用户控件默认包含了一行代码：

```
<%@ Control Language = "C#" AutoEventWireup = "true"
CodeFile = "myControl.ascx.cs"
Inherits = "myControl" %>
```

说明：

- @ Control 指令用来标识用户控件，正如@Page 指令用来标识 Web 窗体一样。
- Language="C#"用于指定用户控件的编程语言是 C#。
- AutoEventWireup="true"指定指示控件的事件与处理程序可以自动匹配。
- CodeFile="myControl.ascx.cs"指定所引用的控件代码文件的路径。
- Inherits="myControl"指定用户控件是从 myControl 类派生的。

(2) 向用户控件的设计页面(myControl.ascx)中添加各种 Web 控件并修改其属性。

例如创建一个用户控件 myControl.ascx，如图 5-20 所示。它里面包括了 3 个 Web 控件，即 Label 控件、TextBox 控件和 Button 控件。

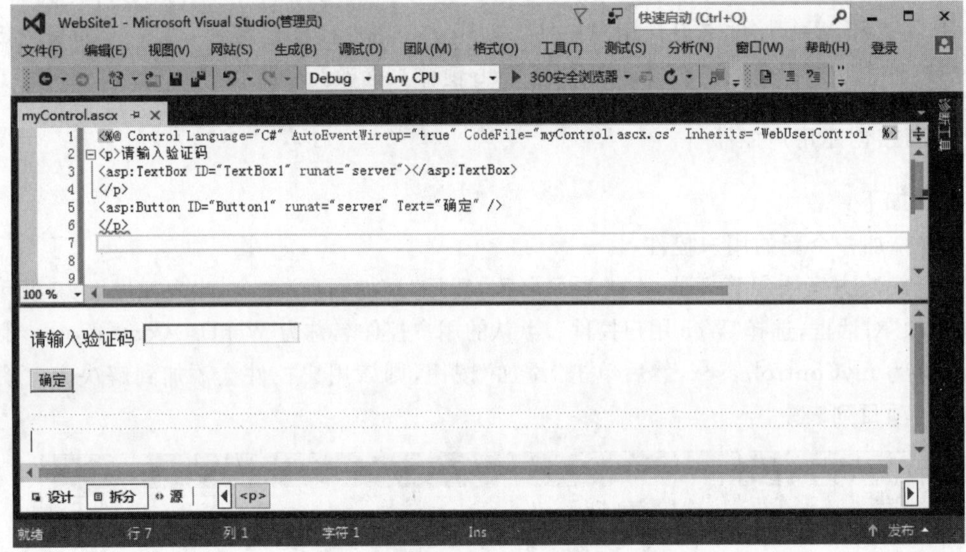

图 5-20　用户控件示例

上述用户控件的页面代码如下：

```
<% @ Control Language = " C # " AutoEventWireup = " true" CodeFile = " myControl. ascx. cs"
Inherits = "myControl" %>
<p> 请输入验证码
<asp:TextBox ID = "TextBox1" runat = "server"></asp:TextBox> </p>
<p><asp:Button ID = "Button1" runat = "server" text = "确定" /> </p>
```

(3) 在代码文件(myControl.ascx.cs)窗口中给该用户控件的子控件编写事件响应代码。

在 myControl.ascx.cs 文件的编辑窗口中可以编写所有子控件的事件处理代码，例如按钮单击事件“Button1_Click”等。

```
protected void Button1_Click(object sender, EventArgs e) {
...
}
```

至此，一个用户控件就创建完成了。

2. 将已有的 Web 窗体页面改为用户控件

步骤如下：

(1) 删除 ASPX 文件中的< html >、< body >和< form >等标记，因为它们可能与包含页面有冲突。

(2) 将@Page 指令改为@Control 指令。

(3) 在代码文件中定义的类的基类由 Page 类改为 UserControl 类。

(4) 将文件的扩展名改为.ascx。

由于用户控件不能作为一个独立的网页来显示，必须添加到其他 Web 窗体页面中才能显示运行，因此用户控件不能设置为“初始页面”。

5.5.3 用户控件的使用

将用户控件添加到 Web 窗体页面中也有两种方法。一种是向 Web 窗体页面添加该控件的@Register 指令和标记，使得用户控件成为页面的一部分，这样就能够在页面中显示和使用；另一种方法是通过编程方式向页面动态地添加用户控件。

下面分别介绍这两种使用方式。

1. 直接在 Web 窗体页面添加用户控件

步骤如下：

(1) 在页面的顶部添加一个注册该控件的@Register 指令，以便在处理 Web 窗体页面时识别该控件。其格式如下：

```
<%@ Register
   TagPrefix="namesapce" TagName="controlname" Src="controlpath" %>
```

说明：

TagPrefix 表示确定控件的唯一命名空间，是标记中控件名称的前缀。

TagName 表示控件的名称，即标识该控件的一个标记。

Src 表示用户控件的路径。

(2) 在页面的主体部分使用标记的形式显示该控件，即使用在上一步注册的 TagPrefix 和 TagName 形成一个标记，并为该控件指定一个 ID 和设置 runat 属性。其格式如下：

```
<Tagprefix:Tagname ID="ControlID" runat="server" />
```

例如要在 Web 页面中使用在 5.5.2 节中创建的用户控件 myControl.ascx，则需要在 .aspx 文件中编写以下代码：

```
<%@Register TagPrefix = "myPre" TagName = "myName" Src = "myControl.ascx" %>
...
<myPre:myName ID = "myCon" runat = "server" />
```

在一个页面中可以放置同一种用户控件的多个实例，只需要保证其 ID 值不同即可。

2. 通过编程方式动态地添加用户控件

步骤如下：

(1) 使用@Reference 指令注册该用户控件。

(2) 使用 LoadControl 方法添加该控件。

(3) 使用 Page 类的 Controls.Add()方法将该控件加载到该页面。

例如：

```
<%@ Reference control = "myControl.ascx" %>
Control c1 = LoadControl("myControl.ascx");
Page.Controls.Add(c1);
```

5.6 母版页

母版页(MasterPage)是一种 ASP.NET Web Forms 页面，也是 ASP.NET 提供的一种重用技术。使用母版页可以为应用程序中的页面创建一致的布局。母版页定义了页面所需的外观和标准行为，然后可以创建包含要显示内容的各个内容页面。当用户请求内容页面时，这些页面的内容和母版页的布局将组合在一起输出。当母版页的布局或风格改变时，其所有内容页面的输出就会立即更新，这使得整个页面的外观改变更加容易。

5.6.1 母版页概述

1. 母版页的基本特点

母版页是具有扩展名.master 的 ASP.NET 文件，主要由母版页本身(.master 文件)和一个或多个内容页面组成。母版页不仅包括静态文本和控件，还包括一个或多个 ContentPlaceHolder 控件(称为占位符控件)，这些占位符控件定义了可替换内容出现的区域。可替换内容是在内容页面中定义的，内容页面是绑定在母版页的.aspx 文件，通过创建各个内容页面来定义母版页的占位符控件内容，从而实现页面的内容设计。

在内容页面的@Page 指令中通过使用 MasterPageFile 属性来指向要使用的母版页，从而建立内容页面和母版页的连接，映射关系如图 5-21 所示。例如一个内容页面@Page 指令将该页面连接到 Master.master 页面，在页面中通过添加 Content 控件并将这些控件映射到母版页上的 ContentPlaceHolder 控件来创建内容，示例代码如下：

```
<%@ Page Title="内容页" Language="C#" MasterPageFile="~/MasterPage.master" %>
<asp:Content ID="Content1" ContentPlaceHolderID="Main" Runat="Server">
        此处为内容
    </asp:Content>
```

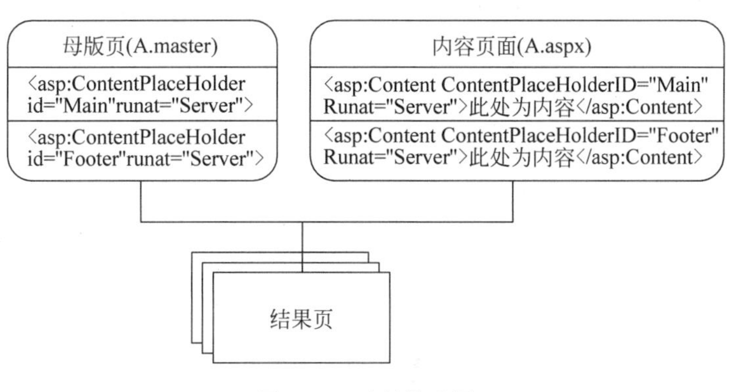

图 5-21　映射关系图

2. 母版页的运行机制

母版页仅仅是一个页面模板，单独的母版页是不能被用户所访问的。单独的内容页也不能够使用。母版页和内容页有着严格的对应关系。母版页中包含多个 ContentPlaceHolder 控件，那么内容页中也必须设置与其相对应的 Content 控件。当客户端浏览器向服务器发出请求要求浏览某个内容页面时，ASP. NET 引擎将同时执行内容页和母版页的代码，并将最终结果发送给客户端浏览器。母版页和内容页的运行过程可以概括为以下 5 个步骤：

(1) 用户通过输入内容页面的 URL 来请求某页。

(2) 获取内容页面后读取@Page 指令。如果该指令引用一个母版页，则也读取该母版页。如果是第一次请求这两页，则两页都要进行编译。

(3) 母版页合并到内容页的控件树中。

(4) 各 Content 控件的内容合并到母版页相应的 ContentPlaceHolder 控件中。

(5) 呈现得到结果页。

5.6.2　创建一个母版页

打开解决方案资源管理器，右击项目名称，选择“添加新项”命令，出现如图 5-22 所示的“添加新项”对话框，选择“母版页”，默认的母版页名称为 MasterPage. master，然后单击“添加”按钮，则该母版页会添加到解决方案资源管理器的项目列表中。

此时可以看到该母版页默认包含以下代码：

```
<%@ Master Language="C#" AutoEventWireup="true" CodeFile="MasterPage.master.cs"
Inherits="MasterPage" %>
<!doctype html>
<html xmlns="http://www.w3.org/1999/xhtml">
<head runat="server">
```

```
<meta http-equiv="Content-Type" content="text/html; charset=utf-8"/>
    <title></title>
    <asp:ContentPlaceHolder id="head" runat="server">
    </asp:ContentPlaceHolder>
</head>
<body>
    <form id="form1" runat="server">
    <div>
        <asp:ContentPlaceHolder id="ContentPlaceHolder1" runat="server">
        </asp:ContentPlaceHolder>
    </div>
    </form>
</body>
</html>
```

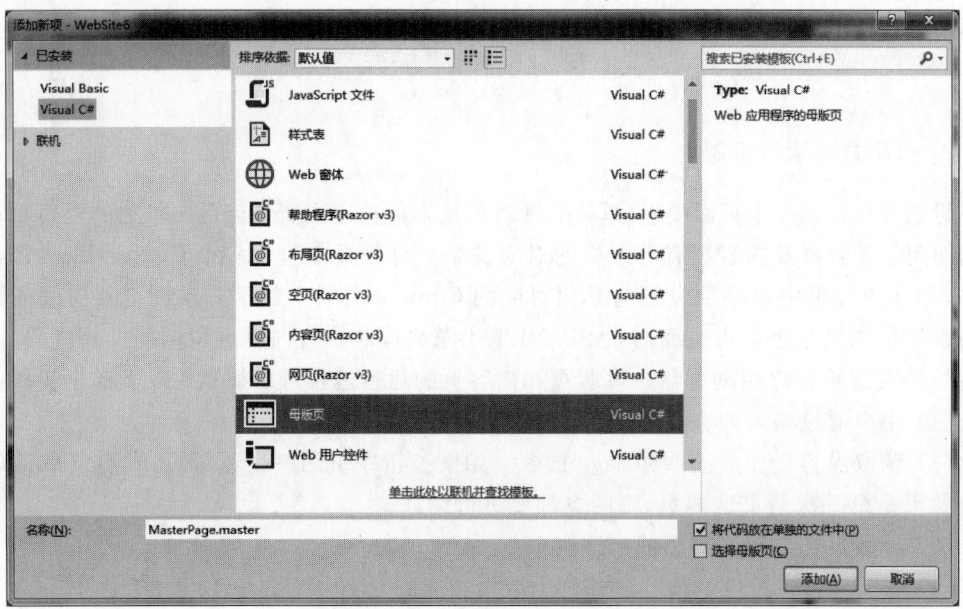

图 5-22 “添加新项”对话框

说明：

- @Master 指令用来标识母版页，正如@Page 指令用来标识 Web 窗体一样。
- Language="C#"用于指定用户控件的编程语言是 C#。
- AutoEventWireup="true"指定指示控件的事件与处理程序可以自动匹配。
- CodeFile="MasterPage. master. cs"指定所引用的控件代码文件的路径。
- Inherits="MasterPage"指定母版页是从 MasterPage 类派生的。
- 新建母版页中自动生成了两个 ContentPlaceHolder 控件，它是预留给内容页面显示的控件。其中一个在 head 区，默认 ID 是 head；另一个在 body 区，默认 ID 是 ContentPlaceHolder1。

母版页中包含的是页面的公共部分(即网页模板)，在创建示例之前必须判断哪些内容是公共部分，例如图 5-23 所示的页面结构图。页面由 4 个部分组成，即标题、菜单、页脚和内容。

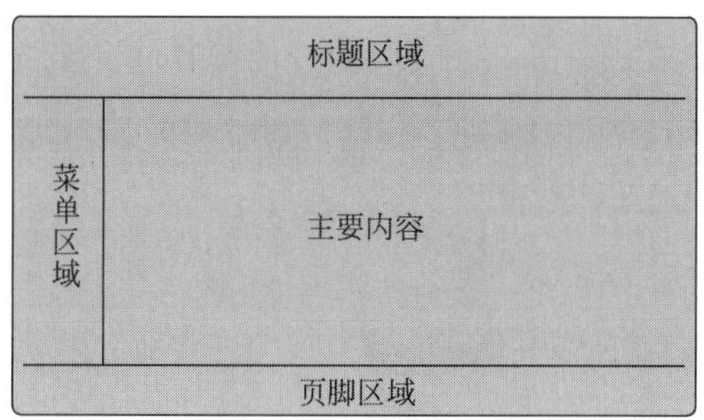

图 5-23　页面结构图

其中，标题、菜单和页脚区域是网站中常见的公共部分，可以用母版页来创建，< form > </form >标记之间的主要示例代码如下(MasterPage. master)：

```
<form id = "form1" runat = "server">
<div id = "main">
<div id = "head"><h1 style = "margin:10px 0 0 10px">母版页设计视图</h1></div>
<div id = "content">
    <div id = "left">
        <h3 style = " margin:10px 0 0 10px">左侧导航</h3>
        <div style = " margin - left:20px; font - size:18px; font - family:Verdana">
            <a href = "TestPage.aspx"> Asp.net </a><br />
            <a href = "AnotherTestPage.aspx"> CSS </a><br />
            <a href = " # "> HTML </a><br />
            <a href = " # "> JQuery </a>
        </div>
    </div>
<div>
  <asp:ContentPlaceHolder id = "ContentPlaceHolder1" runat = "server">
  </asp:ContentPlaceHolder>
</div>
</form>
```

内容区域是非公共部分，可以用内容页面来创建，示例代码如下(Default. aspx)：

```
<%@ Page Title = "" Language = "C# " MasterPageFile = "~/MasterPage.master" AutoEventWireup
 = "true" CodeFile = "Default.aspx.cs" Inherits = "Default"  %>
<asp:Content ID = "Content1" ContentPlaceHolderID = "head" Runat = "Server">
    <div style = " width:100 % ; height:100 % ; ">
        <div style = " margin:10px 0 0 10px">
            <h4> 这里是一个内容页(TestPage.aspx) </h4>
            <p style = " font - size:12px; font - family:宋体">
                    内容页包含您希望显示的内容.
            </p>
        </div>
```

```
    </div>
</asp:Content>
```

图 5-24 显示了 MasterPage. master 文件的设计视图，至此母版页创建完成。

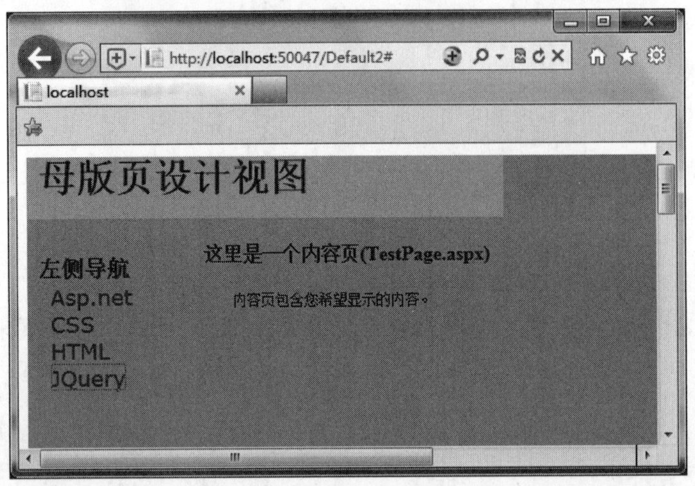

图 5-24　母版页设计视图

5.6.3　使用母版创建网页

本节使用上面创建的母版文件 MasterPage. master 建立一个网页，步骤如下：

(1) 打开母版文件所在的项目，选择“添加新项”命令，弹出如图 5-25 所示的对话框，选中右下角的“选择母版页”复选框创建一个窗体页面 Default. aspx。

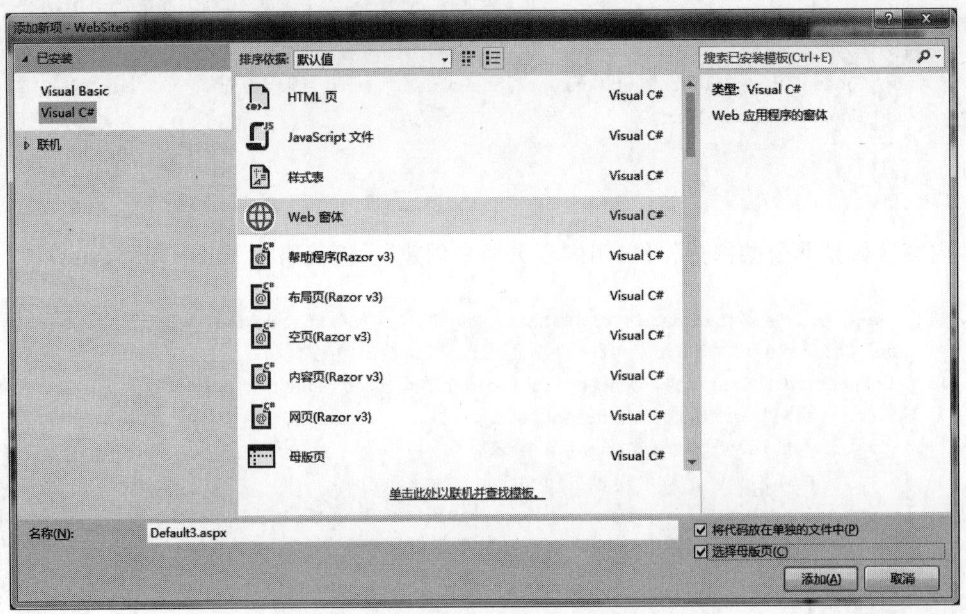

图 5-25　用母版创建 Web 窗体

(2) 在图 5-26 所示的对话框中选择 MasterPage.master,单击"确定"按钮。

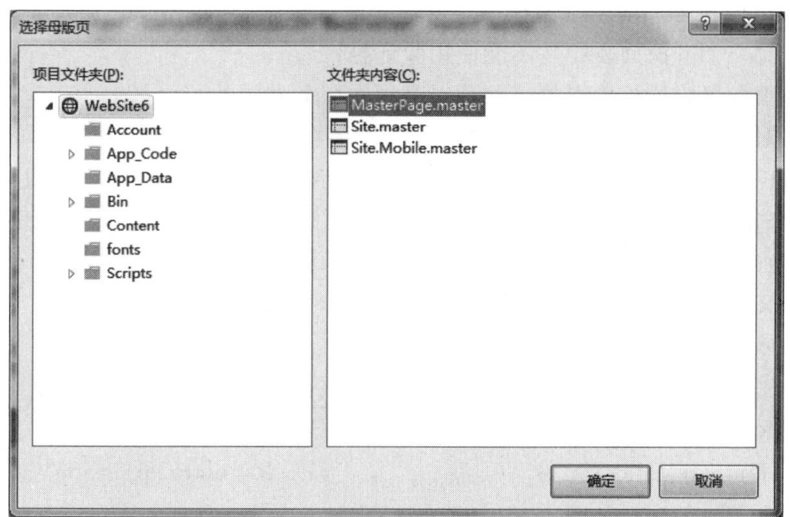

图 5-26　选择母版页

(3) 使用母版创建的新页面如图 5-27 所示,新页面已经应用了模板中的设计,在内容区域可以进行自由编辑,其他区域均不可编辑。

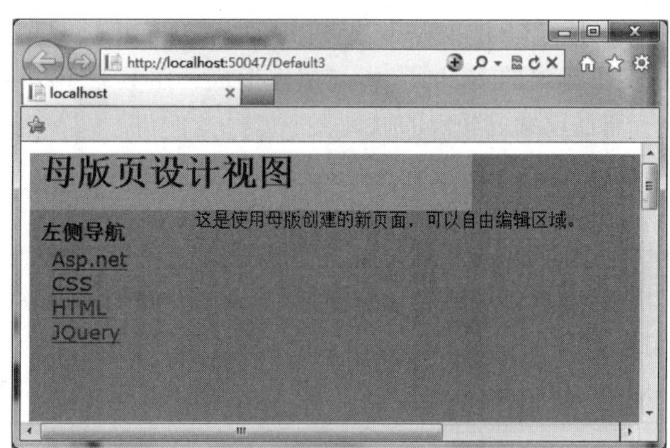

图 5-27　用母版创建的新页面

5.7　习题与上机练习

1. 选择题

(1) 下列控件中不能执行鼠标单击事件的是(　　)。

A. ImageButton　B. ImageMap　C. Image　D. LinkButton

(2) 下面不属于容器控件的是(　　)。

A. Panel　B. CheckBox　C. Table　D. PlaceHolder

（3）下面对 ASP.NET 控件的说法正确的是（　　）。

A. 可以在客户端直接验证用户的输入信息并显示错误信息

B. 对一个下拉列表控件不能使用验证控件

C. 服务器验证控件在执行验证时必须在服务器端执行

D. 对验证控件不能自定义规则

（4）如果要将 TextBox 控件设置成多行输入，TextMode 属性必须设置成（　　）。

A. Singleline　　B. Multiline　　C. Password　　D. Textarea

（5）下面的（　　）控件不能对 Web 页上的输入控件进行验证。

A. RangeValidator　　B. ValidationSummary

C. RegularExpressionValidator　　D. CompareValidator

（6）如果需要确保用户输入大于 100 的值，应该使用（　　）控件。

A. RequiredFieldValidator　　B. RangeValidator

C. CompareValidator　　D. RegularExpressionValidator

2. 填空题

（1）CheckBox 控件的________属性值指示是否已选中该控件。

（2）使用 ListBox 控件的________属性获取列表控件项的集合，使用________属性获取或设置该控件的选择模式。

（3）设置________属性可以决定 Web 服务器控件是否可用。

（4）如果需要将多个单独的 RadioButton 控件形成一组具有 RadioButtonList 控件的功能，可以将________属性设置成相同的值。

3. 上机练习

（1）编写用户注册页面 register.aspx，选择适当的 Web 服务器控件实现以下功能：输入姓名、性别、生日、出生地、联系电话等，必要时用验证控件进行验证。当用户单击“提交”按钮后显示输入的信息。

（2）编写程序 exam.aspx，显示 5 个单项选择题，用户选择答案并提交后给出分数。

第6章 Web应用程序状态管理

Web 应用程序从传统意义上来说是无状态的，不能像 Win Form 那样维持客户端状态，所以通常需要使用内置对象进行客户端状态的保存。这些内置对象能够为 Web 应用程序的开发提供设置、配置以及检索等功能。

.NET Framework 包含一个内置的对象类库。在脚本中可以不必创建这些对象的实例而直接访问它们的属性、方法和数据集合。通过这些对象可以获取客户端请求、输出响应信息、管理应用程序会话、存储用户信息、保存状态信息等，如表 6-1 所示。

表 6-1　常用的 ASP.NET 内置对象

对象名	功　能	ASP.NET 类
Page	用于设置与网页有关的属性、方法和事件	
Request	读取客户端所提交的数据	HttpResponse
Response	发送信息到客户端	HttpRequest
Application	为所有用户提供共享信息	HttpApplicationState
Session	存储特定用户的信息，可以在同一网站的多个页面间共享信息	HttpSessionState
Cookie	在客户端的磁盘上保存用户的数据	HttpCookie
Server	提供服务器端的属性和方法	HttpServerUtility
Context	封装了每个用户的会话、当前 HTTP 请求和请求页的信息	HttpContext
ViewState	在同一个页面的多次请求间保存状态信息	StateBag
Trace	用于对页面进行跟踪	TraceContext

6.1　HTTP 请求处理

6.1.1　Response 对象

Response 对象属于 HttpResponse 类。它主要用于动态地响应客户端的请求，包括直接发送信息给客户端、重定向 URL、在客户端设置 Cookies 等。Response 对象将服务器端动态生成的结果以 HTML 格式返回到客户端的浏览器。

1. Response 对象的方法

Response 对象的常用方法见表 6-2。

表 6-2　Response 对象的常用方法

方　法	说　明
AppendCookie	将一个 HTTP Cookie 添加到内部 Cookies 集合
AppendToLog	将日志信息添加到 IIS 日志文件中
BinaryWrite	将一个二进制字符串写入 HTTP 输出流
Clear	清除服务器缓存中的所有数据
Flush	把服务器缓存中的数据立刻发送到客户端
End	停止处理当前文件并返回结果
Redirect	用于页面的跳转，使浏览器重定向到另一个 URL
Write	直接向客户端输出数据
WriteFile	向客户端输出文本文件的内容

2. Response 对象的属性

Response 对象的常用属性见表 6-3。

表 6-3　Response 对象的常用属性

属　性	说　明
Buffer	指定页面输出时是否需要缓冲区
Cache	获得网页的缓存策略（过期时间、保密性等）
Charset	设置输出到客户端的 HTTP 字符集
ContentEncoding	获取或设置输出流的 HTTP 字符集
ContentType	获取或设置输出流的 MIME 类型，默认为 text/HTML
Cookies	用于获取 HttpResponse 对象的 Cookie 集合
Expires	设置页面在浏览器中缓存的时限，以分钟为单位
IsClientConnected	表明客户端是否与服务器端连接，其值为 true 或 false
Output	启用到输出 HTTP 响应流的文本输出
Status	服务器返回的状态行的值

下面通过几个简单的示例来说明 Response 对象的属性和方法的应用。

例 6-1　检查客户端的联机状态（使用 IsClientConnected 属性和 Redirect 方法，06-01.aspx）。

```
protected void Page_Load(object sender, EventArgs e) {
  // 判断客户端是否与服务器连接
  if (Response.IsClientConnected)
    Response.Redirect("other.aspx");      // 跳转到当前目录的另一个页面
  else
    Response.End();                       // 停止执行当前页面的代码
}
```

在上述代码中，通过 IsClientConnected 属性指示客户端是否仍连接在服务器上，如果是，实现页面跳转，否则停止当前页面的执行。

例 6-2 判断向客户端的输出(使用 Buffer 属性和 Flush、Clear、Write 方法等,06-02.aspx)。

```
protected void Page_Load(object sender, EventArgs e) {
    Response.Buffer = true;                      // 设置服务器缓冲为 true
     int currentHour = DateTime.Now.Hour;  // 获取当前时间的小时数
     if (currentHour == 0) {
        Response.Write("时间到,服务器将停止输出");
        Response.Flush();                        // 立即发送缓冲区中的数据
        Response.Clear();                        // 清除缓冲区中的全部数据
        Response.End();                          // 停止执行代码
     }
     else {
        Response.Write("服务器正常工作中......");
     }
}
```

在实际应用中,服务器可能需要取消向客户端的输出,这时可以先通过 Clear 方法清除缓冲区,然后利用 End 方法停止输出操作。

3. 使用 Response 对象设置 Cookie

Response 对象的数据集合只有一个,那就是 Cookies 集合。利用 Response.Cookies 的 Add 方法可以创建一个新的会话 Cookie,格式如下:

```
Response.Cookies.Add(Cookies 对象名);
```

例如:

```
HttpCookie myCookie = new HttpCookie("Username");  // 创建一个 Cookie
myCookie.Value = "张三";
Reponse.Cookies.Add(myCookie);                      // 将新 Cookie 加入 Cookies 集合中
```

上述代码也可以简化为:

```
Reponse.Cookies["Username"] = "张三";
```

6.1.2 Request 对象

Request 对象用于获取从客户端的浏览器提交给服务器的信息。这些信息包括 HTML 表单数据、URL 地址后的附加字符串、客户端的 Cookies 信息、用户认证等。

1. Request 对象的属性

Request 对象的常用属性如表 6-4 所示,包括 4 种常见的数据集合(Collection),即 QueryString 集合、Form 集合、Cookies 集合、ServerVariables 集合等。

表 6-4 Request 对象的常用属性

属　性	说　明
Browser	取得客户端浏览器的信息
ClientCertificate	取得当前请求的客户端安全证书
ContentEncoding	取得客户端浏览器的字符设置
ContentType	取得当前请求的 MIME 类型
Cookies	取得客户端发送的 Cookies 数据
Form	取得客户端利用 POST 方法传递的数据
HttpMethod	当前客户端提交数据的方式(GET/POST)
QueryString	取得客户端利用 GET 方法传递的数据(以名-值对表示的 HTTP 查询字符串变量的集合)
Params	获得以名-值对表示的 QueryString、Form、Cookie 和 ServerVariables 组成的集合
ServerVariables	取得 Web 服务器端的环境变量信息
TotalBytes	从客户端接收的所有数据的字节大小
UserHostAddress	取得客户端主机的 IP 地址
UserHostName	取得客户端主机的 DNS 名称

引用集合的格式如下：

```
Request. 集合名("变量名")
```

下面根据功能分别对这些集合加以介绍。

1）获取客户端提交的表单数据

客户端通过 HTML 的 Form 表单向服务器提交数据。

通常提交数据有 POST 和 GET 两种方法。当客户端使用 GET 方法提交时服务器通过 QueryString 集合获取数据。当客户端有大量信息需要输入时，通常使用 POST 方法提交，服务器通过 Form 集合获取输入数据。

GET 方法将表单数据作为参数直接附加到 URL 地址的后面，附加参数和 URL 地址之间用“?”来连接。由于浏览器的地址栏的长度有限制，因此也限定了提交数据的长度。

附加参数的格式如下：

```
URL?Variable = Value
URL?Variable1 = Value1&Variable2 = Value2
```

其中，Variable 是通过 HTTP 传递过来的变量名或 GET 方式提交的表单变量。当有多个参数变量时以“&”符号来连接。

例如：

```
http://www.sina.com/news.asp?userid = 22306    // 符号?后的 userid 是参数变量
```

服务器获取数据时采用

```
Request.Querystring ("userid")                 // 读取表单中 userid 输入域的值
```

使用 POST 方法提交数据后服务器通过 Form 集合取出用户输入的信息。例如：

```
Request.Form ("userid")
```

注意：可以省略 Request 后的 Querystring 或 Form 集合名，而直接采用 Request("变量名")的形式。例如直接使用 Request("username")，等价于 Request. Form("username")或 Request. Querystring ("username")的结果。

2）读取保存的 Cookie 信息

如果要从 Cookies 中读取数据，则要使用 Request 对象的 Cookies 集合，其格式如下：

```
Request.Cookies["Cookies 名称"]
```

例如：

```
HttpCookie MyCookie = Request.Cookies["Username"];  // 获取 Cookie 对象
string myName = MyCookies.Value;                    // 读取 Cookie 值
```

在 BBS 或聊天室中经常将用户登录时输入的用户名或昵称(如 nickname)保存在 Cookie 中，这样在后面的程序中就可以比较容易地调用该用户的昵称了。

3）读取服务器端的环境变量

ServerVariables 集合用于获取系统的环境变量信息，使用的语法格式如下：

```
Request.ServerVariables("环境变量名")
```

或

```
Request("环境变量名")
```

例如使用下列语句能够在页面中显示客户端的 IP 地址。

```
Request. ServerVariables("REMOTE_ADDR")
```

表 6-5 是部分环境变量名，通过它们可以得到 ServerVariables 集合内存储的对应的变量值。

表 6-5 ServerVariables 环境变量

环境变量名	说　　明
ALL_HTTP	客户端发送的所有 HTTP 标题
CERT_COOKIE	客户端验证的唯一 ID，以字符串方式返回
CONTENT_LENGTH	客户端提交的正文长度
CONTENT_TYPE	正文的数据类型，可用于判断用户提交数据的方法(GET/POST)
HTTP_ACCEPT_LANGUAGE	获取客户端所使用的语言
LOCAL_ADDR	返回接受请求的服务器的 IP 地址
PATH_INFO	获取虚拟路径信息

续表

环境变量名	说　明
PATH_TRANSLATED	获取当前页面的物理路径
QUERY_ STRING	查询 HTTP 请求中问号(?)后的信息
REMOTE_ADDR	发出请求的远程主机的 IP 地址
REMOTE_HOST	发出请求的主机名称
REMOTE_USER	用户发送的未映射的用户名字符串。该名称是用户实际发送的名称，与服务器上验证过滤器修改后的名称对应
REQUEST_METHOD	获取表单提交内容的方法，如 GET、POST 等
SCRIPT_NAME	执行脚本的虚拟路径，或自指定的 URL 路径
SERVER_NAME	获取服务器主机名、DNS 别名、IP 地址以及自指定的 URL 路径
SERVER_PORT	发出请求的端口号
SERVER_PROTOCOL	请求信息协议的名称和修订版本，格式为 protocol/revision
SERVER_SOFTWARE	服务器运行的软件名称和版本号，格式为 name/version
URL	系统的 URL 路径

2. Request 对象的方法

Request 对象的常用方法如表 6-6 所示。

表 6-6　Request 对象的常用方法

方　法	说　明
BinaryRead	执行对当前输入流进行指定字节数的二进制读取
MapPath	将请求 URL 中的虚拟路径映射到服务器上的物理路径
GetType	获取当前对象的类型
SaveAs	将 HTTP 请求保存到磁盘
ToString	将当前对象转换成字符串

一般来说，使用 BinaryRead 方法取得服务器所传递的数据就不能使用 Request 对象所提供的各种数据集合，否则会发生错误。反之，若使用 Request 对象的数据集合取得客户端数据，也不能使用 BinaryRead 方法。因此，BinaryRead 方法并不常用。

6.1.3　Server 对象

Server 对象属于 HttpServerUtility 类，该类包含处理 HTTP 请求的方法。

通过 Server 对象可以访问服务器上的方法和属性，如获取某文件的物理路径、设置文件的执行期限等；也可以创建各种服务器组件实例，如访问数据库、进行文件的输入/输出等操作。

1. Server 对象的属性

HttpServerUtility 类是 Server 对象对应的 ASP. NET 类。它的属性如表 6-7 所示。

表 6-7 Server 对象的属性

属 性	说 明
ScriptTimeout	获取和设置脚本文件执行的最长时间(单位为秒)
MachineName	获取服务器的计算机名称

Server 对象的 ScriptTimeout 属性用来表示 Web 服务器响应一个网页请求所需要的时间。如果脚本超过该时间限度还没有执行结束,它将被强行中止,并提交超时错误。这样做主要是用来防止某些可能进入死循环的错误导致服务器过载问题。

如果不对 ScriptTimeout 属性进行设置,则默认为 90 秒。如果将其设置为-1,则永远不会超时。该语句要放在所有 ASP 执行语句之前,否则不起作用。

例如:

```
Server.ScriptTimeout = 100      // 指定服务器处理脚本的超时期限为 100 秒
limit = Server.ScriptTimeout   // 将设置过的超时期限存放到一个变量中
```

2. Server 对象的方法

Server 对象的方法及含义如表 6-8 所示。下面对它的主要方法进行介绍。

表 6-8 Server 对象的方法

方 法	说 明
ClearError	清除前一个异常
CreateObject	创建 COM 对象的一个服务器实例
Execute	停止执行当前网页,转到另一个网页执行,执行完后返回原网页
GetLastError	获得前一个异常,可用于访问错误信息
Transfer	停止执行当前网页,转到新的网页执行,执行完后不返回原网页
MapPath	将指定的虚拟路径映射为物理路径
HtmlEncode	对字符串进行 HTML 编码,并将结果输出
HtmlDecode	对 HTML 编码的字符串进行解码,并将结果输出
UrlEncode	将字符串按 URL 编码规则输出
UrlDecode	对在 URL 中接收的 HTML 编码字符串进行解码,并将结果输出

1) CreateObject 方法

CreateObject 方法用于在 ASP.NET 中创建一个服务器实例。

```
Server.CreateObject ("ADODB.Connection") // 创建一个 ADO 组件的实例
```

2) Execute 方法和 Transfer 方法

Execute 方法调用一个指定的脚本并且执行它,执行完毕后再返回原文件,就像被调用的脚本文件存在于这个主文件中一样,类似于许多语言中的类或子程序的调用。

Execute 方法的语法格式如下:

```
Server.Execute(string URL)
```

其中，参数 URL 为指定执行的脚本文件的地址。

Transfer 方法的作用是将一个正在执行的脚本文件的控制权转移给另一个文件，执行完毕后不返回原文件。其语法格式如下：

```
Server.Transfer(string URL)
```

注意：Server 对象的 Transfer 方法、Execute 方法和 Response 对象的 Redirect 方法既有相似之处，也有区别。它们都是终止执行当前 Web 页面，转而执行另一个页面。

- 使用 Server. Transfer 和 Server. Execute 方法只能转移到本网站的其他网页，而 Response. Redirect 方法可以转移到任一网站的任一网页。
- Execute 方法相当于子程序的调用，它执行完被调用程序后会返回原程序，而 Transfer 方法、Redirect 方法都不再返回原程序执行。
- 使用 Transfer 方法调用另一个文件会进行控制权的转移，同时所有内置对象的值都一起“转移”，并保留至新的网页，而 Redirect 方法仅转移控制权。
- 在使用 Transfer 和 Execute 方法时，客户端与服务器只进行一次通信，而 Redirect 方法在重定向过程中客户端与服务器进行两次来回的通信。第一次通信是对原始页面的请求，得到一个目标已经改变的应答；第二次通信是请求指向新页面，得到重定向后的页面。

3）MapPath 方法

MapPath 方法将指定的虚拟路径映射到服务器上的物理路径。其引用格式如下：

```
Server.MapPath(path)
```

其中，参数 path 是 Web 服务器上的虚拟路径，返回值是与 path 对应的物理文件路径。在虚拟路径中以字符“/”或“\”开始的字符串是一个完整的路径，将返回一个相对于服务器根目录的地址。如果只有字符“/”或“\”，将返回服务器的根目录地址。

例 6-3　Server 对象的 MapPath 方法（06-03. aspx）。

```
protected void Page_Load(object sender, EventArgs e) {
    Response.Write("服务器的根路径：" + Server.MapPath("./"));
    Response.Write("<br>当前文件所在的物理路径：" + Server.MapPath(".") );
    Response.Write("<br>Default.aspx 文件的位置：" +
    Server.MapPath("Default.aspx"));
}
```

上述代码的运行结果如图 6-1 所示。

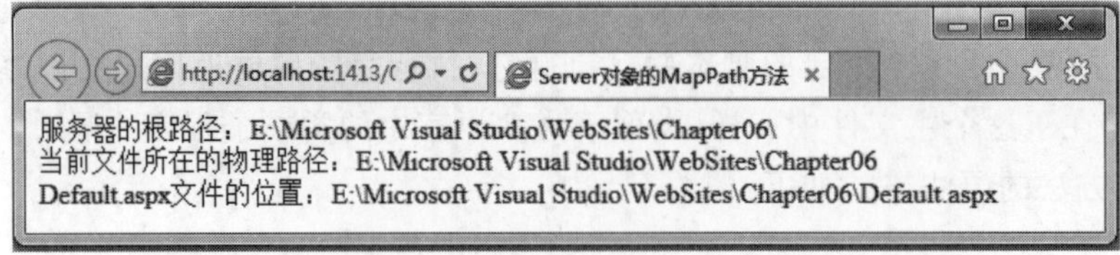

图 6-1　Server 对象的 MapPath 方法

4）对 HTML 进行编码和解码

HTML 是用标记“<”和“>”括起来的，通常这些标记被浏览器识别为系统标记，不会显示在浏览器上。利用 Server 对象的 HtmlEncode 和 HtmlDecode 方法可以对 HTML 进行编码和解码。

HtmlEncode 方法对要在浏览器中显示的字符串进行编码。它可以阻止浏览器解释 HTML 语法，从而直接将“<”和“>”显示在浏览器上。实际上，也就是将“<”和“>”转义为“<”和“>”发送到浏览器。

HtmlEncode 方法的引用格式如下：

```
Server.HtmlEncode (string s)
Server.HtmlEncode (string s, TextWriter output)
```

其中，s 是要编码的字符串，output 是 TextWriter 输出流，包含已编码的字符串。

HtmlDecode 方法用于对已经进行 HTML 编码的字符串进行解码，是 HtmlEncode 的反操作。其语法定义如下：

```
Server.HtmlDecode (string s)
Server.HtmlDecode (string s, TextWriter output)
```

其中，s 是要解码的字符串，output 是 TextWriter 输出流，包含已解码的字符串。

例 6-4　Server 对象的 HtmlEncode 和 HtmlDecode 方法(06-04.aspx)。

```
protected void Page_Load(object sender, EventArgs e) {
    string enStr = Server.HtmlEncode("<font size = 4 >输出 HTML 标记</font >");
    Response.Write(enStr);
    Response.Write("< hr >");
    string deStr = "&lt;font size = 5&gt;输出 HTML 标记 &lt;/font&gt;";
    Response.Write("< br >要解码的字符串: " + deStr) ;
    Response.Write("< br >解码后: " + Server.HtmlDecode(deStr));
}
```

运行结果如图 6-2 所示。

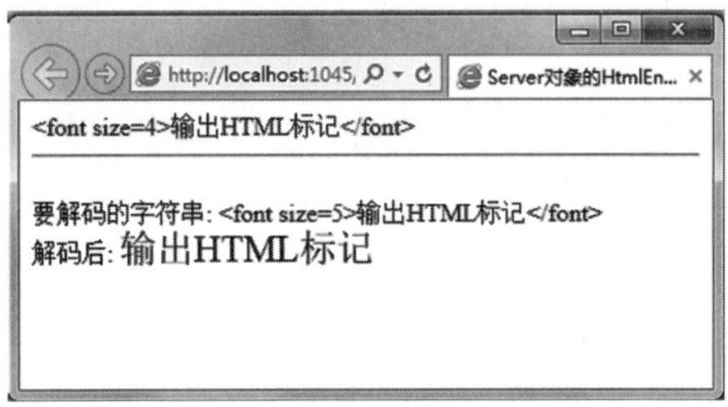

图 6-2　Server 对象的 HtmlEncode 和 HtmlDecode 方法

5）对 URL 进行编码和解码

UrlEncode 方法用于编码字符串，以便通过 URL 从 Web 服务器到客户端进行可靠的 HTTP 传输。其引用格式如下：

```
Server.UrlEncode (string URL)
Server.UrlEncode (string URL, TextWriter output)
```

其中，参数 url 为要转换的 URL 地址的字符串，output 是 TextWriter 输出流，包含已编码的字符串。

在程序中有些字符是不能被直接读取的，例如空格以及特殊 ASCII 字符等。当字符串以 URL 形式传递时，通常不允许出现这些字符，而根据 URL 规则对字符串进行编码后可以传输各种字符。UrlEncode 方法将这些 ASCII 字符转换成 URL 中等效的字符。空格用"＋"代替，ASCII 码大于 126 的字符用"％"后跟十六进制代码进行替换。

例 6-5 Server 对象的 UrlEncode 方法的应用(06-05.aspx)。

```
protected void Page_Load(object sender, EventArgs e) {
    String str = "http://mail.163.com" ;
    Response.Write("<p>执行 UrlEncode 方法前: " + str ) ;
    String strNew = Server.UrlEncode(str);
    Response.Write ("<p>执行 UrlEncode 方法后: " + strNew );
}
```

运行结果如图 6-3 所示。

图 6-3　Server 对象的 UrlEncode 方法的应用

和 UrlEncode 方法相反，UrlDecode 方法用于对字符串进行解码，可以还原被编码的字符串。其引用格式如下：

```
Server.UrlDecode (string URL)
Server.UrlDecode (string URL, TextWriter output)
```

6.2 状态信息的保存

当用户访问 Web 站点时，数据是遵从 HTTP 协议进行传输的。HTTP 是一种无状态协议，服务器对来自客户端的每个请求都视为新请求。也就是说，用户向 Web 服务器发出的每个请求都与它前面的请求无关，服务器无法知道两个连续的请求是否来自同一用户。

一个典型的实例就是网上购物。当用户选中商品放入购物车时就向服务器发出一次

HTTP 请求,如果他连续放入购物车,服务器就必须记住之前放入的商品,直到用户结账或退出。当用户付款时,需要提供网上银行的账号和密码。此后,商家通过物流系统进行配送。用户在收到商品之前,可随时查看订单所处的状态。

在这样一个复杂的流程中,有大量的信息需要在各个环节进行保存、更新或查询,因此任何一个 Web 应用系统都要解决状态信息的保存和共享问题。

下面介绍与 Web 状态信息保存有关的 Application 对象、Session 对象、Cookie 对象和 ViewState 对象。

6.2.1　Application 对象

Application 对象的用途是记录整个网站的信息。也就是说,Application 对象所存储的数据可以被所有访问当前 Web 站点的用户使用,并且在网站服务器运行期间永久保存。

Application 对象是 HttpApplicationState 类的实例,它存放的是供 ASP. NET 应用程序使用的变量,属于此应用程序的所有页面都可以存储并修改同一个 Application 对象(如聊天室和网站计数器)。Application 对象没有生命周期,不论客户端浏览器是否关闭,Application 对象仍然存在于服务器上。

1. Application 对象的键值

Application 对象通过使用用户自定义的数据键值来存取信息。其格式如下:

```
Application["键名"] = 值
```

例如以下代码为 Application 对象添加一个整数。

```
Application["MyVar"] = 2;
```

用户可以通过 Application["MyVar"]来读取这一数据。一旦给 Application 对象分配数据,它就会持久地存在,并始终占用内存,直到关闭 Web 服务器使得 Application 停止。

如果要删除 Application 对象中的键值,则调用 Remove()方法,并指定键名。例如:

```
Application.Remove["MyVar"];
```

2. Application 对象的方法

Application 对象的主要方法如表 6-9 所示。

表 6-9　Application 对象的主要方法

方　法	说　明
Add()	向 Application 状态添加新对象
Clear()	从 Application 状态中移除所有对象
Remove()	从 Application 集合中按照键名移除项
Lock()	锁定 Application 对象
UnLock()	解除对 Application 对象的锁定

使用 Application 对象的 Add()方法可以向应用程序状态添加新的项。例如：

```
Application.Add("Title", article board) 或 Application("Title") = "Article Board"
```

由于存储在 Application 对象中的数据可以并发访问，可能存在同一变量在同一时刻被多个用户写入的情况。因此在存取 Application 对象的值之前必须先锁定它，并在使用完后解锁。Application 对象提供了两种方法，即 Lock 方法和 Unlock 方法，它们必须配对使用。

Lock 方法用于锁定 Application 对象，以确保同一时刻仅有一个用户可以修改或存取其数据键值。Unlock 方法用于解除锁定，允许其他用户修改和存取数据键值。

例 6-6 使用 Application 对象统计访问网站的总人次（网站访问计数器，06-06.aspx）。

```
protected void Page_Load(object sender, EventArgs e) {
  if ( Convert.ToInt32(Application["NumVisits"]) < 1) {
    Application["NumVisits"] = 1;          // 设置计数器
  }
  Application.Lock() ;                     // 加锁，确保同一时刻仅有一个用户可修改变量
  Application["NumVisits"] = int.Parse(Application["NumVisits"].ToString()) + 1;
  Application.UnLock();                    // 解除锁定，允许其他用户修改计数器的值
  Response.Write("本网站访问次数为 " + Application["NumVisits"].ToString() + "次!");
}
```

程序的运行结果如图 6-4 所示。

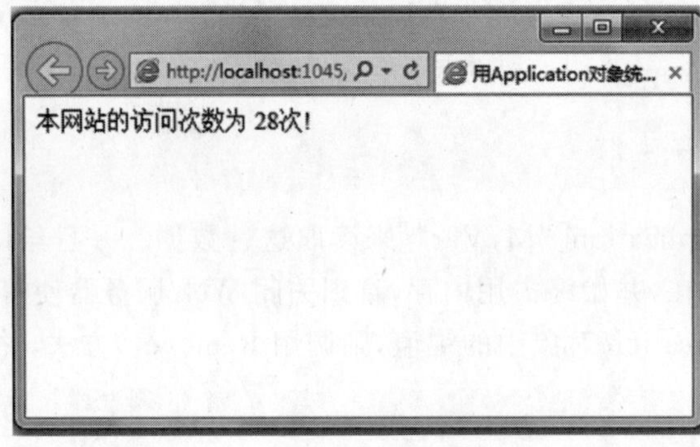

图 6-4 使用 Application 对象统计访问网站的总人次

3. Application 对象的事件

Application 对象有两个重要的事件，即 Application_OnStart 事件和 Application_OnEnd 事件，它们的代码放在 Global.asax 文件中。

Application_OnStart 事件在创建与服务器的首次会话（即 Session_OnStart 事件）之前发生。当服务器启动并允许用户请求时触发 Application_OnStart 事件。

Application_OnEnd 事件在整个 ASP.NET 应用程序退出时发生，一般用于回收占用的服务器资源，即释放 Application 变量。

表 6-10 列出了 Application 对象和 Session 对象的所有事件。

表 6-10 Application 对象和 Session 对象的事件

事　件	说　明
Application_Start	调用当前应用程序目录下的第一个 ASP.NET 页面时触发
Application_End	应用程序的最后一个会话结束时触发
Application_BeginRequest	每次页面请求开始时触发(理想情况下是在页面加载或刷新时)
Application_EndRequest	每次页面请求结束时(即每次在浏览器上执行页面时)触发
Session_Start	每次新的会话开始时触发
Session_End	会话结束时触发

4. Global.asax 文件

每个应用程序对应一个 Global.asax 配置文件。Global.asax 文件包含了所有应用程序的配置设置,并存储了所有的事件处理程序。Global.asax 文件存放在应用程序的根目录下。Application 对象和 Session 对象的所有事件都存放在 Global.asax 文件中。

默认的 Global.asax 文件内容如下:

```
<%@ Application Language="C#" %>
<script runat="server">
    void Application_Start(object sender, EventArgs e) {
        // 在应用程序启动时运行的代码
    }
    void Application_End(object sender, EventArgs e) {
        // 在应用程序关闭时运行的代码
    }
    void Application_Error(object sender, EventArgs e) {
        // 在出现未处理的错误时运行的代码
    }
    void Session_Start(object sender, EventArgs e) {
        // 在新会话启动时运行的代码
    }
    void Session_End(object sender, EventArgs e) {
        // 在会话结束时运行的代码
        //注意: 只有在 Web.config 文件中的 Sessionstate 模式设置为
        // InProc 时才会触发 Session_End 事件.如果会话模式
        //设置为 StateServer 或 SQLServer,则不会触发该事件
    }
</script>
```

当用户请求启动应用程序并创建新的会话时,首先触发 Application_OnStart 事件,然后才是 Session_OnStart 事件。当处理完所有请求后,服务器首先对每个会话调用 Session_OnEnd 事件,删除所有的活动会话,释放占用的系统资源,然后调用 Application_OnEnd 事件关闭应用程序。

注意:在事件的处理程序代码中不能包含任何输出语句,因为 Global.asax 文件只能被调用,不会显示在页面上。

5. Global.asax 文件应用实例——网站访问人数统计

在网站的首页上经常会看到网站统计的当前在线人数，实现这样的功能很简单，需要在Global.asax 中为应用程序启动事件添加有关的代码。

例 6-7 使用 Global.asax 文件统计在线访问人数(06-07.aspx)。

```
<%@ Application Language = "C#" %>
<script runat = "server">
    // 当应用程序启动时设置全局变量 VistorCount 为 0
    protected void Application_Start(object sender,EventArgs e) {
      Application["VisitorCount"] = 0;
    }
    protected void Application_End(object sender, EventArgs e) {
      // 应用程序关闭时运行的代码
    }
    // 当会话开始时在线人数值加 1,并设定会话超时时限为两分钟
    protected void Session_Start(object sender,EventArgs e) {
      Application.Lock( );
      Application["VisitorCount"] = (int)Application["VisitorCount"] + 1;
      Application.UnLock( );
      Session.Timeout = 2;
    }
    // 当会话结束时在线人数值减 1
    protected void Session_End(object sender,EventArgs e) {
      Application.Lock( );
      Application["VisitorCount"] = (int)Application["VisitorCount"] - 1;
      Application.UnLock( );
    }
</script>
```

在本例中使用全局可访问的 Application 对象存储在线人数，为了避免在同一时间多个用户访问网站并修改计数器值，采用了 Application 对象的加锁和解锁方法。

当任何一个用户登录网站时，在 Session_OnStart 事件里让在线人数加 1，当用户离开时，在 Session_OnEnd 事件里让在线人数减 1，这样用户无论如何刷新网页，在线人数都不会改变。需要注意的是，当用户关闭浏览器时，Session_End 并不会马上发生，而是等待一个指定的时间(由 Session 对象的 TimeOut 属性指定，默认为 20 分钟)后才触发 Session_End 事件。当一个会话超时后，用户再次访问网站则会开启一个新的会话。

在页面上只要有以下代码即可：

```
protected void Page_Load(object sender, EventArgs e) {
  string info = " 目前在线人数为: {0}";
  info = string.Format(info, Application["VisitorCount"]);
  lblInfo.Text = info;
}
```

上述程序的运行结果如图 6-5 所示。

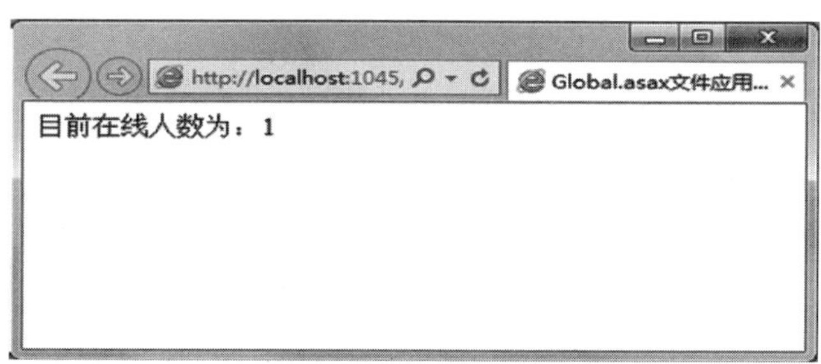

图 6-5　Global.asax 文件应用实例

6.2.2　Session 对象

用户访问网站被视为"用户与服务器进行了一次会话"，Session 就是用于保存会话信息的对象。同一 Web 服务器可能同时被多个用户访问，每个用户都与服务器建立一个"会话"关系。也就是说，从用户到达某个特定主页开始一直到关闭浏览器的这段时间，每个用户都会单独获取一个 Session 对象。

Session 对象属于 HttpSessionState 类。Session 对象记载了特定客户的信息，并且这些信息只能由客户自己使用，不能被其他用户访问。

为了方便管理，服务器给每个用户分配一个唯一的标识符，即 SessionID，这样服务器就能够识别来自同一用户的一系列请求了。如图 6-6 所示，当用户第一次请求一个 Web 页面时，服务器创建一个 Session(记录了 Session 变量 name＝William)，同时分配给该用户一个 SessionID，并通过 Cookie 发送到客户端。当该用户想要请求另一个页面时，必须同时加载上自己的 SessionID。服务器收到请求后就搜索与那个 ID 相匹配的 Session，找到请求的 Session 变量返回给用户，这样 Session 就从一个页面传递到下一个页面，服务器也就能够识别来自同一用户的连续请求了。

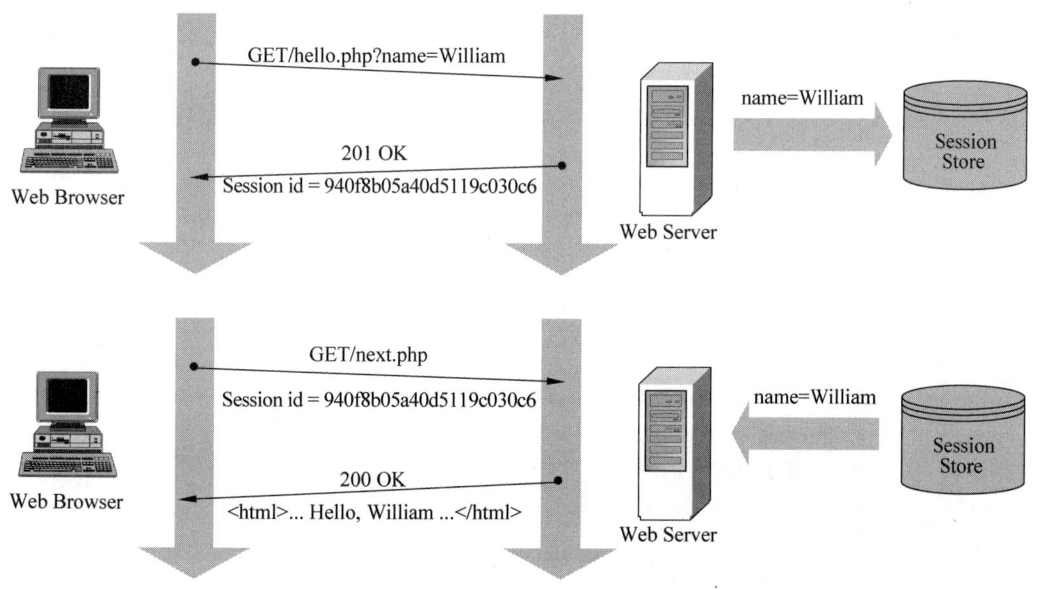

图 6-6　Web 上的 Session 管理

需要说明的是，Session保存在服务器端，Cookies保存在客户端，Session的工作机制要用到Cookies。如果客户端浏览器不支持Cookies或者关闭了Cookies，Session也就无法使用了。

下面对Session对象的属性、方法和事件等进行介绍。

1. Session对象的属性

Session对象的主要属性如表6-11所示。

表6-11　Session对象的主要属性

属　　性	说　　明
SessionID	获取会话的唯一标识符(只读，长整型)
Timeout	获取和设置会话时间的超时时限，默认值为20分钟
Count	获取会话状态集合中的项数
Item	获取或设置会话值的名称
IsNewSession	若该会话是由当前请求创建的，该属性将返回值true

当用户第一次访问一个网站时，服务器就给该用户建立了一个Session对象，并分配一个唯一的SessionID。Session对象所创建的变量和全局变量一样，在该用户访问的每个Web页面程序中都可以直接读取。

创建一个Session对象和给Session变量赋值的语法是一样的。第一次给Session变量赋值即自动创建Session对象，以后再赋值就是修改其中的值。其语法如下：

```
Session ["键名"] = 值
```

Session对象有自己的有效期，在有效期内如果客户端不再向服务器发出新请求或刷新页面，该Session就会自动结束并释放出所占用资源，即Session变量的值被清空。通过TimeOut属性可以设置Session对象的超时时间。

例如：

```
Session.Timeout = 90      //将有效期设置为90分钟
```

2. Session对象的方法

Session对象的主要方法如表6-12所示。

表6-12　Session对象的主要方法

方　　法	说　　明
Abandon	清除用户的Session对象，释放系统资源。调用该方法后会触发Session_OnEnd事件
Add	添加一个新项到会话状态中
Clear	清除当前会话状态的所有值
CopyTo	将当前会话状态值的集合复制到一个一维数组中
Remove	删除会话状态集合中的项
RemoveAt	删除会话状态集合中指定索引处的项
RemoveAll	清除会话状态集合中所有的键和值

用户在一个网站内浏览 Web 页面的整个过程期间称为一个"Session 期间"。在一个 Session 期间内(未超时之前)如果使用了 Abandon 方法,可以清除存储在 Session 中的所有对象和变量,结束该会话并释放系统资源。如果不使用 Abandon 方法,系统将一直等到 Session 超时才将 Session 中的对象和变量清除。

例 6-8　使用 Session 对象统计某一用户的访问次数(06-08. aspx)。

```
protected void Page_Load(object sender, EventArgs e) {
    Session["username"] = "jyu" ;                          // 创建 Session 变量 username
    Session["visits"] = Convert.ToInt32(Session["visits"]) + 1; // 创建 Session 变量 visits

    string StrName = Session["username"].ToString();
    Response.Write ("你好! " + StrName) ;
    Response.Write ("<br> 欢迎你的第 " + Session["visits"] + " 次访问");
}
```

上述程序的运行结果如图 6-7 所示。

图 6-7　使用 Session 对象统计某一用户的访问次数

3. Session 对象的事件

Session 对象有两个事件,即 Session_OnStart 事件和 Session_OnEnd 事件。

Session_OnStart 事件在用户与服务器创建一个新的会话时触发,服务器在执行请求页面之前先处理该脚本。Session_OnEnd 事件在 Session 结束时被调用。当程序调用了 Session 对象的 Abandon 方法或发生超时情况时触发 Session_OnEnd 事件。Session_OnEnd 事件一般用于清理系统对象或变量的值,释放系统资源。

这两个事件的代码都存储在 Global. asax 文件中。

6.2.3 Cookie 对象

Session 对象能够保存用户信息,但是 Session 对象并不能够持久地保存用户信息,当用户在限定的时间内没有任何操作时,用户的 Session 对象将被注销和清除,在持久化保存用户信息时 Session 对象并不适用。

使用 Cookie 对象能够持久化地保存用户信息,且保存在客户端,而 Session 和 Application 对象保存在服务器端,所以 Cookie 对象能够长期保存。Web 应用程序可以通过获取客户端的 Cookie 来识别和判断一个用户的身份。

ASP.NET 提供了 HttpCookie 对象来处理 Cookie，该对象是 System.Web 命名空间中的 HttpCookie 类的对象。每个 Cookie 都是 HttpCookie 类的一个实例。

1. Cookie 对象的属性

Cookie 是一个很小的文本文件，由网站服务器在用户第一次访问时生成，发送到客户端的硬盘上，用来存储用户的特定信息。当用户再次访问该站点时，浏览器就会在本地硬盘上查找与该网站相关联的 Cookie。如果存在，就将它与页面请求一起发送到网站服务器，服务器上的 Web 应用程序就可以读取 Cookie 中包含的信息。

一般来说，每个客户端最多能存储 300 个 Cookie，一个站点最多能为一个单独的用户设置 20 个 Cookie。Cookie 对象的主要属性如表 6-13 所示。

表 6-13　Cookie 对象的主要属性

属　性	说　明
Domain	获取或设置 Cookie 应属于的域名
Expires	获取或设置 Cookie 的过期时间
Name	获取或设置 Cookie 的名称
Path	获取或设置当前 Cookie 适用的路径
Secure	指定是否通过 SSL(即仅通过 HTTPS)传输 Cookie
Value	获取或设置 Cookie 的 Value
Values	获取在 Cookie 对象中包含的键-值对的集合

2. Cookie 的方法

Cookie 对象的主要方法如表 6-14 所示。

表 6-14　Cookie 对象的主要方法

方　法	说　明
Add	增加 Cookie
Clear	清除 Cookie 集合内的变量
Get	通过键名或索引得到 Cookie 的值
Remove	通过 Cookie 的键名或索引删除 Cookie 对象

3. 访问 Cookie

ASP.NET 包含两个内部 Cookie 集合，即 Request 对象的 Cookies 集合和 Response 对象的 Cookies 集合。其中，Request 对象的 Cookies 集合包含由客户端传输到服务器的 Cookie，它们以 Cookie 标头的形式传输。Response 对象的 Cookies 集合包含一些新的 Cookie，这些 Cookie 在服务器上创建并以 Set-Cookie 标头的形式传输到客户端。

浏览器负责管理用户本地硬盘上的 Cookie。在 ASP.NET 页面中可以通过 Response 对象来创建和设置 Cookie，即向浏览器写入 Cookie。通过 Request 对象可以读取 Cookie。

关于 Cookie 的设置和读取方法，读者可参见 6.1.1 节和 6.1.2 节的有关内容。

例 6-9 设置和读取 Cookie 值(06-09. aspx)。

```
protected void Page_Load(object sender, EventArgs e) {
    DateTime now = DateTime.Now;
    HttpCookie MyCookie = new HttpCookie("LastVistTime");
                                          // 创建了一个 Cookie 对象,名为 LastVistTime
    MyCookie.Value = now.ToString();       // 设置 Cookie 值为当前时间
    MyCookie.Expires = now.AddHours(2);    // 设置 Cookie 超时时间为两个小时
    Response.Cookies.Add(MyCookie);        // 将新 Cookie 添加到 Cookies 集合中

    // 从 Request 对象的 Cookies 集合中读取名为 LastVistTime 的 Cookie 值
    string myVistTime = Request.Cookies["LastVistTime"].Value;
    Response.Write("上次访问时间为: " + myVistTime);
    }
```

在上述程序中创建 Cookie 的代码可以简写为:

```
HttpCookie MyCookie = new HttpCookie("LastVistTime", now.ToString());
```

或

```
Reponse.Cookies["LastVistTime"] = now.ToString();
```

程序的运行结果如图 6-8 所示。

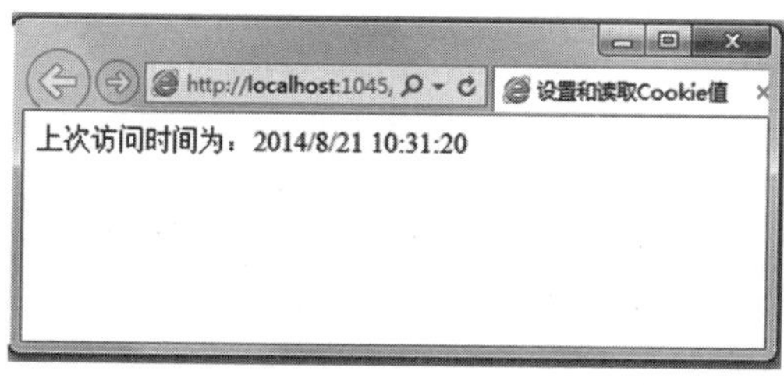

图 6-8 设置和读取 Cookie 值

由于 Cookie 存储在客户端,所以不能在服务器端编程直接修改 Cookie。如果确实需要修改,创建一个同名的 Cookie,然后发送到客户端覆盖原 Cookie。

当删除 Cookie 时可以利用 Cookie 的 Expires 属性,创建一个与原 Cookie 同名的 Cookie,设置 Expires 属性为过去的某一天,将其发送到客户端覆盖原 Cookie,这样当浏览器检查 Cookie 的失效日期时就会删除这个过期的 Cookie。

6.2.4 ViewState 对象

针对同一页面的多次请求可以使用 ViewState 对象保存服务器控件的状态信息。简单来说,ViewState 就是用于维护页面的 UI 状态的。

与 Session 对象相比,Session 对象保存在服务器内存中,大量使用 Session 会使服务器的负担加重,而 ViewState 对象将数据存到页面的隐藏控件里,不占用服务器资源。

Session 的默认超时时间是 20 分钟，而 ViewState 永远不会超时。ViewState 只能在同一个页面的多次回发间保存状态信息，它不能解决在多个页面间共享状态信息的问题，而后者可通过 Session 对象解决。

和隐藏控件相似，ViewState 在同一个页面的多次请求间进行值传递。这是因为一个事件发生之后页面可能会刷新，如果定义全局变量会被清零，而使用 ViewState 对象可以保存数据。因此，所有的 Web 服务器控件都使用 ViewState 在页面回发期间保存状态信息。如果某控件不需要在回发期间保存状态，最好关闭它的 ViewState，避免不必要的资源浪费。通过给 @ Page 指令添加“EnableViewState = false”属性可以禁止整个页面的 ViewState。

ViewState 对象保存数据采用“键(Key)-值(Value)”对的形式，格式如下：

```
ViewState["键名"] = 数据值;
```

用户可以用 ViewState["键名"]取出保存在 ViewState 对象中的数据。注意，这时取出的数据类型为 Object，必要时往往要转换成特定的数据类型。

例如，使用 ViewState 对象保存信息的代码如下：

```
ViewState["SortOrder"] = "DESC";                          // 保存在 ViewState 对象中
string sortOrder = (string)ViewState["SortOrder"];  // 从 ViewState 中读取
```

例 6-10 用 ViewState 记录同一个页面中按钮被单击的次数(06-10.aspx)。

```
protected void btnClick_Click(object sender, EventArgs e) {
    int counter;                          // 计数器
    if (ViewState["Counter"] == null) {
        counter = 1;                      // 如果是第一次单击按钮
    }
    else {
        // 从 ViewState 对象中取出上次保存的 counter 变量值并累加 1
        counter = (int)ViewState["Counter"] + 1;
    }
    ViewState["Counter"] = counter;  // 将 counter 变量值保存到 ViewState 对象中
    lblInfo.Text = "您单击了" + counter.ToString() + "次按钮.";
```

在上述代码中使用 counter 变量作为按钮单击次数的计数器，并将 counter 变量值保存到 ViewState["Counter"]中。在同一个页面中多次单击按钮，运行结果如图 6-9 所示。

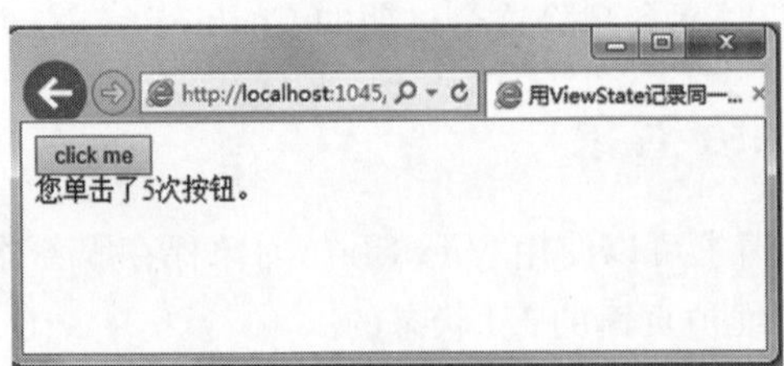

图 6-9 用 ViewState 记录同一个页面中按钮被单击的次数

6.3 习题与上机练习

1. 填空题

(1) Response 对象的________方法可以使浏览器显示另外一个 URL。

(2) Server 对象的________方法可以将虚拟路径转化为物理路径。

(3) 设置 Cookie 采用________对象,读取 Cookie 采用________对象。

(4) Server 对象的 ScriptTimeout 属性的默认值是________,Session 对象的 Timeout 属性的默认值是________。

(5) Request 对象的________集合可以用来获取服务器的名称。

(6) ________对象在同一个页面的多次回发间保存状态信息,要想在同一网站的多个页面间共享信息需要使用________对象。

2. 选择题

(1) Request. Form("username")中的 username 是( )。

A. 表单的名称　　B. 网页的名称

C. 表单元素的名称　　D. 表单按钮的名称

(2) 不需要在网页第一行添加<% Response. Buffer=true %>的是( )。

A. Response. Redirect　　B. Response. Clear

C. Response. End　　D. Response. Flush

(3) 有 URL"http://127.0.0.1/test. aspx? user=aa",如果想接收 user 中的内容,以下选项正确的是( )。

A. Request. Form("user")　　B. Request. Querystring("user")

C. Request. Cookies("user")　　D. Request. ServerVariables("user")

(4) 如果要获取服务器的 IP 地址,应使用下面语句( )。

A. Request. ServerVariables("LOCAL_ADDR")

B. Request. ServerVariables("REMOTE_ADDR")

C. Request. ServerVariables("REMOTE_HOST")

D. Request. ServerVariables("URL")

(5) 如果想在 URL 里带有汉字参数,下面正确的是( )。

A. <a href=test. asp? hz=<%=Server. HtmlEncode("你好")%>>问候</a>

B. <a href=test. asp? hz=<%=Server. UrlEncode("你好")%>>问候</a>

C. <a href=test. asp? hz=<%=Server. MapPath("你好")%>>问候</a>

D. 以上都不对

(6) 如果要在网页中输出"<a href='http://www.163.com'>网易</a>",下列正确的是( )。

A. Response. Write("<a href='http://www.163.com'>网易</a>")

B. Response. Write(Server. UrlEncode("<a href='http://www.163.com'>网易

</a>"))

C. Response.Write(Server.HtmlEncode("<a href='http://www.163.com'>网易</a>"))

D. 以上都不对

3. 简答题

(1) Application 对象和 Session 对象的区别是什么？

(2) Session 对象和 ViewState 对象的区别是什么？

(3) 简述 Session 和 Cookie 的区别。

(4) 分别用 HTML、JavaScript、C#、ASP.NET 语句输出“祝你好运”这句话。

4. 上机练习

(1) 设计一个用户登录页面，要求输入账号和密码，并单击“登录”按钮。如果输入的账号为“abc”、密码是“123word”，则跳转到另一个网页并显示“欢迎访问”，否则在当前页面输出“账号或密码不正确”。

(2) 将上题稍加修改，在输入正确的账号和密码后输出“你是第 n 次访问本站”，中间的 n 在刷新网页时也要同时刷新。

第7章 数据访问技术

目前的 Web 应用基本上都离不开数据库的支持。.NET 框架中提供了多种方式来访问数据库，ADO. NET 是最直接、最灵活也是执行效率最高的方式，除此之外还可以使用某种对象关系映射（Object-Relational Mapper，ORM）技术，以提供更大的灵活性和更高的开发效率。本章以 ADO. NET 和 Entity Framework 为核心讲解. NET 数据访问技术。

7.1 ADO. NET 体系结构

ADO. NET 是一组封装好的对象，它提供了对关系型数据库、XML 数据、Office 文档数据等多种数据存储的访问方式。

ADO. NET 采用多层体系结构，其核心组件结构如图 7-1 所示。

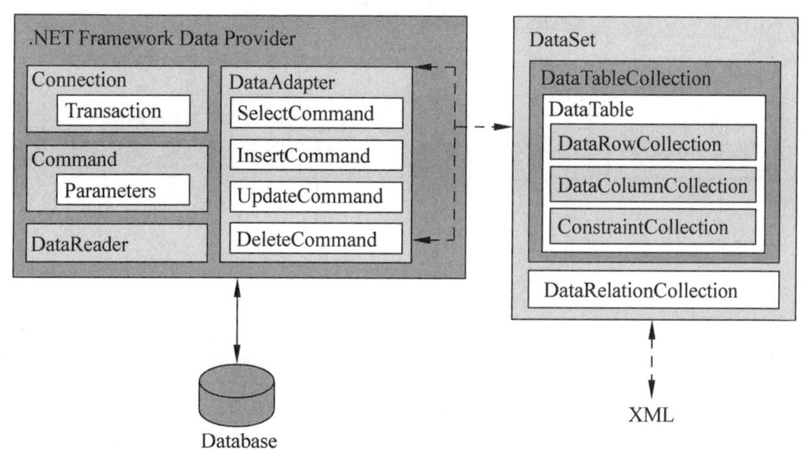

图 7-1 ADO. NET 核心组件结构

ADO. NET 用于访问和操作数据的两个主要组件，分别是 Data Provider（数据提供程序）和 DataSet（数据集）。前者用于连接数据库，实现数据检索和更新操作；后者则代表数据存储的内存映像，将关系型数据及 XML 数据加载到内存中，然后断开与数据源的连接进行离线处理，最后再一次性将更新后的数据保存到数据源中。

7.1.1 ADO. NET 数据提供程序

数据提供程序是应用程序与数据源之间的一座桥梁，包含一组用于访问数据库、执行

SQL 语句的核心对象，如表 7-1 所示。

表 7-1　ADO.NET 的核心对象

对象名称	功　　能
Connection 对象	建立与指定数据源的连接
Command 对象	对数据源执行 SQL 命令及存储过程
DataReader 对象	从数据源中读取只进且只读的数据流
DataAdapter 对象	作为数据源与 DataSet 之间的桥梁，可以从数据源获取数据填充到 DataSet 中，也可以依照 DataSet 中的修改更新数据源

ADO.NET 为不同的数据源设计了不同的数据提供程序，主要包括以下 4 种。

- SQL Server 提供程序：提供对 SQL Server 数据库的优化访问。
- Oracle 提供程序：提供对 Oracle 数据库的优化访问。
- OLE DB 提供程序：提供对 OLE DB 驱动的任意数据库的访问，以往的多数数据库产品都支持 OLE DB 数据访问。
- ODBC 提供程序：提供对 ODBC 驱动的任意数据库的访问。

图 7-2 显示了 ADO.NET 数据提供程序的模型结构。在选择数据提供程序时应尽量选择为数据源定制的.NET 提供程序，若找不到合适的定制程序，再选择基于 OLE DB 的提供程序。在极少数情况下，若依然找不到合适的 OLE DB 提供程序，最后可以选择 ODBC 提供程序。

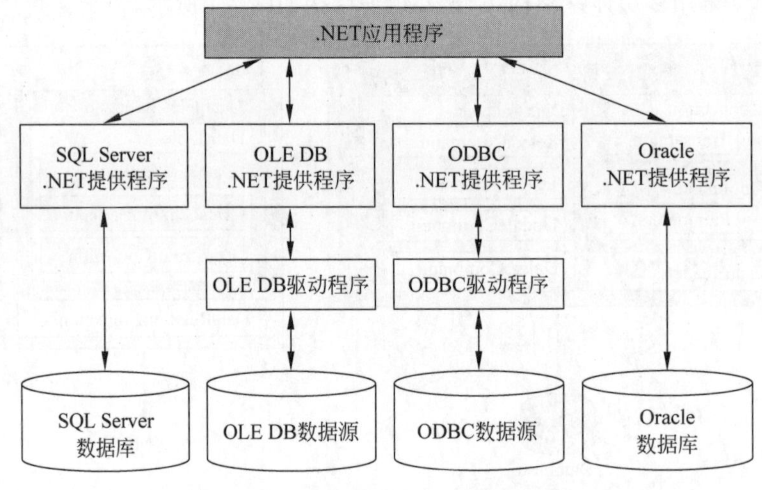

图 7-2　ADO.NET 数据提供程序模型结构

7.1.2　ADO.NET 数据集

数据集 DataSet 是数据驻留在内存中的表示形式。不管数据源是什么，它都可以提供一致的关系编程模型。DataSet 表示包括相关表、表间关系及约束在内的整个数据集，其对象结构如图 7-3 所示。

DataSet 中的核心对象如下。

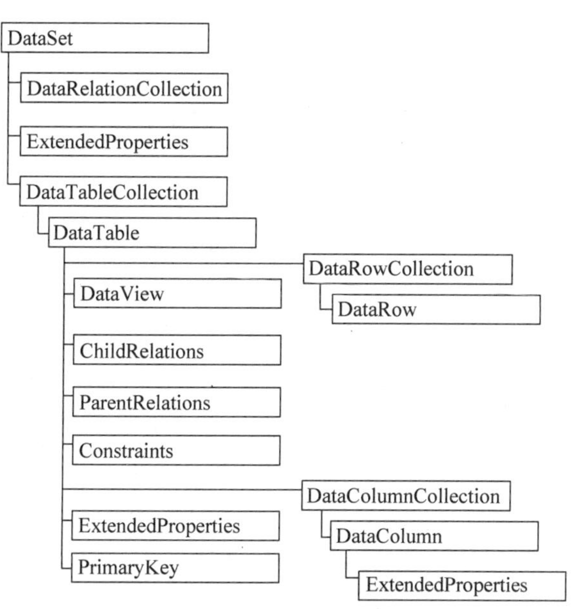

图 7-3　DataSet 对象结构

(1) DataTableCollection：数据表的集合。在 DataSet 中可以包含 0 个到多个数据表，DataTableCollection 包含了 DataSet 中所有的 DataTable 对象。

(2) DataRelationCollection：关联的集合。在关系数据库中表和表之间存在一定的关联(例如外键)，DataSet 作为数据库的内存映像，也可以在内存表之间建立关联。DataRelationCollection 包含了 DataSet 中所有的 DataRelation 对象。

(3) DataTable：数据表，表示内存驻留数据的单个表。DataTable 包含由 DataColumnCollection 表示的列集合以及由 Constraints 表示的约束集合，这两个集合共同定义了数据表的架构。在 DataTable 中还包含由 DataRowCollection 表示的行的集合，即表的数据。

(4) DataView：数据视图，代表存储在 DataTable 中数据的不同表现形式。通过 DataView，用户可以为表中的数据进行排序，或者定制筛选器以过滤数据。

(5) DataRow：数据行，代表数据表中的一行数据，可以对行中的各个数据项按顺序号或列名称进行访问。

(6) DataColumn：数据列，代表数据表中的一个属性，通过它来定义数据表的结构。

(7) PrimaryKey：主键，对于内存表，也可以将它的一个或者多个数据列定义为主键，以实现完整性约束。

7.2　使用基于连接的对象访问数据库

在.NET Data Provider 中提供了 Connection 对象、Command 对象和 DataReader 对象，可以连接到数据库，向数据库发送 SQL 命令，以及接收命令的执行结果，这些对象称为基于连接的对象。

7.2.1 访问数据库的一般方法

使用.NET数据提供程序访问数据库的一般步骤如下：

(1) 使用Connection对象建立到数据库的连接。

(2) 在连接之上建立Command对象，通过它向数据库发送SQL命令。

(3) 接收SQL命令的返回结果。若返回结果集有两种处理方法，一是采用DataReader对象每次获取一条记录数据，二是采用DataTable对象一次性获取所有数据。

(4) 释放数据库操作对象，并关闭数据库连接。

由于ADO.NET针对不同的数据源有不同的数据提供程序，因此用户要根据实际的应用环境选择合适的对象来使用。下面以查询SQL Server数据库为例说明基本使用方法。

例7-1 连接pubs数据库，查询authors表中的所有记录并列表显示。

pubs数据库是SQL Server早期版本提供的一套示例数据库，本书中的所有示例都使用SQL Server的一个简化版本——LocalDB，该系统随Visual Studio一起安装，并按需启动服务，使用非常方便。

在Visual Studio中打开SQL脚本文件instpubs.sql，单击页面左上角的"执行"按钮，此时会弹出"连接到服务器"对话框，如图7-4所示。选择(localdb)\MSSQLLocalDB数据库实例，并选择"Windows身份验证"方式，单击"连接"按钮，系统会在所选的LocalDB数据库实例上运行instpubs.sql脚本，建立pubs数据库并插入初始数据。用户可以在"SQL Server对象资源管理器"或"服务器资源管理器"中查看该数据库及表中的数据，如图7-5所示。

图7-4 连接到LocalDB数据库实例

图7-5 查看pubs数据库

创建一个空的Web应用程序项目，取名为chap07。添加Web Form页面exam7_1.aspx，并在工具箱的数据选项卡上选择GridView控件添加到页面上，最后生成的页面代码如下：

```
<%@ Page Language="C#" AutoEventWireup="true" CodeBehind="exam7_1.aspx.cs"
     Inherits="chap07.exam7_1" %>
<html>
<head runat="server"><title>ADO.NET 示例</title></head>
<body>
    <form id="form1" runat="server">
        <asp:GridView ID="GridView1" runat="server"></asp:GridView>
    </form>
</body>
</html>
```

在 Web 页的设计视图中用鼠标双击页面的空白区域，进入代码窗口，编写以下代码：

```
using System;
using System.Data.SqlClient;
namespace chap07 {
public partial class exam7_1 : System.Web.UI.Page {
    protected void Page_Load(object sender, EventArgs e) {
        string connstr = @"Data Source=(localdb)\MSSQLLocalDB;Initial Catalog=pubs;
                          Integrated Security=true";
        SqlConnection conn = new SqlConnection(connstr);
        SqlCommand cmd = new SqlCommand();
        cmd.Connection = conn;
        cmd.CommandText = "select * from authors";
        try {
            conn.Open();
            SqlDataReader dr = cmd.ExecuteReader();
            GridView1.DataSource = dr;   // 定义 GridView 控件的数据源
            GridView1.DataBind();        // 实现数据绑定
            dr.Close();
        } catch { }
        finally { conn.Close(); }
    }
}
}
```

保存项目，在解决方案资源管理器窗口中右击 exam7_1.aspx 页面，选择“在浏览器中查看”命令访问该页面，运行结果如图 7-6 所示。

本例中的核心问题说明如下：

(1) 操作 SQL Server 数据库通常使用 SQL Server .NET 提供程序，这涉及 SqlConnection、SqlCommand 和 SqlDataReader 等对象，首先要导入 SqlClient 命名空间。

(2) 在创建 SqlConnection 连接对象时需要通过“连接字符串”来指明数据库的位置、登录验证信息等。

(3) 调用 SqlConnection 对象的 Open 方法可以打开连接，对数据库操作完毕后再调用 Close 方法关闭连接。

(4) 使用 SqlCommand 对象向数据库发送一条 select 语句，执行后将返回一个结果集。该结果集通常为 SqlDataReader 对象。

au_id	au_lname	au_fname	phone	address	city	state	zip	contract
172-32-1176	White	Johnson	408 496-7223	10932 Bigge Rd.	Menlo Park	CA	94025	☑
213-46-8915	Green	Marjorie	415 986-7020	309 63rd St. #411	Oakland	CA	94618	☑
238-95-7766	Carson	Cheryl	415 548-7723	589 Darwin Ln.	Berkeley	CA	94705	☑
267-41-2394	O'Leary	Michael	408 286-2428	22 Cleveland Av. #14	San Jose	CA	95128	☑
274-80-9391	Straight	Dean	415 834-2919	5420 College Av.	Oakland	CA	94609	☑
341-22-1782	Smith	Meander	913 843-0462	10 Mississippi Dr.	Lawrence	KS	66044	☐
409-56-7008	Bennet	Abraham	415 658-9932	6223 Bateman St.	Berkeley	CA	94705	☑
427-17-2319	Dull	Ann	415 836-7128	3410 Blonde St.	Palo Alto	CA	94301	☑
472-27-2349	Gringlesby	Burt	707 938-6445	PO Box 792	Covelo	CA	95428	☑
486-29-1786	Locksley	Charlene	415 585-4620	18 Broadway Av.	San Francisco	CA	94130	☑
527-72-3246	Greene	Morningstar	615 297-2723	22 Graybar House Rd.	Nashville	TN	37215	☐
648-92-1872	Blotchet-Halls	Reginald	503 745-6402	55 Hillsdale Bl.	Corvallis	OR	97330	☑
672-71-3249	Yokomoto	Akiko	415 935-4228	3 Silver Ct.	Walnut Creek	CA	94595	☑
712-45-1867	del Castillo	Innes	615 996-8275	2286 Cram Pl. #86	Ann Arbor	MI	48105	☑
722-51-5454	DeFrance	Michel	219 547-9982	3 Balding Pl.	Gary	IN	46403	☑
724-08-9931	Stringer	Dirk	415 843-2991	5420 Telegraph Av.	Oakland	CA	94609	☐

图 7-6　查询并显示 authors 表中的所有记录

(5) 使用 GridView 数据绑定控件显示查询结果。

7.2.2　使用 Connection 对象

ADO. NET 使用 Connection 对象建立到数据源的连接后可以对数据源进行各种操作，操作完成后切记要释放连接，为了提高建立连接的效率，可以使用连接池来缓存和共享连接。

ADO. NET 针对不同的数据提供程序要建立不同的连接对象，常用的有 4 种，如表 7-2 所示。

表 7-2　ADO. NET 的 4 种 Connection 对象

对 象 名 称	描　述
SqlConnection 对象	用于连接 SQL Server 数据库
OracleConnection 对象	用于连接 Oracle 数据库
OleDbConnection 对象	该对象通过 OLE DB 可以连接多种数据源，例如 Access、SQL Server 甚至 Excel
OdbcConnection 对象	该对象使用连接字符串或 ODBC 数据源名称(DSN)连接数据源

1. 连接字符串

在创建连接对象时需要提供一个连接字符串，它包括数据库服务器名、用户名、密码以及数据库名等信息。针对不同的数据库连接对象，连接字符串会有所区别，但都包含以下几个选项：

1) 数据库实例名称 Data Source

一台服务器上可能运行着多个数据库实例。在 SQL Server 对象资源管理器中可以管理

SQL Server 实例。如图 7-7 所示，可以看出本机安装了两个版本的 LocalDB 服务，实例名分别为(localdb)\MSSQLLocalDB 和(localdb)\v11.0。通常使用 DataSource 键指定要连接的数据库实例。

图 7-7 管理本机的 SQL Server 实例

2) 数据库名称 Initial Catalog

在一个数据库实例上可以建立多个数据库，通常使用 Initial Catalog 或 DataBase 键指定要连接的具体数据库。

3) 身份验证方式

身份验证方式包括两种，即 Windows 集成身份验证方式、混合身份验证方式。

当应用程序和数据库服务器位于同一台计算机上时应尽量选择集成验证方式以便建立可信连接(Trusted Connection)，否则需要在数据库服务器中建立一个数据库用户，提供用户名和口令以供验证。这里仍以 pubs 数据库为例使用 SqlClient 连接到本机的服务。

若采用 Windows 集成身份验证方式，其连接字符串如下：

```
Data Source = (localdb)\MSSQLLocalDB;              // 数据库实例名
Initial Catalog = pubs;                            // 数据库名称
Integrated Security = true                         // 建立可信连接
```

若使用 SQL Server 混合验证，假设用户名和口令都是 examdbuser，则连接字符串如下：

```
Data Source = (localdb)\MSSQLLocalDB;
Initial Catalog = pubs;
User ID = examdbuser;                              // 登录名
Password = examdbuser                              // 登录密码
```

2. 与不同的数据库建立连接

连接到不同的数据库需要使用不同的连接对象及连接字符串。

(1) 使用 SqlClient 连接 SQL Server 数据库：

```
using System.Data;
using System.Data.SqlClient;                       // 导入 SqlClient 命名空间
…
string constr  =  "Data Source = (local); Initial Catalog = pubs; Integrated Security = true"
SqlConnection conn  =  new SqlConnection( constr );  // 建立连接对象
```

其中"(local)"为 SQL Server 常规版本中的默认数据库实例名。

(2) 使用 SqlClient 连接 Web 应用数据目录下的 SQL Server 数据库文件：

```
using System.Data;
using System.Data.SqlClient;                       // 导入 SqlClient 命名空间
…
```

```
string constr = "Data Source = (local); AttachDbFilename = |DataDirectory|\pubs.mdf;
            Integrated Security = true"
SqlConnection conn = new SqlConnection( constr );
```

其中,"|DataDirectory|"代表 Web 应用根目录下的 App_Data 文件夹。

(3) 使用 OracleClient 连接 Oracle 数据库:

```
using System.Data;
using System.Data.OracleClient;      // 导入 OracleClient 命名空间
…
string constr = @" Data Source = orcl;User ID = scott;Password = tiger"
OracleConnection conn = new OracleConnection(constr);
```

(4) 使用 OLE DB 连接 Access 数据库:

```
using System.Data;
using System.Data.OleDb;             // 导入 OleDb 命名空间
…
OleDbConnection conn = new OleDbConnection();
conn.ConnectionString = "Provider = Microsoft.Jet.OLEDB.4.0; Data Source = D:\pubs.mdb"
```

(5) 使用 OLE DB 连接 SQL Server Express 版数据库:

```
using System.Data;
using System.Data.OleDb;             // 导入 OleDb 命名空间
…
string constr = "Provider = SQLOLEDB; Data Source = .\sqlexpress; Integrated Security = SSPI;
Initial Catalog = pubs"
OleDbConnection conn = new OleDbConnection(constr);
```

其中,".\sqlexpress"为 SQL Server Express 版数据库的默认实例名称。

(6) 使用 OLE DB 连接 Oracle 数据库:

```
using System.Data;
using System.Data.OleDb;             // 导入 OleDb 命名空间
string constr = @"Provider = MSDAORA;Data Source = orcl;User ID = scott;Password = tiger"
OleDbConnection conn = new OleDbConnection(constr);
```

需要指出的是,"连接字符串"是建立数据库连接的关键,可借助工具自动生成连接字符串。在菜单中选择"视图-服务器资源管理器",在打开的服务器资源管理器窗口中点开"数据连接"结点,可以看到前面已经使用过的数据库连接列表;右击"数据连接",选择"添加连接",在弹出的对话框中选择合理的参数并单击"确定"按钮可以建立新的连接;在某连接上右击,选择"属性"菜单可以打开属性窗口,复制其中的"连接字符串属性"即可。

3. 打开和关闭连接

连接对象创建后需要打开连接才能真正地连接到数据库。调用连接对象的 Open 方法即可打开连接，用法如下：

```
conn.Open( );
```

在 Web 环境中，当一个线程使用完连接后应尽快释放连接；若连接打开后没有及时关闭，将长时间保持占用状态，其他线程将无法使用。

调用连接对象的 Close 方法可以释放连接，代码如下：

```
conn.Close( );
```

调用连接对象的 Dispose 方法也可以释放连接，用法如下：

```
conn.Dispose( );
```

考虑到操作数据库时可能出现各种异常，用户应尽量使用 try-catch 块捕获并处理异常，最好是在 finally 块中释放连接。一般使用以下代码框架操作数据库：

```
SqlConnection conn = new SqlConnection(connstr); // 创建连接对象
Try {
    conn.Open();
        ...                     // 操作数据库
}
catch(Exception ex){
        ...                     // 处理异常
}
finally {
        conn.Dispose();   // 释放连接
}
```

从.NET 2.0 开始引入了 using 语句，可以代替 try-finally 的功能。例如：

```
using (SqlConnection conn = new SqlConnection(connstr)) {
        conn.Open();
        // 在这里工作
}
```

using 语句定义了一个范围，并指定要创建和关闭的对象(此处为 conn 对象)。当本段代码执行到范围末尾或因抛出异常而跳出时系统将自动清理 using 语句中指定的对象(即 conn 对象)。请看以下完整的示例代码。

例 7-2　连接 pubs 数据库，查询并显示所有书籍的书号、书名和价格。

```
using System;
using System.Data.SqlClient;
class Program {
   static void Main() {
   string connstr = @ "Data Source = (localdb)\MSSQLLocalDB; Initial Catalog = pubs;
                        Integrated Security = true";
   string qrystr = " select title_id, title, price from titles ";
```

```
    using ( SqlConnection conn = new SqlConnection(connstr) ) {
        SqlCommand cmd = new SqlCommand( qrystr, conn );
        try { conn.Open( );
              SqlDataReader reader = cmd.ExecuteReader();
              while (reader. Read()) {
                  Console.WriteLine ("\t{0}\t{1}\t{2}", reader[0], reader[1], reader[2]);
              }
              reader.Close();
          }
          catch (Exception ex) { Console.WriteLine(ex.Message);  }
      }
    }
}
```

4. 数据库连接池

建立数据库连接是一项复杂且费时的工作，若每一次操作数据库都建立连接，使用完后又释放，必将浪费大量的时间和资源。为了提高效率，ASP. NET 提供了连接池的机制。在 Web 应用第一次连接数据库时，系统会隐含地建立一定数量的连接，放在连接池中集中管理；以后当再次请求该数据库时直接从池中“借”出一个连接来使用，使用完成后再归还到池中，这样可以最大程度地降低重复打开和关闭连接的系统消耗。

ADO. NET 通常根据连接字符串自动创建连接池。若连接字符串相同，则使用同一个连接池。若某个连接的连接字符串与现有池的连接字符串不同，系统将创建一个新的连接池。ADO. NET 可同时保留多个池，每种配置各一个。

ADO. NET 中的连接池对开发者完全透明，数据访问代码无须做任何更改。当调用 Open 方法打开连接时，连接实际上由连接池提供而不是新建；当调用 Close 或 Dispose 方法释放连接时，它并没有真正被释放，而是重新回到池中等待下一次请求。

5. 在 Web. config 文件中保存连接字符串

由于 ADO. NET 通常根据连接字符串创建连接池，若不同页面中的连接字符串稍有差异，系统将创建不同的连接池，这对系统性能可能会造成一定的影响。

好的解决办法是将连接字符串保存在配置文件 Web. config 中。Web. config 是一个 XML 格式的文件，每当 Web 应用程序要连接数据库时都会从 Web. config 文件中的 < connectionStrings >或< appSettings >配置结点获取连接字符串的内容，即根据“键名”获取其“键值”。

(1) 在< connectionStrings >结点中的连接字符串，代码如下：

```
<connectionStrings>
  <add name = "connstr" connectionString = "Data Source = .\sqlexpress; Initial Catalog = pubs;
Integrated Security = true"/>
</connectionStrings>
```

其中，name 属性指定键名，connectionString 属性指定键值。在应用程序中可以通过静态类 ConfigurationManager 在< connectionStrings >结点中获取连接字符串，代码如下：

```
using System.Configuration;        // 导入 ConfigurationManager 类的命名空间
string connstr = ConfigurationManager.ConnectionStrings["connstr"].ConnectionString;
```

(2) 在< appSettings >结点中的连接字符串，代码如下：

```
<appSettings>
   <add key = "connstr" value = "Data Source = .\sqlexpress; Initial Catalog = pubs;
Integrated Security = true"/>
</appSettings>
```

其中，key 属性指定键名，value 属性指定键值。应用程序可通过 ConfigurationManager 类在< appSettings >结点中获取连接字符串，代码如下：

```
using System.Configuration;        // 导入 ConfigurationManager 类的命名空间
string connstr = ConfigurationManager.AppSettings["connstr"];
```

7.2.3 使用 Command 对象

在建立与数据源的连接后可以使用 Command 对象执行各种 SQL 命令并从数据源中返回结果。和 Connection 对象一样，不同的数据提供程序对应不同的 Command 对象，适用于 SQL Server .NET 提供程序的是 SqlCommand 对象，适用于 Oracle .NET 提供程序的是 OracleCommand 对象，适用于 OLE DB 驱动的是 OleDbCommand 对象，适用于 ODBC 驱动的是 OdbcCommand 对象。

1. 创建 Command 对象

通常有 3 种方法来创建 Command 对象，分别如下。

(1) 创建 Command 对象，同时指定 SQL 命令和数据库连接：

```
SqlCommand cmd = new SqlCommand( "select * from authors", conn);
```

(2) 单独创建 Command 对象，然后通过属性指定所用连接和 SQL 命令：

```
SqlCommand cmd = new SqlCommand();
cmd.CommandText = "select * from authors";
cmd.Connection = conn;
```

(3) 在连接对象上调用 CreateCommand 方法创建 Command 对象：

```
SqlCommand cmd = conn.CreateCommand();
cmd.CommandText = "select * from authors";
```

2. Command 对象的常用成员

所有 Command 对象都从 System. Data. Common. DbCommand 类继承，其使用方法基本相同，Command 对象的常用属性和方法如表 7-3 所示。

表 7-3　Command 对象的常用属性和方法

属性/方法	说　明
CommandText 属性	获取或设置一条 SQL 语句或一个存储过程作为要执行的命令
CommandType 属性	指定 CommandText 的类型，若选 Text，表示要执行一条 SQL 语句；若选 StoredProcedure，表示要执行一个存储过程
Connection 属性	获取或设置该 Command 对象依赖的数据库连接对象
Parameters 属性	获取命令参数的集合
Cancel()方法	尝试取消 DbCommand 的执行
Dispose()方法	释放 Command 对象所使用的资源
ExecuteNonQuery()方法	执行一个非查询的 SQL 语句(insert、update 或 delete)或存储过程，不返回结果集
ExecuteReader()方法	执行 select 查询语句或存储过程，返回一个结果集
ExecuteScalar()方法	执行聚合函数，返回一个标量值

3. 使用 ExecuteReader 方法

调用 Command 对象的 ExecuteReader()方法可以执行一条 select 语句，返回一个 DataReader 对象。例如：

```
SqlCommand cmd = conn .CreateCommand( );
cmd.CommandText = "select * from authors";
SqlDataReader dr = cmd.ExecuteReader();
```

例 7-3　在 NorthWind 数据库中根据顾客 ID 查询订单信息，运行效果如图 7-8 所示。

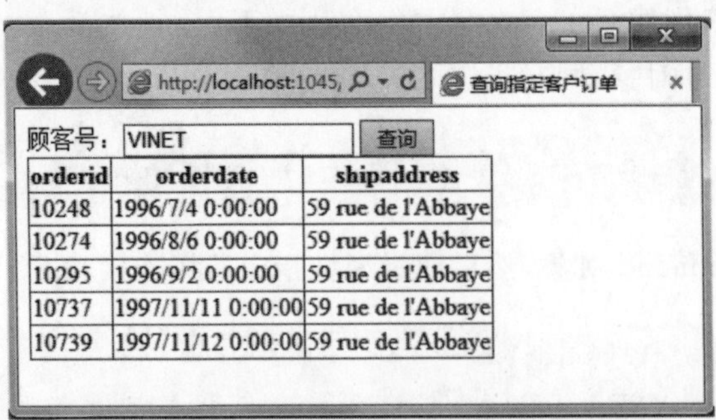

图 7-8　根据顾客 ID 查询该顾客的订单

这是一个典型的查询程序，使用了 SQL Server 早期版本的 NorthWind 数据库，建库脚本见参考资料中的 instnwind. sql，打开该脚本并运行即可建立数据库，也可以到 SQL Server 的数据目录中复制 northwind. mdf 和 northwind. ldf 两个文件到 Web 应用的

App_Data 文件夹中使用。

使用 Visual Studio 设计界面，并为查询按钮添加以下代码：

```
protected void btnqry_Click(object sender, EventArgs e) {
  string connstr = ConfigurationManager.ConnectionStrings["nwdconnstr"].ConnectionString ;
  string sql = "select orderid, orderdate, shipaddress from orders where customerid = '" +
              tbxuid.Text + "'";
  using (SqlConnection conn = new SqlConnection(connstr)) {
      SqlCommand cmd = conn.CreateCommand();
      cmd.CommandText = sql;
      conn.Open();
      SqlDataReader dr = cmd.ExecuteReader();
      GridView1.DataSource = dr;
      GridView1.DataBind();
      dr.Close();
  }
}
```

上述代码的 select 语句采用字符串拼接的方式生成，这种方式存在一定的安全隐患，容易被 SQL 注入攻击。为了解决这个问题，通常使用参数化命令，即在 SQL 文本中使用占位符来代表命令参数，然后通过 Parameter 对象将参数值传递进来。例如根据顾客 ID 查询订单可以将顾客 ID 作为参数输入，相关代码如下：

```
cmd.CommandText = "select orderid, orderdate, shipaddress from orders where customerid =
                 @custid";
SqlParameter parameter = new SqlParameter("@custid", SqlDbType.VarChar);
parameter.Value = tbxuid.Text;
cmd.Parameters.Add(parameter);
SqlDataReader dr = cmd.ExecuteReader();
```

参数化命令也可以同时传递多个参数。例如要查询指定用户、指定时间段内的所有订单，可以使用以下代码：

```
cmd.CommandText = "select orderid, orderdate, shipaddress from orders where customerid
= @custid and orderdate between @fromdate and @todate";
cmd.Parameters.Add("@custid", SqlDbType.VarChar);
cmd.Parameters.Add("@startdate", SqlDbType.DateTime);
cmd.Parameters.Add("@enddate", SqlDbType.DateTime);
cmd.Parameters["@custid"].Value = tbxuid.Text;
cmd.Parameters["@startdate"].Value = "1996 - 01 - 01";
cmd.Parameters["@enddate"].Value = "1997 - 01 - 01";
```

4. 使用 ExecuteScalar 方法

调用 Command 对象的 ExecuteScalar()方法将返回查询结果集的第 1 行第 1 列的值。该方法常用于返回聚合函数的计算结果，例如要统计并显示 employees 表中所有员工的数量，可以使用以下代码：

```
using (SqlConnection conn = new SqlConnection(connstr)) {
  SqlCommand cmd = conn.CreateCommand();
  cmd.CommandText = "select count( * ) from employees";
  conn.Open();
  int num = (int)cmd.ExecuteScalar();
  lblmsg.Text = string.Format("员工总数: <b>{0}</b>", num);
}
```

注意，ExecuteScalar 方法的返回结果为 object 类型，用户一定要根据查询语句将其强制转换成合适的数据类型。

5. 使用 ExecuteNonQuery 方法

调用 Command 对象的 ExecuteNonQuery 方法，执行 insert、update、delete、create table 等语句，不返回结果集。请看以下代码：

```
using (SqlConnection conn = new SqlConnection(connstr)) {
   conn.Open();
   SqlCommand cmd = conn.CreateCommand();
   // 执行插入操作
   cmd.CommandText = "insert into employees(LastName, FirstName) values ('Tom', 'Cat')";
   int num = cmd.ExecuteNonQuery();
   lblmsg.Text = string.Format("<br /> 共插入记录: <b> {0} 条</b>",num);

   // 执行更改操作
   cmd.CommandText = "update employees set LastName = 'Jerry', FirstName = 'Mouse' "
                   + " where EmployeeID = 9";
   num = cmd.ExecuteNonQuery();
   lblmsg.Text += string.Format("<br /> 共修改记录: <b> {0} 条</b>",num);

   // 执行删除操作
   cmd.CommandText = "delete from employees where EmployeeID > 9";
   num = cmd.ExecuteNonQuery();
   lblmsg.Text = string.Format("<br /> 共删除记录: <b> {0} 条</b>",num);
 }
```

ExecuteNonQuery 方法的返回值为整型数，表示执行命令后受影响的记录行数。

6. 执行存储过程

存储过程是保存在数据库中的可批量执行的一条或多条 SQL 语句，它与函数类似，可以通过输入参数接收数据，也可以通过输出参数返回数据，使用存储过程具有很多优点。

- 可以大幅度提高程序性能：由于存储过程是多条语句的复合体，只访问一次数据库就可以完成很多工作，比使用 Commamd 对象一次次向数据库发送 SQL 语句的效率要高得多。存储过程在数据库中进行了编译和优化，执行效率也提高了很多。
- 简化应用程序的设计：对于非常复杂的业务处理（例如销售统计），若将处理逻辑封装在存储过程中，则应用程序中只需调用存储过程就可以完成所有工作，有效地降低了程序的复杂度。

- 有利于人员分工：大型项目中明确的人员分工非常重要，使用存储过程可以将复杂的数据处理逻辑分发给数据库设计人员，任务更加明确。

使用 Command 对象调用存储过程的方式与执行 SQL 命令类似，只需将 CommandType 属性设定为 StoredProcedure。

例 7-4 在 NorthWind 数据库中调用存储过程，查询指定类别下所有产品的销售量。程序运行效果如图 7-9 所示。

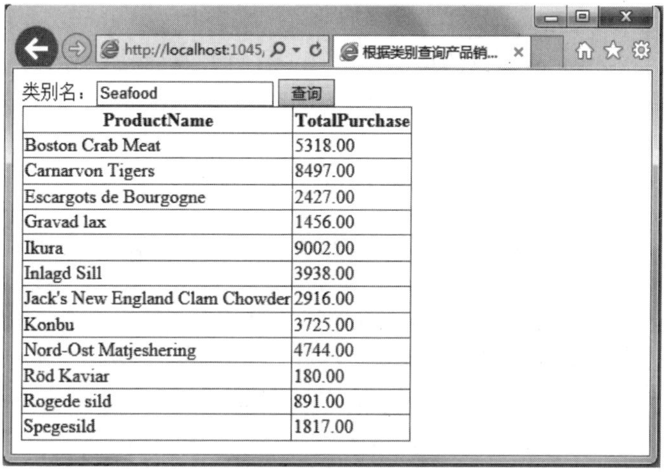

类别名：Seafood 查询

ProductName	TotalPurchase
Boston Crab Meat	5318.00
Carnarvon Tigers	8497.00
Escargots de Bourgogne	2427.00
Gravad lax	1456.00
Ikura	9002.00
Inlagd Sill	3938.00
Jack's New England Clam Chowder	2916.00
Konbu	3725.00
Nord-Ost Matjeshering	4744.00
Röd Kaviar	180.00
Rogede sild	891.00
Spegesild	1817.00

图 7-9 根据类别查询产品销售金额程序的运行效果

打开 NorthWind 数据库，在“可编程性”→“存储过程”下可以看到系统内置的几个存储过程，其中有 SalesByCategory，本例将调用该存储过程。

建立 Web 窗体，为查询按钮的单击事件编写以下代码：

```
protected void btnqry_Click(object sender, EventArgs e) {
  string connstr =
  ConfigurationManager.ConnectionStrings["nwconnstr"].ConnectionString;
  using (SqlConnection conn = new SqlConnection(connstr)) {
    SqlCommand cmd = conn.CreateCommand();
    cmd.CommandText = "SalesByCategory";
    cmd.CommandType = CommandType.StoredProcedure;
    SqlParameter parameter = new SqlParameter("@CategoryName",
        SqlDbType.VarChar);
    parameter.Value = tbxcatname.Text;
    cmd.Parameters.Add(parameter);
    conn.Open();
    SqlDataReader dr = cmd.ExecuteReader();
    GridView1.DataSource = dr;
    GridView1.DataBind();
```

```
        dr.Close();
    }
}
```

在本例中将 CommandText 属性设置为存储过程名，将 CommandType 属性设置为命令类型枚举中的 StoredProcedure，然后通过参数将类型名称传递给存储过程。由于该过程执行后将返回记录集，所以调用了 Command 对象的 ExecuteReader 方法。

若存储过程的返回结果不是记录集，可通过 ExecuteNonQuery 方法调用。

例 7-5 向 employee 表中插入一条记录，并返回该员工的 ID 号。

在 employee 表中，EmployeeID 为关键码字段。若使用 Command 对象执行 insert 语句录入员工，那么要得到刚录入记录的员工号将是一件麻烦事。使用存储过程可以解决这个问题，在存储过程中执行完 insert 语句后立刻调用@@IDENTITY 函数即可得到新添加记录的 EmployeeID。

在数据库中执行以下脚本定义 InsertEmployee 存储过程：

```
create procedure InsertEmployee
      @LastName varchar(20),
      @FirstName varchar(10),
      @EmployeeID int output
as
   insert into employees (LastName, FirstName) values (@LastName, @FirstName);
   set @EmployeeID = @@IDENTITY;
```

该存储过程有 3 个参数，前两个为输入参数，用于接收员工的名和姓，最后一个为输出参数，可以将新添加记录的 EmployeeID 带回来。

存储过程定义好后下一步是在应用程序中调用它。建立添加员工记录的 Web 页面，在“添加”按钮的单击事件中编写以下代码：

```
string connstr =
ConfigurationManager.ConnectionStrings["nwconnstr"].ConnectionString;
using (SqlConnection conn = new SqlConnection(connstr)) {
    SqlCommand cmd = conn.CreateCommand();
    cmd.CommandText = "InsertEmployee";
    cmd.CommandType = CommandType.StoredProcedure;
    cmd.Parameters.Add("@LastName", SqlDbType.VarChar, 20);
    cmd.Parameters.Add("@FirstName", SqlDbType.VarChar, 10);
    cmd.Parameters["@LastName"].Value = tbxlname.Text;
    cmd.Parameters["@FirstName"].Value = tbxfname.Text;
    cmd.Parameters.Add("@EmployeeID", SqlDbType.Int);
    cmd.Parameters["@EmployeeID"].Direction = ParameterDirection.Output;
    conn.Open();
    int n = cmd.ExecuteNonQuery();
    lblmsg.Text += string.Format("Inserted {0} Records <br />", n);
    int empid = (int)cmd.Parameters["@EmployeeID"].Value;
    lblmsg.Text += "New ID : " + empid.ToString();
}
```

上述程序为 Command 对象的实例 cmd 添加了 3 个参数，即@LastName、@FirstName 和@EmployeeID。前两个参数没有指定 Direction 属性，默认为 Input，即输入参数；第 3 个参数要从存储过程中带回一个值，定义为输出参数，将其 Direction 属性设置为 Output。由于该存储过程不返回记录集，所以调用 ExecuteNonQuery 方法。该方法实际上带回了两个值，一是方法的返回值，代表 insert 语句执行后影响的记录条数，本例为 1；二是新添加记录的 EmployeeID，通过输出参数获得，即：

```
int empid = (int)cmd.Parameters["@EmployeeID"].Value;
```

7.2.4　使用 DataReader 对象

数据库系统最常用的操作是数据查询，这由 select 语句来完成，查询结果将返回一个记录集。通常使用两种方式访问记录集，一是使用 DataReader，二是使用 DataTable。

DataReader 允许用户以只读、只进的方式每次读取一条记录进行处理。该方式占用的内存资源极少，操作效率极高，是获取数据最简单、高效的方式。

每种数据提供程序都定义了各自的 DataReader 类，包括 SqlDataReader、OracleDataReader、OleDbDataReader、OdbcDataReader 等，它们都从 DbDataReader 类继承，其核心成员如表 7-4 所示。

表 7-4　DataReader 对象的核心成员

成　员	描　述
HasRows 属性	指示该 DataReader 中是否包含数据
FieldCount 属性	获取当前行中的列数
Read()方法	将游标移动到记录集的下一行
GetValue()方法	获取当前行中指定序号的字段的值，系统将根据数据源中该字段的数据类型匹配一个最相近的.NET 数据类型返回
GetXxx()方法	获取当前行中指定序号的字段值，但明确指定了返回值的类型，所以返回类型与方法中指定的类型一致。 例如 GetInt32()、GetChar()、GetDateTime()等
Close()方法	关闭 DataReader 对象

在使用 DataReader 对象操作记录集时要先移动游标定位到指定行，然后再获取该行中各列的数据。游标初始位于第一条记录的前面，此时无法读取数据，只有在调用 Read 方法后让游标下移一行才可以操作。Read 方法返回一个布尔值，表示游标是否已经指向记录集的末尾，只有返回 true 才能读取数据，返回 false 说明已经没有数据。

例 7-6　查询并显示 categories 表中所有类别的 ID 和名称。

建立 Web 页面，为 Page_Load 事件编写以下代码：

```
string connstr = ConfigurationManager.ConnectionStrings["nwconnstr"].ConnectionString;
using (SqlConnection conn = new SqlConnection(connstr))
{
    SqlCommand cmd = conn.CreateCommand();
```

```
    cmd.CommandText = "select CategoryID, CategoryName from categories";
    conn.Open();
    SqlDataReader reader = cmd.ExecuteReader();
    StringBuilder sb = new StringBuilder("");
    sb.Append("<table><tr><td>CategoryID</td><td>CategoryName</td></tr>");
    while (reader.Read()) {
        sb.Append("<tr><td>");
        sb.Append(reader[0]);
        sb.Append("</td><td>");
        sb.Append( reader["CategoryName"]);
        sb.Append("</td></tr>");
    }
    sb.Append("</table>");
    reader.Close();
    lblmsg.Text = sb.ToString();
}
```

可以看出，当执行 ExecuteReader 方法并返回一个 DataReader 对象的记录集后，在 while 循环中不断调用 DataReader 对象的 Read 方法遍历记录集，直到游标指向记录集的末尾。游标每定位到一行，系统都会自动将该行数据获取到内存中，这时向 DataReader 对象传递列的名称或序号就可以访问指定列的数据。

使用 GetValue 方法或 GetXxx 方法传递列号进去，也可以获取指定列的数据，使用后一种方法明确地指定了所获取的数据类型，执行效率更高一些。

7.3 使用基于内容的对象访问数据库

DataReader 是基于连接的对象，只有在数据处理完成后才可以断开与数据源的连接。

DataSet 架构使用了 ADO.NET 非连接的特性，称为基于内容的对象，它可以将数据批量读入内存，然后进行离线处理，最后将处理结果批量写回数据库中。为了实现 DataSet 与数据库的交互，通常使用 DataAdapter 对象。

DataSet 主要包含两种元素，一是表的集合，二是表间关系的集合，前者代表数据，后者代表约束。

7.3.1 使用 DataTable

DataTable 是 DataSet 架构的核心，代表内存中的表，使用它可以离线处理数据、前后移动游标定位记录、快速检索记录、对记录进行排序、按条件过滤记录等。DataTable 既可以包含在 DataSet 中，也可以游离于 DataSet 之外独立存在（这时将无法建立表间约束，也无法实现完整性约束）。

1. 创建 DataTable 对象

DataTable 中主要包含两个方面的信息，一是架构，通过列的集合指定；二是数据，通过行的集合指定。

若以编程的方式创建 DataTable,则要先创建各列的 DataColumn 对象并将其添加到 DataColumnCollection 中,这样才能确定表格的架构。请看以下示例:

```
DataTable dt = new DataTable();
DataColumn col = dt.Columns.Add("EmployeeID", typeof(Int32));
col.Unique = true;
dt.Columns.Add("LastName", typeof(String));
dt.Columns.Add("FirstName", typeof(String));
```

通过 DataTable 对象的 Columns 属性可以获取其列集,在列集上调用 Add 方法,并传入列名和数据类型来创建列对象。用户还可以在列对象上指定约束,例如本例中对 CustID 列设定了唯一约束,即所有记录的 CustID 不能重复。

2. 向 DataTable 中添加数据

DataTable 的数据包含在行集中,每行数据用一个 DataRow 对象表示。用户可通过编程方式向 DataTable 的行集中添加行数据,示例代码如下:

```
DataRow row = dt.NewRow();          // 建立一个新行
row[0] = 1;                         // 给新行的第 1 列赋值
row["LastName"] = "Tom";            // 给新行的 LastName 列赋值
row["FirstName"] = "Cat";
dt.Rows.Add(row);                   // 将行对象添加到表中
```

调用 DataTable 对象的 NewRow 方法返回一个新行。每行都包含若干列,通过指定列的序号或名称可以访问特定的列。通过 DataTable 对象的 Rows 属性可以访问其行集,在行集上调用 Add 方法可以将行对象添加到表中。

通常从数据库中检索数据并填充到 DataTable 中,最直接的方式是调用 DataTable 对象的 Load 方法,并传入一个 DataReader 对象,这样系统会自动从 DataReader 中不断获取数据并装载到 DataTable 中。请看以下示例:

```
cmd.CommandText = "select EmployeeID, LastName, FirstName from employees";
SqlDataReader reader = cmd.ExecuteReader();
dt.Load(reader);
```

在 DataSet 架构中通常使用 DataAdapter 对象创建数据表并向其中填充数据,这些内容将在后续章节中介绍。

当使用 Load 方法装载数据或者使用 DataAdapter 对象填充数据时,由于可以连接到数据库,自动获取表的架构信息,所以不需要专门编写代码定义数据表结构,只要创建空的 DataTable 对象即可开始装载或填充数据。

3. 遍历表中数据

DataTable 的 Rows 属性返回行的集合,其中每个元素就是一条记录,通常使用 foreach 循环遍历行集中的每一个 DataRow。DataRow 又是字段值的容器,可以通过字段序号或名称访问它们。下面的代码演示了如何遍历并显示 DataTable 中的数据。

```
StringBuilder sb = new StringBuilder("<table>");
sb.Append("<tr><td>FirstName</td><td>LastName</td></tr>");
foreach (DataRow row in dt.Rows) {
    sb.Append("<tr><td>");
    sb.Append(row["FirstName"].ToString());
    sb.Append("</td><td>");
    sb.Append(row["LastName"].ToString());
    sb.Append("</td></tr>");
}
sb.Append("</table>");
lblmsg.Text = sb.ToString();
```

4. 检索表中数据

DataTable 提供了一个 Select 方法，可以返回满足条件的行集。该方法使用的表达式与 SQL Select 语句中 where 子句的作用类似，只是 Select 方法是在内存表中查询，不执行任何数据库操作。例如，假设 products 数据表中包含所有商品的信息，要查找类别 ID 为 2 的商品并显示其名称，可以使用以下代码片段。

```
DataRow[ ] matchrows = dt.Select("CategoryID = 2");
StringBuilder sb = new StringBuilder("<ul>");
foreach(DataRow row in matchrows)
{
    sb.Append("<li>");
    sb.Append(row["ProductName"].ToString());
    sb.Append("</li>");
}
sb.Append("</ul>");
lblmsg.Text = sb.ToString();
```

由于 Select 方法的返回值为行集，所以使用了 DataRow 的数组来保存查询结果，然后使用 foreach 循环遍历所有行。

DataTable 也允许用户按主键检索特定行，这要先在 DataTable 上定义主键，然后在行集上使用 Find 方法。请看以下代码片段：

```
// 为数据表定义主键列
DataColumn[] columns = new DataColumn[1];
columns[0] = dt.Columns["ProductID"];
dt.PrimaryKey = columns;
// 根据主键进行检索(查询商品号为 5 的行)
DataRow findrow = dt.Rows.Find(5);
// 输出检索结果
if (findrow != null) lblmsg.Text = findrow["ProductName"].ToString();
```

7.3.2　使用 DataView

DataView 为 DataTable 对象定义数据视图，使 DataTable 能够支持自定义过滤和数据排序。在数据绑定的场合中 DataView 特别有用，利用它既可以选出表中的部分数据来显示，也可以按不同方式排序显示，并且不会影响 DataTable 中的真实数据。

每个 DataTable 都有一个默认的 DataView 与之关联，使用 DataTable 对象的 DefaultView 属性可以引用该数据视图，也可以在同一个表上创建多个表示不同视图的 DataView 对象。

1. 数据排序

借助 DataView 对象的 Sort 属性设置合适的排序表达式就可以实现数据排序。下面的示例演示了如何对 products 表中的数据进行排序显示。

```
DataTable dt = new DataTable();
string connstr =
ConfigurationManager.ConnectionStrings["nwconnstr"].ConnectionString;
using (SqlConnection conn = new SqlConnection(connstr))
{
    SqlCommand cmd = conn.CreateCommand();
    cmd.CommandText = "select ProductID, ProductName,UnitPrice from products ";
    conn.Open();
    SqlDataReader reader = cmd.ExecuteReader();
    dt.Load(reader);
}
GridView1.DataSource = dt.DefaultView;
GridView1.DataBind();
DataView dv = new DataView(dt);
dv.Sort = "UnitPrice";      // 设置按 UnitPrice 字段值排序
GridView2.DataSource = dv;
GridView2.DataBind();
```

该示例中的两个 Gridview 控件显示了同一个 DataTable 中的数据。其中，GridView1 使用了 DataTable 的默认数据视图，而 GridView2 使用了按 UnitPrice 列排序的数据视图。若需要按多个字段组合排列，可以使用以下形式：

```
dv.Sort = " ProductName , UnitPrice ";
```

2. 数据过滤

借助 DataView 对象的 RowFilter 属性可以自定义过滤条件，将 DataTable 中满足条件的记录选择出来显示。RowFilter 属性和 SQL 查询中的 where 子句的功能类似，条件表达式的书写格式也基本相同，详细用法请读者参阅 MSDN 文档。下面的代码片段演示了如何从 DataTable 中选出价格超过 40 元的产品以及产品名以“M”开头的记录并分别显示。

```
dt.DefaultView.RowFilter = "UnitPrice > 40";     //定义过滤条件
GridView1.DataSource = dt.DefaultView;
GridView1.DataBind();
DataView dv = new DataView(dt);
dv.RowFilter = "ProductName Like 'M%'";
GridView2.DataSource = dv;
GridView2.DataBind();
```

7.3.3 使用 DataRelation

在 DataSet 中不仅可以定义数据表，还可以定义表之间的关系，以方便地实现数据导航。例如，在客户表和订单表之间建立 DataRelation 后，可以方便地根据客户号检索该客户的所有订单。请看以下代码片段：

```
// 在 customers 表和 orders 表之间建立关系
DataRelation customerOrdersRelation =
        customerOrders.Relations.Add("custOrders",
        customerOrders.Tables["customers"].Columns["CustomerID"],
        customerOrders.Tables["orders"].Columns["CustomerID"]);
// 遍历 customers 表中的每一个顾客
foreach (DataRow custRow in customerOrders.Tables["customers"].Rows) {
    Console.WriteLine(custRow["CustomerID"].ToString());
    // 根据 DataRelation 获取该顾客的所有订单
    foreach (DataRow orderRow in custRow.GetChildRows(customerOrdersRelation)) {
        Console.WriteLine(orderRow["OrderID"].ToString());
    }
}
```

1. 建立数据表之间的关系

使用 DataRelation 可以使两个 DataTable 通过 DataColumn 对象建立彼此关联，这类似于数据库中的"主键/外键"关系。DataRelation 是在父表和子表中的匹配列之间创建的，要求这两个列的数据类型必须相同，但列名可以不同。

建立数据表间关系的代码如下：

```
// 在主表和子表中确定建立关系的匹配列
DataColumn parentColumn = DataSet1.Tables["customers"].Columns["CustID"];
DataColumn childColumn = DataSet1.Tables["orders"].Columns["CustID"];
// 根据匹配列建立关系
DataRelation relCustOrder = new DataRelation ("CustomersOrders", parentColumn, childColumn );
```

在调用 DataRelation 类的构造器时需要传入 3 个参数，即关系的名称、主表中的列（相当于主键）及子表中的列（相当于外键）。

在关系创建好后还要将其添加到数据集的关系集合中，代码如下：

```
DataSet1.Relations.Add(relCustOrder);
```

通过 DataSet 对象的 Relations 属性得到关系集合，再调用其 Add 方法将新创建的关系加入集合。用户也可以通过实例中的方法在创建关系的同时将其加入集合中。

2. 根据关系进行数据导航

建立关系的目的是在主表和子表之间进行数据导航，即根据主表中某行的数据在子表中获取与之匹配的行，或根据子表中的某行数据获取主表中的相应行。

主表的行对象调用 GetChildRows 方法可得到子表中与之匹配的行，例如：

```
DataRow [] orderRows = customerRow. GetChildRows(customerOrdersRelation)
```

子表的行对象调用 GetParentRow 方法可获得主表中的匹配行，例如：

```
DataRow customerRow = orderRow. GetParentRow (customerOrdersRelation)
```

在电子商务网站中经常要根据类别查询产品并生成报表，这时在类别表和产品表之间建立关系就非常重要。

7.3.4 使用 DataAdapter

在 ADO. NET 体系中，DataAdapter 作为数据源与 DataSet 之间的桥梁起着承上启下的作用。利用它可以将数据源中的数据填充到 DataSet，也可以将 DataSet 中所做的数据更改保存到数据源中。

DataAdapter 建立在 Connection 之上，内部包含 4 个命令对象，即 SelectCommand、InsertCommand、UpdateCommand 和 DeleteCommand。SelectCommand 对象用于从数据源中检索数据，其他 3 个对象用于将数据更改写回数据源。

1. 填充数据

在 DataAdapter 的 4 个命令对象中只有 SelectCommand 是必须的。当调用 DataAdapter 对象的 Fill 方法时，实际上是先使用 SelectCommand 对象检索数据，然后再填充到 DataTable 中。请看以下示例代码：

```
string connstr = ConfigurationManager.ConnectionStrings["nwconnstr"].ConnectionString;
SqlConnection conn = new SqlConnection(connstr);
string sql = "select EmployeeID, LastName, FirstName from employees";
// 创建 DataAdapter 对象,需传入要执行的查询语句及连接对象
SqlDataAdapter da = new SqlDataAdapter(sql, conn);
// 创建 DataSet 对象,并向其中的 employees 表填充数据
DataSet ds = new DataSet();
da.Fill(ds, "employees");
StringBuilder sb = new StringBuilder("<table>");
sb.Append("<tr><td>FirstName</td><td>LastName</td></tr>");
// 遍历包含在 DataSet 中的表中的数据
```

```
foreach (DataRow r in ds.Tables["employees"].Rows) {
        sb.Append("<tr><td>");
        sb.Append(r["FirstName"].ToString());
        sb.Append("</td><td>");
        sb.Append(r["LastName"].ToString());
        sb.Append("</td></tr>");
}
sb.Append("</table>");
lblmsg.Text = sb.ToString();
```

在创建 DataAdapter 对象时，需要指定其连接属性及查询语句，以便构建 SelectCommand 对象；也可以先创建好 Command 对象，然后将它赋给 DataAdapter 对象的 SelectCommand 属性。调用 Fill 方法向数据表中填充数据，第一个参数指定 DataSet 对象，第二个参数指定要填充的 DataTable 名称；若 DataSet 中无此名称的数据表，则自动创建它。

注意，在这段代码中并没有打开和关闭数据库连接的代码，这是由 DataAdapter 自动执行的。当调用 Fill 方法时，DataAdapter 以隐含的方式先打开到数据源的连接，再执行 select 命令，最后关闭数据库连接。

2. 更新数据

调用 DataAdapter 对象的 Update 方法，可以将 DataSet 中的更改写回数据源。Update 方法包括两个参数，一个是 DataSet 实例，另一个是 DataTable 对象。若未指定 DataTable，则默认使用 DataSet 中的第一个 DataTable。

当调用 Update 方法时，DataAdapter 会分析在 DataTable 上已做的更改，并执行相应的 SQL 语句将更改保存到数据库中。这些更改包括插入、更新以及删除等，分别对应 DataAdapter 的 InsertCommand、UpdateCommand 和 DeleteCommand。

请看以下示例：

```
using (SqlConnection connection = new SqlConnection(connectionString)) {
      // 创建 DataAdapter 对象并设置其 SelectCommand，以便填充数据
      SqlDataAdapter dataAdpater = new SqlDataAdapter(
          "select CategoryID, CategoryName from Categories", connection);
      // 创建 UpdateCommand 对象，以便更新数据
      dataAdpater.UpdateCommand = new SqlCommand(
           "update Categories set CategoryName = @CategoryName " +
           "where CategoryID = @CategoryID", connection);
      dataAdpater.UpdateCommand.Parameters.Add(
           "@CategoryName", SqlDbType.NVarChar, 15, "CategoryName");
      SqlParameter parameter = dataAdpater.UpdateCommand.Parameters.Add(
          "@CategoryID", SqlDbType.Int);
      // 检索并填充数据
      DataTable categoryTable = new DataTable();
      dataAdpater.Fill(categoryTable);
      // 更新数据集中的数据
```

```
        DataRow categoryRow = categoryTable.Rows[0];
        categoryRow["CategoryName"] = "New Beverages";
        // 将数据集中的更新保存到数据源
        dataAdpater.Update(categoryTable);
    }
```

7.4 Entity Framework 基础

在 ADO.NET 的基础上还可以选择某种对象关系映射技术(ORM)来访问数据，实体框架(Entity Framework，EF)就是一种典型代表。EF 使开发人员能够以领域对象和属性(如客户和客户地址)的形式使用数据，而不必考虑存储这些数据的基础数据库表和字段。借助 Entity Framework，开发人员在处理数据时能够以更高的抽象级别工作，并且能够以比传统应用程序更少的代码创建和维护面向数据的应用。

7.4.1 使用 Entity Framework 访问关系数据

实体框架是一种对象关系映射机制，它能够弥补面向对象编程环境与关系数据库环境之间的差异，使开发人员通过熟悉的面向对象技术与应用程序的概念模型进行交互，只要对概念模型发出数据访问操作，实体框架就会将该操作转换为关系数据库操作。请看以下示例：

例 7-7　连接 Blog 数据库，查询所有的版块及各版块下的帖子。

第一步：建立 Blog 数据库。

(1) 启动 Visual Studio，选择"视图"→"服务器资源管理器"命令。

(2) 在服务器资源管理器中右击"数据连接"，选择"添加连接"。

(3) 在"更改数据源"对话框中选择如图 7-10(a)所示的数据源及数据提供程序，单击"确定"按钮。

(4) 在"添加连接"对话框中输入服务器实例名称(在安装 Visual Studio 时默认安装了 SQL Server LocalDB 数据库，其默认实例名为(localdb)\MSSQLLOCALDB)，身份验证选择"Windows 身份验证"，并输入 Blog 作为数据库名称，如图 7-10(b)所示。

(5) 单击"确定"按钮，并在弹出的对话框中选择"是"以便创建数据库。

(6) 在服务器资源管理器中选中新建的数据库连接，然后右击并选择"新建查询"命令以打开查询分析器。

(7) 在查询分析器中输入以下 SQL 建库脚本：

```
create table [dbo].[Blogs] (
    [BlogId] int identity (1, 1) not null,
    [Name] nvarchar (200) null,
    [Url] nvarchar (200) null,
    constraint [PK_dbo.Blogs] primary key clustered ([BlogId] ASC)
);
create table [dbo].[Posts] (
```

```
    [PostId] int identity (1, 1) not null,
    [Title] nvarchar (200) null,
    [Content] ntext null,
    [BlogId] int not null,
    constraint [PK_dbo.Posts] primary key clustered ([PostId] asc),
    constraint [FK_dbo.Posts_dbo.Blogs_BlogId] foreign key ([BlogId]) peferences [dbo].
[Blogs] ([BlogId]) on delete cascade
);
insert into [dbo].[Blogs] ([Name],[Url]) values ('The Visual Studio Blog', 'http://blogs.msdn.
com/visualstudio/')
insert into [dbo].[Blogs] ([Name],[Url]) values ('.NET Framework Blog', 'http://blogs.msdn.
com/dotnet/')
insert into [dbo].[Posts] ([Title],[BlogId]) values ('VS Post1', 1)
insert into [dbo].[Posts] ([Title],[BlogId]) values ('VS Post2', 1)
insert into [dbo].[Posts] ([Title],[BlogId]) values ('.NET Post1', 2)
insert into [dbo].[Posts] ([Title],[BlogId]) values ('.NET Post2', 2)
```

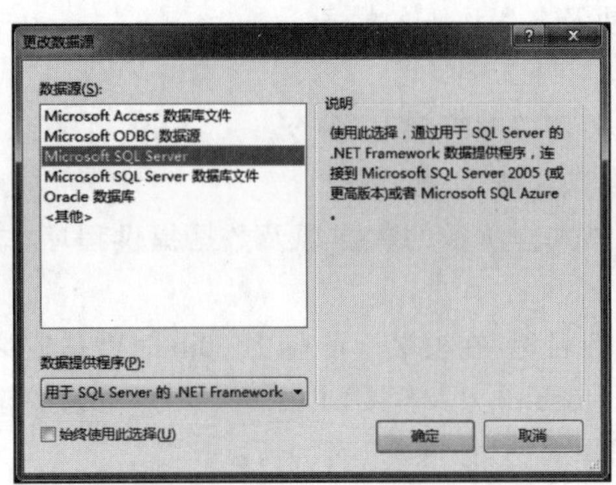

(a) 选择数据源及数据提供程序

(b) 选择数据库实例及身份验证方式

图 7-10　建立 Blog 数据库

(8) 单击查询分析器左上角的“执行”按钮，创建 Blogs 和 Posts 表并插入测试数据。

(9) 单击打开 Blog 数据库连接，并打开“表”，可以看到新建的 Blogs、Posts 表，选择“显示表数据”即可查看表中的数据。

第二步：建立应用程序项目。

(1) 在 Visual Studio 中选择“文件”→“新建”→“项目”命令，打开“新建项目”对话框。

(2) 在左侧的项目模板中选择 Visual C#→Windows，然后选择“控制台应用”。

(3) 输入项目名称“testEF1”，并选择解决方案的存储位置，最后单击“确定”按钮创建该项目。

第三步：采用反向工程生成数据模型。

我们可以采用.NET框架和VS工具根据数据库结构自动生成领域对象模型，也可以手工写代码创建模型。

(1) 在Visual Studio中选择“项目”→“添加新项”命令。

(2) 在左侧的列表中选择“数据”，然后在右侧选择“ADO.NET实体数据模型”。

(3) 输入模型名称“BlogContext”，并单击“添加”按钮。

(4) 在弹出的“实体数据模型向导”对话框中选择“来自数据库的Code First”，单击“下一步”按钮继续。

(5) 选择要连接的数据库实例，并选中“将App.Config中的连接设置另存为”复选框，如图7-11所示，单击“下一步”按钮。

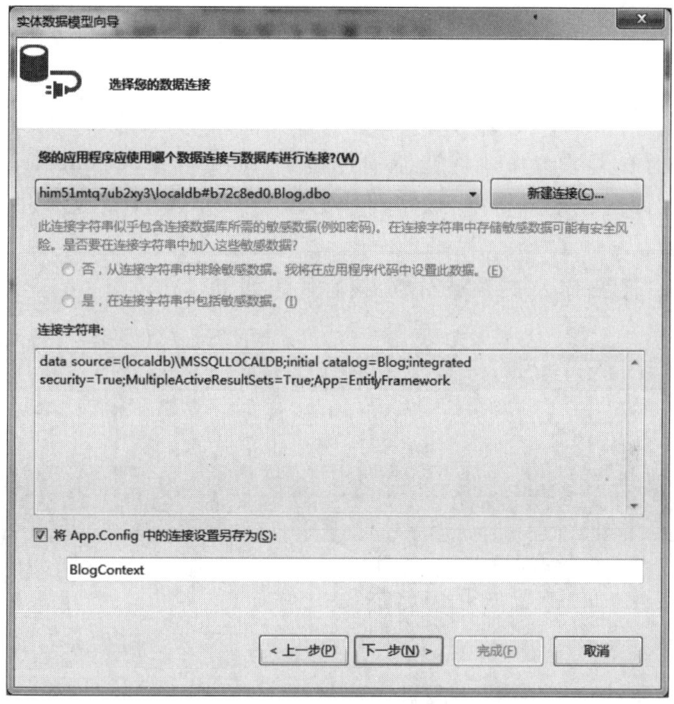

图7-11　“实体数据模型向导”对话框

(6) 在弹出的对话框中选中Blogs和Posts表，单击“完成”按钮，系统会自动为这两张表建立对象模型。

第四步：理解.NET框架自动生成的代码。

打开解决方案资源管理器，可以看到系统自动生成的一系列文件。

(1) App.config：这是应用程序的配置文件，注意观察其中的数据库连接配置。

```
<connectionStrings>
  <add name = "BlogContext"
    connectionString = "data source = (localdb)\MSSQLLOCALDB;
```

```
        initial catalog = Blog;
        integrated security = True;
        MultipleActiveResultSets = True; App = EntityFramework"
        providerName = "System.Data.SqlClient" />
</connectionStrings>
```

（2）BlogContext.cs：数据访问对象，继承自 DbContext 类，是操作数据库的核心对象。它代表一个数据库会话，通过它实现数据查询及更新的各项操作。

```
public partial class BlogContext : DbContext{
    public BlogContext() : base("name = BlogContext") { }
    public virtual DbSet<Blogs> Blogs { get; set; }
    public virtual DbSet<Posts> Posts { get; set; }
    protected override void OnModelCreating(DbModelBuilder modelBuilder)
    {       }
}
```

可以看出，该类对外公开了 Blogs 属性和 Posts 属性，以便访问 Blogs 表和 Posts 表中的数据。另外，注意在 DbContext 构造器中传递了"name=BlogContext"参数，通过 name 参数指定访问数据库的连接字符串，该字符串必须与 App.Config 文件中配置的连接字符串的名称完全一致。

（3）Blogs.cs：代表 Blog 的领域对象，核心代码如下。

```
public partial class Blogs{
    public Blogs(){ Posts = new HashSet<Posts>(); }
    [Key]
    public int BlogId { get; set; }
    [StringLength(200)]
    public string Name { get; set; }
    [StringLength(200)]
    public string Url { get; set; }
    public virtual ICollection<Posts> Posts { get; set; }
}
```

由于在数据库中指定了主键、字段宽度等信息，在模型中通过注解来实现这些约束，注意[Key]、[StringLength( )]等注解格式。

考虑到 Posts 与 Blogs 之间存在外键约束，在概念模型中表现为 Blogs 实体与 Posts 实体间存在一对多的关系，所以在 Blogs 类中定义了一个集合对象 Posts，代表隶属于该 Blog 的所有 Post，当需要时，可以使用 Posts 属性访问该条 Blog 下的所有 Posts。

（4）Posts.cs：代表 Post 的领域对象，核心代码如下。

```
public partial class Posts{
    [Key]
    public int PostId { get; set; }
    [StringLength(200)]
    public string Title { get; set; }
```

```
    [Column(TypeName = "ntext")]
    public string Content { get; set; }
    public int BlogId { get; set; }
    public virtual Blogs Blogs { get; set; }
}
```

注意，某个 Post 对象必然隶属于唯一的一个 Blog 对象，所以在 Posts 类中包含了唯一的一个 Blog 对象来反映这种关系。这里将 Blogs 属性称为“导航属性”，也就是在 Post 中通过该属性可以访问其所属的 Blog 对象。另外，为了正确反映两表之间的外键约束，并方便地实现连接查询，外键 BlogID 也应加入 Posts 模型中。

(5) Program. cs：项目的启动文件，核心代码如下。

```
class Program {
    static void Main(string[] args) { }
}
```

这里的 Main 方法作为程序运行的起点，下面将在该方法中编写代码，实现程序的基本功能。

第五步：使用实体框架访问数据库。

在 Main 方法中插入以下代码：

```
using (var db = new BlogContext()){
    List<Blogs> blogs;
    blogs = db.Blogs.Include("Posts").ToList();
    Console.WriteLine("All blogs in the database:");
    foreach (var item in blogs) {
        Console.WriteLine(item.Name);
        foreach (var post in item.Posts) {
            Console.WriteLine(post.Title);
        }
    }
    Console.WriteLine("Press any key to exit...");
    Console.ReadKey();
}
```

在这段代码中首先创建了一个 BlogContext 类型的对象 db，用于访问所创建的 Blog 数据库；具体如何连接数据库，如何发送 SQL 命令，如何接收返回结果等问题，用户一概无须考虑，实体框架已经自动完成了所有操作，并将数据加载到模型对象中，用户需要做的就是从模型对象中获取现成的数据，构建上层的数据库应用。

注意，在 BlogContext 中定义了 Blogs 和 Posts 属性，类型都为 DbSet。实体框架从数据库表中查询到的数据，将被自动序列化为对象集合，保存在这些 DbSet 类型的属性中。使用 db. Blogs 即可获得 Blogs 对象集，然后可以使用 foreach 循环来遍历该对象集。

我们希望在加载每一个 Blog 时能自动加载属于它的所有 Post 对象，有两种方式实现，一是在遍历 Blogs 时，每拿到一个 Blog，向数据库发送一次查询命令，查询其下属的 Posts；二是在一开始查询 Blogs 时就使用连接查询，同时获取所有的 Posts。很显然，第二种方式的效率要高很多，所以本例中使用了第二种方式，db. Blogs. Include("Posts")表示在加载

Blogs 时使用连接查询加载所有的 Posts 子对象。

后面使用了两层循环来遍历数据。首先 foreach (var item in blogs)表示遍历 Blogs 对象集，每次获取到一个对象保存到 item 变量中；foreach (var post in item. Posts)表示针对当前的 Blog item 获取其关联的 Posts 对象集，然后遍历该对象集，每次获取一个对象保存到 post 变量中。

运行该程序，结果如图 7-12 所示。

```
file:///G:/VS2015C/solutions/testEF1/testEF1/bin/Debug/testEF1.EXE
All blogs in the database:
The Visual Studio Blog
VS Post1
VS Post2
.NET Framework Blog
.NET Post1
.NET Post2
Press any key to exit...
```

图 7-12　程序的运行结果

可以看出，使用实体框架开发人员几乎不需要编写访问数据库的代码，系统会自动根据数据库结构生成概念模型，以极少的代码量实现复杂的数据访问功能。

从关系数据库的理论来看关系模型分为概念模型、逻辑模型和物理模型 3 层，数据库管理系统关注的是逻辑模型和物理模型，而应用程序关注的通常是概念模型，这就需要一种机制实现概念模型到数据库架构之间的映射，实体框架实现了这种映射。实体框架允许用户以多种方式定义领域对象，这些对象反映了概念模型中的实体和关系；用户可以对这些对象执行各项操作(例如创建、读取、更新和删除)，实体框架会跟踪这些操作，并将其转化为对数据库的等效操作。

7.4.2 基于 Entity Framework 的几种开发方式

基于实体框架可以采用 3 种不同的方式开发数据库应用，即 Database First 方式、Model First 方式以及 Code First 方式，如图 7-13 所示。

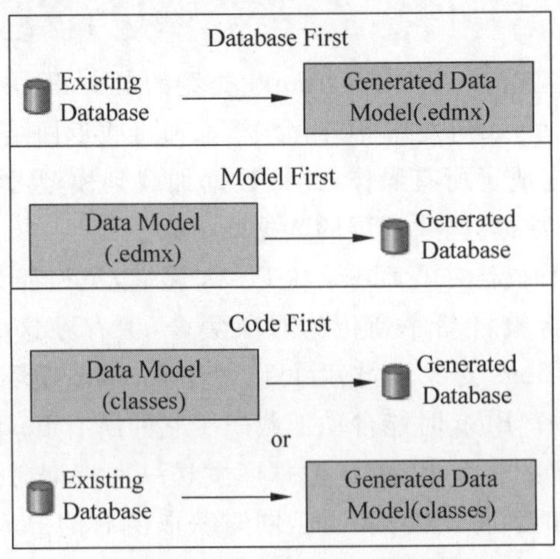

图 7-13　基于实体框架的 3 种开发方式

1. Database First 方式

在已建好数据库的情况下可以使用该模式，借助 Visual Studio 中集成的可视化开发工具，根据数据库结构自动生成应用程序中的实体对象模型。数据库的逻辑模型、概念模型及其之间的映射关系会定义在一个扩展名为.edmx 的 XML 格式的文件中，并且可以借助可视化的设计工具查看并编辑该模型，详情参见以下示例：

```
https://msdn.microsoft.com/en-us/library/jj206878(v=vs.113).aspx
```

2. Model First 方式

如果尚未建立数据库，可以采用这种开发方式。首先使用可视化设计工具来设计概念模型并保存为.edmx 文件，然后借助实体框架自动生成 DDL(数据定义语言)语句，并自动创建数据库。与 Database First 方式一样，.edmx 文件中存储着概念模型、逻辑模型及其映射关系。详情请参考以下示例：

```
https://msdn.microsoft.com/en-us/library/jj205424(v=vs.113).aspx。
```

3. Code First 方式

不管事先有没有建立数据库都可以抛开可视化设计工具及.edmx 文件，而采用手工编码的方式使用实体框架。如果尚未建立数据库，可以先创建实体类，然后根据实体类的编码创建数据库；如果已经建立了数据库，也可以根据数据库结构自动生成实体类；而概念模型和逻辑模型之间的映射关系可以通过约定的方式默认生成，也可以采用特殊的 API 来指定。详情请参考以下两个示例：

```
https://msdn.microsoft.com/en-us/library/jj193542(v=vs.113).aspx
https://msdn.microsoft.com/en-us/library/jj200620(v=vs.113).aspx
```

一般情况下建议采用 Code First 方式进行开发，另外两种方式的特点是使用了可视化工具，但是在使用前要考虑清楚，如果以后数据库结构发生变化如何进行系统升级。后面的章节都将以 Code First 开发方式举例说明。

7.4.3 概念模型设计

在采用 Code First 方式开发时第一步要定义概念模型，即定义实体类及其之间的关系；第二步要定义数据访问类 DbContext，并告诉它哪些实体类需要被包含在模型中。

在关系数据库设计中，概念模型一般通过 E-R 图来表达，E 即实体，R 即实体间的关系。在面向对象程序设计中，实体被映射为领域对象类，实体属性被映射为类的属性，实体间的关系通常使用外键属性及导航属性来表达。请看以下示例：

```
public class SchoolContext : DbContext {
    public DbSet<Department> Departments { get; set; }
```

```
        public DbSet<Course> Courses { get; set; }
    }
    public class Department {
        public int DepartmentID { get; set; }
        public string Name { get; set; }
        public virtual ICollection<Course> Courses { get; set; }
    }
    public class Course {
        public int CourseID { get; set; }
        public string Title { get; set; }
        public int Credits { get; set; }
        public int DepartmentID { get; set; }
        public virtual Department Department { get; set; }
    }
    public partial class OnlineCourse : Course {
        public string URL { get; set; }
    }
    public partial class OnsiteCourse : Course {
        public string Location { get; set; }
    }
```

该例中定义了4个实体，即Department（院系）、Course（课程），以及从Course派生出来的OnlineCourse（在线课程）和OnsiteCourse（面授课程）；对Department实体定义了DepartmentID和Name两个属性，对Course实体定义了CourseID、Title和Credits3个属性。两个实体间存在一对多的关系，即一个学院可以开设多门课程，而一门课程只能由一个学院开设，这种关系也要在模型中表达出来。至于OnlineCourse和OnsiteCourse，它们都继承于Course类，所以具备了Course类的所有属性，并各增加了一项自身的属性。

为了能访问概念模型中的实体集，需要在DbContext中为各实体类公开DbSet类型的属性，本例在SchoolContext中定义了两个public级别的DbSet类型的属性。

为了简化编码，在模型定义中要用到一系列约定（Convention），这里主要介绍3种约定。

(1) 主键约定：若实体中的某属性名称为ID（不区分大小写）或为实体类名＋ID，则该属性将默认作为实体的主键。

(2) 关系约定：实体间的关系通过导航属性进行推断。本例在Department实体中定义了Courses属性，是Course实体的集合；而在Course实体中定义了Department属性，是Department实体的实例，EF由此推断出Department和Course之间存在“一对多”的关系。对于“多”的一端，建议将另一端的主键也加进来定义为属性，例如本例在Course实体中还定义了DepartmentID属性，很明显该属性将被推断为外键。

(3) 类型发现约定：为了将定义的实体包含到概念模型中，需要在Context中为其定义DbSet类型的属性；若该实体引用了另一个实体，则EF会自动将被引用实体也加入到模型中；若被加入模型的实体派生出了新的实体，则派生出的实体也会被自动加入到模型中。本例可以仅在Context中定义Departments属性，将Department实体包含在模型中；由于Department实体引用了Course实体，则Course会被自动加入到模型中；又因为Course派生出了两个下级实体，所以实体框架会自动将OnlineCourse和OnsiteCourse也加入到模型中。

在概念模型中还有很多内容很难由约定自行推断出来，这就需要在代码中明确指定。用户可以使用注解（Annotation）和链式 API（Fluent API）两种方式来指定这些内容。例如：

```
public partial class Blogs{
    [Key]
    public int BlogNum { get; set; }
    [Index(IsUnique = true)]
    [StringLength(50)]
    public string Name { get; set; }
    [StringLength(200)]
    public string Url { get; set; }
}
```

在 Blogs 实体中由于键属性的名称不是 ID 或 BlogID 的形式，EF 无法根据约定推断出主键，需要专门指定，所以对 BlogNum 属性使用了[Key]注解；对于 Name 属性，要限定其字段长度为 50，并为其建立索引，所以使用了[StringLength]和[Index]两个注解；对于 Url 属性同样使用了[StringLength]注解。

关于注解的更多示例，请参阅以下文档：

```
https://msdn.microsoft.com/en-us/data/jj591583
```

关于使用链式 API 的方式这里暂不介绍，请参阅以下两个文档：

```
https://msdn.microsoft.com/en-us/data/jj713564
https://msdn.microsoft.com/en-us/data/jj591620
```

7.4.4　DbContext 类及其使用

实体框架将实体及其关系映射为数据库中的关系模式，其关键就在于 DbContext 类（System.Data.Entity.DbContext，简称 Context）。该类在运行时管理实体对象，包括从数据库中获取数据到实体对象，跟踪实体对象状态的更改，以及将实体对象的更改持久化到数据库中。

Context 类的使用方式如下：

(1) 定义一个 Context 类，继承自 DbContext。

(2) 在 Context 类中定义一系列返回值类型为 DbSet 的属性来代表 Context 中的特定实体集合，而这些实体集合又会对应到数据库中的关系集合。

如果使用 Database First 或 Model First 方式，借助可视化工具可以自动生成 Context 类；如果使用 Code First 方式，则要自己书写 Context 代码，示例如下：

```
public class ProductContext : DbContext {
    public DbSet<Category> Categories { get; set; }
```

```
    public DbSet<Product> Products { get; set; }
}
```

设计好了Context,就可以通过这些实体集来操纵数据了。访问某DbSet类型的属性就代表着查询该类型的所有实体,但应注意仅仅访问该属性并不会立刻执行查询,而是要在以下情况下才真正触发执行：

(1) 使用foreach语句来枚举所有实体对象时。

(2) 使用ToArray、ToDictionary或ToList等集合操作方法来转换实体对象时。

(3) 在LINQ查询中使用了First、Any等操作符来获取数据时。

(4) 在DbSet属性上调用了Load方法加载数据时。

例如：

```
var blogs = db.Blogs;
foreach (var blog in blogs) { Console.WriteLine(blog.Name); }
Var posts = db.Posts.ToList();
```

如果只有第1行代码,DbContext还不会连接数据库获取数据；当使用foreach遍历Blogs实体集时,DbContext才会真正获取数据。第3行代码在Posts属性上调用了ToList方法,实体框架会立刻连接数据库并取回数据。

由于DbContext对象要占用大量的系统资源,所以在使用完成后要注意及时清理。DbContext类实现了IDisposable接口,这使得它可以被自动清除,方法是将使用DbContext对象的语句块包围在using语句块中,这样系统会自动构造try-catch-finally结构,保证不管在正常流程还是出现异常时,DbContext使用的所有资源都能够安全释放,代码框架如下：

```
using (var context = new DbContext()) {
    // 使用上下文执行数据访问
}
```

7.4.5 查询并检索实体

数据访问通常包括增、删、改、查4项操作,其中最重要的是查询操作。DbSet类实现了IQueryable接口,可以保存查询的结果,查询数据库及对象实例化的过程由实体框架自动完成。如果要从DbContext的对象集中检索实体对象(最终可能还要连接数据库获取数据),通常要使用LINQ(Language Integrated Query,语言集成查询),请看以下示例：

```
using (var context = new BloggingContext()) {
    // 查询以B开关的所有Blog
    var blogs = from b in context.Blogs
                where b.Name.StartsWith("B")
                select b;
    // 查询名为ADO.NET Blog的Blog对像
```

```
        var blog = context.Blogs
                    .Where(b => b.Name == "ADO.NET Blog")
                    .FirstOrDefault();
    }
```

LINQ 是.NET 为 C# 和 VB 语言提供的一种新特性，允许开发者通过高级语言代码来查询数据，详情请查阅以下文档：

```
https://msdn.microsoft.com/en-us/library/mt693024.aspx
```

LINQ 表达式有两种书写方式，即 LINQ 查询(LINQ Query)方式以及链式 API(Fluent API)方式。本例中第一部分使用了 LINQ 查询，第二部分使用了链式 API，两者都实现了从 DbSet 中检索对象的功能。

LINQ 查询的语法和 SQL 语句类似，区别在于 LINQ 查询中首先出现的是 from 子句，用于指定查询的主体，这样方便 Visual Studio 为语句的后续部分提供智能提示。本例的查询语句将从 Blogs 对象集中检索所有名字以“B”开头的 Blog。

链式 API 允许在一条语句中以调用链的形式调用一系列方法，后面的方法都在前一个方法返回值的基础上进行调用。本例第二个查询采用了链式 API 的形式，在 Blogs 对象集上首先调用了 Where 方法，选择所有名字为 ADO.NET Blog 的对象集返回，在该返回集合上又调用了 FirstOrDefault 方法返回第一个或默认的一个对象。

选择 LINQ 查询方式还是链式 API 方式完全根据用户的习惯而定，也可以根据需要混合使用这两种方式。用户在使用链式 API 时需要熟悉 Lambda 表达式。

所谓 Lambda 表达式实际上就是一个匿名函数，形式如下：

```
(输入参数列表) => 语句或语句块
```

其中，“=>”被称为“Lambda 运算符”，后面的语句块作为函数体，输入参数列表就是函数的形参，这样结合形参与函数体就形成了完整的函数定义。由于并未对函数命名，所以是匿名函数。

例如，下面的 Lambda 表达式相当于定义了一个实现加法运算的匿名函数。

```
(x, y) => { return x + y; }
```

构造 Lambda 表达式的目的是为了调用它，在调用时要将实参传递给形参，请看以下代码：

```
context.Blogs.Where(b => b.Name == "ADO.NET Blog");
```

这里使用 Where 扩展方法调用了 Lambda 表达式，含义为将 Blogs 实体集作为实参，传递给形参“b”，检索满足条件“b.Name == "ADO.NET Blog"”的实体子集。后面还有大量的示例要使用 Lambda 表达式，请大家自行查阅资料，深入理解 Lambda 表达式的用法。

LINQ 基于 .NET Provider 模型来访问数据，这就意味着同样的 LINQ 代码可用于访问不同的数据集合。在.NET 框架中包含了 5 种 LINQ 提供程序，即 LINQ to Objects、LINQ to DataSet、LINQ to XML、LINQ to SQL 以及 LINQ to Entities，所以 LINQ 可用于查询对象集、数据集、XML、SQL 数据库以及实体集。请看以下示例：

```
string[] words = { "zero", "one", "two", "three", "four", "five" };
var shortWords = words.Where(d => d.Length<4);
foreach (var w in shortWords){ Console.WriteLine("{0}", w);        }
```

该例第一行构造了一个字符串数组 words 作为对象集，第二行在该对象集上进行 LINQ 查询，查询条件是"字符串长度小于 4"，执行该查询的返回结果也是一个对象集，所以使用 foreach 循环遍历并打印该结果集。

DbSet 本身为实体集，当用户访问 Context 中的 DbSet 属性时，实体框架通常会自动创建一个到数据库的查询，但该查询可能不会立刻执行，而是在用户真正枚举或定位数据时执行。当数据库查询结果返回时，实体框架自动将记录集转化为实体集，并附加到 Context 下相应的 DbSet 属性中。

若要根据键属性检索实体对象，可以使用 Find 方法，请看以下示例：

```
using (var context = new BlogContext()) {
    var blog = context.Blogs.Find(3);
    var blogAgain = context.Blogs.Find(3);
}
```

在第一次调用 Find 函数时，系统会自动创建一个 LINQ 查询，从数据库中检索键值为 3 的记录，并转化为实体对象添加到 Context 的实体集中；而当第二次检索同一个对象时，由于 Context 的实体集中已经存在了该对象的实例，实体框架不会访问数据库，而是直接返回该实例。

7.4.6 加载关联实体

当实体之间建立关系时，加载一个实体可能会导致同时加载相关联的实体。EF 支持 3 种不同的方式来加载关联实体，即提前加载、延迟加载以及显式加载。

(1) 提前加载：在加载一个实体时同时加载与该实体相关联的实体数据，请看以下示例。

```
using (var context = new BloggingContext()) {
    var blogs = context.Blogs.Include("Posts").ToList();
}
```

可以看出，通过调用 Include 扩展方法可以在加载 Blog 实体的同时加载与每个 Blog 相关的 Post 实体。

(2) 延迟加载：即在加载一个实体时暂不加载与其相关联的实体数据，而只有在第一次引用这些被关联的实体数据时系统才自动加载，请看以下示例。

```
using (var db = new BlogContext()){
    var blogs = db.Blogs.ToList();
    foreach (var blog in blogs){
        Console.WriteLine(blog.Name);
        foreach (var post in blog.Posts) {
            Console.WriteLine(post.Title);
        }
    }
}
```

本例在加载 Blogs 时并未使用 Include 扩展方法，所以系统不会提前为每个 Blog 对象加载其关联的 Posts 列表；而在第一层循环内部每拿到一个 blog 对象都要通过 blog.Posts 访问其子集属性，这时系统才会自动加载该 blog 相关的 Post 列表。

可以看出，提前加载只向数据库建立一次连接，一次返回所有数据；而延迟加载只有在需要子表数据时才一次次连接数据库返回部分数据。相比而言，提前加载的执行效率很高，但大数据量时会占用大量的内存资源；延迟加载虽然效率不高，但占有的资源很少，两者各有优势。

(3) 显式加载：即在被关联实体的对象上显式调用 Load 方法进行加载，请看以下示例：

```
using (var context = new BlogContext()) {
    var post = context.Posts.Find(2);
    context.Entry(post).Reference("Blog").Load();
    var blog = context.Blogs.Find(1);
    context.Entry(blog).Collection("Posts").Load();
}
```

程序的上半部分先定位 ID 为 2 的 post，由于没有使用 Include 方法指定关联对象，在延迟加载的情况下不会自动为该 post 对象加载所属的 Blog，需要通过明确的调用来加载。context.Entry(post)在 Context 中定位当前的 post 对象，然后通过 Reference("Blog").Load 方法加载与该 Post 关联的 Blog 对象。

程序的下半部分正好相反，先定位 ID 为 1 的 Blog 对象，然后为该对象加载关联的 Posts 集合。因为一个 Blog 会包含多个 Post，所以使用了 Collection("Posts").Load()方法进行加载。

7.4.7　实体的增、删、改操作

使用实体框架执行增、删、改操作比较简单，只需先对 DbContext 中的实体对象执行各项操作，DbContext 会自动跟踪各项更改，当最后在 DbContext 上调用 SaveChanges 方法时，实体框架会将所有操作持久化到数据库中。请看以下示例：

```
using (var context = new BlogContext()){
    // 添加一个 Blog 实体
    Console.Write("Enter a name for a new Blog: ");
    String name = Console.ReadLine();
```

```
        var blog1 = new Blogs { Name = name };
        context.Blogs.Add(blog1);
        // 删除一个 Blog
        context.Blogs.Remove(context.Blogs.Find(3));
        // 更改一个 Blog
        var blog2 = context.Blogs.Find(2);
        blog2.Name = "Test Blog";
        context.SaveChanges();
        foreach (var b in context.Blogs){
            Console.WriteLine(b.BlogId + b.Name);
        }
    }
```

该示例的第一步是添加一个 Blog 实体，通过键盘接收一个名称，以该名称创建 Blog 对象，并将该对象加入到 DbContext 中的 Blogs 集合；第二步是删除一个 Blog，使用 Find 方法找到 ID 为 3 的 Blog 对象，在实体集上调用 Remove 方法将其删除；第三步是更改一个 Blog，使用 Find 方法先定位到一个实体，然后修改其 Name 属性。以上 3 项修改实际上都是在本地的模型中进行，尚未影响到数据库。第四步在 DbContext 上调用 SaveChanges 方法，这样实体框架才会将所有修改写到数据库，完成数据的持久化操作。

7.5 习题和上机练习

1. 简答题

(1) 列举 ADO.NET 体系结构中的常用对象，并说明各对象的作用。

(2) 试比较 DataReader 和 Dataset 对象的异同。

(3) 在 ADO.NET 中调用存储过程与执行 SQL 命令的方法有什么区别？

(4) 如何在 Web.config 文件中保存连接字符串，如何在程序中访问该字符串？

(5) 在使用 Command 对象操作数据库时，分别说明什么情况下应调用 ExecuteReader() 方法、ExecuteScalar() 方法和 ExecuteNonQuery() 方法。

(6) 试举例说明如何遍历 DataTable 中的数据。

(7) 试举例说明如何在 DataTable 中按主键快速检索特定行的数据。

(8) 什么是 ORM，它的作用是什么？列举几种常用的 ORM 框架。

(9) 采用实体框架进行数据库应用开发时，有哪几种开发方式可以选择？如何选择？

(10) 什么是 ER 图，它有哪些核心要素？数据库设计中的 ER 图如何映射到面向对象程序中的类和对象？

(11) 什么是 LINQ，它有什么作用，有哪几种书写方式？

(12) 在实体框架中，加载关联实体的方式有哪几种？如何选择。

2. 上机练习

新建一个数据库 test，里面建一个用户信息表 userinfo，包括用户名、密码、身份、姓名、性别、电话、邮箱等信息，至少要有一个管理员身份的用户。

(1) 建立一个注册页面。

输入用户注册信息并单击“注册”按钮后能够格式化显示输入的注册信息(可使用 CSS 文件)，再单击“确认”按钮将输入信息写入数据表 userinfo 中。如此至少写入 5 条数据。

(2) 建立一个登录页面。

输入用户名和密码后单击“登录”按钮进行身份验证，如果正确则进入下一个页面。

第8章 数据绑定

几乎所有的Web应用程序都要和数据打交道，要使数据方便、灵活地显示在页面上，就需要数据绑定技术。ASP.NET提供了一种全能的数据绑定模型，允许用户将单个数据或数据集合绑定到一个或多个数据绑定控件上，由控件来负责数据的展示，这样用户就无须耗时编写代码，通过不断地循环读取记录和字段来生成显示页面。如果借助ASP.NET提供的数据源控件，就可以在页面和数据源之间定义一个声明性的连接，甚至不用写一行代码就可以配置出一个具有数据库增、删、改、查功能的复杂页面。

8.1 数据绑定基础

数据绑定就是把数据源和控件相关联，由控件负责自动显示数据的一种方式。一般通过声明方式将数据和控件关联起来，实现自动展示，而不是通过编写代码来实现展示。

ASP.NET中的大部分控件(例如Label、TextBox、Image等)都支持单值数据绑定，将控件的某个属性绑定到数据源，进而自动获取数据源的值。另外还有一些控件支持重复值绑定，也就是说它们能够以列表或表格的方式呈现出一组项目，然后绑定到一个数据集合(例如DataReader或DataTable)上，最后自动、重复地获取集合中的每一项并呈现在页面上。

8.1.1 数据绑定表达式

在ASP.NET页面中，使用数据绑定表达式可以输出页面的属性值、成员变量值或函数的返回值，前提是这些属性、成员变量及函数具有受保护的(protected)或者公有的(public)可见性。数据绑定表达式的一般格式如下：

```
<%# data_bind_expression %>
```

它放置在.aspx页面中，看起来有点像脚本块，但不是脚本块。例如，假设页面中定义了一个叫EmployeeName的public或protected变量，则使用以下数据绑定表达式可以在页面上输出该变量的值。

```
<%# EmployeeName %>
```

另外还可以使用计算表达式来构造数据绑定表达式，例如：

```
<%# getUserName( ) %>
<%# "Tom" + "Cat" %>
<%# DateTime.Now %>
<%# Request.Url %>
```

上面第1行代码调用了 getUserName 方法，第2行计算字符串表达式的值并输出，第3行获取当前时间并显示，第4行获取当前页面的 URL 并显示。

8.1.2 单值绑定

几乎可以将数据绑定表达式放置在页面的任何地方，但通常的做法是将其赋值给控件的某个属性，例如：

```
<asp:Label ID = "lblUser" runat = "server" Text = "<%# CurrentUser %>"></asp:Label>
```

为了计算数据绑定表达式的值，必须要在页面或控件上调用其 DataBind()方法，这时 ASP.NET 才检查页面上的表达式并用适当的值替换它们，若忘记调用 DataBind()方法，数据绑定表达式将不会被填入值，在页面呈现时将被丢弃。

例 8-1 使用数据绑定表达式实现单值绑定。

首先建立以下测试页面：

```
<html xmlns = "http://www.w3.org/1999/xhtml" >
<head runat = "server"><title>测试数据绑定表达式</title></head>
<body>
<form id = "form1" runat = "server">
  当前时间：<%# DateTime.Now %><br />
  当前页面：<%# Request.Url %><br />
  欢迎你：<asp:Label ID = "lblUser" runat = "server" Text = "<%# CurrentUser %>"></asp:
Label>
  <asp:Image ID = "imgUser" runat = "server" ImageUrl = "<%# getImg() %>" />
</form>
</body>
</html>
```

该页面中调用了 CurrentUser 属性和 getImg()方法，这需要在后台代码中定义，如下：

```
protected string CurrentUser {
      get {
      return "White";
      }
}
protected string getImg() {
      return "./img/user.png";
}
```

需要注意的是，为了计算并显示数据表达式的值，通常在页面的 Page_Load()事件中调用 Page 对象的 DataBind()方法，代码如下：

```
protected void Page_Load(object sender, EventArgs e) {
    this.DataBind();
}
```

该页面的显示效果如图 8-1 所示。

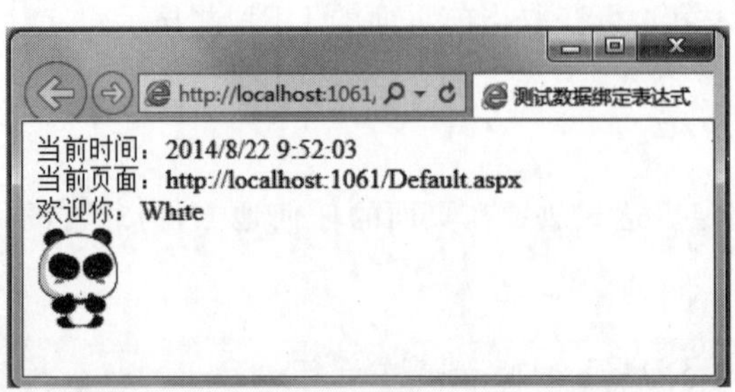

图 8-1　单值数据绑定的显示效果

8.1.3　重复值绑定

重复值绑定允许用户将一个列表的信息绑定到一个控件上，列表可以是自定义对象的集合(例如 ArrayList 或 HashTable)，也可以是行的集合(例如 DataReader 或 DataTable)。

ASP. NET 带有几个支持重复值绑定的列表控件，如 DropDownList、ListBox、CheckBoxList、RadioButtonList、BulletedList 等，它们具有如表 8-1 所示的基本属性。

表 8-1　列表控件的基本属性

属 性 名	属 性 描 述
DataSource	数据源对象，包含要显示的数据，通常实现 ICollection 接口
DataSourceID	数据源对象的 ID，可以链接列表控件和数据源控件。该属性与 DataSource 只能设置一个，不能同时使用
DataTextField	数据源中可以包含多个数据项(列)，但列表控件只能显示单个列的值，DataTextField 属性是要显示在页面上的字段名称
DataValueField	该属性和 DataTextField 属性类似，但从数据项中获得的数据不会显示在页面上，而是保存在底层 HTML 标签的 Value 属性上，允许以后在代码中读取该属性值。该属性通常用于保存唯一值或主键
DataTextFormatString	定义一个可选的字符串，用于格式化 DataTextField 的值

将列表的值绑定到列表控件上通常有下面两种做法。

(1) 编写代码进行数据绑定：设置列表控件的 DataSource 属性为集合对象，然后显式调用列表控件的 DataBind 方法实现数据绑定。

(2) 使用声明的方式绑定：设置列表控件的 DataSourceID 属性为集合对象，这样不需要在代码中调用 DataBind 方法系统就会自动执行数据绑定。

下面是一个在代码中进行数据绑定的例子，声明式数据绑定通常要配合数据源控件使用，这将在后续章节举例。

例 8-2　建立 NorthWind 数据库的按类别查询产品信息的页面。

运行效果如图 8-2 所示。

图 8-2　按类别查询产品信息的页面

该页面中使用列表框显示并选择产品类别，查询该类别的产品，并使用 BulletedList 显示所有产品的名称。

页面加载事件的代码如下，注意其中的加粗部分：

```
protected void Page_Load(object sender, EventArgs e){
    if (!Page.IsPostBack) {
    using (SqlConnection conn = new SqlConnection(connstr)) {
        SqlCommand cmd = conn.CreateCommand();
        cmd.CommandText = "select CategoryID, CategoryName from Categories";
        conn.Open();
        SqlDataReader reader = cmd.ExecuteReader();
        ddlcategory.DataSource = reader;
        ddlcategory.DataTextField = "CategoryName";
        ddlcategory.DataValueField = "CategoryID";
        ddlcategory.DataBind();
     }
     bindproducts();
     }
  }
```

为了将 DataReader 中的数据绑定到列表框，需要设置列表框的 DataSource 属性为 DataReader 对象；在列表框中要显示的是类别名(CategoryName)，而当选择项改变时要提交给服务器的却是类别号(CategoryID)，所以应设置列表框的 DataTextField 属性为 CategoryName，DataValueField 属性为 CategoryID；最后显式调用列表框的 DataBind 方法实现数据绑定。

根据所选类别查询产品的事件过程代码如下：

```
private void bindproducts() {
    string catid = ddlcategory.SelectedValue;
    using (SqlConnection conn = new SqlConnection(connstr)) {
```

```
        SqlCommand cmd = conn.CreateCommand();
        cmd.CommandText = "Select ProductName from Products where CategoryID = @catid";
        cmd.Parameters.AddWithValue("@catid", catid);
        conn.Open();
        SqlDataReader reader = cmd.ExecuteReader();
        bllproduct.DataSource = reader;
        bllproduct.DataTextField = "productname";
        bllproduct.DataBind();
        }
    }
```

这里将查询到的产品名称绑定到 BulletedList 对象上，需要设置 BulletedList 对象的 DataSource 属性及 DataTextField，然后调用其 DataBind 方法。

8.2 数据源控件

在前面的章节中学习了通过代码访问数据库的方式，我们知道了如何连接数据库、执行查询和更新，以及如何循环遍历记录集并将数据显示出来。为了提高开发效率，还可以使用数据源控件，配合数据绑定控件，甚至不用编写代码就可以开发出功能强大的数据访问程序。

8.2.1 数据源控件概述

下面通过一个例子来理解数据源控件。

例 8-3 使用数据源控件和数据绑定控件开发一个员工管理的应用程序，实现员工信息的查询及分页显示、排序等功能。

请按以下步骤进行操作：

(1) 创建一个 Web Form 页面，取名为 exam8_3. aspx。

(2) 从控件工具栏的“数据”选项卡中选择 GridView 控件，将其加入到当前页面中。

(3) 从 GridView 控件的下拉菜单中选择“新建数据源”选项，如图 8-3 所示。

图 8-3　为 GridView 控件新建数据源

(4) 打开“数据源配置向导”,如图 8-4 所示,要求用户选择数据源类型。单击“数据库”,数据源 ID 保持默认值不变,然后单击“确定”按钮进入“配置数据源”对话框。

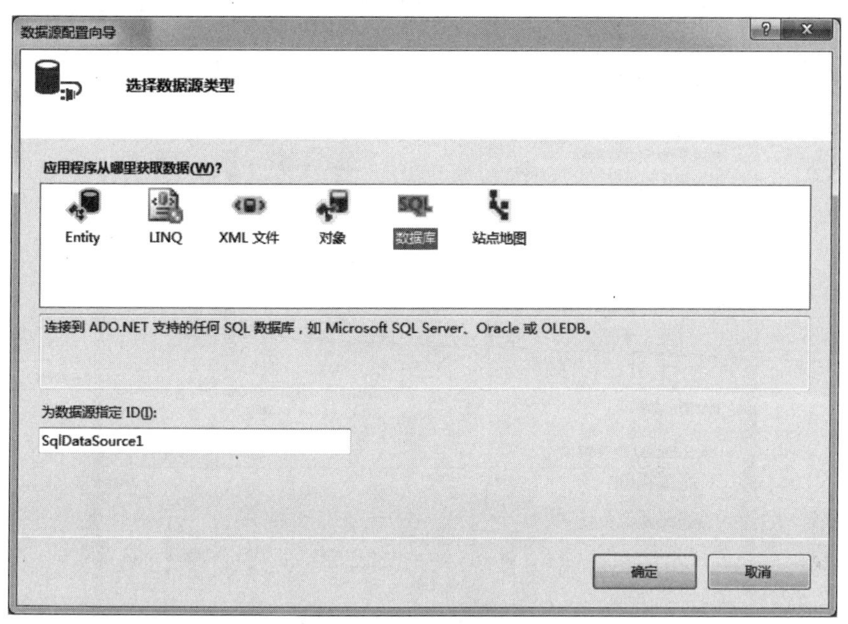

图 8-4 数据源配置向导

(5) 在如图 8-5 所示的“配置数据源”对话框中为数据源指定数据库连接。若前面已经配置过数据库连接,则可以从下拉列表框中选择合适的连接;若未曾配置过数据库连接,单击“新建连接”按钮,打开如图 8-6 所示的“添加连接”对话框进行配置。

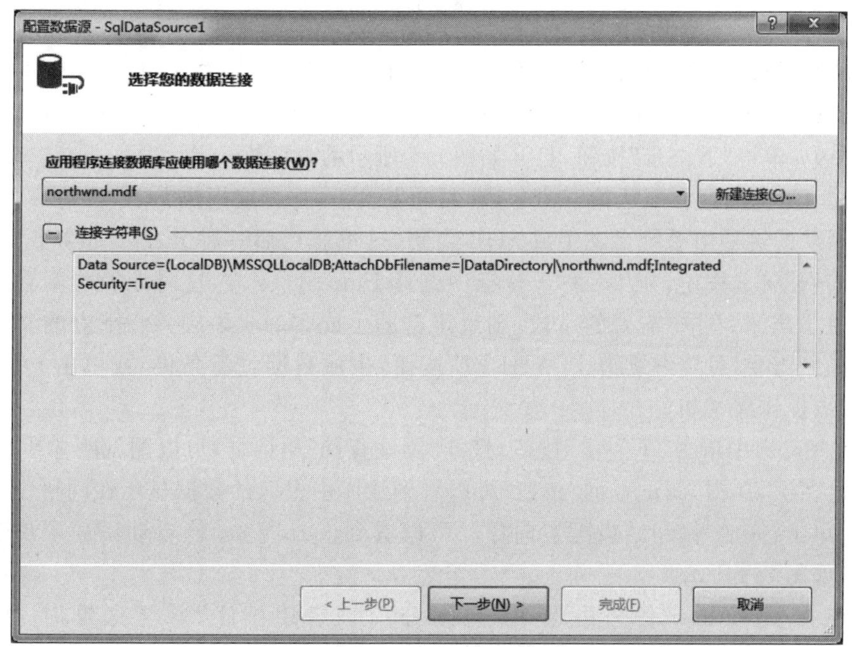

图 8-5 “配置数据源”对话框

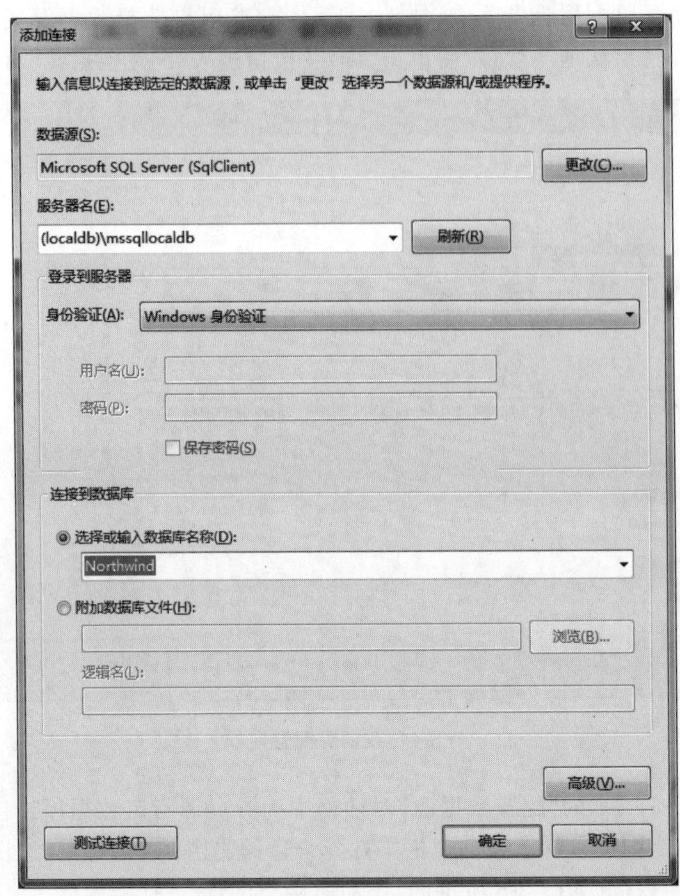

图 8-6 “添加连接”对话框

(6) 在“配置数据源”对话框中单击“下一步”按钮继续，系统提示“是否将数据库连接保存到配置文件中?”，选中“是”并指定连接的别名，则系统会将连接字符串保存到 Web.config 文件中，单击“下一步”按钮，打开如图 8-7 所示的对话框。

(7) 这一步为数据源配置检索命令，有两种方式，一是直接指定 SQL 语句或存储过程；二是根据用户的选项由系统自动生成 SQL 语句，这里采用后一种方式。先选中“指定来自表或视图的列”单选按钮，并从名称下拉框中选择 Employees 表，这时该表的所有字段会在列表框中显示出来；选中需要的字段，则系统自动生成 Select 语句并在下方的文本框中显示出来。如果需要，可以继续单击 WHERE 按钮，生成数据过滤条件，或单击 ORDER BY 按钮，生成数据排序子句。

(8) 在图 8-7 中单击“下一步”按钮，打开“测试查询”对话框，可以测试刚才生成的 SQL 语句的执行情况，单击“测试查询”按钮，可以看到从库中提取的数据显示在网格中。若数据没有问题，单击“完成”按钮结束配置向导。可以看到，GridView 已自动添加了从数据源中获取的列，如图 8-8 所示。

(9) 当在 GridView 任务中选中“启用分页”“启用排序”等复选框时，可以看到 GridView 的显示样式也随着发生变化。若用户觉得 GridView 的网格外观不够好看，还可

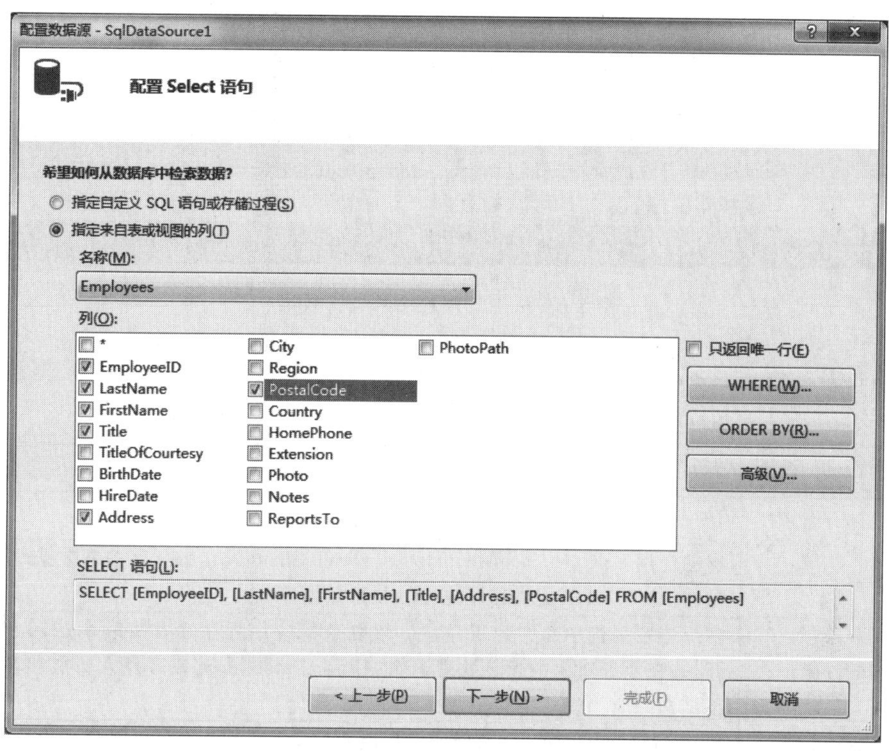

图 8-7　“配置 Select 语句”对话框

asp:GridView#GridView1

EmployeeID	LastName	FirstName	Title	Address	PostalCode
0	abc	abc	abc	abc	abc
1	abc	abc	abc	abc	abc
2	abc	abc	abc	abc	abc
3	abc	abc	abc	abc	abc
4	abc	abc	abc	abc	abc
5	abc	abc	abc	abc	abc
6	abc	abc	abc	abc	abc
7	abc	abc	abc	abc	abc
8	abc	abc	abc	abc	abc
9	abc	abc	abc	abc	abc
1 2					

SqlDataSource - SqlDataSource1

GridView 任务
自动套用格式...
选择数据源: SqlDataSource1
配置数据源...
刷新架构
编辑列...
添加新列...
启用分页
启用排序
启用选定内容
编辑模板

图 8-8　配置 GridView 的特性

以单击 GridView 任务中的“自动套用格式”来改变其外观。为了测试分页效果,可以在页面源代码中的 AllowPaging="true"后面添加一条 PageSize="5"语句。

至此所有的配置工作已经完成,程序可以运行了。按 Ctrl + F5 组合键启动程序,运行效果如图 8-9 所示。单击某列的标题,则自动根据该列排序;单击页面底部的页码,可以体验分页显示的效果。不用任何编码程序就可以运行,这就是数据源控件和数据绑定技术带来的巨大便利。

EmployeeID	LastName	FirstName	Title	Address	PostalCode
1	Davolio	Nancy	Sales Representative	507 - 20th Ave. E. Apt. 2A	98122
2	Fuller	Andrew	Vice President, Sales	908 W. Capital Way	98401
3	Leverling	Janet	Sales Representative	722 Moss Bay Blvd.	98033
4	Peacock	Margaret	Sales Representative	4110 Old Redmond Rd.	98052
5	Buchanan	Steven	Sales Manager	14 Garrett Hill	SW1 8JR
			1 2		

图 8-9　员工管理程序的运行效果

所有的数据源控件都实现了 IDataSource 接口，在.NET 框架中主要的数据源控件如表 8-2 所示。

表 8-2　.NET 框架中主要的数据源控件

控　件　名	作　　用
SqlDataSource	支持使用 SqlClient、OleDb、Odbc 或 OracleClient 连接的任何关系数据库，它们都是由 ADO.NET 提供程序连接的关系数据库
ObjectDataSource	多层体系结构中的中间层对象。较复杂的应用程序通常将表示层和业务层分开，并在业务对象中封装处理逻辑，ObjectDataSource 使开发人员能够在 n 层体系结构的应用程序中使用数据源控件
AccessDataSource	使用 Microsoft Access 数据库的数据源控件
XmlDataSource	向数据绑定控件提供 XML 数据的数据源控件，通过它可以获取分层数据或表格数据，通常用于显示只读方案中的分层 XML 数据
SiteMapDataSource	站点地图数据的数据源，利用它可以使 TreeView、Menu 等控件绑定到分层的站点地图数据

8.2.2　SqlDataSource 控件

使用 SqlDataSource 控件可以连接到任何拥有 ADO.NET 数据提供程序的数据源，包括 SQL Server、Oracle 以及基于 OLE DB 或 ODBC 的数据源。

SqlDataSource 会根据配置自动创建 Connection 对象、Command 对象和 DataReader 对象等，以完成各项数据访问操作，这就需要配置一系列参数，主要包括数据库连接字符串、数据增/删/改/查命令及各种命令参数等。

1. 配置连接字符串

数据库连接字符串可以硬编码到 SqlDataSource 标记中，但推荐的方法是将其保存在配置文件 Web.config 中，然后在 SqlDataSource 中引用。例如 Web.config 文件配置有以下的连接字符串：

```
<connectionStrings>
    <add name = "connstr" connectionString = "Data Source = (localdb)\mssqllocaldb;
                          Initial Catalog = northwind; Integrated Security = true" />
</connectionStrings>
```

那么，在 SqlDataSource 标记中可以按以下方式引用它：

```
<asp:SqlDataSource ConnectionString = "<% $ ConnectionStrings:connstr %>" … />
```

2. 执行查询命令

SqlDataSource 依靠 4 个命令对象实现数据库的增、删、改、查操作，其命令逻辑由 4 个属性提供，即 SelectCommand、InsertCommand、UpdateCommand 及 DeleteCommand，它们都接收一个命令字符串，该字符串既可以是 SQL 语句，也可以是存储过程的名字，这由其对应的 CommandType 属性值确定(StoredProcedure 表示存储过程，Text 表示 SQL 语句)。

下面是一个完整的 SqlDataSource 定义，它可以从 Employees 表中读取数据。

```
<asp:SqlDataSource ID = "dsEmployees" runat = "server"
   ConnectionString = "<% $ ConnectionStrings:connstr %>"
   SelectCommand = "select EmployeeID, LastName, FirstName from Employees"
</asp:SqlDataSource>
```

数据源既可以在源代码视图中手工建立，也可以在设计视图中利用向导来建立。在控件工具栏中选择 SqlDataSource 控件添加到页面上，然后单击该控件，从智能标记中选择“配置数据源”，按向导提示完成配置，系统即可自动生成数据源的代码。

在各个命令对象中通常都要使用命令参数以提高命令的灵活性，请看以下示例。

例 8-4 根据居住地查询员工的基本信息。

这里要使用主从表，主表提供员工居住地信息，从表提供居住在某地的员工信息。这样需要定义两个数据源，一个提供主表数据，另一个提供从表数据。

下面是主表数据源的定义：

```
<asp:SqlDataSource ID = "dsCity" runat = "server"
        ConnectionString = "<% $ ConnectionStrings:connstr %>"
        SelectCommand = "select distinct city from Employees">
</asp:SqlDataSource>
```

在页面上添加一个下拉列表框 ddlCity，使用 dsCity 数据源填充它，并将其“自动回发”属性设置为真。代码如下：

```
<asp:DropDownList ID = "ddlCity" runat = "server" AutoPostBack = "true"
        DataSourceID = "dsCity" DataTextField = "city" DataValueField = "city">
</asp:DropDownList>
```

当选择一个城市后需要查询居住在该城市的所有员工信息，这通过从表数据源来完成，下面是它的定义：

```
<asp:SqlDataSource ID = "dsEmployee" runat = "server"
   ConnectionString = "<% $ ConnectionStrings:connstr %>"
   SelectCommand = "select EmployeeID, LastName, FirstName, Title, City
```

```
    from Employees where (City = @city)">
    <SelectParameters>
    <asp:ControlParameter ControlID="ddlCity" Name="city"
                    PropertyName="SelectedValue" />
    </SelectParameters>
</asp:SqlDataSource>
```

在该数据源中使用了命令参数(@city)来编写查询。用户可以定义多个参数,但必须把它们都映射到某个值。本例中@city 参数的值从 ddlCity 控件的 SelectedValue 属性获得,所以使用了 ControlParameter 参数,还可以选择从 QueryString、Session、Cookie、Form 等多种来源中获取参数值。

最后在页面上添加一个 GridView 控件来显示数据源 dsEmployee 中的数据,代码如下:

```
<asp:GridView ID="gvEmployee" runat="server" DataKeyNames="EmployeeID"
            DataSourceID="dsEmployee">
</asp:GridView>
```

运行程序,效果如图 8-10 所示。

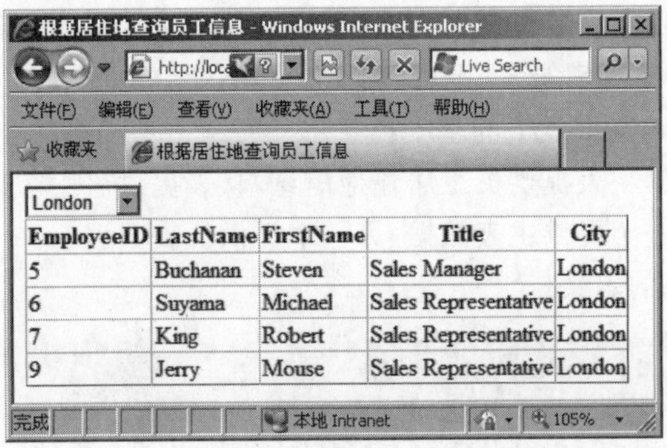
根据居住地查询员工信息 - Windows Internet Explorer
http://loca
Live Search
文件(F) 编辑(E) 查看(V) 收藏夹(A) 工具(T) 帮助(H)
收藏夹
根据居住地查询员工信息
London
EmployeeID LastName FirstName Title City
5 Buchanan Steven Sales Manager London
6 Suyama Michael Sales Representative London
7 King Robert Sales Representative London
9 Jerry Mouse Sales Representative London
完成
本地 Intranet
105%

图 8-10 根据居住地查询员工信息的页面的显示效果

3. 执行更新命令

SqlDataSource 还支持 Insert、Update、Delete 等数据更新命令的执行,方法是定义 InsertCommand、UpdateCommand 和 DeleteCommand。下面的示例中定义了一个可更新员工信息的数据源。

```
<asp:SqlDataSource ID="dsEmployee" runat="server"
      ConnectionString="<%$ ConnectionStrings:NorthwindConnectionString %>"
      SelectCommand="select EmployeeID, LastName, FirstName, Title, City from Employees"
      UpdateCommand="update Employees set LastName = @LastName, FirstName = @FirstName,
      Title = @Title, City = @City WHERE (EmployeeID = @EmployeeID)">
</asp:SqlDataSource>
```

在这里更新命令中的参数名字不是随便起的，而是和查询命令中指定的字段名相一致，只在前面加上了@符号，这样就不用再专门定义参数了。

在页面上添加一个 GridView 控件，设置其数据源为 dsEmployee，并在其列定义中增加以下命令列：

```
<asp:CommandField ShowEditButton = "true" />
```

这样网格中将出现一个编辑列，单击某行的“编辑”链接后可以对该行数据进行更改，如图 8-11 所示。当单击“更新”链接时 GridView 会自动将各列的值传递给 DataSource，从而填充 UpdateCommand 的各个参数，将结果保存到数据库。

	EmployeeID	LastName	FirstName	Title	City
更新 取消	1	Davolio	Nancy	Sales Representative	Seattle
编辑	2	Fuller	Andrew	Vice President, Sales	Tacoma
编辑	3	Leverling	Janet	Sales Representative	Kirkland
编辑	4	Peacock	Margaret	Sales Representative	Redmond
编辑	5	Buchanan	Steven	Sales Manager	London
编辑	6	Suyama	Michael	Sales Representative	London
编辑	7	King	Robert	Sales Representative	London
编辑	8	Callahan	Laura	Inside Sales Coordinator	Seattle
编辑	9	Jerry	Mouse	Sales Representative	London
编辑	11	Cat	Tom		

图 8-11 使用数据源更新数据库的页面

使用数据源控件执行插入、删除操作的方法与更新操作类似，这里不再详细说明。

8.2.3 ObjectDataSource 控件

使用 SqlDataSource 控件通常可以节省大量的数据访问代码，但它牺牲了一些效率和灵活性。在大型 Web 应用中通常采用 *n* 层体系结构模式，页面中不会硬编码 SQL 语句，而是调用业务层或数据访问层对象的方法实现数据处理，这就要使用 ObjectDataSource 来获得更大的灵活性。

1. 使用 ObjectDataSource 执行查询

在与数据打交道时推荐的做法是将数据访问逻辑从表示层分离出来，形成专门的数据访问层(简称 DAL)，由页面调用数据访问层对象来操作数据库；很多时候还需要在表示层和数据访问层之间再增加一个业务层，负责处理核心的业务逻辑，这样就形成了三层体系结构。在多层体系结构中，各层之间通常使用业务对象(也叫值对象，只封装业务数据，不进行数据处理)来传递数据。在这种应用场合中就要使用 ObjectDataSource 来连接前端的表示层与后端的业务层或数据访问层。

例 8-5 使用 ObjectDataSource 控件开发查询员工信息的程序。

在多层结构的应用程序中，需要先定义业务对象类和数据访问类。这些类通常放在专门的类库项目中定义，也可以在网站的应用程序代码目录下定义，本例使用第二种方式。右击网站项目，从弹出的快捷菜单中选择“添加 ASP.NET 文件夹”，再选择 APP_CODE，即可看到网站下多了一个名称为 APP_CODE 的文件夹，后面就在该文件夹下建立应用类。

在本例中需要先定义代表员工信息的业务对象类。

右击 APP_CODE 文件夹，从弹出的快捷菜单中选择“添加新项”，从打开的“模板”对话框中选择“类”，并输入类名“Employee”，单击“添加”按钮创建 Employee 类，然后输入以下代码：

```
public class Employee {
    private int empid;
    public int Empid {
        get { return empid; }
        set { empid = value; }
    }
    private string firstname;
    public string Firstname {
        get { return firstname; }
        set { firstname = value; }
    }
    private string lastname;
    public string Lastname {
        get { return lastname; }
        set { lastname = value; }
    }
    private string city;
    public string City {
        get { return city; }
        set { city = value; }
    }
```

可以看出，在业务对象中使用属性封装了 Employees 表中的数据。

下一步是设计数据访问层对象，其基本代码框架如下：

```
public class EmployeeDB
{
    // 从配置文件中读取数据库连接字符串
    string connstr = ConfigurationManager.ConnectionStrings["connstr"].ConnectionString;
    // 获取所有员工居住的城市
    public List<String> getcitys() {
        List<String> list = new List<String>();
        using (SqlConnection conn = new SqlConnection(connstr)) {
            SqlCommand cmd = conn.CreateCommand();
            cmd.CommandText = "select distinct city from Employees";
            conn.Open();
            SqlDataReader dr = cmd.ExecuteReader();
            while (dr.Read()) {
                list.Add(dr.GetString(0));
            }
        }
        dr.Close();
        cmd.Dispose();
```

```
            return list;
        }
        // 获取居住在某城市的所有员工的信息
        public List<Employee> getemployeesbycity(string city) {
            List<Employee> list = new List<Employee>();
            using (SqlConnection conn = new SqlConnection(connstr)) {
                SqlCommand cmd = conn.CreateCommand();
                cmd.CommandText = "select EmployeeID, LastName, FirstName, City
                     from Employees where City = @city";
                cmd.Parameters.AddWithValue("@city", city);
                conn.Open();
                SqlDataReader dr = cmd.ExecuteReader();
                while (dr.Read())
                {
                     Employee emp = new Employee();
                     emp.Empid = dr.GetInt32(0);
                     emp.Lastname = dr.GetString(1);
                     emp.Firstname = dr.GetString(2);
                     emp.City = dr.GetString(3);
                     list.Add(emp);
                }
                dr.Close();
                cmd.Dispose();
           }
              return list;
         }
       // 根据员工号获取某员工的基本信息
       public Employee getemployee(int empid) {  …  }
       // 向数据库中插入一个员工的信息
       public int insertemployee(Employee emp) {  …  }
       // 从数据库中删除一条员工的信息
       public int deleteemployee(int empid) {  …  }
       // 将员工信息的更改保存到数据库中
        public int updateemployee(int employeeID, string firstName, string lastName, string
city)
       {  …  }
   }
```

最后建立表示层页面，取名为 exam8_5.aspx。

在页面上放置一个 ObjectDataSource 控件，取名为 dsCity。单击 dsCity 的智能标记，选择“配置数据源”，打开配置向导。选择 EmployeeDB 类作为其业务对象，再选择 getcitys 方法作为其 Select 操作所关联的方法，这样当需要数据时，dsCity 控件会自动构造 EmployeeDB 对象，并调用其 getcitys 方法操作数据库，将结果以 List < String >的形式返回。

在页面上添加一个下拉列表框控件，取名为 ddlCity，用来显示城市列表。从 ddlCity 的智能标记中选择“配置数据源”，并选择 dsCity 作为其数据源，这时运行该页面可以看到城市下拉列表框中已经可以填充数据了。

再向页面上添加一个 ObjectDataSource 控件，取名为 dsEmployee。从其智能标记中选择“配置数据源”，打开配置向导。第一步是选择业务对象，如图 8-12 所示，从下拉列表框中选择 EmployeeDB。单击“下一步”按钮进入如图 8-13 所示的定义数据方法界面，选择 getemployeesbycity 方法作为其数据选择方法。单击“下一步”按钮进入如图 8-14 所示的定义参数界面，在这里要为 getemployeesbycity 方法中的参数 city 定义数据来源；选择参数源为 Control、ControlID 为 ddlCity，单击“完成”按钮保存配置。

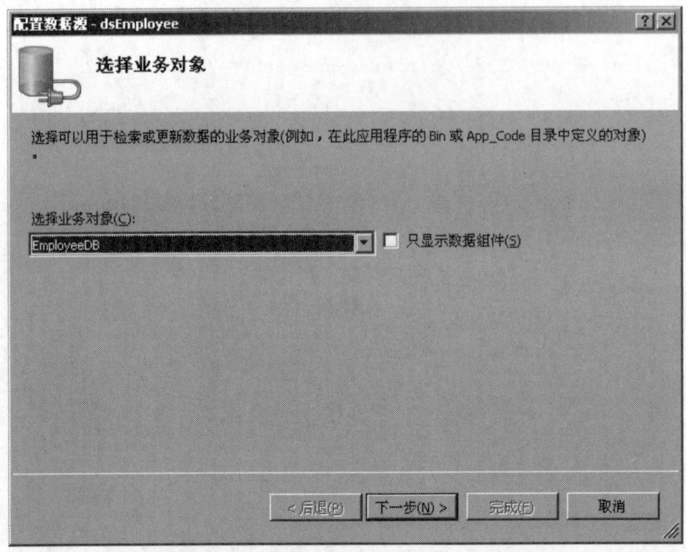

图 8-12　选择业务对象界面

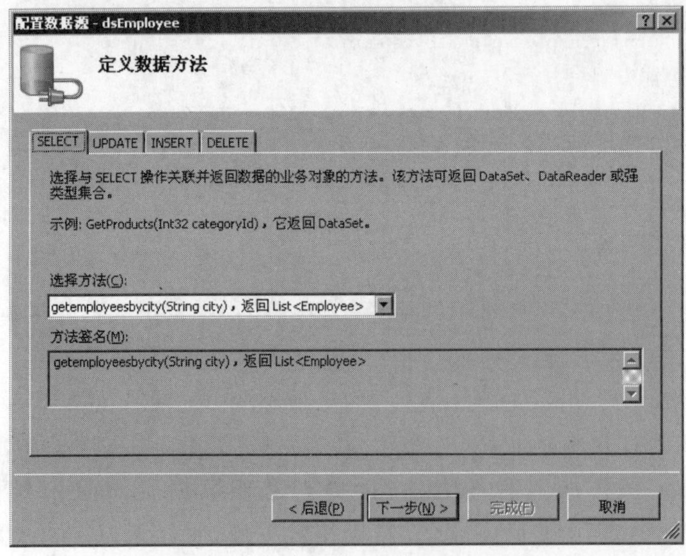

图 8-13　定义数据方法界面

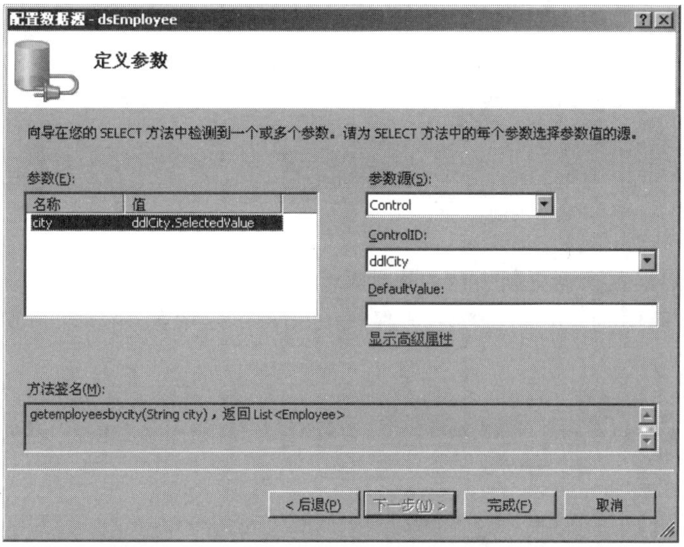

图 8-14 定义参数界面

向页面上添加一个 GridView 控件,取名为 gvEmployees,从智能标记中为其选择数据源为 dsEmployee。最后将 ddlCity 控件的 AutoPostBack 属性设置为 true,至此一个简单的多层结构应用程序已开发完成,可以实现按居住城市查询员工信息的业务逻辑。

2. 使用 ObjectDataSource 执行更新操作

和 SqlDataSource 控件一样,ObjectDataSource 也提供了对可更新绑定的支持。

首先需要为 ObjectDataSource 控件指定 UpdateMethod,以调用业务类中的更新方法,示例代码如下:

```
<asp:ObjectDataSource ID = "dsEmployee" runat = "server" TypeName = "EmployeeDB"
        SelectMethod = "getemployeesbycity" UpdateMethod = "updateemployee" />
```

更重要的是,UpdateMethod 方法要有正确的方法签名。由于更新、插入、删除操作都要自动从链接的数据绑定控件中获取参数的集合,所以这些参数一定要和数据访问类中相应的方法参数相匹配,包括参数的数量名称和类型等。

例 8-6 为例 8-5 增加数据更新的功能。

(1) 为业务类 EmployeeDB 增加更新员工信息的方法:

```
public void updateemployee(int employeeid, string firstname, string lastname, string city) {
    using (SqlConnection conn = new SqlConnection(connstr)) {
        SqlCommand cmd = conn.CreateCommand();
        cmd.CommandText = "update Employees set LastName = @last, FirstName = @first,
                        City = @city where EmployeeID = @id";
        cmd.Parameters.AddWithValue("@id", employeeid);
        cmd.Parameters.AddWithValue("@last", lastname);
```

```
            cmd.Parameters.AddWithValue("@first", firstname);
            cmd.Parameters.AddWithValue("@city", city);
            conn.Open();
            cmd.ExecuteNonQuery();
            cmd.Dispose();
        }
    }
```

(2) 为数据源配置数据更新方法：从 dsEmployee 的智能标记中选择“配置数据源”，在定义数据方法界面中为 Update 方法选择 EmployeeDB 中的 updateemployee()方法，如图 8-15 所示。

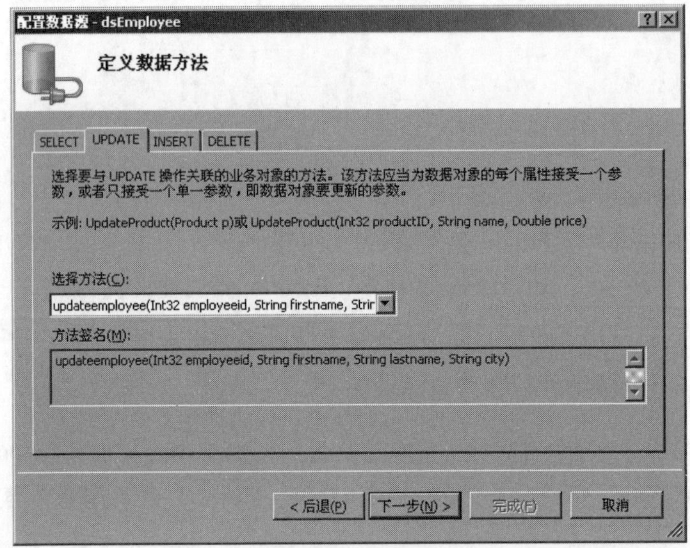

图 8-15　为 dsEmployee 配置数据更新方法

查看源代码可以看到，系统不仅为 dsEmployee 定义了 UpdateMethod 属性，还根据 updateemployee 方法的原型为 dsEmployee 定义了 UpdateParameters 参数集合，代码如下：

```
<UpdateParameters>
    <asp:Parameter Name="employeeid" Type="Int32" />
    <asp:Parameter Name="firstname" Type="String" />
    <asp:Parameter Name="lastname" Type="String" />
    <asp:Parameter Name="city" Type="String" />
</UpdateParameters>
```

(3) 为 GridView 控件配置编辑功能：从 gvEmployee 的智能标记中选中“启用编辑”复选框，可以看到网格控件的最左侧增加了编辑列。

再次运行程序，单击某员工左侧的“编辑”按钮进入编辑模式，更改数据，再单击“更新”按钮，可以看到更改内容已经保存到了数据库。

由于本例中 GridView 的数据来自于 Employee 的集合，所以当提交编辑时 GridView 会为 Employee 类中的每个属性创建一个参数(包括 EmployeeID、FirstName、LastName 和 City),并将这些参数加入到 ObjectDataSource 的 UpdateParameters 集合。接着 dsEmployee 在 EmployeeDB 类中查找 updateemployee 方法去执行,实现数据更新。

可以看出,UpdateMethod 方法必须具有和值对象中的属性名字完全相同的参数。例如下面这个方法是匹配的:

```
public void updateemployee(int employeeid, string firstname, string lastname, string city)
```

而下面的方法不匹配,因为参数的名字不相同:

```
public void updateemployee(int id, string first, string last, string city)
```

下面这个方法也不匹配,因为使用了额外的参数:

```
public void updateemployee(int employeeid, string firstname, string lastname, string city,
string title)
```

方法匹配的算法不区分大小写,并且不考虑参数的顺序或数据类型,只是寻找具有相同参数个数以及参数名称的方法。只要有这样的方法更新就会自动提交,用户无须编写额外的代码。

如果要使用 ObjectDataSource 执行 Insert 或 Delete 操作,需要配置其 InsertMethod 和 DeleteMethod,并且在业务类 EmployeeDB 中添加对应的方法,详细操作方法请参阅 MSDN 文档,这里不再说明。

8.3 数据绑定控件

ASP. NET 提供了几个功能强大的数据绑定控件,可以帮助用户以最小的代码量来实现强大的数据展示、编辑等功能,前面用过的 GridView 控件就是其中之一,类似的控件还有 ListView、DetailsView 和 FormView 等。

8.3.1 GridView 控件

GridView 是一个用于显示数据的网格控件,它按照表的行显示记录,同时还提供了很多易用的特性,包括数据分页、排序、选择以及编辑等,是一个名副其实的全能型控件。使用 GridView 不用编写代码就能实现很多常用的功能,但这样又会损失很多的灵活性和性能,所以通常要对 GridView 进行定制及编码。

1. 为 GridView 定义列

使用 GridView 最简单的方法是将其 AutoGenerateColumns 属性设置为 true,这样系统会自动从数据源中获取表的架构信息,并按各字段出现的先后顺序依次在 GridView 中为所有字段创建列。这样做显然缺少必要的灵活性,例如无法改变列的显示顺序或者隐藏部分列。这时就需要将 AutoGenerateColumns 属性设置为 false，并在 GridView 的 < Columns >中自定义列。

表 8-3 是 GridView 支持的几种类型的列，列标签出现的顺序决定了列的显示顺序。

表 8-3 GridView 中使用的列的类型

列	描 述
BoundField	显示数据源中指定字段的文本
CheckBoxField	对于 true/false 型字段创建一个复选框显示其状态
ImageField	显示二进制字段中的图像数据
ButtonField	为列表中的每个项目创建一个按钮，用于捕获事件编写代码
CommandField	为列表中的每个项目提供选择、编辑等常用功能的按钮
HyperLinkField	为列表中的每个项目创建一个超链接，并在链接中显示指定内容
TemplateField	允许自定义模板来显示数据或创建控件，为开发提供最大的灵活性

最基本的列类型是 BoundField，它绑定到数据对象的某个字段上，例如：

```
<asp:BoundField DataField = "EmployeeID" HeaderText = "ID" />
```

这将定义一个绑定列，绑定到数据源中的 EmployeeID 数据项上，标题行显示为 ID。

在创建 GridView 后，使用智能标记为其设置数据源，然后单击“刷新架构”，系统会自动为数据源中的所有数据项创建绑定列。用户也可以手工修改列对象的属性来调整列的标题、显示顺序等细节。例如，当不想显示某列时，可将其 Visible 属性设置为 false。

在绑定列的声明中可以使用表 8-4 中的常用属性。

表 8-4 BoundField 中的常用属性

属 性	描 述
DataField	要显示的数据项的字段名或属性名
DataFormatString	格式化字符串，用于控制本列中数据的显示格式
HeaderText	设置标题行要显示的文本
HeaderImageUrl	设置标题行要显示的图像
FooterText	设置脚注行要显示的文本
SortExpress	排序表达式，用于执行基于该列的排序
ReadOnly	当记录处于编辑模式时该列是否允许修改，为 true 表示不允许修改
Visible	该列是否显示在页面上，为 false 时不显示

通过 DataFormatString 属性可以设置列中数据的显示格式，这对日期型及数值型数据非常有用，例如：

```
<asp:BoundField DataField = "UnitPrice" HeaderText = "Price" DataFormatString = "{0:C}" />
```

格式化字符串通常由一个占位符和格式指示器组成，它们被包含在一组大括号中。本例中的“0”代表要格式化的值、“C”表示采用货币格式。常用的格式化字符串如表 8-5 所示。

表 8-5 常用的格式化字符串

数据类型	格式化串	作　用	示　例
数值型	{0:C}	货币格式表示	$1 234.50,其中货币符号与地区相关
	{0:E}	科学计数法表示	1.23450E+004
	{0:P}	百分比表示	45.6%
	{0:F?}	固定小数位数	对于 123.4,采用{0:F3}格式化为 123.400,而采用{0:F0}格式化为 123
日期型	{0:d}	使用短日期格式	具体格式取决于区域设置中的短日期格式
	{0:D}	使用长日期格式	具体格式取决于区域设置中的长日期格式
	{0:s}	ISO 标准格式	yyyy-MM-ddTHH:mm:ss,例如 2011-07-20T10:00:23
	{0:M}	月日格式	MMMM dd,例如 January 20
	{0:G}	一般格式	依赖于区域设置,例如 10/30/2011 10:00:23 AM

这些格式化字符串不只在 GridView 中使用,在其他场合也可以使用。

在许多应用场景中使用 GridView 显示概要数据列表,当单击某数据项时导航到一个新页面显示详细数据,这可以通过使用 HyperLinkField 列实现,请看以下示例。

例 8-7 显示员工信息列表,当单击某员工时导航到新页面显示详细信息。

该示例需要两个页面,一是员工概要信息浏览页面,二是员工详细信息显示页面。

(1) 新建员工信息浏览页面 hlfieldexam.aspx,并为其配置一个数据源,代码如下:

```
<asp:SqlDataSource ID = "dsEmployee" runat = "server"
      ConnectionString = "<% $ ConnectionStrings:nwconnstr %>"
      SelectCommand = "select EmployeeID, LastName + ' ' + FirstName as Name, City
                from Employees">
</asp:SqlDataSource>
```

(2) 在员工信息浏览页面添加一个 GridView 控件,取名为 gvEmployee,并在智能标记中为其选择数据源 dsEmployee,这样系统会自动为其添加 3 个绑定字段,分别是 EmployeeID、Name 和 City。

(3) 在 gvEmployee 的智能标记中选择“编辑列”,打开“字段”对话框,在“选定的字段”列表框中将 Name 绑定列删掉。然后在“可用字段”列表框中选择 HyperLinkField,单击“添加”按钮,将其添加到“选定的字段”列表框中,并调整其位置到 EmployeeID 字段的下面。

(4) 单击新添加的 HyperLinkField 字段,在右侧的“HyperLinkField 属性”框中设置其关键属性,这里主要有 3 个属性。

- DataTextField:该字段要显示的列,本例中显示用户名,所以设置为 Name。注意数据源中将 FirstName 和 LastName 拼接在一起命名为 Name。
- DataNavigateUrlFormatString:设置超链接的 URL 格式,本例中单击超链接时要导航到 empDetail.aspx 页面,同时要传递当前员工的 EmployeeID 字段,所以 URL 格式为“empDetail.aspx? id={0}”。这里使用“? id={0}”来传递参数。
- DataNavigateUrlFields:设置要传递的参数列表,本例中只传递一个参数,即 EmployeeID 列的值,所以该属性设置为 EmployeeID。

这一步设置完成后在浏览器中访问该页面，运行效果如图 8-16 所示。当鼠标指向某员工姓名时在状态栏中能看到超链接指向的 URL 字符串，只是单击该链接还无法跳转到指定页面，因为还没有创建员工详细信息显示页面。

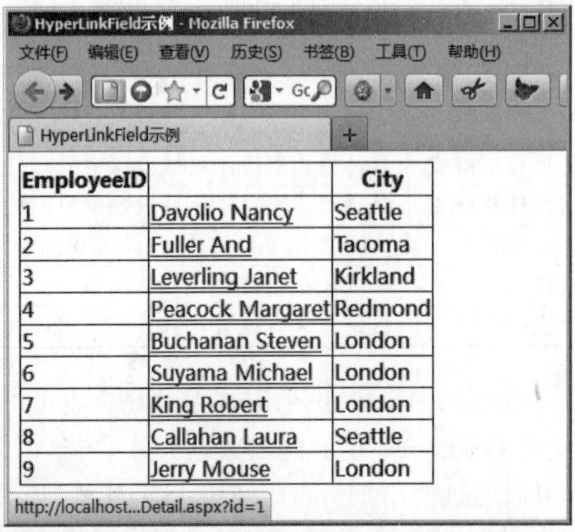
HyperLinkField示例 - Mozilla Firefox
文件(F) 编辑(E) 查看(V) 历史(S) 书签(B) 工具(T) 帮助(H)
HyperLinkField示例
EmployeeID
City
1 Davolio Nancy Seattle
2 Fuller And Tacoma
3 Leverling Janet Kirkland
4 Peacock Margaret Redmond
5 Buchanan Steven London
6 Suyama Michael London
7 King Robert London
8 Callahan Laura Seattle
9 Jerry Mouse London
http://localhost...Detail.aspx?id=1

图 8-16 设置完成后页面的运行效果

（5）创建员工详细信息显示页面 empDetail.aspx，在页面上添加一个数据源控件，声明如下：

```
<asp:SqlDataSource ID="dsEmployee" runat="server"
        ConnectionString="<%$ ConnectionStrings:nwconnstr %>"
        SelectCommand="select EmployeeID, LastName, FirstName, Title, BirthDate, Address,
City, Country, HomePhone from Employees where EmployeeID=@ID">
        <SelectParameters>
            <asp:QueryStringParameter Name="ID" QueryStringField="id" />
        </SelectParameters>
</asp:SqlDataSource>
```

该控件能够根据 QueryString 中传入的 ID 值从数据库中查询指定员工的详细信息。

（6）向用户详细信息页面添加一个 FormView 控件，设置其 DataSourceID 属性为 dsEmployee 数据源，系统会自动根据数据源中的架构为 FormView 创建显示模板。

这时在员工信息浏览页面单击某员工的姓名就可以导航到该员工的详细信息页面，如图 8-17 所示。

2. 对 GridView 排序

GridView 控件提供了内置排序功能，无须任何编码。

为了启用排序，需要设置 GridView 的 AllowSorting 属性为 true，并为每个可排序的列定义排序表达式。排序表达式一般使用 SQL 查询中 Order By 子句的形式，每个字段名后还可加上 ASC 或 DESC 以限定升序或降序排列。请看如下示例：

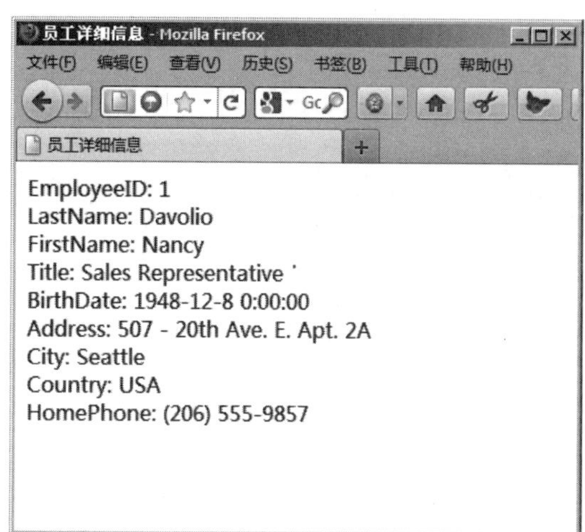

图 8-17　员工详细信息页面

```
<asp:GridView ID = "gvEmployee" runat = "server" AllowSorting = "true"
AutoGenerateColumns = "false" DataKeyNames = "EmployeeID" DataSourceID = "dsEmployee" >
    <Columns>
        <asp:BoundField DataField = "EmployeeID" HeaderText = "EmployeeID"
             InsertVisible = "false" ReadOnly = "true" SortExpression = "EmployeeID" />
        <asp:BoundField DataField = "FirstName" HeaderText = "FirstName"
             SortExpression = "FirstName" />
        <asp:BoundField DataField = "LastName" HeaderText = "LastName"
             SortExpression = "LastName" />
        <asp:BoundField DataField = "Title" HeaderText = "Title" />
    </Columns>
</asp:GridView>
<asp:SqlDataSource ID = "dsEmployee" runat = "server"
  ConnectionString = "<% $ ConnectionStrings:nwconnstr %>"
  SelectCommand = "select EmployeeID, FirstName, LastName, Title from Employees">
</asp:SqlDataSource>
```

该页面的运行效果如图 8-18 所示。由于 EmployeeID、FirstName、LastName 列都设定了排序表达式，所以这些列的标题栏表现为 LinkButton 的样式。当单击某标题栏时，表格中的数据会按该列排序显示，若再次单击该列标题，则会按相反顺序重新排列显示。

说明：将 GridView 绑定到数据源控件并在智能标记中为 GridView 启用排序后，系统会自动为所有的绑定列启用排序，并自动将排序表达式设置为该列绑定的 DataField 属性。若想使某列不可排序，只需将该列的 SortExpression 属性值清空即可。

在一般情况下，真正实现排序逻辑的是数据源控件而不是 GridView 控件。GridView 只是展示数据，并提供事件编程的接口；若数据源支持排序，GridView 就可以直接利用它，但若数据源不支持排序，用户也可以捕获 GridView 的 Sorting 事件并自定义排序方法。

并非所有的数据源控件都支持排序，例如 XmlDataSource 就不支持，而 SqlDataSource 和 ObjectDataSource 支持。SqlDataSource 默认使用 DataSet 架构（而不是 DataReader）保存数据，这样 DataSet 中的每个 DataTable 都会链接到一个 DataView，通过 DataView 可对

图 8-18　使用 GridView 控件排序

数据进行排序。当用户单击排序列的标题栏时，DataView 的 Sort 属性就被设置为那个列的排序表达式，从而实现排序，并将结果绑定到 GridView 上显示。

3. GridView 分页显示

当 GridView 中要呈现的记录数量较多时一般都要启用分页。

GridView 对分页提供内建的支持，可以和数据源控件配合使用实现简单的分页，也可以使用更高效、灵活的方式实现自定义分页。

GridView 提供了几个专为支持分页设计的属性。

- AllowPaging：是否启用绑定记录的分页，默认为 false。
- PageSize：获取或设置每页中显示的记录数，默认为 10。
- PageIndex：启用分页时获取或设置当前显示页的索引（从 0 开始编号）。
- PageSettings：分页控件的设置项，决定了分页控件出现的位置及它们包含的文本、图片等。默认分页控件显示在页面底部，显示为一系列数字，也可以定制为显示"上页""下页"等文字的按钮或图片按钮。
- PageIndexChanging 事件：当单击分页按钮时发生，可以捕获该事件以定制分页代码。

如果要使用自动分页，只需将 AllowPaging 属性设置为 true，并设置 PageSize 表示每页显示的行数。例如：

```
<asp:GridView ID = "gvEmployee" runat = "server" AllowPaging = "true" PageSize = "5" … >
```

自动分页可以和任何实现了 ICollection 接口的数据源一起使用。使用 DataSet 模式的 SqlDataSource 支持自动分页，而使用 DataReader 模式时不支持。

尽管自动分页非常方便，但却存在固有缺陷，即无法减少数据库查询的数据量。每当改变页码时都需要获取所有满足条件的记录，然后绑定指定页的数据，并将其余数据丢弃，这样会造成数据库的沉重负荷以及大量的冗余数据传输。在使用数据源控件时缓存机制会大幅度提高自动分页的性能，减少连接数据库的次数；但若返回成千上万条记录也会消耗大量的内存，这时就应考虑使用自定义分页。

自定义分页需要编程获取指定页的数据并绑定到GridView。用户既可以使用ADO.NET数据提供程序访问数据库，也可以定制ObjectDataSource访问数据库。在使用ObjectDataSource时，首先要设置其EnablePaging属性为true，然后还要设置其StartRowIndexParameterName、MaximumRowsParameterName、SelectCountMethod属性，请看以下示例。

例8-8 列表显示员工的基本信息，每页显示5条记录。

(1) 开发数据访问类：在自定义分页时必须要有专门的方法计算记录总数，以确定总的页码范围，另外还要有方法能够提取指定的几条记录，这两项任务都要由数据访问类来实现。代码如下：

```
// 计算数据表中记录的总条数
public int countemployees() {
    int cnt = 0;
    using (SqlConnection conn = new SqlConnection(connstr)) {
        SqlCommand cmd = conn.CreateCommand();
        cmd.CommandText = "select Count(EmployeeID) from Employees ";
        conn.Open();
        cnt = (int)cmd.ExecuteScalar();
        cmd.Dispose();
    }
    return cnt;
}
// 从数据库中查询指定页的记录,start 为起始记录号、count 为每页记录数
public List<Employee> getemployees(int start, int count) {
    List<Employee> list = new List<Employee>();
    using (SqlConnection conn = new SqlConnection(connstr)) {
    SqlCommand cmd = conn.CreateCommand();
    cmd.CommandText = "select EmployeeID, LastName, FirstName, Title from "
     + "( select EmployeeID, LastName, FirstName, Title, "
     + "ROW_NUMBER() over(order by EmployeeID) as RowNum from Employees ) as emps "
     + "where RowNum between @start and @end";
    cmd.Parameters.AddWithValue("@start", start);
    cmd.Parameters.AddWithValue("@end", start + count);
    conn.Open();
    SqlDataReader dr = cmd.ExecuteReader();
    while (dr.Read()) {
        Employee emp = new Employee();
        emp.Employeeid = dr.GetInt32(0);
        emp.Lastname = dr.GetString(1);
        emp.Firstname = dr.GetString(2);
        emp.City = dr.GetString(3);
        list.Add(emp);
    }
    dr.Close();
```

```
        cmd.Dispose();
    }
    return list;
}
```

检索数据的方法中使用了比较复杂的 SQL 语句，在子查询中使用 ROW_NUMBER 函数为每一条满足条件的记录生成行号，然后在主查询中根据行号检索连续的几条记录。

说明：ROW_NUMBER 函数为 SQL Server 2005 中新增的函数，在低版本的 SQL Server 中无法使用。

(2) 声明 ObjectDataSource 数据源，代码如下：

```
<asp:ObjectDataSource ID = "dsEmployee" runat = "server" TypeName = "EmployeeDB"
    EnablePaging = "true" SelectCountMethod = "countemployees" SelectMethod = "getemployees"
    MaximumRowsParameterName = "count" StartRowIndexParameterName = "start">
</asp:ObjectDataSource>
```

这里使用 SelectCountMethod 属性指定了计算记录总数的方法，通过 SelectMethod 属性指定了检索数据的方法，最后两个属性为检索方法提供起始记录号和该页的记录数。

(3) 创建 GridView 对象，设置其数据源为 idsEmployee，并启用分页。代码如下：

```
<asp:GridView ID = "gvEmployee" runat = "server" AllowPaging = "true" PageSize = "5"
     DataSourceID = "dsEmployee" … >
</asp:GridView>
```

运行程序，可以看到如图 8-19 所示的页面效果。

图 8-19　使用 GridView 控件建立分页

4. 在 GridView 中处理行数据

用户经常要在 GridView 中选择某一行，然后对该行的数据进行处理。如果要实现这样的功能需要做两方面的工作，一是在 GridView 中创建命令列或按钮列以触发行事件；二是捕获特定的事件，在事件过程中编写代码进行数据处理。

ButtonField 是一种通用的按钮列，可在 GridView 中创建一列普通的按钮对象，所有按钮共用同一个命令名(由其 CommandName 属性指定)，用于指定当该按钮被按下时将执行的命令。针对 GridView 的行，通常可以执行以下命令。

- Delete：删除一行数据。
- Edit：编辑一行数据。
- Update：使用更改的数据执行更新。
- Cancel：放弃更改的数据。
- Select：选择一行数据。

当单击 ButtonField 中的某个按钮时将触发 RowCommand 事件，开发人员可以在该事件中编写代码，获取命令名，并根据命令执行相应的操作。当命令名为以上 5 条命令之一时将引发相应的内置事件，包括 RowDeleting、RowDeleted、RowEditing、RowUpdating、RowUpdated、RowCancelingEdit、SelectedIndexChanging、SelectedIndexChanged 等，要处理该命令，可以选择更合适的事件过程来编写代码，而不必选择通用的 RowCommand 事件过程。

为了简化编程，GridView 还提供了 CommandField 列，它包含了上面列出的 5 条常用命令。在创建 CommandField 列时可以从 3 组常用命令中选择一种，即编辑、更新、取消命令，选择命令，删除命令。

对于 ButtonField 和 CommandField，其按钮都有 3 种样式供用户选择，分别是 Button 样式(传统的按钮形状)、Link 样式(超链接的形式)和 Image 样式(图片按钮)，用户可以通过 ButtonType 属性进行设置。

下面通过几个示例说明如何在 GridView 中处理行数据。

例 8-9 显示员工列表，当选择某员工时在列表下方显示其所有的订单。

本例需要创建两个 GridView，一个显示员工列表，另一个显示订单列表。在第一个网格上捕获行选择事件，然后根据所选行的 EmployeeID 在 Order 表中查询订单信息并绑定到第二个网格上显示。

(1) 创建 SelectCMD.aspx 页面，添加一个数据源控件以检索员工信息，声明如下：

```
<asp:SqlDataSource ID = "dsEmployee" runat = "server"
ConnectionString = "<% $ ConnectionStrings:nwconnstr %>"
SelectCommand = "select EmployeeID, LastName, FirstName, Title from Employees" >
</asp:SqlDataSource>
```

(2) 创建第一个网格控件，命名为 gvEmployee，设置其数据源为 dsEmployee，系统自动为其创建几个绑定列。再创建第二个网格控件，命名为 gvOrder。

(3) 从 gvEmployee 的智能标记中选择“编辑列”，打开如图 8-20 所示的对话框，在“可用字段”列表框中选择 CommandField 下的“选择”项，然后单击“添加”按钮，将创建一个 CommandName 属性为 Select 的命令列。移动该列到合适的位置，设置其 HeaderText 属性为“查询订单”。

这时浏览该页面可以看到 GridView 最左侧的命令列，但单击“选择”链接时没有反应，这是因为还没有处理它的行选择事件。

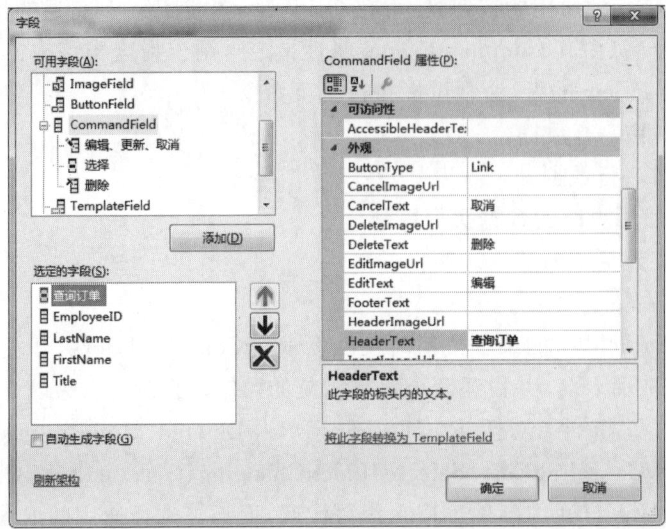

图 8-20　使用命令列

(4) 选择 gvEmployee 控件，在属性窗口中单击“事件”图标，从其内置事件列表中选择 gvEmployee_SelectedIndexChanged 事件（该事件将在 GridView 中选择某行数据时被触发），然后双击建立该事件过程，如图 8-21 所示。

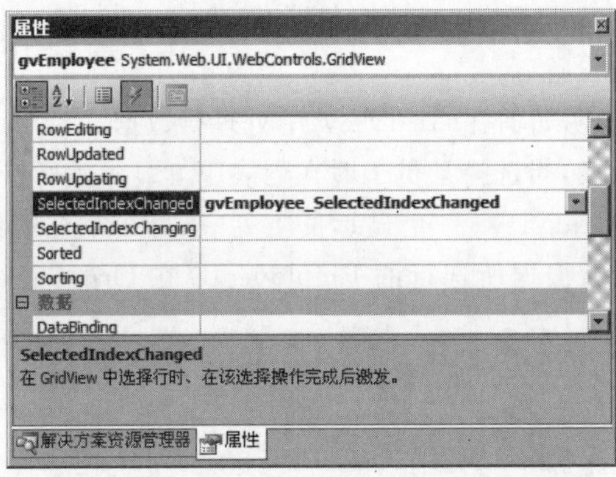

图 8-21　建立 SelectedIndexChanged 事件过程

(5) 在打开的代码窗口中建立以下事件过程代码：

```
protected void gvEmployee_SelectedIndexChanged(object sender, EventArgs e) {
    int id = (int)gvEmployee.SelectedDataKey.Value;
    using (SqlConnection conn = new SqlConnection(connstr)) {
        SqlCommand cmd = conn.CreateCommand();
        cmd.CommandText = "select OrderID, CustomerID, OrderDate
                           from Orders where EmployeeID = @EID";
        cmd.Parameters.AddWithValue("@EID", id);
        conn.Open();
        SqlDataReader dr = cmd.ExecuteReader();
        gvOrder.DataSource = dr
```

```
            gvOrder.DataBind();
        }
    }
```

再次运行程序，单击某员工前面的“选择”链接，该员工的订单能够列表显示出来，如图 8-22 所示。

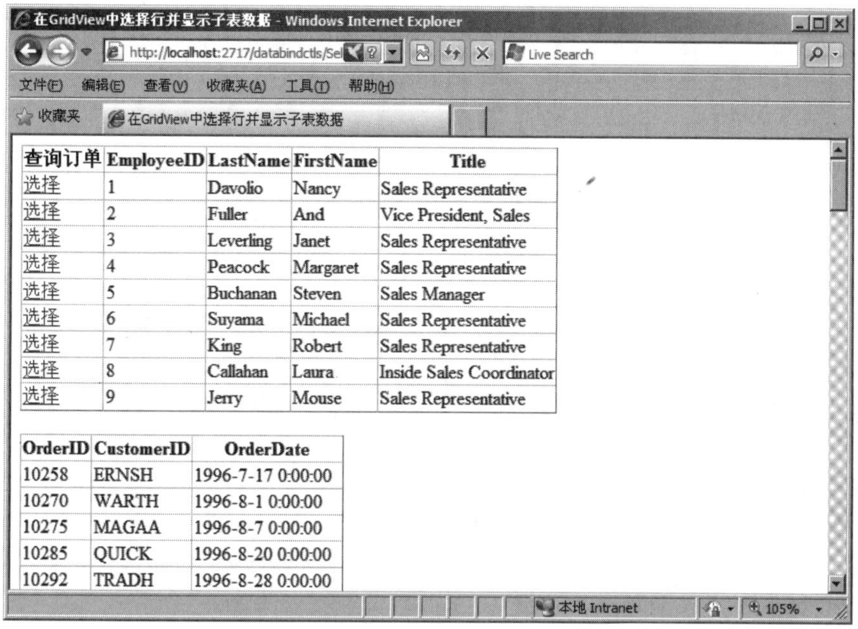

查询订单	EmployeeID	LastName	FirstName	Title
选择	1	Davolio	Nancy	Sales Representative
选择	2	Fuller	And	Vice President, Sales
选择	3	Leverling	Janet	Sales Representative
选择	4	Peacock	Margaret	Sales Representative
选择	5	Buchanan	Steven	Sales Manager
选择	6	Suyama	Michael	Sales Representative
选择	7	King	Robert	Sales Representative
选择	8	Callahan	Laura	Inside Sales Coordinator
选择	9	Jerry	Mouse	Sales Representative

OrderID	CustomerID	OrderDate
10258	ERNSH	1996-7-17 0:00:00
10270	WARTH	1996-8-1 0:00:00
10275	MAGAA	1996-8-7 0:00:00
10285	QUICK	1996-8-20 0:00:00
10292	TRADH	1996-8-28 0:00:00

图 8-22　员工的订单

在 SelectedIndexChanged 事件中最关键的一步是获取所选员工的 ID 号，这可通过两种方式实现。

方式 1：若在 gvEmployee 中设置 EmployeeID 列为主键列，则可以在当前行的主键中取得 EmployeeID。代码如下：

```
int id = (int)gvEmployee.SelectedDataKey.Value;
```

或

```
int id = (int)gvEmployee.SelectedDataKey.Values[0];
```

由于关系表中通常可以有几个字段联合做主键，所以当前选择行的主键应该是多个字段值的集合，上面两种方式都是从这个值集合中取出索引 0 位置的值返回。

方式 2：对于非主键列，可以从当前选择行的指定单元格中获取值。代码如下：

```
string eid = gvEmployee.SelectedRow.Cells[1].Text;
```

使用 SelectedRow 属性可以获得网格中的当前选定行，该行由多个单元格组成，使用

Cells 属性访问单元格集合，指定要访问的单元格序号(从 0 开始编号)即可定位到指定单元格，最后通过 Text 属性得到该单元格的数据。

例 8-10 手工编写代码，实现员工信息的编辑操作。

在前面的示例中多使用数据源控件，可以不用编写代码就实现很多功能。但是为了取得更好的性能和灵活性，往往会使用 ADO.NET 数据提供程序定制代码。

(1) 创建 EditEmployee.aspx 页面并添加 GridView 控件，声明代码如下：

```
<asp:GridView ID = "gvEmployee" runat = "server" AutoGenerateColumns = "false"
    onrowediting = "gvEmployee_RowEditing"
    onrowupdating = "gvEmployee_RowUpdating">
    onrowcancelingedit = "gvEmployee_RowCancelingEdit"
    <Columns>
        <asp:CommandField HeaderText = "操作" ShowEditButton = "true" />
        <asp:BoundField DataField = "EmployeeID" HeaderText = "ID"
            ReadOnly = "true" />
        <asp:BoundField DataField = "FirstName" HeaderText = "FirstName" />
        <asp:BoundField DataField = "LastName" HeaderText = "LastName" />
        <asp:BoundField DataField = "Title" HeaderText = "Title" />
    </Columns>
</asp:GridView>
```

请注意这里声明的 3 个事件过程。

- Onrowediting：单击 Edit 按钮后触发，通常在这里编码使 GridView 进入编辑模式。
- Onrowupdating：当编辑完数据并单击 Update 按钮时发生，通常在这里编码将修改的数据保存到数据库中。
- Onrowcancelingedit：当编辑过程中单击 Cancel 按钮时发生，通常在这里编写代码放弃所做的编辑，返回到浏览模式。

(2) 显示所有记录：为了使页面运行时能自动显示所有员工信息，通常使用 Page_Load 事件，代码如下：

```
protected void Page_Load(object sender, EventArgs e) {
    if (!Page.IsPostBack) {
          bindgv();
    }
}
private void bindgv() {
    using (SqlConnection conn = new SqlConnection(connstr)) {
        conn.Open();
        SqlCommand cmd = conn.CreateCommand();
        cmd.CommandText = "select EmployeeID, FirstName, LastName, Title
                            from Employees";
        SqlDataReader dr = cmd.ExecuteReader();
        gvEmployee.DataSource = dr;
        gvEmployee.DataBind();
        dr.Close();
        cmd.Dispose();
    }
}
```

注意在 Page_Load 方法中要先判断页面是否回发，若不是回发，则检索并绑定员工信息到 GridView。该页面的运行效果如图 8-23 所示。

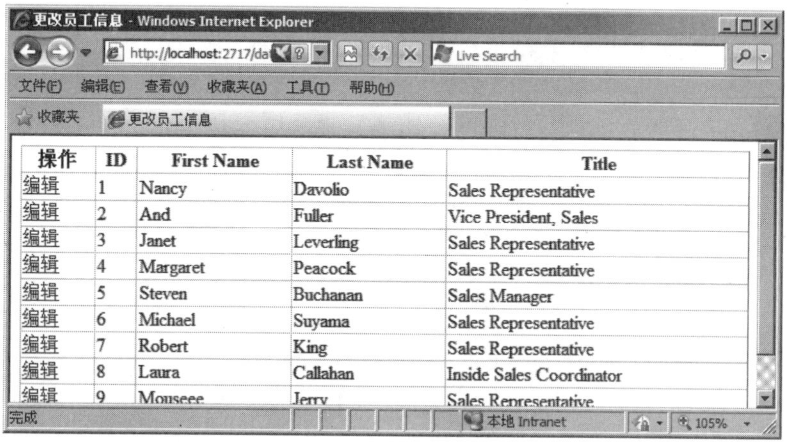

图 8-23　使用 GridView 显示所有记录

(3) 处理 Edit 按钮事件：GridView 使用 EditIndex 属性指示哪条记录当前应处于编辑模式，在通常情况下该值设置为−1，表示所有记录都处于浏览模式。若要进入编辑模式，只要设置 EditIndex 属性为要编辑记录的索引号并重新绑定一次数据。核心代码如下：

```
protected void gvEmployee_RowEditing(object sender, GridViewEditEventArgs e){
    gvEmployee.EditIndex = e.NewEditIndex;
    bindgv();
}
```

编辑模式的运行效果如图 8-24 所示。

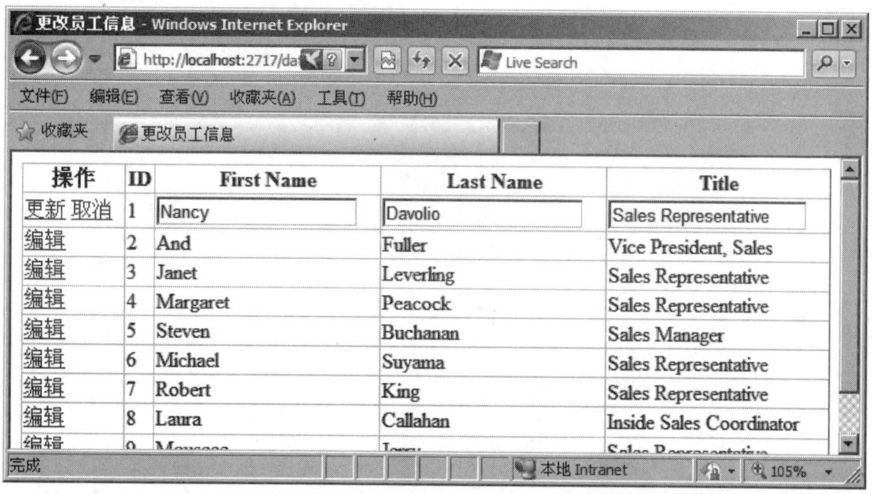

图 8-24　编辑模式的运行效果

(4) 处理 Cancel 按钮事件：当用户在编辑模式下单击 Cancel 按钮时应放弃当前所做的修改，并返回到浏览模式。代码如下：

```
protected void gvEmployee_RowCancelingEdit( object sender,
            GridViewCancelEditEventArgs e) {
        gvEmployee.EditIndex = -1;
        bindgv();
}
```

（5）处理 Update 按钮事件：当用户对某条记录编辑完成后单击 Update 按钮时，一般要将更改保存到数据库中，并使 GridView 重新进入浏览模式。核心代码如下：

```
protected void gvEmployee_RowUpdating(object sender, GridViewUpdateEventArgs e) {
    GridViewRow row = gvEmployee.Rows[e.RowIndex];
    string id = row.Cells[1].Text;
    string fname = ((TextBox)row.Cells[2].Controls[0]).Text;
    string lname = ((TextBox)row.Cells[3].Controls[0]).Text;
    string title = ((TextBox)row.Cells[4].Controls[0]).Text;
    updategv(id, fname, lname, title);
}
```

该方法的重点是获取输入的数据。在该事件过程中系统传入了参数 e，通过它可以获取当前正在编辑的记录的索引号，进而可以在网格中找到该行。GridView 中的每一行都是由多个单元格构成的，所以用户要在单元格中检索数据。

对于后 3 个字段，由于要进行编辑，数据绑定时系统会在各单元格中分别创建文本框（或复选框）来绑定数据，这样就可以从单元格中还原文本框，进而得到其文本，注意还原文本框时要使用强制类型转换。由于 EmployeeID 为主键，其值不允许修改，系统不会为其创建文本框对象，用户可以通过单元格的 Text 属性获取其值，或者通过主键集合获取该行的主键值，这里使用了第一种方法。

下一步是保存数据并进行页面更新，代码如下：

```
private void updategv(string id, string fname, string lname, string title){
    using (SqlConnection conn = new SqlConnection(connstr)) {
        conn.Open();
        SqlCommand cmd = conn.CreateCommand();
        cmd.CommandText = @"update Employees "
                set FirstName = @fname, LastName = @lname, Title = @title
                where EmployeeID = @id";
        cmd.Parameters.AddWithValue("@id", id);
        cmd.Parameters.AddWithValue("@fname",fname);
        cmd.Parameters.AddWithValue("@lname", lname);
        cmd.Parameters.AddWithValue("@title", title);
        cmd.ExecuteNonQuery();
        cmd.CommandText = @"select EmployeeID, FirstName, LastName, Title
                        from Employees";
        cmd.Parameters.Clear();
        SqlDataReader dr = cmd.ExecuteReader();
        gvEmployee.DataSource = dr;

        gvEmployee.EditIndex = -1;
```

```
            gvEmployee.DataBind();
            dr.Close();
            cmd.Dispose();
        }
    }
```

注意：数据保存后一定要重新绑定一次 GridView，否则将无法显示任何数据。

5. 在 GridView 中使用模板列

在使用数据绑定控件显示数据时，由于要显示的数据通常包含多条结构类似的记录，因此经常使用"模板(Template)"来指定单条记录的显示格式，然后数据绑定控件自动将这一定义好的模板应用于所有要显示的记录。

在 GridView 控件中就大量使用了模板，在前面的示例中我们不知不觉地使用了多种系统内置的模板。若要完全按自己的想法来布置页面，则要使用模板列(TemplateField)。请看以下示例。

例 8-11 列表显示所有员工的详细信息。

传统的 GridView 模板都是在一行中显示一条记录，但由于员工信息数据项较多，而且有的数据项很长，难以在传统的表行中显示出来，这时就要定制模板，声明如下：

```
<asp:GridView ID = "gvEmployee" runat = "server" AutoGenerateColumns = "false"
    GridLines = "None">
    <HeaderStyle BackColor = "Silver" />
    <Columns>
        <asp:TemplateField HeaderText = "Employees">
        <ItemTemplate>
            <b>
            <%# Eval("EmployeeID") %>-
            <%# Eval("FirstName") %>
            <%# Eval("LastName") %>
            <hr /></b>
            <small>
            <%# Eval("Address") %><br />
            <%# Eval("City") %>, <%# Eval("Country") %><br />
            <%# Eval("HomePhone") %><br />
            <%# Eval("Notes") %><br /><br />
            </small>
        </ItemTemplate>
        </asp:TemplateField>
    </Columns>
</asp:GridView>
```

图 8-25 显示了该模板的运行效果。

在模板列中可以加入任意的 HTML 元素以及数据绑定表达式等，完全可以按照自己的方式布置一切。当数据绑定时，GridView 会从数据源中获取数据并循环遍历这些数据项

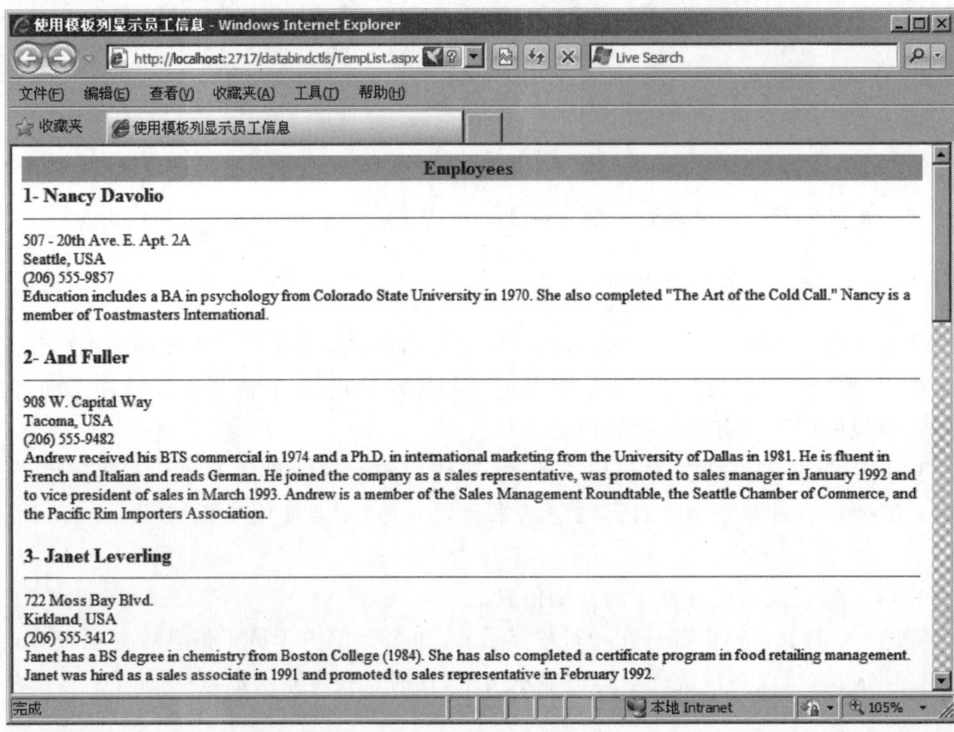

图 8-25　列表显示所有员工的详细信息

目的集合。它为每个项目处理 ItemTemplate，计算其中的数据绑定表达式并将值插入到 HTML 中。

在本例中使用了 Eval 方法计算数据绑定表达式的值，这是 System. Web. UI. DataBinder 类的一个静态方法，为开发带来了极大的便利。它自动读取绑定到当前行的数据项，使用反射机制找到匹配的字段或属性并获取值。另外，Eval 方法还允许接收格式化字符串以控制数据的显示格式，例如：

```
<% # Eval("BirthDate", "{0 : MM/dd/yy}") %>
```

用户可以针对不同的场景定义不同的模板，例如针对浏览定义一个只读的模板，针对浏览中的交替项显示不同的样式，为编辑状态制定可读/写的模板等。多数数据绑定控件提供了相应的方法，能够在不同的状态之间切换，并自动加载相应的模板。

常用的模板类型如下。

- ItemTemplate：普通项目模板，用于浏览状态。
- AlternatingItemTemplate：交替项模板，在浏览状态下可使用该模板使相邻的两行数据采用不同的样式显示，增强对比度。
- EditItemTemplate：编辑项模板，只对当前 EditIndex 指向的项目起作用。
- HeaderTemplate：表头的模板。
- FooterTemplate：页脚的模板。

下面的示例演示了使用 EditItemTemplate 进行数据编辑的功能。

例 8-12 使用模板列编辑员工的称谓及备注信息。

在此例中称谓只能从 Mr.、Dr.、Ms. 和 Mrs. 四者中选择一个，而备注信息较长，要使用多行文本框编辑。

本例若对称谓和备注字段使用绑定列，那么在编辑模式下将显示为单行文本框，无法达到题目要求，所以这里使用模板列，分别定制 ItemTemplate 和 EditItemTemplate 模板。

页面的声明代码如下：

```
<asp:GridView ID = "gvemployee" runat = "server" AutoGenerateColumns = "false"
    DataSourceID = "dsEmployee" Width = "100 % " GridLines = "None" >
    <Columns>
        <asp:TemplateField HeaderText = "Edit Employees Information">
            <ItemTemplate><b>
                <% # Eval("EmployeeID") %> - <% # Eval("TitleOfCourtesy") %>
                <% # Eval("FirstName") %>
                <% # Eval("LastName") %><hr /></b>
                <% # Eval("Address") %><br />
                <% # Eval("HomePhone") %><br />
                <% # Eval("Notes") %><br /><br />
            </ItemTemplate>
            <EditItemTemplate><b>
                <asp:Label ID = "lblid" runat = "server"
                    Text = '<% # Bind("EmployeeID") %>' /> -
                <asp:DropDownList ID = "ddltitle" runat = "server"
                    DataSource = "<% # CourtesyTitle %>"
                    SelectedValue = '<% # Bind("TitleOfCourtesy") %>'>
                </asp:DropDownList>
                <% # Eval("FirstName") %>
                <% # Eval("LastName") %><hr /></b>
                <% # Eval("Address") %><br />
                <% # Eval("HomePhone") %><br />
                <asp:TextBox ID = "tbxNotes" runat = "server"
                    Text = '<% # Bind("Notes") %>'
                    TextMode = "MultiLine" ></asp:TextBox><br />
            </EditItemTemplate>
        </asp:TemplateField>
        <asp:CommandField HeaderText = "操作" ShowEditButton = "true">
            <HeaderStyle Width = "10 % " /> <ItemStyle HorizontalAlign = "Center" />
        </asp:CommandField>
    </Columns>
</asp:GridView>
<asp:SqlDataSource ID = "dsEmployee" runat = "server"
    ConnectionString = "<% $ ConnectionStrings:nwconnstr %>"
    SelectCommand = "select EmployeeID, FirstName, LastName, TitleOfCourtesy,
                    Address,HomePhone,Notes from Employees"
    UpdateCommand = "update Employees set TitleOfCourtesy = @titleofcourtesy,
                    Notes = @notes where EmployeeID = @employeeid">
</asp:SqlDataSource>
```

可以看到，在 EditItemTemplate 中，3 个关键字段的绑定方式和 ItemTemplate 中有很大的区别。ItemTemplate 中的数据绑定是单向的，只需将数据源的数据绑定到控件上显示，不需要回传控件的值给数据源，这种绑定使用 Eval 方法即可。而在 EditItemTemplate

中，有些控件还要将更改后的值回传给 DataSource 控件，以便它能够以这些数据为参数执行更新语句，在这种双向传值的情况下必须使用 Bind 方法绑定数据。当 GridView 提交更新时，只提交 Bind 方法绑定的参数，所以 Update 语句的所有参数必须以 Bind 方法绑定，否则将无法接收到值。

对于 EmployeeID 字段，由于它只是显示，不允许更改，所以只需定义一个标签控件，并将字段值绑定到标签的 Text 属性上。

对于称谓字段，要求只能选择而不能输入，所以要在模板中为其创建下拉列表框。下拉列表框中的选项又如何来呢？本例中通过 DataSource 属性将一个字符串数组绑定给它，而该字符串数组可以通过页面的属性或方法来定义，本例中使用了属性，代码如下：

```
protected string[] TitleOfCourtesy {
    get {   return new string[] { "Mr.", "Dr.", "Ms.", "Mrs."};   }
}
```

将下拉列表框的数据绑定后还要设置员工的当前称谓信息，将当前员工的称谓字段值绑定到下拉列表框的 SelectedValue 属性上即可。

对于备注字段，这里创建了多行文本框，并将字段值绑定到文本框的 Text 属性上。

为了支持数据更新，在 GridView 中还定义了 CommandField 列。该页面的运行效果如图 8-26 所示。

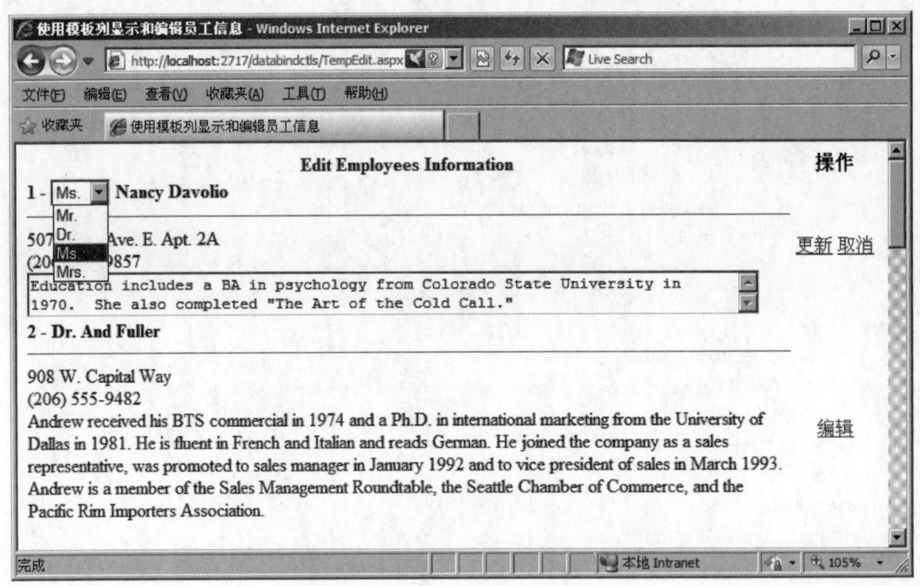

图 8-26 使用模板列编辑信息

若不想使用数据源控件，而要在 GridView 的 RowUpdating 事件过程中编码实现数据更新，那么可以在 GridView 行上调用 FindControl 方法查找指定的控件，然后从控件中取得输入值。在这种情况下就不用考虑 Eval 绑定和 Bind 绑定的区别了。代码如下：

```
protected void gvemployee_RowUpdating(object sender, GridViewUpdateEventArgs e) {
        GridViewRow row = gvEmployee.Rows[e.RowIndex];
```

```
        string id = gvEmployee.DataKeys[e.RowIndex].Value.ToString();
        string title = ((DropDownList)row.FindControl("ddltitle")).SelectedValue;
        string notes = ((TextBox)row.FindControl("tbxnotes")).Text;
        doupdate(id, title, notes);
}
```

说明：在使用 GridViewRow 对象的 FindControl()方法查找控件时，一定要确保方法参数的值与模板上该控件的 ID 属性值保持一致。

例 8-13　使用模板列实现多条记录的批量删除。

使用按钮列或命令列可以在 GridView 的每行显示一个按钮，单击按钮操作该行数据。有时需要对多行数据进行批量操作，这时可以使用模板列在每行显示一个复选框，用户选中多个复选框后，再从 GridView 中获取所有选择项的主键进行批量操作。

该示例的控件声明如下：

```
<asp:GridView ID = "gvEmployee" runat = "server" AutoGenerateColumns = "false"
    DataKeyNames = "employeeid">
    <Columns>
     <asp:BoundField DataField = "EmployeeID" HeaderText = "ID" ReadOnly = "true" />
      <asp:BoundField DataField = "FirstName" HeaderText = "First Name" />
      <asp:BoundField DataField = "LastName" HeaderText = "Last Name" />
      <asp:BoundField DataField = "Title" HeaderText = "Title" />
      <asp:TemplateField HeaderText = "选择">
          <ItemTemplate>
              <asp:CheckBox ID = "cbxSel" runat = "server" />
          </ItemTemplate>
          <ItemStyle HorizontalAlign = "Center" />
      </asp:TemplateField>
    </Columns>
</asp:GridView>
<asp:Button ID = "btndel" runat = "server" Text = "批量删除" onclick = "btndel_Click"
    OnClientClick = "return confirm('确认删除这些记录吗?');" />
```

运行效果如图 8-27 所示。

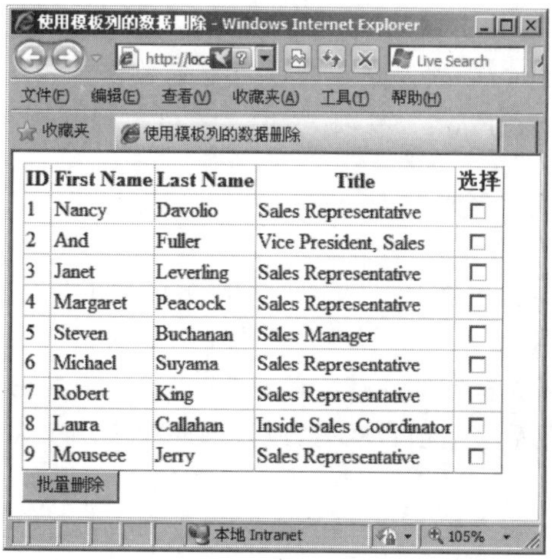

ID	First Name	Last Name	Title	选择
1	Nancy	Davolio	Sales Representative	☐
2	And	Fuller	Vice President, Sales	☐
3	Janet	Leverling	Sales Representative	☐
4	Margaret	Peacock	Sales Representative	☐
5	Steven	Buchanan	Sales Manager	☐
6	Michael	Suyama	Sales Representative	☐
7	Robert	King	Sales Representative	☐
8	Laura	Callahan	Inside Sales Coordinator	☐
9	Mouseee	Jerry	Sales Representative	☐

批量删除

图 8-27　使用模板列实现多条记录的批量删除

当按下"批量删除"按钮后，首先在客户端弹出确认删除对话框，用户单击"确定"按钮后再触发服务器端的事件过程 btndel_Click。代码如下：

```
protected void btndel_Click(object sender, EventArgs e) {
    List<int> ids = getselectedids ( ) ;
    if (ids.Count > 0) {
    StringBuilder sb = new StringBuilder("delete from Employees where employeeid in (" );
    foreach (int eid in ids) {
         sb.Append(eid); sb.Append(",");
    }
    sb[sb.Length - 1] = ')';
    delselected(sb.ToString( ) ) ;
    }
}
```

该段代码首先调用 getselectedids 函数获取所有被选员工的代码列表，然后使用 StringBuilder 对象动态构造一条批量删除数据的 SQL 语句，最后执行删除操作。

获取所有被选员工代码的函数如下：

```
private List<int> getselectedids( ) {
    List<int> list = new List<int>( ) ;
    foreach (GridViewRow row in gvEmployee.Rows) {
        if (row.RowType == DataControlRowType.DataRow) {
            CheckBox cbx = row.FindControl("cbxsel") as CheckBox ;
            if ( cbx != null && cbx.Checked ) {
                list.Add((int)gvEmployee.DataKeys[row.RowIndex].Value);
            }
        }
    }
    return list;
}
```

这段代码中同样调用了 GridViewRow 对象的 FindControl 方法，在每一行中查找复选框对象，若该对象被选中，则从主键列表中找到该行数据的主键，添加到 list 中返回。需要说明的是，在遍历所有表行时，必须先判断该行是不是数据行，只有数据行才可以从中查找复选框控件，其他行(Header、Footer 等)则略过。

8.3.2 ListView 控件

ListView 是 ASP. NET 3. 5 中新增的一个控件，用于取代 ASP. NET 1. X 中的 Repeater 控件。它是一个非常灵活的轻量级控件，完全根据自定义的模板来呈现内容，并且提供了对选择、编辑等高级特性的支持。使用 ListView 最常见的原因是为了创建特殊的布局，例如创建在一行中显示多个项目的表，或者彻底脱离基于表格的呈现。

1. ListView 的模板

ListView 比 GridView 提供了更多的模板，主要包括表 8-6 中的模板。

表 8-6　在 ListView 中可以使用的模板

列	描　述
ItemTemplate	设置所有数据项(没有使用 AlternatingItemTemplate 时)或奇数行数据项(使用 AlternatingItemTemplate 时)的内容和格式
AlternatingItemTemplate	和 ItemTemplate 配合,设置偶数行的内容和格式
ItemSeparatorTemplate	设置在项目中间绘制的分隔符的格式
SelectedItemTemplate	设置当前选定项目的内容和格式
EditItemTemplate	设置数据项在编辑模式下使用的控件
InsertItemTemplate	设置插入新项目时使用的控件
LayoutTemplate	设置包装项目列表的标记
GroupTemplate	若使用了分组功能,则设置包装项目组的标记
GroupSeparatorTemplate	设置项目组的分隔符格式
EmptyDataTemplate	当绑定的数据对象为空时(没有记录或对象)使用该模板设置提示信息

在 ListView 呈现自身时,首先对绑定的数据进行迭代,为每个项目呈现 ItemTemplate,然后将多余的 Item 都放到 LayOutTemplate 里,从而实现布局控制。

2. 在 ListView 中呈现项

在 ListView 中设置 ItemTemplate 的方法与 GridView 类似,所以这里主要的问题是如何将 Item 添加到整体布局中。请看以下示例。

例 8-14　使用 ListView 控件显示员工的信息。

ListView 控件的声明如下:

```
<asp:ListView ID = "lvEmployee" runat = "server" DataSourceID = "dsEmployee">
    <LayoutTemplate>
        <span id = "itemPlaceholder" runat = "server"></span>
    </LayoutTemplate>
    <ItemTemplate><b>
        <% # Eval("EmployeeID") %> -
        <% # Eval("TitleOfCourtesy") %>
        <% # Eval("FirstName") %>
        <% # Eval("LastName") %>
        <hr /></b>
        <% # Eval("Address") %><br />
        <% # Eval("HomePhone") %><br />
        <% # Eval("Notes") %><br /><br />
    </ItemTemplate>
</asp:ListView>
```

可以看出,在 ListView 中至少要定义两个模板——项目模板和布局模板。通过一个占位符将项目添加到布局中,这个占位符可以是各种各样的 HTML 元素,但其 ID 属性一定要用 itemPlaceHolder,并且 runat 属性必须为 server。该页面的运行效果类似于图 8-23。

3. 使用 GroupTemplate 分组项

有时要在一行中显示多项,这就需要通过分组模板来实现。

例 8-15 使用 ListView 显示员工的信息，每行显示 3 个员工。

ListView 控件的声明如下：

```
<asp:ListView ID = "lvEmployee" runat = "server" GroupItemCount = "3"
    DataSourceID = "dsEmployee" >
    <LayoutTemplate>
        <table border = "0" cellpadding = "10" width = "100 %">
            <tr id = "groupPlaceholder" runat = "server"></tr>
        </table>
    </LayoutTemplate>
    <GroupTemplate>
        <tr><td runat = "server" id = "itemPlaceholder" /></tr>
    </GroupTemplate>
    <ItemTemplate>
        <td valign = "top"><b>
            <%# Eval("EmployeeID") %> -
            <%# Eval("TitleOfCourtesy") %>
            <%# Eval("FirstName") %>
            <%# Eval("LastName") %>
            </b><hr />
            <%# Eval("Address") %><br />
            <%# Eval("HomePhone") %><br />
            <%# Eval("Notes") %><br />
        </td>
    </ItemTemplate>
</asp:ListView>
```

该页面的运行效果如图 8-28 所示。

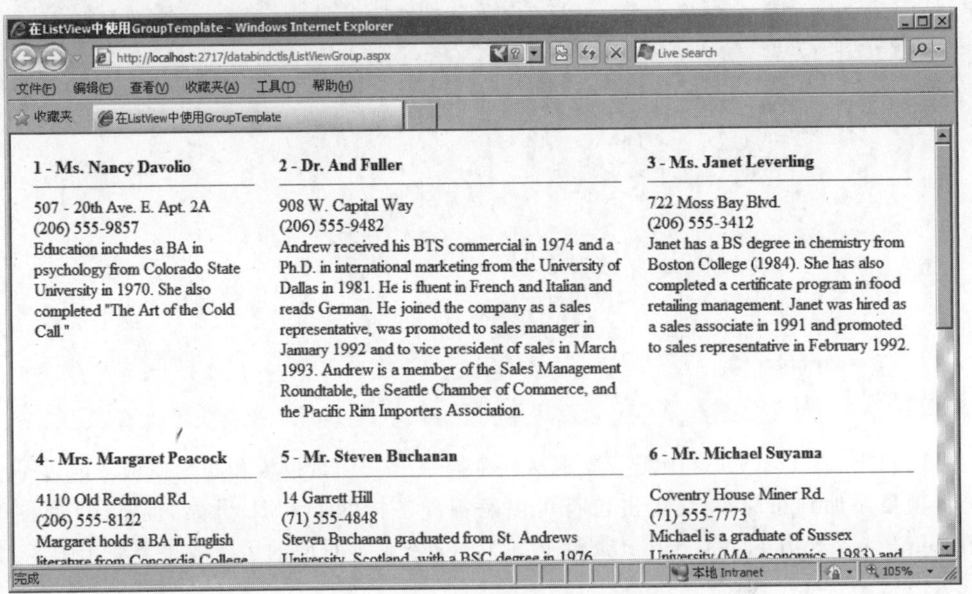

图 8-28 使用 ListView 的页面运行效果

使用分组需要先设置 ListView 的 GroupItemCount 属性，它决定每个组里项目的个数，在本例中设置为 3。

有了组，就在项和布局之间有了一个中间层，要将项加入组，再将组加入布局中。这里同样使用了占位符，将名称为 groupPlaceholder 的占位符加入布局模板，再将名称为 itemPlaceholder 的占位符加入组模板，最后定义 ItemTemplate。

关于 ListView 的高级特性，请读者参阅 MSDN 文档，这里不再详细介绍。

8.3.3 DetailsView 控件

GridView 和 ListView 都可以一次呈现多条记录，但有时用户会要求呈现单条记录的详细信息，这时可以使用 DetailsView 或 FormView。二者都是每次显示一条记录，同时包含一个可选的分页按钮，用在一组记录间导航；二者的区别在于 FormView 可以创建复杂的模板，DetailsView 使用简单的模板，相当于简版的 FormView。

DetailsView 使用表格布局的方式，每次显示一条记录，将每个数据项显示在表格的一行中。当 DetailsView 被绑定到一个项目集合上时，它将显示集合中的第一个项目；若将 AllowPaging 属性设置为真，它还会自动创建一组分页控件，用于在各个项目之间导航。需要说明的是，使用 DetailsView 控件来浏览多条记录可能会存在效率问题，每当用户单击分页控件切换记录时，虽然最终只显示指定的一条记录，但系统却会获取所有满足条件的记录，这会造成无谓的数据库负荷，在实际应用中，用户一定要考虑使用缓存或自定义分页的方式来优化程序。

1. 为 DetailsView 定义字段

当绑定到数据源时，DetailsView 可以使用反射的机制自动生成所有字段。用户也可以将它的 AutoGenerateColumns 属性设置为假，然后手工定义所有字段。用户可以像定义 GridView 的字段那样为 DetailsView 定义字段，只不过 GridView 的字段通常显示在列上，而 DetailsView 的字段通常显示在行上。

例 8-16 使用 DetailsView 控件开发一个员工信息浏览器。

页面的声明代码如下：

```
<asp:DetailsView ID = "dvEmployee" runat = "server" AutoGenerateRows = "false"
    DataKeyNames = "EmployeeID" DataSourceID = "dsEmployee" AllowPaging = "true" >
    <Fields>
        <asp:BoundField DataField = "EmployeeID" HeaderText = "EmployeeID" />
        <asp:BoundField DataField = "FirstName" HeaderText = "FirstName" />
        <asp:BoundField DataField = "LastName" HeaderText = "LastName" />
        <asp:BoundField DataField = "Address" HeaderText = "Address" />
        <asp:BoundField DataField = "HomePhone" HeaderText = "HomePhone" />
        <asp:BoundField DataField = "Notes" HeaderText = "Notes" />
    </Fields>
</asp:DetailsView>
<asp:SqlDataSource ID = "dsEmployee" runat = "server"
  ConnectionString = "<% $ ConnectionStrings:nwconnstr %>"
```

```
    SelectCommand = "select EmployeeID, FirstName, LastName, Address, HomePhone,
                    Notes from Employees" >
</asp:SqlDataSource>
```

该页面的运行效果如图 8-29 所示。

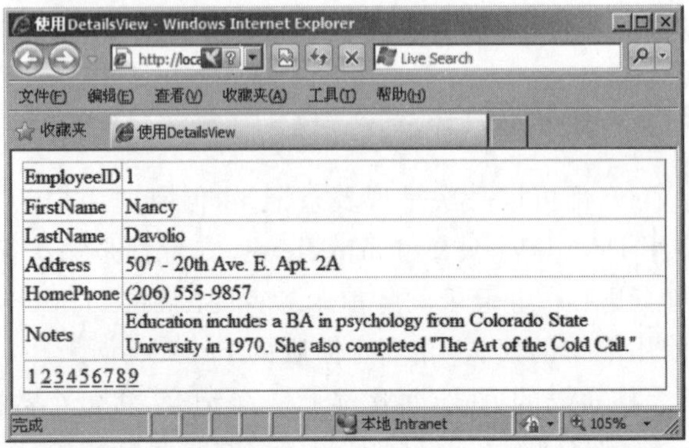

图 8-29　使用 DetailsView 控件的页面运行效果

在 DetailsView 中同样可以使用 HyperLinkField、ButtonField、CommandField、TemplateField 等，其使用方法及编程模型和 GridView 基本相同，这里不再过多说明。

2. 在 DetailsView 中进行记录的操作

DetailsView 控件不仅能够浏览数据，还支持数据的插入、删除以及编辑操作。用户只要设置其 AutoGenerateInsertButton、AutoGenerateEditButton 及 AutoGenerateDeleteButton 属性值为真，系统就会自动在 DetailsView 的底部增加一行链接按钮，提供相应的功能。当单击删除按钮时，系统立刻执行删除操作；而当单击插入或编辑按钮时，系统会进入编辑状态，允许用户添加新记录或修改当前记录。

DetailsView 共提供了 3 种操作模式，即只读模式、插入模式和编辑模式。默认 DetailsView 使用只读模式，只能浏览而不能更改数据；用户可以通过 CurrentMode 属性获取当前的模式，并通过 ChangeMode()方法改变当前模式。

在插入或编辑模式下，DetailsView 使用标准的文本框来接收数据，如图 8-30 所示。在编辑模式下若切换记录，新显示的记录也处于编辑模式；若想改变这种行为方式，用户可以捕获 PageIndexChanged 事件，在其中调用 ChangeMode()方法将其改为只读模式。

图 8-30　DetailsView 用来接收数据的标准文本框

8.3.4 FormView 控件

如果想完全控制单条记录显示及编辑的样式，可以使用 FormView 控件，它完全依赖于模板，提供了最大的灵活性。

和 GridView 类似，在 FormView 的模板列中可以使用 ItemTemplate、EditItemTemplate、InsertItemTemplate、EmptyDataTemplate、HeaderTemplate、FooterTemplate 及 PagerTemplate 等模板。

例 8-17 使用 FormView 开发一个员工信息的增、删、改、查程序。

为简单起见，本例中只处理 EmployeeID、FirstName、LastName、TitleOfCourtesy 和 Notes 等数据项。

(1) 建立两个数据源，声明如下：

```
<asp:SqlDataSource ID = "dsEmployee" runat = "server"
    ConnectionString = "<% $ ConnectionStrings:nwconnstr %>"
    SelectCommand = "select EmployeeID, FirstName, LastName,TitleOfCourtesy,
                    Notes from Employees"
    UpdateCommand = "update Employees set FirstName = @firstname,
        LastName = @lastname, TitleOfCourtesy = @titleofcourtesy, Notes = @notes
        where EmployeeID = @employeeid"
    InsertCommand = "insert into Employees( LastName, FirstName, TitleOfCourtesy,
        Notes) values (@lastname, @firstname, @titleofcourtesy, @notes)"
    DeleteCommand = "delete from Employees where EmployeeID = @employeeid">
</asp:SqlDataSource>
<asp:SqlDataSource ID = "dsTitle" runat = "server"
    ConnectionString = "<% $ ConnectionStrings:nwconnstr %>"
    SelectCommand = "select distinct TitleOfCourtesy from Employees">
</asp:SqlDataSource>
```

第一个数据源提供了对 Employees 表的增、删、改、查命令，第二个数据源获取称谓信息，以便在编辑模板中填充员工称谓下拉列表框。

(2) 向页面上添加一个 FormView 控件，设置其 DataSourceID 为刚才建立的 dsEmployee 数据源，并设置其 AllowPaging 属性为真，在其智能标记中单击“刷新架构”按钮。切换到源代码视图下，可以看到系统已经为 FormView 自动生成了 InsertTemplate、EditTemplate 及 ItemTemplate 模板。这时运行该页面，编辑状态下的效果如图 8-31 所示。

图 8-31 编辑状态下的页面效果

可以看到，系统自动为所有可编辑列创建 TextBox 以编辑数据。为避免输入错误的称谓，我们希望能够从下拉列表中选择 TitleOfCourtesy，这就需要对 EditItemTemplate 以及 InsertItemTemplate 进行定制。

(3) 定制 FormView 中的模板声明如下：

```
<asp:FormView ID = "FormView1" runat = "server" DataKeyNames = "EmployeeID"
    DataSourceID = "dsEmployee" AllowPaging = "true">
    <EditItemTemplate>
        EmployeeID: <asp:Label ID = "EmployeeIDLabel1" runat = "server"
```

```
        Text = '<% # Eval("EmployeeID") %>' /><br />
        FirstName: <asp:TextBox ID = "FirstNameTextBox" runat = "server"
            Text = '<% # Bind("FirstName") %>' /> <br />
        LastName: <asp:TextBox ID = "LastNameTextBox" runat = "server"
            Text = '<% # Bind("TitleOfCourtesy") %>' /> <br />
        TitleOfCourtesy: <asp:DropDownList ID = "ddltitle" runat = "server"
            DataSourceID = "dsTitle" DataValueField = "TitleOfCourtesy"
            SelectedValue = '<% # Bind("TitleOfCourtesy") %>' /> <br />
        <asp:LinkButton ID = "UpdateButton" runat = "server" CausesValidation = "true"
            CommandName = "Update" Text = "更新" />  
        <asp:LinkButton ID = "UpdateCancelButton" runat = "server"
            CausesValidation = "false" CommandName = "Cancel" Text = "取消" />
    </EditItemTemplate>
    <InsertItemTemplate>
        FirstName: <asp:TextBox ID = "FirstNameTextBox" runat = "server"
            Text = '<% # Bind("FirstName") %>' /> <br />
        LastName: <asp:TextBox ID = "LastNameTextBox" runat = "server"
            Text = '<% # Bind("LastName") %>' /> <br />
        TitleOfCourtesy: <asp:DropDownList ID = "ddltitle" runat = "server"
            DataSourceID = "dsTitle" DataValueField = "TitleOfCourtesy"
            SelectedValue = '<% # Bind("TitleOfCourtesy") %>' /> <br />
        <asp:LinkButton ID = "InsertButton" runat = "server" CausesValidation = "true"
            CommandName = "Insert" Text = "插入" />  
        <asp:LinkButton ID = "InsertCancelButton" runat = "server"
            CausesValidation = "false" CommandName = "Cancel" Text = "取消" />
    </InsertItemTemplate>
    <ItemTemplate>
        EmployeeID: <% # Eval("EmployeeID") %><br />
        FirstName: <% # Eval("FirstName") %><br />
        LastName: <% # Eval("LastName") %><br />
        TitleOfCourtesy: <% # Eval("TitleOfCourtesy") %><br />
        <asp:LinkButton ID = "EditButton" runat = "server" CausesValidation = "false"
            CommandName = "Edit" Text = "编辑" />  
        <asp:LinkButton ID = "DeleteButton" runat = "server" CausesValidation = "false"
            CommandName = "Delete" Text = "删除" />  
        <asp:LinkButton ID = "NewButton" runat = "server" CausesValidation = "false"
            CommandName = "New" Text = "新建" />
    </ItemTemplate>
</asp:FormView>
```

可以看到，在编辑和插入模板中定义了DropDownList控件，其DataSourceID属性设置为dsTitle，这样可以自动从数据库中获取所有称谓，其SelectedValue属性绑定到了数据项TitleOfCourtesy上，保证了保存数据时下拉列表框中的选项值可以回传给dsEmployee数据源。更改后的编辑模板的运行效果如图8-32所示。

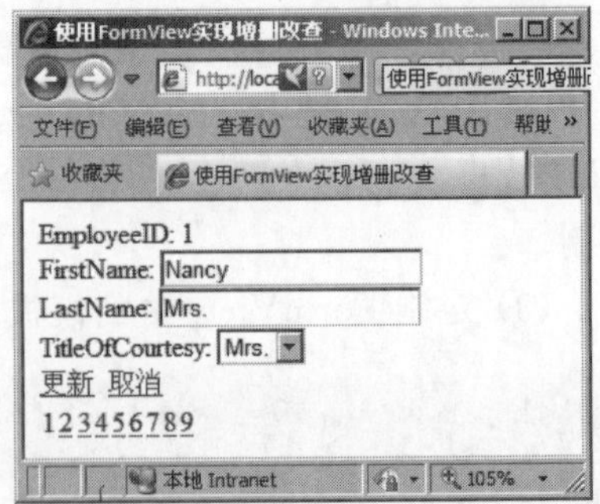

图8-32　更改后的编辑模板的运行效果

可以看到，FormView控件也支持只读、插入和编辑3种模式。但与GridView和DetailsView不同的是，FormView不支持自动创建按钮列(CommandField)，必须手工创建各种按钮对象。注意在 ItemTemplate 中创建了编辑、删除和新建 3 个按钮，在编辑模板中创建了更新和取消两个按钮，在插入模板中创建了插入和取消两个按钮。用户可以使用 Button 或 LinkButton 创建按钮，所有按钮的 CommandName 属性必须设置为合适的值，这样才能触发相应的事件，自动进行模式的切换。常用的命令名见表 8-7。

表 8-7 FormView 的命令按钮中可以使用的 CommandName 值

命令	作用
Edit	适用于 ItemTemplate，从只读模式切换到编辑模式以编辑当前项
Cancel	适用于 EditItemTemplate 和 InsertItemTemplate，在编辑或插入模式下放弃数据，返回到只读模式
Update	适用于 EditItemTemplate，将编辑后的数据保存下来并返回只读模式
New	适用于 ItemTemplate，插入一条新数据并转入编辑模式
Insert	适用于 InsertItemTemplate，将插入的数据保存下来并返回只读模式
Delete	适用于 ItemTemplate，直接删除当前项

8.4 使用实体框架与模型绑定技术

使用 GridView、ListView 等富数据控件时，还可以为其绑定模型类，这样可以使数据交互变得更加简单、直接。模型绑定技术可以与任何数据访问技术配合使用，本节将使用实体框架结合 GridView 与模型绑定技术实现完整的数据增、删、改、查操作。

例 8-18 针对学生选课的数据模型开发基本的学生管理系统。

(1) 创建 Web 工程：新建 Web 项目，输入工程名“University”，并选择“Web 窗体”工程模板。

(2) 创建数据模型：使用实体框架的代码优先迁移(Code First Migrations)工具可以方便地建立对象模型，进而创建数据库和表。

在 Models 文件夹中创建模型类，文件名为 UniversityModels.cs，代码如下：

```
using System.Collections.Generic;
using System.ComponentModel.DataAnnotations;
using System.Data.Entity;
namespace University.Models {
    public class SchoolContext : DbContext {
        public DbSet<Student> Students { get; set; }
        public DbSet<Enrollment> Enrollments { get; set; }
        public DbSet<Course> Courses { get; set; }
    }
    public class Student {
        [Key, Display(Name = "ID")]
        [ScaffoldColumn(false)]
        public int StudentID { get; set; }
        [Required, StringLength(40), Display(Name = "Last Name")]
        public string LastName { get; set; }
        [Required, StringLength(20), Display(Name = "First Name")]
```

```
        public string FirstName { get; set; }
        [EnumDataType(typeof(AcademicYear))]
        public AcademicYear Year { get; set; }
        public virtual ICollection<Enrollment> Enrollments { get; set; }
    }
    public class Course{
        [Key]
        public int CourseID { get; set; }
        public string Title { get; set; }
        public int Credits { get; set; }
        public virtual ICollection<Enrollment> Enrollments { get; set; }
    }
    public class Enrollment {
        [Key]
        public int EnrollmentID { get; set; }
        public int CourseID { get; set; }
        public int StudentID { get; set; }
        public decimal? Grade { get; set; }
        public virtual Course Course { get; set; }
        public virtual Student Student { get; set; }
    }
    public enum AcademicYear { Freshman, Sophomore, Junior, Senior }
}
```

可以看出，这里创建了 Student、Course 和 Enrollment 几个模型类，以及用于访问数据库的 SchoolContext 类。基于该模型，我们将使用 Code First Migrations 工具来创建数据库，并填充一些初始数据。

(3) 创建数据库并填充初始数据：在 Visual Studio 中选择“Nuget 包管理器——程序包管理器控制台”，打开包管理器控制台，输入以下命令。

```
enable-migrations -ContextTypeName University.Models.SchoolContext
```

该命令将以 SchoolContext 中定义的模型为基础来创建数据库基础架构，命令执行成功后会创建 Migrations 文件夹，并在其中创建 Configuration.cs 文件，创建数据库及添加初始数据的代码将加入到该类的 Seed 方法中，如下：

```
context.Students.AddOrUpdate(
    new Student {
        FirstName = "Carson",
        LastName = "Alexander",
        Year = AcademicYear.Freshman
    },
    new Student{
        FirstName = "Meredith",
        LastName = "Alonso",
        Year = AcademicYear.Freshman
    },
    new Student{
```

```
            FirstName = "Arturo",
            LastName = "Anand",
            Year = AcademicYear.Sophomore
        },
        new Student{
            FirstName = "Gytis",
            LastName = "Barzdukas",
            Year = AcademicYear.Sophomore
        },
        new Student{
            FirstName = "Yan",
            LastName = "Li",
            Year = AcademicYear.Junior
        },
        new Student{
             FirstName = "Peggy",
             LastName = "Justice",
             Year = AcademicYear.Junior
        },
        new Student {
             FirstName = "Laura",
             LastName = "Norman",
             Year = AcademicYear.Senior
        },
        new Student{
             FirstName = "Nino",
             LastName = "Olivetto",
             Year = AcademicYear.Senior
        }
    );
    context.SaveChanges();
    context.Courses.AddOrUpdate(
         new Course { Title = "Chemistry", Credits = 3 },
         new Course { Title = "Microeconomics", Credits = 3 },
         new Course { Title = "Macroeconomics", Credits = 3 },
         new Course { Title = "Calculus", Credits = 4 },
         new Course { Title = "Trigonometry", Credits = 4 },
         new Course { Title = "Composition", Credits = 3 },
         new Course { Title = "Literature", Credits = 4 }
    );
    context.SaveChanges();
    context.Enrollments.AddOrUpdate(
        new Enrollment { StudentID = 1, CourseID = 1, Grade = 1 },
        new Enrollment { StudentID = 1, CourseID = 2, Grade = 3 },
        new Enrollment { StudentID = 1, CourseID = 3, Grade = 1 },
        new Enrollment { StudentID = 2, CourseID = 4, Grade = 2 },
        new Enrollment { StudentID = 2, CourseID = 5, Grade = 4 },
        new Enrollment { StudentID = 2, CourseID = 6, Grade = 4 },
        new Enrollment { StudentID = 3, CourseID = 1 },
        new Enrollment { StudentID = 4, CourseID = 1 },
```

```
    new Enrollment { StudentID = 4, CourseID = 2, Grade = 4 },
    new Enrollment { StudentID = 5, CourseID = 3, Grade = 3 },
    new Enrollment { StudentID = 6, CourseID = 4 },
    new Enrollment { StudentID = 7, CourseID = 5, Grade = 2 }
);
context.SaveChanges();
```

在包管理器控制台中连续执行以下两条命令：

```
add - migration initial
update - database
```

其中，第一条命令用来创建数据库迁移脚本，第二条命令真正执行该脚本。很显然，系统将在数据库中建立 Students、Courses 和 Enrollments 几张表，并插入 Seed 方法中提供的数据。打开服务器资源管理器，连接到该数据库，可以查询表结构及数据。

（4）显示学生的相关信息：首先修改模板页，以便显示应用程序的名称和导航菜单。

打开 Site. Master 母版页，更改 navbar-header 中的应用程序标题：

```
<a class = "navbar - brand" runat = "server" href = "~/">学生管理</a>
```

同时删除原有的 About 和 Contact 导航菜单，添加 Student 导航菜单：

```
<li><a runat = "server" href = "~/Students"> Students </a></li>
```

然后以 Site. Master 为母版建立新的 Web 窗体，取名为 Students. aspx。下面将在该窗体中使用 GridView 控件显示学生的相关信息。

打开 Students. aspx 文件，在 MainContent 占位符中加入以下代码：

```
<asp:GridView runat = "server" ID = "studentsGrid"
    ItemType = "University.Models.Student" DataKeyNames = "StudentID"
    SelectMethod = "studentsGrid_GetData"
    AutoGenerateColumns = "false">
    <Columns>
        <asp:DynamicField DataField = "StudentID" />
        <asp:DynamicField DataField = "LastName" />
        <asp:DynamicField DataField = "FirstName" />
        <asp:DynamicField DataField = "Year" />
        <asp:TemplateField HeaderText = "Total Credits">
            <ItemTemplate>
            <asp:Label Text = "<%# Item.Enrollments.Sum(
                    en => en.Course.Credits) %>" runat = "server" />
            </ItemTemplate>
        </asp:TemplateField>
    </Columns>
</asp:GridView>
```

注意，ItemType 属性指定了 GridView 绑定的模型类，这样在后续的<Columns>标签中就可以引用模型的各个属性，这就是模型绑定技术的好处。

其难点在于最后一列，要统计某学生已获得的总学分，因为每个学生都有一个集合属性 Enrollments，使用 Item. Enrollments 可以获取该选课集合，然后使用 LINQ 语法统计出所选课程的总学分，代码如下：

```
Item.Enrollments.Sum( en => en.Course.Credits)
```

很显然，这里针对 Enrollments 实体集调用了 Sum 扩展方法，并使用了 Lambda 表达式来构造统计函数，其含义是将该学生的选课集合 Enrollments 传递给参数 en，并在其上针对学分 Credits 进行求和。

还要注意 SelectMethod 属性，它指明了当 GridView 加载数据时所要调用的方法，即 studentsGrid_GetData 方法。在页面后台文件中加入以下代码：

```
public IQueryable<Student> studentsGrid_GetData() {
    SchoolContext db = new SchoolContext();
    var query = db.Students.Include( s => s.Enrollments.Select(e => e.Course));
    return query;
}
```

这里使用了 Include 方法来加载子查询，即针对每个学生查询其所有的选课信息，但选课实体中只包含学号、课号和学分 3 个属性，不包含课程名等详细信息，所以这里又从选课实体连接到了课程实体。粘贴以上代码后会有错误提示，这是因为没有导入必要的组件包，请加入以下语句：

```
using University.Models;
using System.Data.Entity;
```

至此，已经可以列表显示学生的信息。运行该程序，单击 Students，效果如图 8-33 所示。

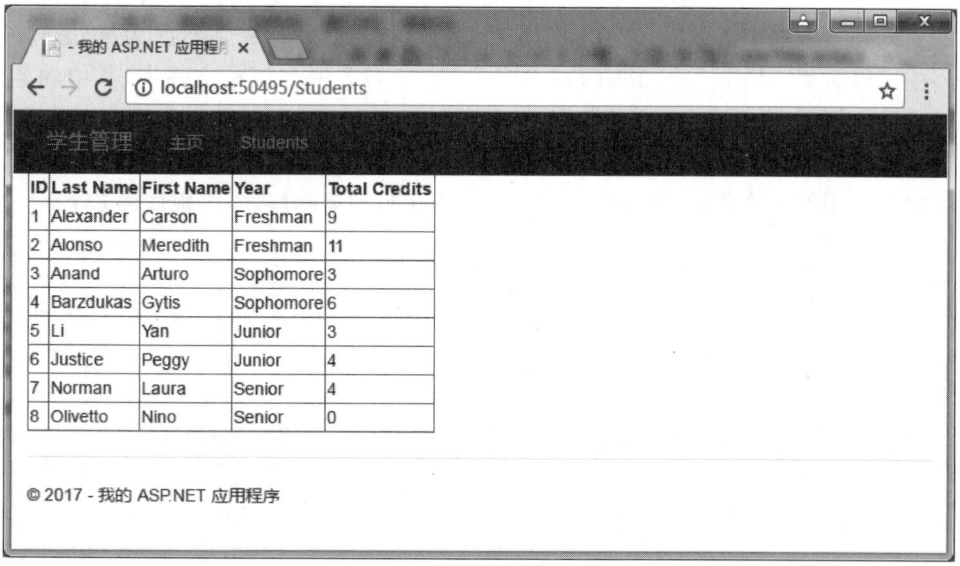
- 我的 ASP.NET 应用程序
localhost:50495/Students
学生管理
主页
Students
ID Last Name First Name Year Total Credits
1 Alexander Carson Freshman 9
2 Alonso Meredith Freshman 11
3 Anand Arturo Sophomore 3
4 Barzdukas Gytis Sophomore 6
5 Li Yan Junior 3
6 Justice Peggy Junior 4
7 Norman Laura Senior 4
8 Olivetto Nino Senior 0
© 2017 - 我的 ASP.NET 应用程序

图 8-33 学生列表显示页面

在 GridView 声明中除了 SelectMethod 属性以外，还可以指定 UpdateMethod、InsertMethod 以及 DeleteMethod 属性，并选择自动提示中的“创建新方法”在后台文件中添加代码。当 GridView 与模型绑定时，Visual Studio 自动生成的代码也以该模型为基础，很容易修改。

(5) 修改及删除学生数据：使用模型绑定技术可以很方便地实现数据更新及删除操作。为了减少代码量，这里将使用“动态数据模板”自动为模型的各属性生成相关控件。作为一种扩展组件，用户在使用前必须先安装动态数据模板。

在 Visual Studio 中选择“工具”→“NuGet 包管理器”→“管理解决方案的 NuGet 包”，然后单击“浏览”标签，并输入包名 DynamicDataTemplatesCS 进行检索，如图 8-34 所示。

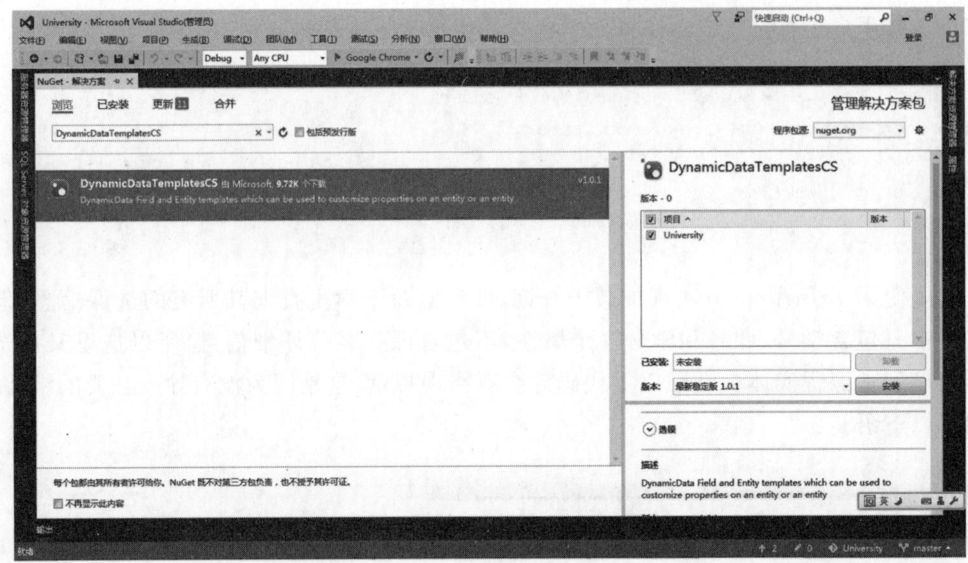

图 8-34 安装动态数据模板组件包

在右侧列表中选中当前项目并单击“安装”按钮，按照提示安装完成后，在解决方案资源管理器中可以看到新增的 DynamicData 文件夹，它又包含两个模板文件夹，其中的各个模板将被自动作用于 Web Form 中的各个动态控件。

在 GridView 上启用更改和删除方法比较简单，需要在 UpdateMethod 和 DeleteMethod 属性中指定要调用的方法名称，还需要配置自动生成编辑和删除按钮，完整代码如下：

```
<asp:GridView runat = "server" ID = "studentsGrid"
    AutoGenerateColumns = "false"
    ItemType = "University.Models.Student" DataKeyNames = "StudentID"
    SelectMethod = "studentsGrid_GetData"
    UpdateMethod = "studentsGrid_UpdateItem"
    DeleteMethod = "studentsGrid_DeleteItem"
    AutoGenerateEditButton = "true" AutoGenerateDeleteButton = "true" >
```

在后台代码文件中首先导入 System.Data.Entity.Infrastructure 包：

```
using System.Data.Entity.Infrastructure;
```

然后针对更改操作加入以下代码：

```
public void studentsGrid_UpdateItem(int studentID){
    using (SchoolContext db = new SchoolContext()){
        Student item = null;
        item = db.Students.Find(studentID);
        if (item == null){
            ModelState.AddModelError("",
               String.Format("Item with id {0} was not found", studentID));
            return;
        }
        TryUpdateModel(item);
        if (ModelState.IsValid) {     db.SaveChanges();     }
    }
}
```

这里首先根据传入的 ID 查找 Student 对象，若未找到，则向模型状态中写入错误信息并返回；若找到，则调用 TryUpdateModel 方法，将表单控件的值向模型对象绑定，在绑定过程中会自动进行数据验证，若验证成功，则调用 db.SaveChanges()更新数据。

再看一下删除操作的代码：

```
public void studentsGrid_DeleteItem(int studentID){
    using (SchoolContext db = new SchoolContext()) {
        var item = new Student { StudentID = studentID };
        db.Entry(item).State = EntityState.Deleted;
        try {     db.SaveChanges();     }
        catch (DbUpdateConcurrencyException) {
            ModelState.AddModelError("",
                String.Format("id {0} no longer exists.", studentID));
        }
    }
}
```

通过 db.Entry(item)定位到指定模型对象，并设定其状态为 Deleted，然后调用 db.SaveChanges()更新数据库。

重新运行程序，单击某记录前面的“编辑”按钮，界面如图 8-35 所示。

注意 GridView 中的学年列，该列的值为枚举类型，在编辑状态下枚举类型自动显示为下拉列表框，这由动态数据模板自动实现，在 DynamicData 的 FieldTemplates 下的 Enumeration_Edit.ascx 中可以定制其显示方式。

在更新数据时通常要进行数据校验，当校验不通过时不能提交。回头看一看我们设计的 Student 模型类，其中使用注解设定了很多校验规则，例如 FirstName 和 LastName 不能为空、FirstName 的最大宽度为 20 等，动态数据模板就是根据这些规则自动添加客户端和服务器端的校验代码。若要显示校验信息，可以在页面上添加一个 ValidationSummary 控件，并设定其 ShowModelStateErrors 属性为 true，代码如下：

```
<asp:ValidationSummary ShowModelStateErrors = "true" runat = "server" />
```

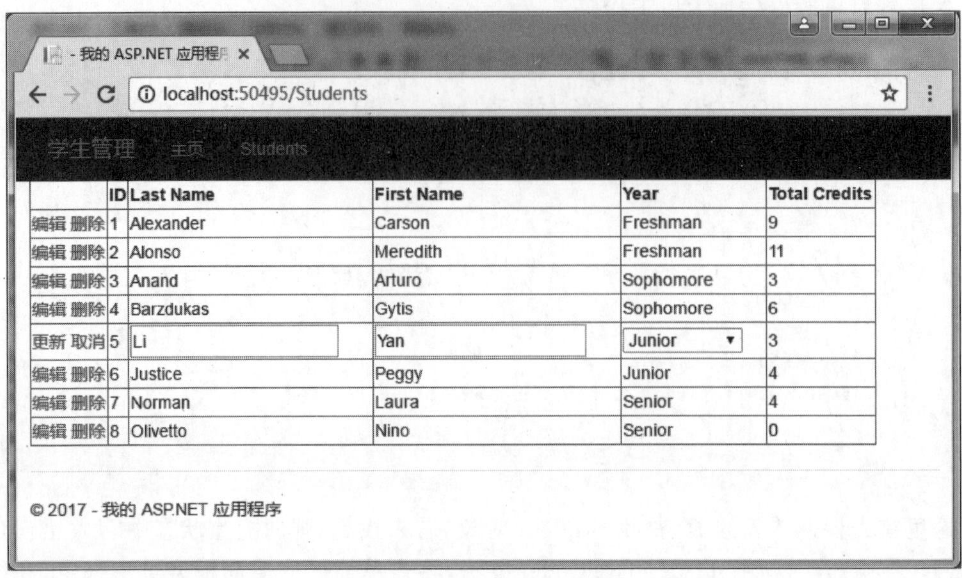

图 8-35　学生信息更新页面

再次运行该程序，在编辑状态下尝试清空学生的 FirstName 并保存，可以看到校验失败信息显示在页面上。

（6）添加一个学生：GridView 控件没有 InsertMethod 属性，所以无法实现插入数据的功能，而 FormView、DetailsView 和 ListView 控件都具有该属性，这里将使用 FormView 控件添加学生。

首先在 Students.aspx 页面顶部放置一个添加学生的链接，代码如下：

```
<asp:HyperLink NavigateUrl = "~/AddStudent" Text = "Add New Student" runat = "server" />
```

然后根据 Site.Master 模板创建一个新的 Web Form 页面，取名为 AddStudent，在 MainContent 占位符中插入以下代码：

```
<asp:ValidationSummary runat = "server" ShowModelStateErrors = "true" />
<asp:FormView runat = "server" ID = "addStudentForm"
    ItemType = "University.Models.Student"
    InsertMethod = "addStudentForm_InsertItem" DefaultMode = "Insert"
    OnItemInserted = "addStudentForm_ItemInserted">
    <InsertItemTemplate>
      <fieldset>
        <ol><asp:DynamicEntity runat = "server" Mode = "Insert" /></ol>
        <asp:Button runat = "server" Text = "Insert" CommandName = "Insert"/>
        <asp:Button runat = "server" Text = "Cancel"
              CausesValidation = "false" OnClick = "cancelButton_Click" />
      </fieldset>
    </InsertItemTemplate>
</asp:FormView>
```

可以看出，这里同样使用 ItemType 属性设置了模型类，然后使用 DynamicEntity 控件根据模型类动态地构建表单界面。InsertMethod 属性指定了执行 Insert 命令时所要调用的方法，OnItemInserted 属性指定数据插入后要执行的操作。

在后台代码文件中首先导入 Models 包：

```
using University.Models;
```

然后加入以下几段代码：

```
public void addStudentForm_InsertItem(){
    var item = new Student();
    TryUpdateModel(item);
    if (ModelState.IsValid){
        using (SchoolContext db = new SchoolContext()){
            db.Students.Add(item);
            db.SaveChanges();
        }
    }
}
protected void cancelButton_Click(object sender, EventArgs e){
    Response.Redirect("~/Students");
}
protected void addStudentForm_ItemInserted(object sender,
                                            FormViewInsertedEventArgs e){
    Response.Redirect("~/Students");
}
```

第一个方法为插入数据的代码，使用 TryUpdateModel 方法将表单输入传递给模型对象，然后判断模型对象是否校验通过，若通过则将新增人员信息保存到数据库中。后两个方法都是直接转回学生管理的首页。

再次编译、执行该工程，单击学生列表页面中顶部的新增按钮，打开新增页面，如图 8-36(a)所示。输入学生信息，单击 Insert 按钮，TryUpdateModel 方法会使用 FormView 控件更新绑定的模型，然后在 using 块中将模型对象添加到 Students 集合，并保存到数据库。在学生列表页面中可以看到新添加的记录，如图 8-36(b)所示。

(7) 数据过滤：使用模型绑定还可以为后台调用的方法指定参数，而参数值可以来源于控件、Cookie、QueryString、RouteData 等。例如想控制 GridView 显示指定学年的学生信息，也就是要对学生按学年过滤，学年信息采用下拉列表框选择，实现方法是将列表框控件的值作为参数传递给 studentsGrid_GetData()方法。

首先在 Students.apsx 文件中添加学年选择列表框，代码如下：

```
<asp:Label runat = "server" Text = "Show:" />
<asp:DropDownList runat = "server" AutoPostBack = "true" ID = "DisplayYear">
    <asp:ListItem Text = "All" Value = "" />
    <asp:ListItem Text = "Freshman" />
    <asp:ListItem Text = "Sophomore" />
    <asp:ListItem Text = "Junior" />
    <asp:ListItem Text = "Senior" />
</asp:DropDownList>
```

(a) 添加页面

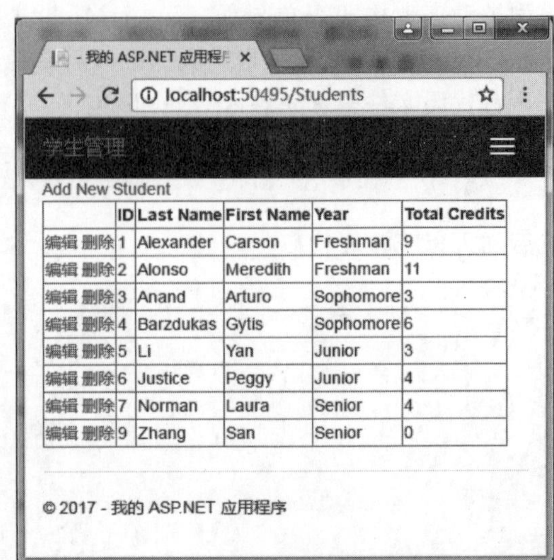

	ID	Last Name	First Name	Year	Total Credits
编辑 删除	1	Alexander	Carson	Freshman	9
编辑 删除	2	Alonso	Meredith	Freshman	11
编辑 删除	3	Anand	Arturo	Sophomore	3
编辑 删除	4	Barzdukas	Gytis	Sophomore	6
编辑 删除	5	Li	Yan	Junior	3
编辑 删除	6	Justice	Peggy	Junior	4
编辑 删除	7	Norman	Laura	Senior	4
编辑 删除	9	Zhang	San	Senior	0

(b) 添加后的学生列表页面

图 8-36 添加学生信息

然后修改后台文件，将 studentsGrid_GetData()方法改为以下形式：

```
public IQueryable<Student> studentsGrid_GetData(
                                        [Control] AcademicYear? displayYear){
    SchoolContext db = new SchoolContext();
    var query = db.Students.Include(s => s.Enrollments
                                                   .Select(e => e.Course));
    if (displayYear != null){
        query = query.Where(s => s.Year == displayYear);
    }
    return query;
}
```

注意代码中的加粗部分。可以看出该方法接收一个名为 displayYear 的参数，该参数值从控件取得，类型为 AcademicYear 枚举；若 displayYear 参数值不为空，则在查询中加入新的过滤条件“s => s. Year == displayYear”。

由于控件绑定要引用 System. Web. ModelBinding 命名空间，所以还需要加入以下代码：

```
using System.Web.ModelBinding;
```

运行程序，效果如图 8-37 所示。

(8) 显示学生选课信息：下面要添加一个页面，来显示指定学生的选课列表。

首先以 Site. Master 为母版创建一个 Web Form 页面，名为 Courses. aspx，并在 MainContent 部分加入以下 GridView 代码：

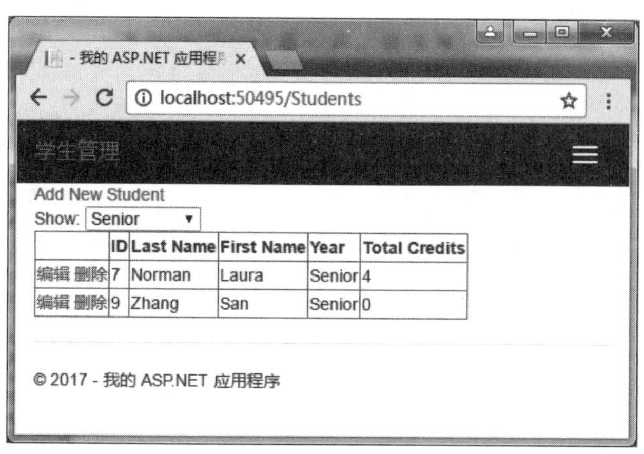

图 8-37　按学年过滤学生信息的页面

```
<asp:GridView runat = "server" ID = "coursesGrid"
    ItemType = "University.Models.Enrollment"
    SelectMethod = "coursesGrid_GetData" AutoGenerateColumns = "false">
    <Columns>
      <asp:BoundField HeaderText = "Title" DataField = "Course.Title" />
      <asp:BoundField HeaderText = "Credits" DataField = "Course.Credits" />
      <asp:BoundField HeaderText = "Grade" DataField = "Grade" />
    </Columns>
    <EmptyDataTemplate>
        <asp:Label Text = "No Enrolled Courses" runat = "server" />
    </EmptyDataTemplate>
</asp:GridView>
```

注意代码中的粗体部分，这里为 GridView 指定了绑定到模型 Enrollment，并指定了加载数据的方法为 coursesGrid_GetData。再请注意前两个绑定列，DataField 属性分别为 Course.Title 和 Course.Credits，这是因为在 Enrollment 模型中包含了导航属性 Course，从中可以获取到所选课程的详细信息。

下面更改后台代码，在代码文件 Courses.aspx.cs 中加入以下几条导入语句：

```
using University.Models;
using System.Web.ModelBinding;
using System.Data.Entity;
```

然后加入以下 coursesGrid_GetData 方法：

```
public IQueryable<Enrollment> coursesGrid_GetData
                                        ([QueryString] int? studentID){
    SchoolContext db = new SchoolContext();
    var query = db.Enrollments.Include(e => e.Course)
                                    .Where(e => e.StudentID == studentID);
    return query;
}
```

该方法需要传入一个 studentID 作为参数，使用模型绑定，该参数可以从请求字符串中获取，所以需要在调用它的页面中构造请求字符串，这里通过在 Students. aspx 页面中增加一个超链接列来实现。

打开 Students. aspx 页面，在 GridView 的总学分列之后增加以下超链接列：

```
<asp:HyperLinkField Text = "Courses"
    DataNavigateUrlFormatString = "~/Courses.aspx?StudentID = {0}"
    DataNavigateUrlFields = "StudentID" />
```

再次运行该程序，进入学生列表页面，如图 8-38(a)所示；单击某行后面的 Courses 超链接，可以显示该生的选课信息，如图 8-38(b)所示。

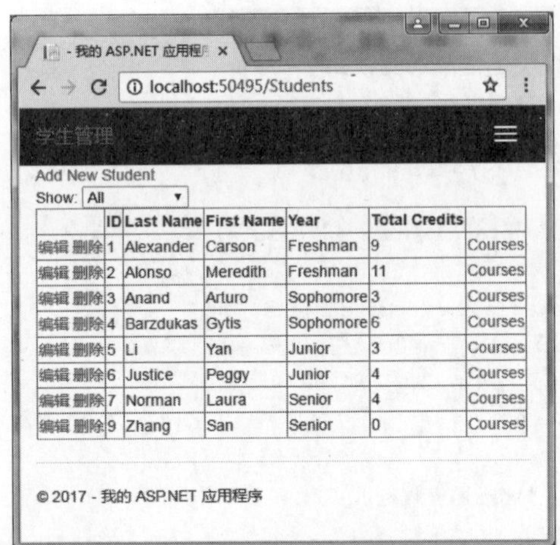

	ID	Last Name	First Name	Year	Total Credits	
编辑 删除	1	Alexander	Carson	Freshman	9	Courses
编辑 删除	2	Alonso	Meredith	Freshman	11	Courses
编辑 删除	3	Anand	Arturo	Sophomore	3	Courses
编辑 删除	4	Barzdukas	Gytis	Sophomore	6	Courses
编辑 删除	5	Li	Yan	Junior	3	Courses
编辑 删除	6	Justice	Peggy	Junior	4	Courses
编辑 删除	7	Norman	Laura	Senior	4	Courses
编辑 删除	9	Zhang	San	Senior	0	Courses

(a) 学生列表页面

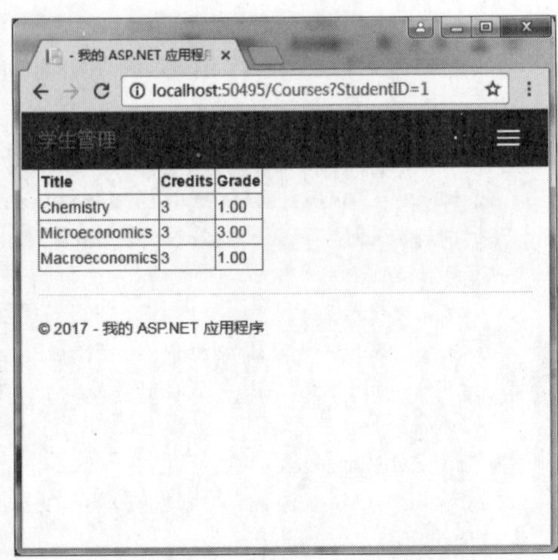

Title	Credits	Grade
Chemistry	3	1.00
Microeconomics	3	3.00
Macroeconomics	3	1.00

(b) 指定学生的选课列表页面

图 8-38　查看学生的选课信息

8.5　习题与上机练习

1. 选择题

(1) 为了将页面的 PageNum 属性值绑定到某 Label 控件上显示，需要设置该控件的 Text 属性为(　　)数据绑定表达式。

A. <%# PageNum %>　　B. <%$ PageNum %>
C. <%# Eval("PageNum") %>　　D. <%# Bind("PageNum") %>

(2) 在使用 DataView 对象进行筛选和排序等操作之前必须指定一个(　　)对象作为 DataView 对象的数据来源。

A. DataTable　　B. DataGrid　　C. DataRows　　D. DataSet

(3) 在包含多个 DataTable 对象的 DataSet 中，可以使用(　　)对象来使一个表和另一个表相关联。

A. DataRelation　　B. Collections　　C. DataColumn　　D. DataRows

(4) 在 GridView 控件中设定显示学生的学号、姓名、出生日期等字段。现要将出生日期设定为短日期格式，则应将数据格式表达式设定为(　　)。

A. {0:d}　　B. {0:c}　　C. {0:yy-mm-dd}　　D. {0:p}

(5) XMLDateSource 与 SiteMapDataSource 数据源控件能够用来访问(　　)。

A. 关系型数据　　B. 层次性数据　　C. 字符串数据　　D. 数值型数据

2. 简答题

(1) 构造一个课程的集合，每门课程包含课程号、课程名、学时等数据项；在页面上添加一个课程列表框，能够显示集合中所有课程的名称，但提交所选的课程号。请写出代码。

(2) 在 SqlDataSource 配置使用命令参数时可以采用哪几种方式获得参数值?

(3) 试比较 GridView、DetailView、FormView 和 ListView 几种控件的特点，分别说明每种控件的用途。

(4) 在处理 GridView 的行数据时通常可以使用哪些行命令? 分别会触发哪些行事件?

(5) 在 GridView 的模板列中可以使用哪些常用的模板类型? 分别代表什么?

(6) 在模板列中使用 Eval 和 Bind 方法都可以绑定到数据项，试比较两种用法的异同。

3. 上机练习

接第 7 章的上机练习题。

以管理员身份登录系统后进入用户信息管理界面，实现用户信息的编辑(删除、编辑、查询)。用 GridView 数据绑定控件实现。

第9章 MVC开发模式

Web 开发需要考虑用户界面与交互逻辑、业务处理逻辑、数据访问逻辑等一系列问题，若采用传统的 Web Form 技术，多数处理将集中在页面组件中，导致页面处理逻辑过于复杂。对于大型的 Web 应用，一般都会选用合理的架构和框架，大幅度提高开发效率。

Web 开发中最常用的架构方案是“三层体系结构”，即将软件结构分解为表示层、业务层和数据访问层。在每一层又可以选择合理的开发模式和框架，其中，MVC 是最经典的表示层开发模式，它解耦了用户界面与后台处理逻辑，利于搭建可扩展的 Web 应用。

9.1 MVC 基础

MVC 代表 Model-View-Controller，即“模型-视图-控制器”，它是一种应用非常广泛的软件设计范式。MVC 将界面展示、用户交互与后台处理相分离，采用多种组件协调工作的方式来组织应用程序，其核心组件包括下面三大类。

(1) 模型组件：通常包含应用程序的数据模型和处理模型。

(2) 视图组件：用于显示模型数据，并与用户交互。

(3) 控制器组件：作为连接模型与视图的桥梁，它要从视图组件获取请求数据，委派模型组件处理请求，获取处理结果，并将结果传递给视图组件以展示给用户。

9.1.1 创建一个 ASP.NET MVC 项目

例 9-1 用 MVC 模板创建一个 ASP.NET 项目，学习 MVC 模式下程序的运转流程。

首先创建一个空的 ASP.NET MVC 项目，并测试其运行效果。

启动 Visual Studio，新建 Web 应用项目，输入名称“exam9_1”并确定，然后在打开的选择模板对话框中选择“MVC”项目模板，如图 9-1 所示，单击“确定”按钮。

这时 Visual Studio 已经根据 Web MVC 项目模板创建好了一个项目，用户可以在解决方案资源管理器中查看项目的结构，并且可以运行该项目。

按 F5 键或 Ctrl + F5 组合键执行该项目，VS 将启动 IIS Express 并部署运行该 Web 项目，首页如图 9-2 所示。

Visual Studio 使用 BootStrap 作为客户端框架，构造响应式页面，针对不同的设备、分辨率和窗口大小，页面会自动适应，请调整窗口大小以观察页面的适应性。

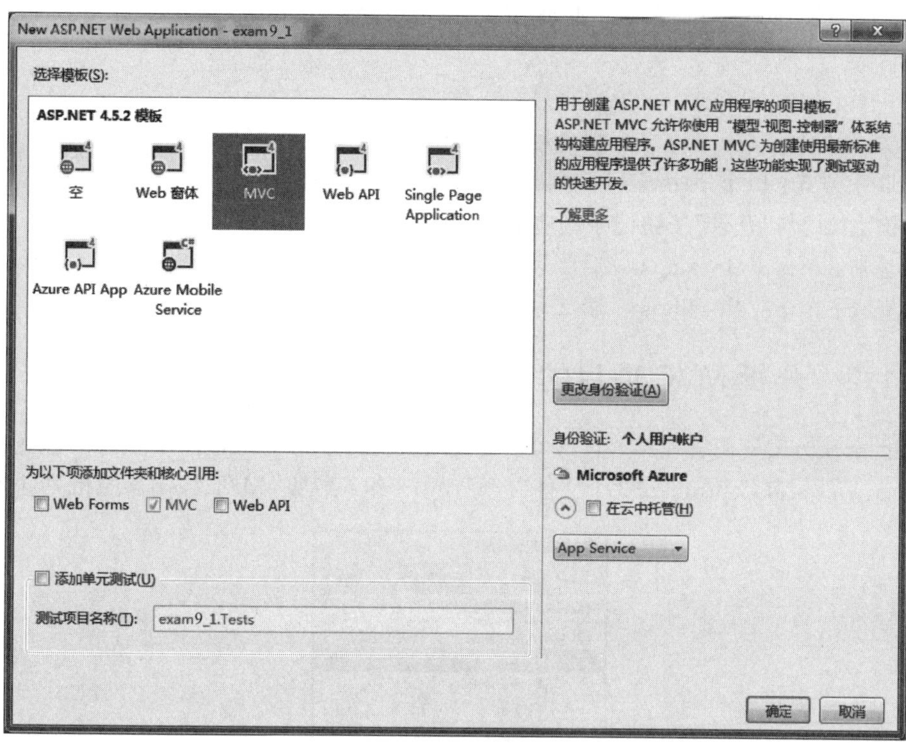

图 9-1　选择 MVC 项目模板

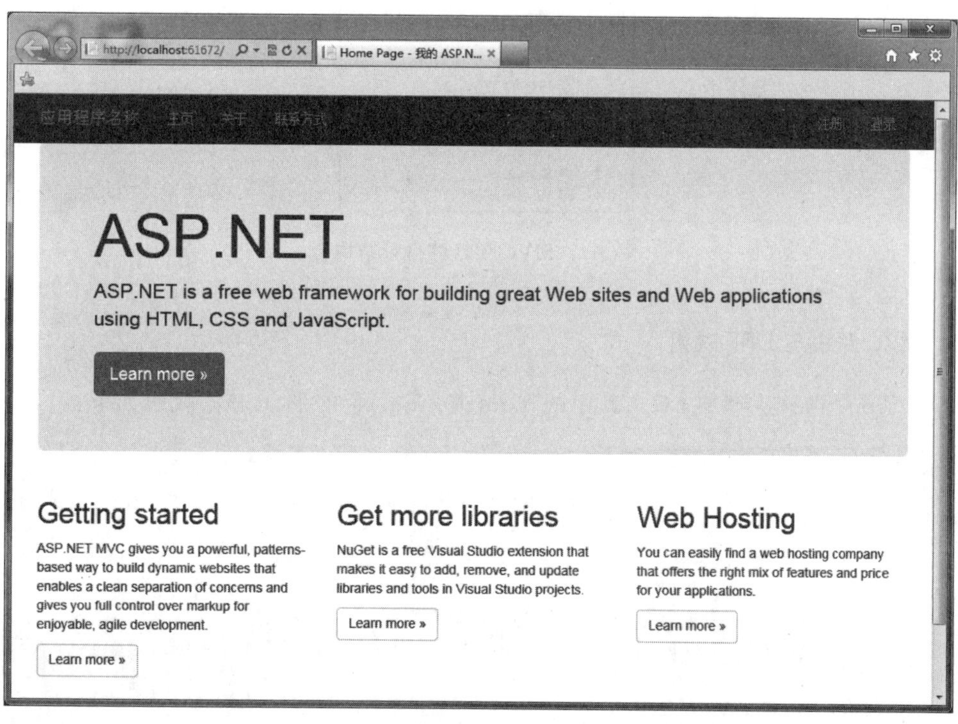

图 9-2　MVC 模板项目的首页

页面顶端是导航菜单，单击“主页”“关于”和“联系方式”3 个导航链接并记录相应的 URL。

- 主页：http://localhost：端口号/
- 关于：http://localhost：端口号/Home/About
- 联系方式：http://localhost：端口号/Home/Contact

单击“注册”与“登录”按钮记录相应的 URL。

- 注册：http://localhost：端口号/Account/Register
- 登录：http://localhost：端口号/Account/Login

9.1.2 分析 MVC 项目的结构与运转流程

打开“解决方案资源管理器”窗口，可以看到项目的目录结构，如图 9-3 所示。注意其中含有 Models、Views 和 Controllers 3 个文件夹，分别用于组织模型、视图、控制器的相关组件。

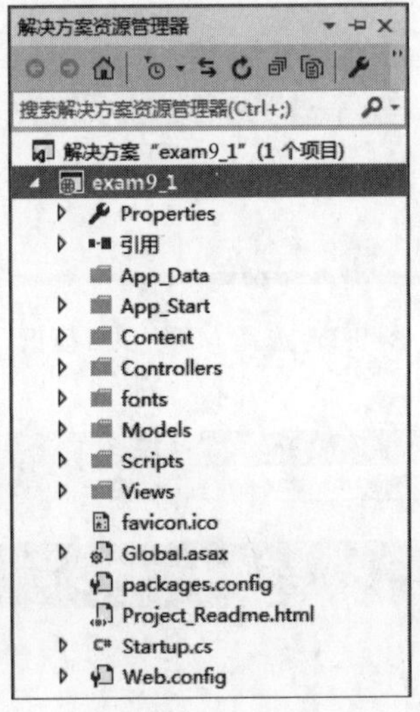

图 9-3 MVC 项目的目录结构

1. MVC 路由与 URL 映射

打开 App_Start 文件夹，双击其中的 RouteConfig. cs 文件，其核心代码如下：

```
public class RouteConfig {
    public static void RegisterRoutes(RouteCollection routes) {
        routes.IgnoreRoute("{resource}.axd/{ * pathInfo}");
        routes.MapRoute(
            name: "Default",
            url: "{controller}/{action}/{id}",
            defaults: new { controller = "Home", action = "Index", id = UrlParameter.Optional }
        );
    }
}
```

在 Web MVC 项目启动时系统会自动调用 RegisterRoutes 方法来注册路由，这里调用 MapRoute 方法定义了一条路由映射，映射的名称为 Default，URL 模式为{controller}/{action}/{id}形式，即将一个请求的 URL 分解为 controller、action 和 id 3 段；随后使用 defaults 项定义了这 3 段的默认值，即 controller 部分默认对应 Home，action 部分默认对应 Index，id 部分可以省略，没有默认值。

回忆导航菜单中的几个超链接，当单击“主页”链接时，其 URL 实际上对应着“http://localhost:端口号/Home/Index”；尝试在浏览器的地址栏中输入该 URL，可以看到同样打开了主页面。

理解 MVC 的关键在于 URL 映射。当浏览器请求某 URL 时，MVC 框架会根据映射规则将 URL 分解为 controller、action 和 id 3 个部分，其中，第一部分确定了控制器的类名，第二部分确定了要调用的方法名，第三部分将作为参数传入被调方法。例如，当请求 URL 为“http://localhost:端口号/Home/About”时，MVC 框架获知控制器类名为 HomeController，调用的方法名为 About，id 部分省略，所以未向 About 方法传递任何参数。

2. MVC 控制器组件

打开 Controllers 文件夹，双击其中的 HomeController.cs 文件，代码如下：

```
public class HomeController : Controller {
    public ActionResult Index(){
        return View();
    }
    public ActionResult About() {
        ViewBag.Message = "Your application description page.";
        return View();
    }
    public ActionResult Contact(){
        ViewBag.Message = "Your contact page.";
        return View();
    }
}
```

顾名思义，该控制器类将处理所有 URL 的 Controller 部分映射为 Home 的请求；其中又含有 3 个返回值类型为 ActionResult 的方法，这些方法被称为 action 方法，显然这些方法与 URL 映射中的 action 部分对应。很容易理解：当请求的 URL 为“http://localhost:端口号/Home/About”时，MVC 框架会自动导航到 HomeController 中的 About 方法处理该请求。

在 action 方法中通常需要做 3 项工作，一是从请求中获取输入数据，二是处理数据并准备输出到视图中的数据，三是将响应导航到输出视图，并将准备好的数据传递给该视图。本例的 About 方法只做了后两项工作，它将要输出的数据保存到 ViewBag 容器中，然后导航到输出视图。

ViewBag 是一个容器，用于在控制器和视图之间共享数据，数据以“名-值对”的形式进行包装。这里将输出内容“Your application description page.”以键名 Message 保存在 ViewBag 容器中，将来在视图页面中就可以通过同样的键名取出该键值。

最后一条语句为“return View();”，它将根据 URL 映射来确定响应页面，然后导航到该页面；该 URL 的 action 部分为 About，意味着输出视图为 About. cshtml。

3. MVC 视图组件

打开 Views 文件夹，再打开其中的 Home 文件夹，可以看到 3 个网页文件，即 About. cshtml、Contact. cshtml 以及 Index. cshtml。很显然，这 3 个视图文件正好与导航栏上的 3 个超链接相对应。

双击打开 About. cshtml 文件，其核心代码如下：

```
@{   ViewBag.Title = "About";  }
<h2>@ViewBag.Title.</h2>
<h3>@ViewBag.Message</h3>
<p>Use this area to provide additional information.</p>
```

第 1 行在 ViewBag 中添加了一个 Title 键，其值为 About；第 2、第 3 行分别以二级标题和三级标题的格式显示 Title 和 Message 的键值。Message 的键值从哪里来呢？大家很容易想到在 Controller 中曾经向 ViewBag 写入了该键，MVC 框架就是通过 ViewBag 在控制器和视图之间传递数据。About. cshtml 页面的显示结果如图 9-4 所示。

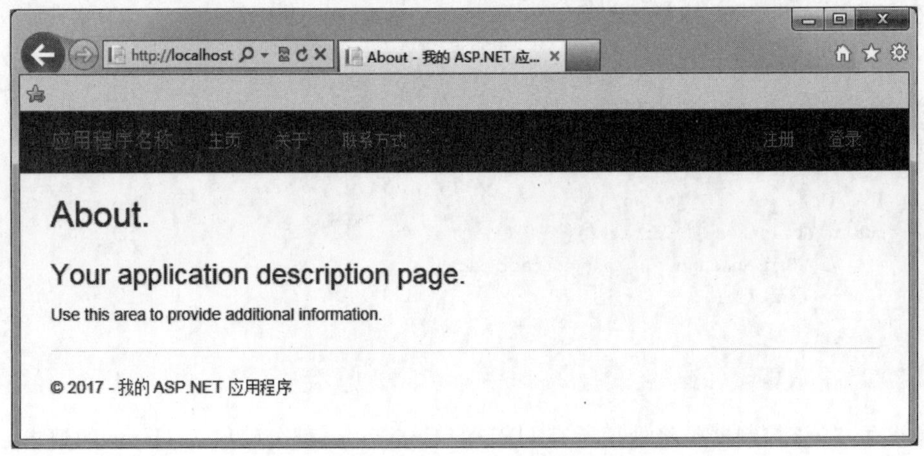

图 9-4　About 页面的显示效果

4. MVC 视图组件的页面模板

当单击各个导航链接时，打开的所有响应页面风格一致、结构基本相同，这是如何做到的呢？关键是使用了布局页面。双击 Views 文件夹下面的_ViewStart. cshtml 文件，查看其代码如下：

```
@{     Layout = "~/Views/Shared/_Layout.cshtml";     }
```

可以看出，在加载视图时MVC框架自动选择了一个布局文件，即Shared文件夹下面的_Layout.cshtml。打开该文件，代码如下：

```
<!DOCTYPE html>
<html>
<head>
<meta http-equiv="Content-Type" content="text/html; charset=utf-8"/>
    <meta charset="utf-8" />
    <meta name="viewport" content="width=device-width,
            initial-scale=1.0">
    <title>@ViewBag.Title - 我的 ASP.NET 应用程序</title>
    @Styles.Render("~/Content/css")
    @Scripts.Render("~/bundles/modernizr")
</head>
<body>
    <div class="navbar navbar-inverse navbar-fixed-top">
        <div class="container">
            <div class="navbar-header">
                <button type="button" class="navbar-toggle"
                 data-toggle="collapse" data-target=".navbar-collapse">
                    <span class="icon-bar"></span>
                    <span class="icon-bar"></span>
                    <span class="icon-bar"></span>
                </button>
                @Html.ActionLink("应用程序名称", "Index", "Home",
                     new { area = "" }, new { @class = "navbar-brand" })
            </div>
            <div class="navbar-collapse collapse">
                <ul class="nav navbar-nav">
                    <li>@Html.ActionLink("主页", "Index", "Home")</li>
                    <li>@Html.ActionLink("关于", "About", "Home")</li>
                    <li>@Html.ActionLink("联系方式", "Contact",
                                                      "Home")</li>
                </ul>
                @Html.Partial("_LoginPartial")
            </div>
        </div>
    </div>
    <div class="container body-content">
        @RenderBody()
        <hr />
        <footer>
            <p>&copy; @DateTime.Now.Year - 我的 ASP.NET 应用程序</p>
        </footer>
    </div>
    @Scripts.Render("~/bundles/jquery")
    @Scripts.Render("~/bundles/bootstrap")
    @RenderSection("scripts", required: false)
</body>
</html>
```

该文件定义了所有视图页面的整体布局，详情读者可深入研究。注意其中加粗的一行代码：

```
@RenderBody()
```

该代码负责将当前视图中定义的内容插入到布局中，也就是说，About.cshtml中定义的内容插入到该处，这样才生成了完整的响应页面。

5. 总结MVC的运转流程

这里以“关于”链接为例，单击该链接时向服务器端请求以下URL：

```
http://localhost:端口号/Home/About
```

该请求被MVC框架截获，根据URL模式被拆分为两个部分，Controller为Home、Action为About。根据映射结果，MVC框架会调用HomeController中的About方法来处理请求；在About方法中准备好响应数据，并将其压入ViewBag容器，然后将响应定向到About.cshtml文件；MVC框架在加载该文件时首先加载页面布局文件_Layout.cshtml，然后将About.cshtml的内容插入到布局中的相应位置，形成完整的输出页面，并最终显示给用户。

9.2 模型与控制器组件的使用

对于数据库应用，通常结合MVC模式与实体框架，借助Visual Studio工具搭建程序基架，从而实现快速、有序的开发。下面以一个简单的数据库应用为例来介绍MVC开发中的模型组件与控制器组件的设计。

例9-2 开发一个简单的影片管理程序，使其能够实现影片信息的增、删、改、查功能。

首先创建一个ASP.NET MVC项目，或打开例9-1创建的项目，然后为其创建模型组件与控制器组件，并分别介绍这两种组件的用法。

9.2.1 创建模型组件

模型组件通常代表数据库中的数据，并提供访问数据的方法。本例要建立影片的模型以及访问影片数据的方法，这对应两个类，即实体类和DbContext类。

1. 建立实体类

在解决方案资源管理器中打开Models文件夹并右击，选择“添加”→“类”命令，在弹出的对话框中输入名称“Movie”，然后单击“添加”按钮创建Movie实体类。

在Movie类中定义实体属性，代码如下：

```
public class Movie {
    public int ID { get; set; }
```

```
        public string Title { get; set; }
        public DateTime ReleaseDate { get; set; }
        public string Genre { get; set; }
        public decimal Price { get; set; }
    }
```

2. 建立 DbContext 类

在解决方案资源管理器中右击 Models 文件夹，选择“添加”→“新建项”命令，在弹出的对话框中选择 Visual C＃→Web→“数据”→“ADO. NET 实体数据模型”，输入名称“MovieDB”，如图 9-5 所示，然后单击“添加”按钮。

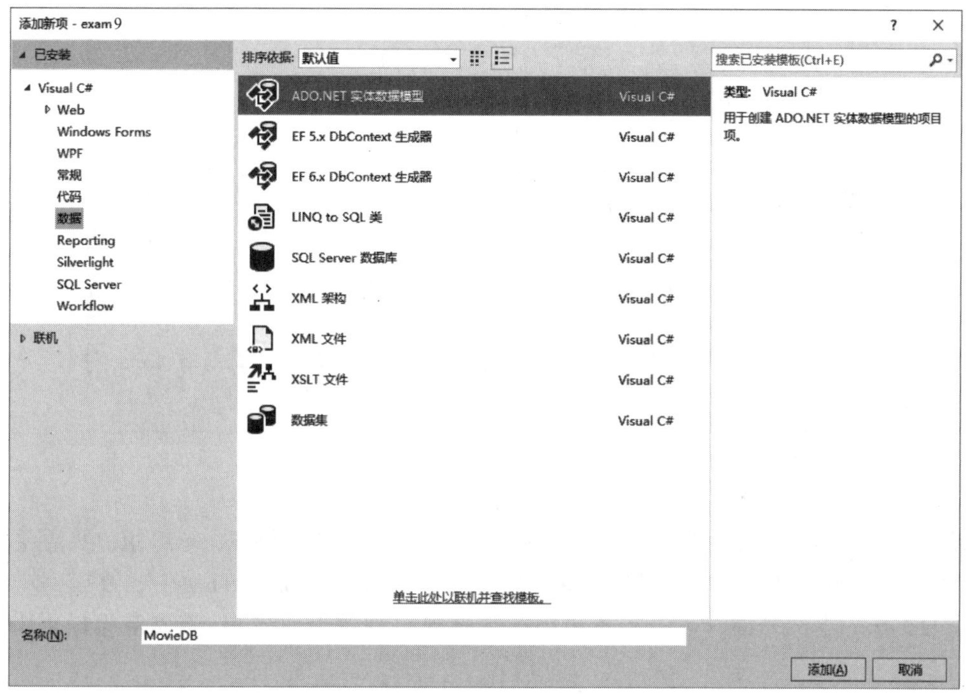

图 9-5　“添加新项”对话框

在弹出的“实体数据模型向导”对话框中选择“空 Code First 模型”，如图 9-6 所示，单击“完成”按钮，可以看到系统创建了 MovieDB. cs 文件，核心代码如下：

```
public class MovieDB : DbContext {
    public MovieDB() : base("name = MovieDB") {    }
    // public virtual DbSet<MyEntity> MyEntities { get; set; }
}
```

这就是实体框架要用到的数据访问类的代码框架，注意其中被注释掉的代码，它演示了如何为数据访问类定义属性。数据访问类的作用是在数据库中的表和程序代码中的实体集合之间建立关联，并能实现自动映射，即在需要时自动从数据库表中提取数据形成实体集

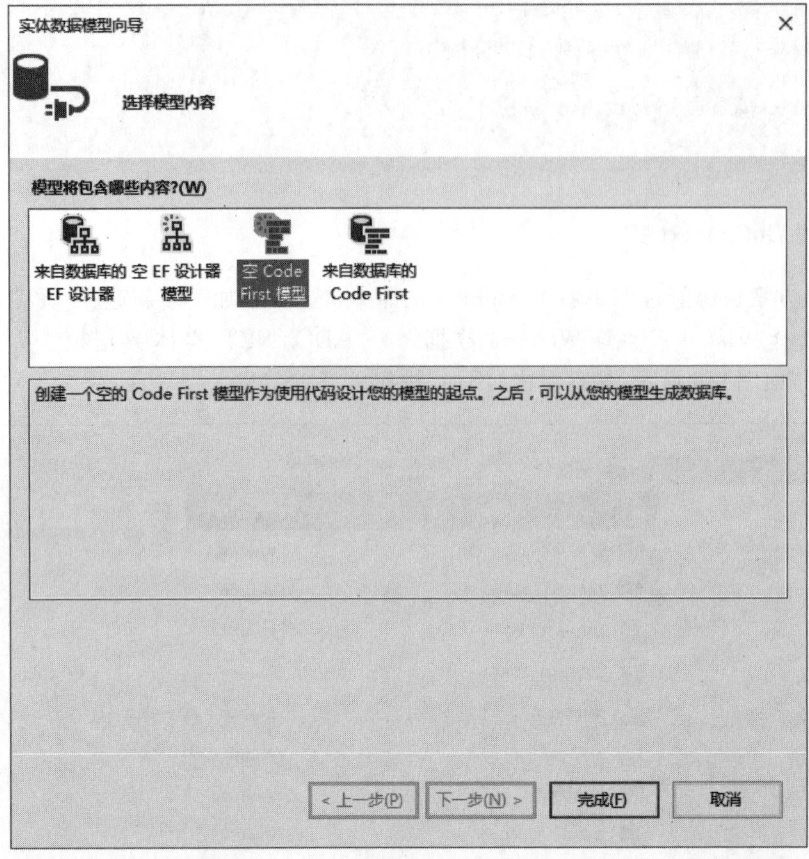

图 9-6 “实体数据模型向导”对话框

合，或者自动将实体集合上的所有修改持久化到数据库。为了做到这一点，用户只需要在数据访问类中为实体定义 DbSet 类型的属性，这样系统会针对该属性自动生成数据库增、删、改、查的方法。本例要将 Movie 实体集中的数据映射到数据库表中，需要定义以下 DbSet 属性：

```
public virtual DbSet<Movie> movies { get; set; }
```

至此，实体类 Movie 和数据访问类 MovieDB 已定义完成。在解决方案资源管理器中右击项目，选择“生成”，系统会根据实体定义自动配置数据库连接字符串，并保存到主配置文件 Web. config 中，如下所示：

```
<connectionStrings>
    <add name="MovieDB" connectionString="data source=(LocalDb)
        \MSSQLLocalDB;initial catalog=exam9.Models.Movie;
        integrated security=true; MultipleActiveResultSets=true;
        App=EntityFramework" providerName="System.Data.SqlClient" />
</connectionStrings>
```

本例中系统默认使用 SQL Server LocalDb 作为后台数据库，创建了名为 MovieDB 的连接字符串，用户可以根据实际情况更改配置，这里不做修改。在本例运行时 EF 框架会根据实体定义自动到数据库中建表。

9.2.2　创建控制器组件

(1) 在解决方案资源管理器中右击 Controller 文件夹，选择“添加”→“控制器”命令，在打开的“添加基架”对话框中选中“包含视图的 MVC5 控制器(使用 Entity Framework)”，然后单击“添加”按钮。

(2) 在弹出的对话框中选择模型类及数据上下文类，保持几个视图选项被选中，控制器类名称不变，如图 9-7 所示，单击“添加”按钮完成程序基架的创建。

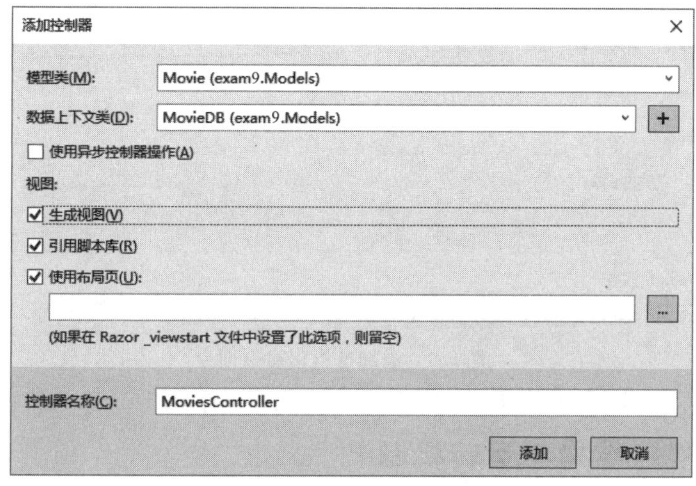

图 9-7　“添加控制器”对话框

至此 VS 已经根据模型创建了完整的数据访问基架，不需要编写任何代码。按 Ctrl+F5 组合键运行程序，在浏览器地址栏中补充控制器的名称 Movies，即访问 URL 为“http://localhost:端口号/Movies”的页面，如图 9-8 所示。

图 9-8　电影信息列表显示页面

这是针对电影实体的列表显示页面，单击 Create New 链接可以打开新建页面输入影片信息，如图 9-9 所示。相应的还有影片的详情页面、修改页面及删除页面。至此所有页面都已创建，所有功能都能正常运行，针对 Movie 实体已生成完整的增、删、改、查程序。

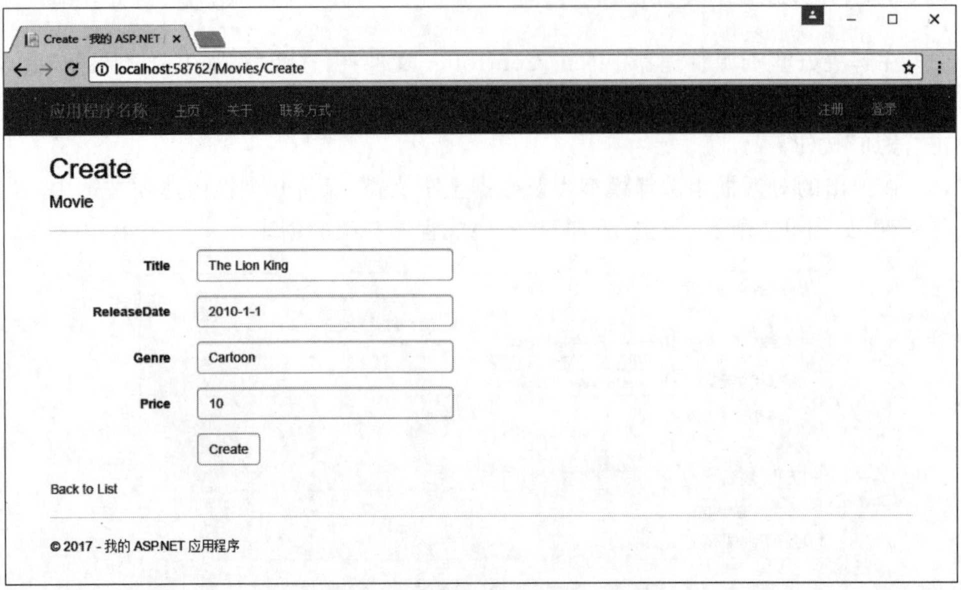

图 9-9　添加电影信息页面

9.2.3　程序结构与运转机制

在解决方案资源管理器中打开 Controllers 文件夹，双击打开 MoviesController.cs 文件，可以看到该类的结构如图 9-10 所示。其中 db 属性引用 DbContext 对象，依靠实体框架实现 ORM 功能；注意观察返回值类型为 ActionResult 的几个方法，它们被称为 action 方法，用于处理客户端请求，实现增、删、改、查功能，并导航到输出页面。下面逐一分析各 action 方法。

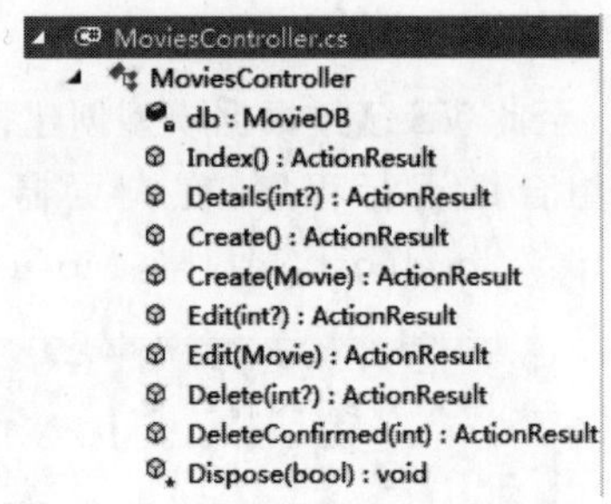

图 9-10　MoviesController 类的结构

(1) Index 方法：处理列表显示所有 Movie 的请求。代码如下：

```
public ActionResult Index() {
    return View(db.movies.ToList());
}
```

当用户在浏览器地址栏中输入“http://localhost:端口号/Movies”请求时，根据 RouteConfig.cs 中配置的映射规则，将 URL 分解为 controller＝Movies、action＝Index、id＝null 3 部分，于是 MVC 框架会将请求委派给 MoviesController 中的 Index 方法处理；在 Index 方法中调用 DbContext 对象的 movies 属性访问数据库获得所有 Movie 对象，并将

该列表包装到响应页面中返回；由于 action=Index,这也确定了响应页面为 Index.cshtml,在该页面中会加载列表数据,最终显示给用户。

(2) 以 GET 方式请求的 Create 方法：处理创建新影片的请求。

当用户在列表页面中单击 Create New 链接时,以 GET 方式请求以下 URL：

```
http://localhost:端口号/Movies/Create
```

根据 URL 映射规则,controller=Movies、action=Create,于是调用 MoviesController 中的 Create 方法,代码如下：

```
// GET: Movies/Create
public ActionResult Create() {      return View();      }
```

这里直接根据 Create.cshtml 构造了响应页面,用于输入影片信息。

(3) 以 POST 方式请求的 Create 方法：用于保存用户新建的影片信息。

当用户在新建页面中输入影片的信息后如图 9-9 所示,单击 Create 按钮,表单将以 POST 方式提交,其 URL 与 GET 方式相同,但包含表单数据。请求处理的代码如下：

```
// POST: Movies/Create
[HttpPost]
public ActionResult Create( [Bind(Include =
              "ID,Title,ReleaseDate,Genre,Price")] Movie movie) {
     if (ModelState.IsValid) {
          db.movies.Add(movie);
          db.SaveChanges();
          return RedirectToAction("Index");
     }
     return View(movie);
}
```

注意在方法前使用了"[HttpPost]"注解,指明该方法只能在 POST 请求时被触发。该方法需要传入一个 Movie 实体做参数,MVC 框架会从 POST 请求中获取请求参数,并包装成一个 Movie 对象传入 Create 方法；为安全生成 Movie 对象,使用了[Bind]注解来进行模型检测,以确定请求中是否包含 ID、Title、ReleaseDate、Genre、Price 等参数；若检测通过,则 ModelState.IsValid 的值为 true,MVC 框架会将传入的 Movie 对象添加到 DbContext 的 movies 列表中,然后调用 DbContext 的 SaveChanges 方法将更新内容保存到数据库中,最后重定向到"Index" action,以输出电影列表页面,如图 9-11 所示；若模型检测未通过,则说明用户输入的数据不全,重新返回 Create 页面,并将当前的 Movie 对象传递过去以便填充表单控件。

(4) Details 方法：用于处理显示一条记录详情的请求。代码如下：

```
// GET: Movies/Details/5
public ActionResult Details(int? id) {
    if (id == null) {
        return new HttpStatusCodeResult(HttpStatusCode.BadRequest);
```

```
    }
    Movie movie = db.movies.Find(id);
    if (movie == null) {     return HttpNotFound();     }
    return View(movie);
}
```

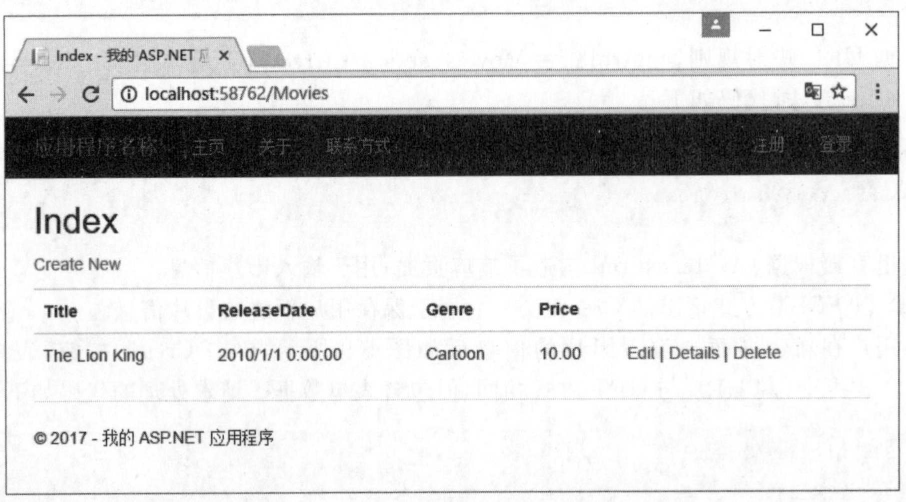

图 9-11　添加记录后的电影列表页面

当用户在 Index 页面中单击电影后面的 Details 链接时会发出以下 GET 请求：

```
http://localhost:端口号/Movies/Details/1
```

最后的"1"为该电影的 id 号。根据 URL 映射，该请求会由 MoviesController 中的 Details 方法处理，同时将 id 作为参数传入。注意方法原型中的 id 参数，其类型为"int ?"，这表示该参数可以省略，即调用 Details 方法时可以传递一个整型的 id，也可以不传递任何数据。在方法体中首先检测 id 参数是否为空，若不为空则根据 id 检索该电影，若找到则将生成的 Movie 对象传递给输出页面 Details. cshtml，显示该电影的详情信息；若传入的 id 为空，或根据 id 无法查找到对应的电影，则跳转到相应的错误页面。

(5) GET 请求的 Edit 方法：用于处理数据编辑请求，显示指定的电影信息以供用户编辑。

当用户在 Index 页面中单击电影后面的 Edit 链接时会以 GET 方式请求以下 URL：

```
http://localhost:端口号/Movies/Edit/1
```

很显然，该请求会由 MoviesController 中的 Edit 方法处理，代码如下：

```
// GET: Movies/Edit/5
public ActionResult Edit(int? id) {
    if (id == null){
        return new HttpStatusCodeResult(HttpStatusCode.BadRequest);
```

```
        }
        Movie movie = db.movies.Find(id);
        if (movie == null) {
            return HttpNotFound();
        }
        return View(movie);
    }
```

URL 中的 id 部分会被传入该方法。如果 id 不为空，则根据 id 检索该电影；若检索到，则将该 Movie 对象传入 Edit.cshtml 视图，显示该电影的信息供用户编辑，否则返回相应的错误页面。

(6) POST 请求的 Edit 方法：用于保存编辑过的数据。

当用户在编辑页面中更改了数据后单击 Save 按钮，将以 POST 方式提交表单，URL 格式如下：

```
http://localhost:端口号/Movies/Edit/1
```

对应的请求处理方法代码如下：

```
// POST: Movies/Edit/5
[HttpPost]
public ActionResult Edit([Bind(Include =
                  "ID,Title,ReleaseDate,Genre,Price")] Movie movie) {
    if (ModelState.IsValid) {
        db.Entry(movie).State = EntityState.Modified;
        db.SaveChanges();
        return RedirectToAction("Index");
    }
    return View(movie);
}
```

与 POST 方式的 Create 请求类似，这里先根据 POST 参数生成 Movie 实体对象，并进行模型有效性检测；若检测通过，则在 Context 中设置当前对象的状态为"已修改"，再调用 SaveChanges 方法保存修改，最后重定向到 Index 页面。

注意加粗的代码行，db.Entry(movie)能从 DbContext 中获取 Movie 实体集中的当前 Movie 对象，该行将当前 Movie 实体的状态设置为 Modified，进而在 DbContext 对象上调用 saveChanges 方法，将所有实体集上的修改保存到数据库。

(7) GET 请求的 Delete 方法：用于处理删除请求，并打开删除确认页面。

当用户在列表页面中单击电影后面的 Delete 链接时请求的 URL 如下：

```
http://localhost:端口号/Movies/Delete/1
```

请求处理的代码如下：

```
// GET: Movies/Delete/5
public ActionResult Delete(int? id) {
```

```
        if (id == null) {
            return new HttpStatusCodeResult(HttpStatusCode.BadRequest);
        }
        Movie movie = db.movies.Find(id);
        if (movie == null){
                    return HttpNotFound();
        }
        return View(movie);
    }
```

很显然，id 将作为参数传入，在方法体中根据 id 定位该记录，生成 Movie 对象传入输出视图 Delete. cshtml，最后显示删除确认页面，如图 9-12 所示。

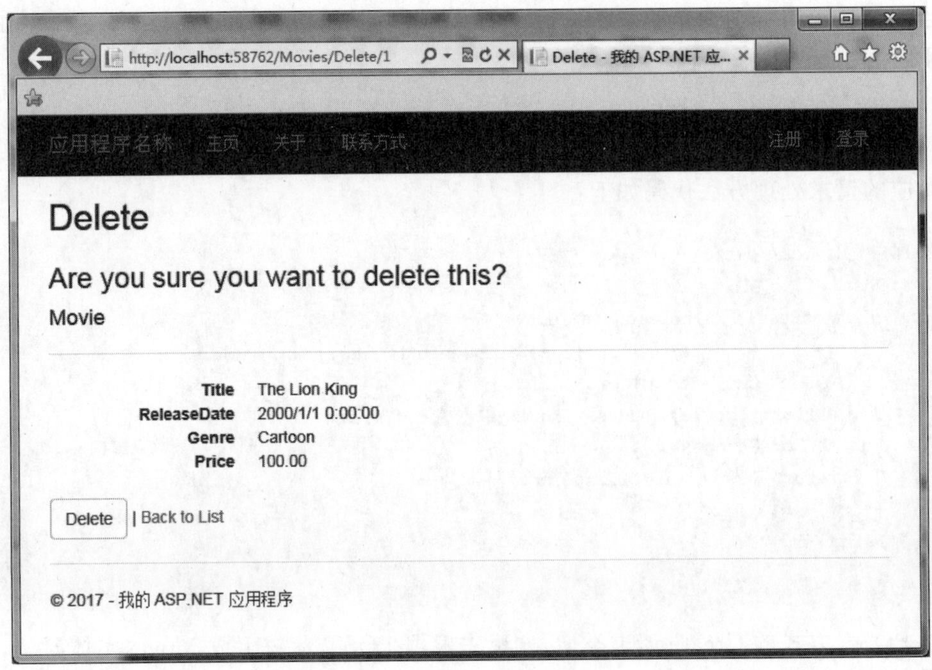

图 9-12　删除确认页面

(8) POST 请求的 Delete 方法：用于删除指定的一条数据。

在删除确认页面中，当用户单击了 Delete 按钮后将真正删除该记录，其请求 URL 如下：

```
http://localhost:端口号/Movies/Delete/1
```

请求处理的代码如下：

```
// POST: Movies/Delete/5
[HttpPost, ActionName("Delete")]
public ActionResult DeleteConfirmed(int id) {
    Movie movie = db.movies.Find(id);
```

```
        db.movies.Remove(movie);
        db.SaveChanges();
        return RedirectToAction("Index");
    }
```

在该方法中首先根据传入的 id 定位该 Movie，然后在 DbContext 的 movies 实体集合中删除该 Movie，并将更改持久化到数据库，最后重定向到 Index 页面。

注意代码加粗部分，由于方法名为 DeleteConfirmed，与路由映射中的 action 部分不一致，所以需要一行注解进行说明，ActionName("Delete")表示该方法用于处理 action 为 Delete 的请求。

9.3　视图组件的使用

MVC 模式采用了关注点分离的策略，将业务处理逻辑从页面分离出来，封装到控制器组件，而视图组件则封装了应用程序与用户交互的表示层逻辑。

在 MVC 开发中，视图组件通常不会采用 Web Form 模型，而是采用 Web Page 模型，它基于 HTML 模板，通过在其中嵌入代码来生成动态内容。视图组件采用 Razor 语法书写代码，由 Razor 引擎负责解释运行。

关于 Web Page 的详细介绍请参阅以下文档：

```
https://docs.microsoft.com/en-us/aspnet/web-pages/index
```

关于 Razor 语法的相关知识请参阅以下文档：

```
https://docs.microsoft.com/en-us/aspnet/core/mvc/views/razor
```

在解决方案资源管理器中打开 Views 下的 Movies 文件夹，可以看到 VS 利用系统基架自动生成的几个视图文件。

- Index.cshtml：列表显示电影信息的视图文件。
- Details.cshtml：显示指定电影详细信息的视图文件。
- Create.cshtml：创建新电影的视图文件。
- Edit.cshtml：修改指定电影信息的视图文件。
- Delete.cshtml：确认删除指定电影的视图文件。

视图文件以.cshtml 为扩展名，通常存放在应用程序目录下的 Views 文件夹中，并且针对每个控制器会生成一个相应的文件夹，针对各个 action 会生成相应的视图文件。

除了这种与 action 相关的视图文件外，ASP.NET 还支持布局视图(Layout)、局部视图(Partial Views)以及其他一些特殊的视图类型。

9.3.1　定义视图的整体外观

一般来说，一个 Web 项目的所有页面都会采用一致的样式，在 Web Form 模型中使用

Master Page 来创建一致的外观，而 Razor 引擎使用布局视图(Layout 模板)来统一外观。

在解决方案资源管理器中依次打开 Views 和 Shared 文件夹，可以看到_Layout. cshtml 文件，注意文件名前面带了下画线“_”，表示该文件为布局视图，不能直接在浏览器中请求，而只能被其他文件所引用。本项目中所有与 action 相关的视图都引用了该布局文件。

打开_Layout. cshtml，可以看出页面内容由两个部分构成，一是静态的 HTML 代码，二是用 Razor 语法书写的 C# 代码。Razor 元素的标记是“@”符号，它可用于引导一个行内的表达式，或者一个单行的语句块，或者多行的语句块。请看以下代码：

```
<title>@ViewBag.Title - 我的 ASP.NET 应用程序</title>
```

该行代码在 title 标签中加入了一个 Razor 表达式“@ViewBag. Title”，从 ViewBag 中获取 Title 键值并输出。

再看以下代码：

```
@Html.ActionLink("应用程序名称", "Index", "Home", new { area = "" },
                    new { @class = "navbar-brand" })
```

该代码将调用 HtmlHelper 对象的 ActionLink 扩展方法创建一个导航链接。该方法的第一个参数为超链接的显示文本，第二个参数代表 action，第三个参数代表 controller，最后两个参数控制显示样式。该链接的显示文本为“应用程序名称”，单击该链接时将请求以下 URL：

```
http://localhost:端口号/Home/Index
```

对该行代码进行修改：

```
@Html.ActionLink("我的 MVC 应用", "Index", "Home", new { area = "" },
                    new { @class = "navbar-brand" })
```

保存修改，按 Ctrl+F5 组合键运行程序，可以看到所有页面的标题链接文字都变成了“我的 MVC 应用”。

下面在导航菜单上加入影片管理的链接，注意下面的代码：

```
<li>@Html.ActionLink("联系方式", "Contact", "Home")</li>
```

在该行的后面再加上一行代码：

```
<li>@Html.ActionLink("影片管理", "Index", "Movies")</li>
```

保存文件，刷新页面，可以看到导航栏上出现了“影片管理”的链接，单击该链接就可以打开影片列表页面，如图 9-13 所示。

注意布局文件中的以下代码：

```
@Html.Partial("_LoginPartial")
```

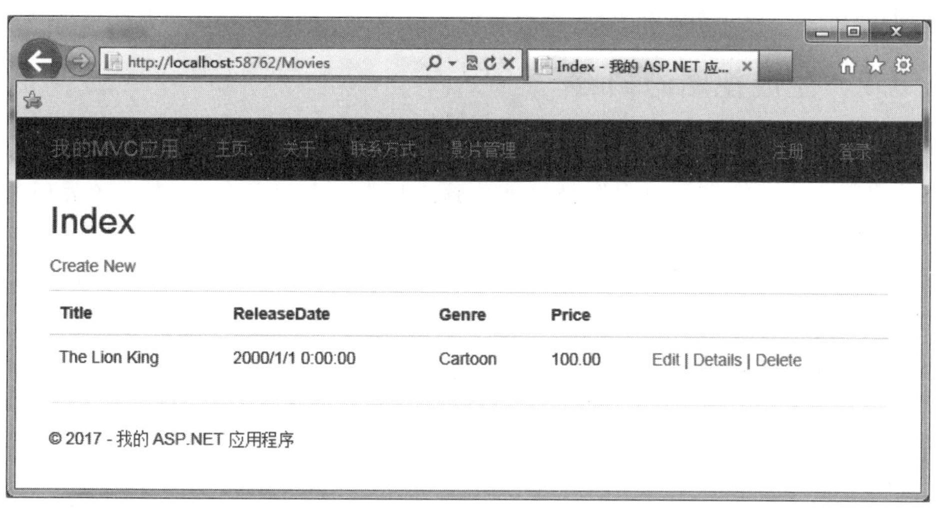

图 9-13 更改布局视图后的列表页面

这里使用 HtmlHelper 对象插入了一个局部视图"_LoginPartial"。打开"Views\Shared"目录下的局部视图文件"_LoginPartial.cshtml",代码如下:

```
@using Microsoft.AspNet.Identity
@if (Request.IsAuthenticated){
    using (Html.BeginForm("LogOff", "Account", FormMethod.Post,
        new { id = "logoutForm", @class = "navbar-right" })) {
        @Html.AntiForgeryToken()
        <ul class = "nav navbar-nav navbar-right">
          <li>
            @Html.ActionLink("你好," + User.Identity.GetUserName() + "!","Index",
                "Manage", routeValues: null, htmlAttributes: new { title = "Manage" })
          </li>
          <li><a href = "javascript:document.getElementById('logoutForm')
                .submit()"> 注销</a> </li>
        </ul>
    }
}
else {
    <ul class = "nav navbar-nav navbar-right">
        <li>@Html.ActionLink("注册", "Register", "Account", routeValues:
                null,htmlAttributes: new { id = "registerLink" })</li>
        <li>@Html.ActionLink("登录", "Login", "Account", routeValues:
                null, htmlAttributes: new { id = "loginLink" })</li>
    </ul>
}
```

可以容易地看出,该局部视图调用了.NET 框架的认证和身份校验机制,首先判断用户是否已经登录,若已登录,则显示欢迎信息及注销按钮,否则显示注册及登录链接。

最后注意"@RenderBody()"代码,它的作用是在模板中创建一个占位符,当被请求页面引用该模板时,页面的内容将被插入到该占位符的位置。所以,Layout 视图定义页面的整体布局，而所有 action 相关的页面，其内容都被插入到布局中的指定位置。

9.3.2 生成视图的内容

视图设计中的一个难点问题是如何在服务器端动态构造 HTML 标签。在 Web Form 模型下使用服务器端控件可以很容易地解决这一问题，但 Web Page 模型的处理过程与 Web Form 完全不同，无法使用服务器端控件，只能使用 Razor 语法的 C# 代码，这样手工编码的效率很低，且重用性不高。为了解决这一问题，ASP. NET 框架提供了 HtmlHelper 辅助类，帮助用户在服务器端构造各种 HTML 标签。

MVC 模式下的视图组件直接或间接地继承自 ViewPage 类，而通过该类的 Html 属性可以获取一个 HtmlHelper 对象，依靠它的帮助可以方便地生成各种 html 标签，请看以下示例：

```
@Html.ActionLink("联系方式", "Contact", "Home")
```

该行调用 HtmlHelper 对象的扩展方法 ActionLink，在服务器端动态构造一个超链接标签，相当于为客户端生成以下 HTML 代码：

```
<a href = "/Home/Contact">联系方式</a>
```

ActionLink 扩展方法有多种重载形式，例如：

```
ActionLink(string linkText, string actionName)
ActionLink(string linkText, string actionName, string controllerName)
ActionLink(string linkText, string actionName, object routeValues)
```

打开电影视图下的 Index. cshtml 页面，注意为影片生成 Edit 超链接的代码：

```
@Html.ActionLink("Edit", "Edit", new { id = item.ID })
```

该链接不仅要导航到 Edit. cshtml 页面，还要将当前影片的 id 传递过去，所以采用了上面列出的第 3 种重载形式。第 3 个参数为 routeValues 集合，其中包含了一个 id 字典项，而省略了 controllerName，默认为当前 controller。最终生成的客户端标签如下：

```
<a href = "/Movies/Edit/1"> Edit </a>
```

请大家对照 Movies 视图文件夹下的几个文件分析各导航链接的构造方法。关于 ActionLink 扩展方法的详细介绍请查阅以下文档：

```
https://msdn.microsoft.com/en-us/library/system.web.mvc.html.linkextensions.actionlink
```

使用 HtmlHelper 还可以构造其他常用的表单元素标签，请看以下代码：

```
@Html.TextBox("tbxname", ViewData["Name"],new{ @class = "tbx"} )
@Html.CheckBox("chk1", true)
```

```
@Html.RadioButton("Gender","1",true)
@Html.DropDownList("ddl1", (SelectList)ViewData["Categories"],
                        "-- Select One --")
```

前 3 行代码都将生成 input 标签，类型分别为 text、checkbox 和 radio；最后一个标签将生成 select 及 option 标签。对应的客户端代码如下：

```
<input id="tbxname" type="text" value="..." class="tbx"/>
<input id="chk1" type="checkbox" value="true" checked="checked" />
<input id="Gender" type="radio" value="1" checked="checked" />
<select id="ddl1" name="ddl1">
    <option value="">-- Select One --</option>
    ...
</select>
```

用户也可以使用 HtmlHelper 向客户端直接输出 HTML 内容的字符串，例如：

```
@Html.Encode("<p>编码字符串</p>")
@Html.Raw("<p>未编码字符串</p>")
```

其生成的客户端内容如下：

```
&amp;lt;p&amp;gt;编码字符串 &amp;lt;/p&amp;gt;
<p>未编码字符串</p>
```

可以看出，调用 Encode 扩展方法会对一个字符串进行 HTML 编码，确保其中不会出现“<”“>”等特殊字符；而 Raw 扩展方法会将字符串原原本本地输出到客户端。

在 MVC 模式下通常由控制器生成数据内容，并传递给视图组件显示。很多时候控制器将数据封装在模型对象中传递给视图，视图要根据模型对象中的数据项一一生成 HTML 标签。这里以 Details 视图为例，如果要显示 Movie 实体的各项信息，可以使用 DisplayNameFor 和 DisplayFor 扩展方法，请看以下代码：

```
<dl class="dl-horizontal">
    <dt>@Html.DisplayNameFor(model => model.Price)</dt>
    <dd>@Html.DisplayFor(model => model.Price)</dd>
</dl>
```

这里使用了 dl-dt-dd 的结构来显示一个实体的内容，第 2 行显示了实体的 Price 属性的标题，第 3 行显示 Price 属性的值，生成的客户端代码如下：

```
<dl class="dl-horizontal">
    <dt>Price</dt><dd>90.00</dd>
</dl>
```

注意 DisplayFor 扩展方法的使用，在调用该方法时系统会自动将该页面的模型对象作为实参传给形参 model，然后通过 Lambda 表达式访问该对象的 price 属性。

在 Edit 和 Create 视图中要录入各属性的数据，还要实现客户端验证，并在验证未通过时显示错误提示，请看以下代码块：

```
<div class = "form - group">
    @Html.LabelFor(model => model.Title, htmlAttributes: new
                                        { @class = "control - label col - md - 2" })
   <div class = "col - md - 9">
        @Html.EditorFor(model => model.Title, new { htmlAttributes =
                                        new { @class = "form - control" } })
        @Html.ValidationMessageFor(model => model.Title, "",
                                        new { @class = "text - danger" })
   </div>
</div>
```

很显然，LabelFor 扩展方法为显示 Title 属性生成 label 标签，EditFor 扩展方法为 Title 属性生成 input 标签，而 ValidationMessageFor 方法为 Title 属性生成验证信息，最后发送给客户端的代码如下：

```
<div class = "form - group">
    <label class = "control - label col - md - 2" for = "Title">Title</label>
    <div class = "col - md - 9">
          <input class = "form - control text - box single - line" id = "Title"
                 name = "Title" type = "text" value = "The Lion King" />
          <span class = "field - validation - valid text - danger"
              data - valmsg - for = "Title" data - valmsg - replace = "true"></span>
    </div>
</div>
```

当视图页面需要表单元素时，可以使用 HtmlHelper 对象帮助构建。这里以 Edit 视图为例，在 Edit.cshtml 中有以下代码块：

```
@using (Html.BeginForm()){
    构造表单控件的代码
}
```

这里使用 HtmlHelper 对象的 BeginForm 扩展方法自动构造 form 标签，而@using 指令构造一个代码块，以保证块结束时自动进行对象的清理。生成的客户端代码如下：

```
<form action = "/Movies/Edit/1" method = "post">
    表单内部的控件定义
</form>
```

关于 HtmlHelper 对象及其扩展方法的更多信息请参考以下文档：

```
https://msdn.microsoft.com/zh - cn/library/system.web.mvc.htmlhelper.aspx
```

9.4 在控制器和视图间传递数据

在视图和控制器之间存在双向的数据传递，一是当用户提交表单或发送 GET 请求时，MVC 框架要从请求中获取参数传入控制器；二是当控制器处理完请求并导航到输出视图时，要将输出数据传递给视图。

9.4.1 从视图向控制器传递数据

对于 GET 请求，使用路由参数或查询字符串都可以向控制器传递数据。例如，在 Index 视图中单击某影片的详情链接时将请求以下 URL：

```
http://localhost:端口号/Movies/Details/1
```

该 URL 满足"/controller/action/id"的模式，所以主键 1 作为 id 传入，控制器中相应的 action 方法原型如下：

```
public ActionResult Details(int? id)
```

很显然，键值 1 被传递给了 Details 方法中的 id 参数。

如果在浏览器的地址栏中发出以下请求：

```
http://localhost:端口号/Movies/Details?id=1
```

同样可以导航到该影片的详情页面，这就说明使用查询字符串也能完成与路由参数同样的功能。当在查询字符串中指定多个参数时，还可以一次传递多个数据给控制器。

对于 POST 请求，在控制器中通常使用一个模型对象来接收表单数据。例如，当新建或编辑一部影片的信息后单击 Save 按钮提交表单，这时需要将表单内容传递给控制器中的模型对象。

这里以编辑操作为例，假如编辑了 id 为 1 的影片，单击 Save 按钮时，提交的 URL 为"/Movies/Edit/1"，请求方法为 Post，控制器中相应的 action 方法如下：

```
[HttpPost]
public ActionResult Edit(
    [Bind(Include = "ID,Title,ReleaseDate,Genre,Price")] Movie movie){
      if (ModelState.IsValid) {
          db.Entry(movie).State = EntityState.Modified;
          db.SaveChanges();
          return RedirectToAction("Index");
      }
      return View(movie);
}
```

很显然，该方法需要传入一个模型对象 movie，其数据项来自于表单参数，使用[Bind]

注解指明要绑定的表单参数有 ID、Title、ReleaseDate、Genre、Price 等；MVC 框架会自动进行数据验证，以保证表单中含有以上列出的几个参数项；验证的结果会保存在 ModelState 属性中，若验证通过，则将当前实体的信息保存到数据库，并重定向到列表页面，否则回到 Edit 视图重新编辑数据。

9.4.2 从控制器向视图传递数据

通常有两种方式从控制器向视图传递数据。

1. 使用 ViewData 或 ViewBag 传递数据

在视图和控制器中都可以通过 ViewData 属性访问一个数据集合，其中的数据以字典的形式组织，通过键名访问键值；键值为 object 类型，需要强制转换为原来的类型才能访问（string 类型的数据不需要强制转换）。ViewBag 和 ViewData 本质上是同一个数据集，只是前者对 ViewData 又做了一层包装，提供了动态类型访问，这样使用起来更加方便，不需要强制类型转换。请看以下示例：

```
public IActionResult SomeAction() {
   ViewData["Greeting"] = "Hello";
   ViewData["Address"] = new Address(){
       Name = "Steve",
       Street = "123 Main St",
       City = "Hudson",
   };
   return View();
}
```

在视图中可以通过以下代码访问 ViewData 数据：

```
@ViewData["Greeting"] World!
@{ var address = ViewData["Address"] as Address;  }
@address.Name <br /> @address.Street <br /> @address.City
```

注意第 2 行代码对 address 做了强制类型转换，这样在后面的程序中才能够访问该对象的各个属性，而使用 ViewBag 更加方便，使用以下代码可以达到同样的功能：

```
@ViewBag.Greeting World!
@ViewBag.Address.Name <br /> @ViewBag.Address.Street <br />
@ViewBag.Address.City
```

2. 使用模型对象传递数据

ViewData 是一种“松耦合”的数据传递方式，还有一种“紧耦合”的方式是为视图定义一个模型，然后从控制器向视图传递该模型的对象实例。这里以 Details 请求为例，控制器端的核心代码如下：

```
Movie movie = db.movies.Find(id);
return View(movie);
```

在生成输出视图时将模型对象 movie 传递了进去，这样在视图中就可以访问该对象。注意 Details.cshtml 中的代码，第 1 行如下：

```
@model exam9.Models.Movie
```

这里明确指定了该页面要接收的模型对象类型为 Movie，在后续代码中访问模型对象时，因为已经明确数据类型，所以能够出现智能提示，在编译时也能进行类型检查。

以 Details 视图为例，其中显示影片标题信息的代码如下：

```
<dl class="dl-horizontal">
    <dt>@Html.DisplayNameFor(model => model.Title)</dt>
    <dd>@Html.DisplayFor(model => model.Title)</dd>
</dl>
```

这里使用了 Lambda 表达式，将模型对象作为实参传递给形参 model，于是可以使用 model.Title 的形式访问该对象的 Title 属性。

如果在视图文件的顶部没有使用@model 指令指定模型的类型，在视图中也可以使用模型对象，但该对象只能以动态类型的形式访问，无法实现编译时的类型检测，也无法使用智能提示。例如，为了显示影片的标题和价格，可以使用以下代码：

```
<dl class="dl-horizontal">
    <dt>Title:</dt><dd>@Model.Title</dd>
    <dt>Price:</dt><dd>@Model.Price</dd>
</dl>
```

这里使用 Model 属性访问视图中的模型对象，其类型为 Dynamic；使用@Model.Title 和@Model.Price 分别访问模型对象的 Title 和 Price 属性。

9.5 习题和上机练习

简答题

(1) 简要描述 Web 开发中常用的三层体系结构。

(2) 什么是 MVC 设计模式，引入 MVC 模式有什么好处？

(3) 总结说明 MVC 框架如何实现请求的委派处理。

(4) 对于 MVC 框架中的视图组件，通常用到哪几类视图文件？

(5) 试总结 MVC 框架如何从视图向控制器传递数据。

(6) 试总结 MVC 框架如何从控制器向视图传递数据。

(7) 比较 Web Form 模型与 Web Page 模型的异同。

第10章 AJAX与Web API

AJAX 是 Asynchronous JavaScript and XML 的缩写，即"异步 JavaScript 与 XML 技术"，这一技术改变了以往 Web 界面的交互方式，带来了更加良好的用户体验，成为 Web 2.0 时代的标志性技术。

ASP.NET Web API 是一个在.NET 平台上建立 HTTP 服务的编程框架。HTTP 简单、灵活、无处不在，使用 HTTP 服务，不仅有助于开发松耦合的 Web 应用，还适用于开发传统的桌面应用以及跨平台的移动应用。

ASP.NET 提供了一系列方案和工具来支持 AJAX 开发，如果将 AJAX 与 Web API 结合，就能产生不可思议的开发效果。一种全新的开发模式是由 Web API 在服务器端提供服务，由 AJAX 在客户端请求服务，以此架构快速搭建松耦合、跨平台的 Web 应用。本章先分别讲解 AJAX 与 Web API 技术，然后将两者结合开发一个典型的单页应用程序。

10.1 AJAX 技术

AJAX 是 HTML、JavaScript、DHTML、DOM、XML 等技术的组合体，这一组合改变了以往 Web 应用的交互方式，带来了更加良好的用户体验。

10.1.1 AJAX 技术基础

目前的应用程序主要有两种工作模式，即桌面应用和 Web 应用。前者被安装在本地计算机上运行；后者被安装在 Web 服务器上，通过 Web 浏览器来访问。桌面应用一般具有极快的运行速度和良好的交互能力，而 Web 应用往往达不到同样的性能，这主要是由于传统 Web 技术中基于"请求-刷新"的工作机制存在以下固有的缺陷。

(1) 页面需要反复刷新：每当用户向 Web 服务器端请求一次数据时都会导致页面整体刷新，哪怕只是更新一个数据，服务器端也会重新生成整个 Web 页面，造成很大的服务器负荷及传输数据量。在很多时候这种消耗是没有意义的。

(2) 在页面刷新期间，用户只能等待：浏览器和服务器采用同步的通信机制，当用户提交请求后页面将处于冻结状态，等待服务器端反馈数据。在新页面加载之前，用户只能等待，不能做任何事情，尤其是当网速较慢时会消耗很长时间。

(3) 绝大多数工作都在服务器端完成，服务器的负荷很重，往往成为系统性能的瓶颈。

AJAX 技术的出现改变了这种状况，它具有以下特点。

(1) 可实现页面的局部刷新：可以借助客户端技术找到页面中需要更新的局部区域，只更新该区域中的数据，而不需要刷新整个页面，大大减轻了服务器的负荷。

(2) 只做必要的数据交换：由于只刷新页面的部分区域，不需要服务器端生成整个HTML页面，而是只生成客户端需要的部分数据，大大降低了网络传输的数据量。

(3) 异步访问服务器端：当用户提交请求时，浏览器和服务器采用异步通信的方式在后台处理请求，页面不会冻结；在请求结果返回前，用户可以继续浏览网页而不用傻等；当服务器端返回结果后，客户端再自动刷新页面。

AJAX编程分为服务器端与客户端两部分，如图10-1所示。

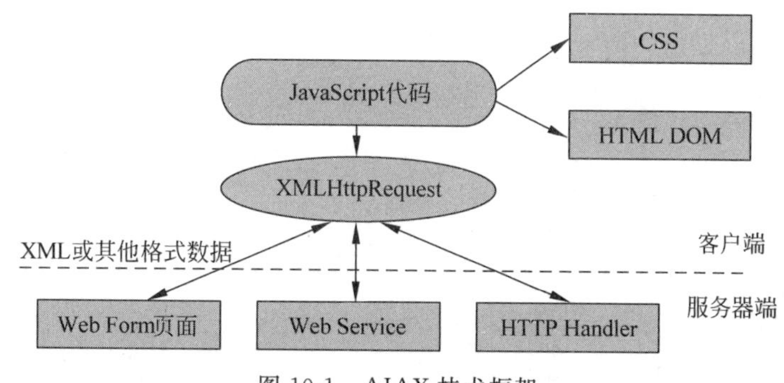

图10-1 AJAX技术框架

服务器端编程可以使用现有的技术(如ASP.NET)，由于不需要返回整个页面，只返回需要的数据，所以在很多时候使用Web Service或HTTP Handler处理AJAX请求，按指定的格式将数据打包发回客户端即可。

客户端编程的核心是XMLHttpRequest对象，利用它向服务器端发送异步请求，并接收返回的数据；然后使用文档对象模型在文档中检索局部更新的区域，并用服务器端返回的数据更新页面。

在ASP.NET下开发AJAX风格的应用程序可以采用两种方法，一是手工编码方式，即手工完成异步通信及局部刷新的处理过程；二是使用AJAX控件的方式。

10.1.2 传统的AJAX编程方式

传统的AJAX应用需要在客户端手工编码，实现异步通信及局部刷新的处理过程。

例10-1 使用AJAX技术从服务器端获取XML内容并显示在页面上。

(1) 创建网站项目，建立以下的Employees.XML文件：

```
<table border = "1">
    <tr><th>EmpID</th><th>FirstName</th><th>LastName</th></tr>
    <tr><td>1</td><td>Tom</td><td>Cat</td></tr>
    <tr><td>2</td><td>Jerry</td><td>Mouse</td></tr>
</table>
```

(2) 建立测试页面ShowEmployees.aspx，代码如下：

```
<html xmlns = "http://www.w3.org/1999/xhtml">
<head><title>使用 AJAX 显示 XML 数据</title></head>
```

```
<body>
    <form action="#">
    <input type="button" value="获取员工信息并显示" onclick="startRequest();" />
    <div id="results"></div>
    </form>
</body>
</html>
```

该页面非常简单，只有一个按钮和一个 div 元素。当单击按钮时，向服务器发送异步请求，获取 Employees.XML 文件中的内容，并将其显示在 div 元素中。

（3）定义函数以创建 XMLHttpRequest 对象。在页面的 head 标记中加入以下代码：

```
<script>
 var xhr;
 function CreateXMLHttpRequest() {
      try {
             xhr = new XMLHttpRequest();
          } catch(err) {
             xhr = new ActiveXObject("Microsoft.XMLHTTP");
      }
 }
</script ">
```

XMLHttpRequest 对象是 AJAX 技术的基石，在如何创建和访问 XMLHttpRequest 对象上，不同的浏览器有着细微的差别。对于 Firefox 及 IE7 以上的浏览器，该对象是作为本地 JavaScript 对象实现的；但在 IE7 以前的版本中，它却是作为 ActiveX 对象实现的。因为这些差别，使用 JavaScript 创建 XMLHttpRequest 对象实例时必须要足够的智能，采用正确的方法。本例中先尝试按照本地对象来创建，若抛出异常，则说明浏览器版本较老，所以再按照 ActiveX 方式创建，这样无论如何都能保证正确地创建了一个 XMLHttpRequest 对象实例。

（4）在按钮单击事件中触发异步请求。在 script 标记中加入以下脚本：

```
function startRequest() {
    CreateXMLHttpRequest();
    xhr.open("GET", "Employees.xml");
    xhr.onreadystatechange = showdata;
    xhr.send(null);
}
```

在函数体中，第 1 行创建了 XMLHttpRequest 对象实例。

第 2 行调用 XMLHttpRequest 对象的 open 方法建立异步调用，即定义要发送到服务器的请求。这里需要两个参数，即请求方式(GET、POST 或 PUT)及请求的 URL。用户还可以使用第 3 个参数指明请求是否异步执行，默认为 true，所以省略。

第 3 行指明如何处理响应，即当异步请求执行完成返回请求数据后，由 showdata 函数负责刷新页面。

第 4 行真正地发送了异步请求。send 方法可以接收一个字符型参数，代表随请求发送的额外数据。对于 IE 可以忽略该参数，但对于 Firefox 必须提供一个 null 引用，否则回调处理可能会不正确。

(5) 处理响应。

在 script 标记中加入以下脚本：

```
function showdata() {
    if (xhr.readyState == 4) {
        if (xhr.status == 200) {
            document.getElementById("results").innerHTML = xhr.responseText;
        }
    }
}
```

当服务器端返回响应时，可以使用 responseText 和 responseXML 属性从 XMLHttpRequest 对象中析取需要的数据。从字面意思理解，responseText 将数据内容当成一个字符串返回，而 responseXML 将其作为树的结点对象返回，在具体应用中要根据实际情况进行选择。

特别需要说明的是，在获取响应数据之前必须先判断 XMLHttpRequest 对象的状态，确认请求已处理完毕并且正确地返回了响应数据。当 XMLHttpRequest 对象的 readyState 状态改变时(xhr. onreadystatechange)，将触发 showdata 函数调用，但 readState 共有 5 种状态，任何一次状态变化都会触发 showdata，而只有状态值为 4 时才表示响应完全加载。当响应完全加载时，还要判断本次请求处理是否成功，这通过 status 属性判断，值为 200 表示处理成功，其他代码都表示出现了某种类型的错误。

通过本例可以看出，AJAX 是一项比较中立的技术，不在乎服务器端采用什么技术，只要能够返回 XML 格式的数据即可，本例没有使用任何服务器端编程技术，直接从一个文件中获取 XML。事实上，早期的 AJAX 要求服务器端返回 XML 格式的数据，由于 XML 数据往往格式冗长，在现在的应用中往往不使用 XML 返回结果。

例 10-2 使用 AJAX 技术实现列表框的联动。

在第 1 个列表框中显示大区(Region)列表，在第 2 个列表框中显示地区(Territory)列表，当在第 1 个列表框中选择某个大区时，第 2 个列表框中自动填充该大区下的所有地区。页面的运行效果如图 10-2 所示。

用常规方式实现列表框的联动也比较简单，只要设置大区列表框的 AutoPostBack 属性为真，然后在服务器端捕获其 SelectedIndexChanged 事件，在其中编码，访问数据库并填充地区列表框即可。但这种方式会导致页面整体刷新，产生不必要的延迟和闪烁，使用 AJAX 技术实现效果更佳。

(1) 建立页面，代码如下：

```
<html xmlns = "http://www.w3.org/1999/xhtml">
<head runat = "server">
    <title>使用 AJAX 技术实现列表框的联动</title>
    <script type = "text/javascript">
        var xmlRequest;
```

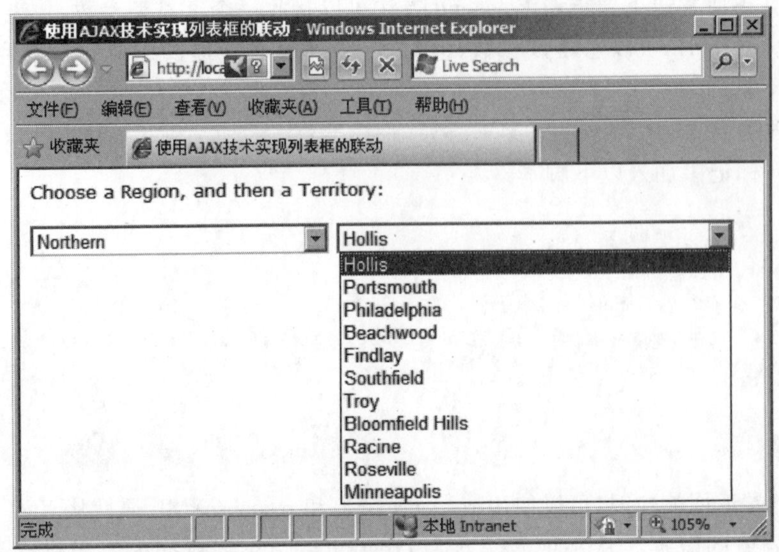

图 10-2 使用 AJAX 技术实现列表框的联动

```
        function CreateXMLHttpRequest() {
          try {
            xmlRequest = new XMLHttpRequest();
          }
          catch(err) {
            xmlRequest = new ActiveXObject("Microsoft.XMLHTTP");
          }
        }
    </script>
</head>
<body onload="CreateXMLHttpRequest();">
<form id="form1" runat="server">
    Choose a Region, and then a Territory:<br /><br />
    <asp:DropDownList ID="lstRegions" runat="server"
        DataSourceID="sourceRegions"
        DataTextField="RegionDescription" DataValueField="RegionID"
        onchange="getTerritories();"></asp:DropDownList>
    <asp:DropDownList ID="lstTerritories" runat="server" />
    <asp:SqlDataSource ID="sourceRegions" runat="server"
        ConnectionString="<%$ ConnectionStrings:Northwind %>"
        SelectCommand="select RegionID, RegionDescription from Region">
    </asp:SqlDataSource>
</form>
</body>
</html>
```

本例在服务器端使用 SqlDataSource 自动填充大区的下拉列表框。客户端在页面加载完成后自动创建 XMLHttpRequest 对象，并捕获下拉列表框的 change 事件以触发 AJAX 调用。

(2) 触发 AJAX 通信，函数代码如下：

```
function getTerritories () {
        var val = document.getElementById('lstRegions').value;
        var url = "ajaxddlhandler.ashx?regid=" + val;
        xmlRequest.open("GET", url);
        xmlRequest.onreadystatechange = RefreshDDL2;
        xmlRequest.send(null);
}
```

函数第1行在 DOM 中查找大区的下拉列表框，并获取其当前选项值。下一步是向服务器发送异步请求，获取该大区下的所有地区列表。由于服务器端不需要生成整个页面，没有必要采用复杂的 Web Form 模型，这里使用了一般 HTTP 处理程序来处理异步请求，所以请求的 URL 为 ajaxddlhandler.ashx，同时将大区代码作为参数传递过去。

(3) 创建一般 HTTP 处理程序以处理异步请求。

在 ASP.NET 中所有的请求最终都是由一个实现了 IHttpHandler 接口的类来处理的，一般情况下这个类就是一个 Web Form 页面。

在很多情况下只需要接收和处理请求，然后返回数据，不必使用基于控件的 Web Form 模型，不需要经过完整的页面事件过程来创建页面(包括创建网页对象、持久化视图状态等)，这样可以节约大量的服务器资源。这时候使用低层接口会非常方便，用户可以自定义一个 HTTP 处理程序，实现 IHttpHandler 接口，这样就可以实现简单的请求处理。

在 IHttpHandler 接口中定义了两个成员，如表10-1所示。

表 10-1 IHttpHandler 接口的成员

成　员	描　述
ProcessRequest	请求处理方法，当请求该处理程序时会自动调用该方法。在该方法中可以通过传入的 HttpContext 对象访问 Request、Response 等内部对象
IsReusable	该属性指明本处理程序是否可以重用。ProcessRequest 方法执行完成后会自动检查该属性，若为假，则立刻释放该对象，若为真则不释放，还可以被另一个和当前请求类型相同的请求所重用

自定义的请求处理程序代码如下：

```
<%@ WebHandler Language="C#" Class="AjaxDDLHandler" %>
using System;
using System.Web;
using System.Text;
using System.Data.SqlClient;
using System.Web.Configuration;
public class AjaxDDLHandler : IHttpHandler {
    public void ProcessRequest(HttpContext context) {
        HttpResponse response = context.Response;
        context.Response.ContentType = "text/plain";
        string regid = context.Request.QueryString["regid"];        // 获取大区 ID
        string territories = GetTerritories (regid);                // 检索该大区下的地区列表
        context.Response.Write(territories);                        // 输出检索到的地区列表
```

```
    }
    public bool IsReusable {
        get { return true; }
    }
    public string GetTerritories(string regid) {
        SqlConnection con = New SqlConnection(
        WebConfigurationManager.ConnectionStrings["Northwind"].ConnectionString);
        SqlCommand cmd = new SqlCommand(
            "select * from Territories where RegionID = @RegionID", con);
        cmd.Parameters.AddWithValue("@RegionID", regid);
        StringBuilder results = new StringBuilder();          // 利用该对象构造输出字符串
        try {
            con.Open();
            SqlDataReader reader = cmd.ExecuteReader();
            while (reader.Read()) {
                results.Append(reader["TerritoryDescription"]);  // 地区名称
                results.Append("|");                            // 地区名称和 ID 间用|分隔
                results.Append(reader["TerritoryID"]);          // 地区 ID
                results.Append("||");                           // 两地区间用||分隔
            }
        reader.Close();
        }
        catch (SqlException err) {   …   }                     // 异常处理代码略
        finally {  con.Close();    }
        return results.ToString();
    }
}
```

在 ProcessRequest 方法中设置相应的内容类型为 text/plain，表示以纯文本的形式返回数据；然后从请求参数中获取 RegionID，并调用 GetTerritories 方法以检索该大区下所有地区的信息，最后将查询结果写到响应中，返回给客户端。

在 GetTerritories 方法中根据一个 RegionID 可以检索到一系列 Territory 信息，按传统的做法可以将这些信息包装在一段 XML 中返回，但考虑到 XML 需要复杂的标记，会增加传输的数据量，所以这里使用了更简单的数据组织方式。使用 StringBuilder 构造返回字符串，各条 Territory 之间用“||”符号分隔，每条 Territory 中含有 TerritoryDescription 和 TerritoryID 两个数据项，之间用“|”符号分隔。

(4) 处理返回结果，刷新页面，代码如下：

```
function RefreshDDL2() {
    if (xmlRequest.readyState == 4) {
        if (xmlRequest.status == 200) {
            var result = xmlRequest.responseText;           // 获取返回的地区数据
            var lstTerritories = document.getElementById("lstTerritories");
            lstTerritories.innerHTML = "";                  // 清空原有的地区列表
            var rows = result.split("||");                  // 用||切分出多个地区
            for (var i = 0; i < rows.length - 1; ++i) {    // 遍历所有地区
                var fields = rows[i].split("|");            // 用|切分出地区名称和 ID
```

```
                var territoryDesc = fields[0];
                var territoryID = fields[1];
                // 针对一个地区动态创建一个列表项
                var option = document.createElement("option");
                option.value = territoryID;
                option.innerHTML = territoryDesc;
                lstTerritories.appendChild(option);          // 将列表项加入下拉列表框
            }
        }
    }
}
```

这里首先从 XMLHttpRequest 对象中获取返回的数据(纯文本字符串),然后对该字符串进行解析。在 JavaScript 中调用 string 对象的 split 方法可以实现字符串的切分,传入的参数为字符串分隔符。首先按"||"分隔,可以将结果拆分成一系列 Territories; 每个 Territory 又包含两个数据项,所以再使用"|"切分,得到 TerritoryDescription 和 TerritoryID,在循环体中以这些数据为基础生成列表项 option,添加到第 2 个下拉列表框中,至此 AJAX 请求处理完成。

运行程序,在第 1 个列表框中选择一个大区,可以看到页面并没有闪动,但第 2 个列表框中已经填入了适当的地区列表,这就是异步通信带来的用户体验。

10.1.3 使用 jQuery 简化 AJAX 编程

从前面的例子可以看出,使用传统方式进行 AJAX 编程存在很多困难,一是程序复杂,代码量比较大,二是不同浏览器的 API 有所差异,程序的兼容性也存在问题。幸运的是 jQuery 将开发人员解放了出来,使用 jQuery 可以大幅度简化 AJAX 编程,同时解决了跨浏览器的支持问题。

针对 AJAX 编程 jQuery 提供了两种方案,一是使用全功能的 $.ajax()方法(或称底层 API); 二是使用功能单一的一系列方法(或称高层 API),包括 $.get()、$.getScript()、$.getJSON()、$.post()和 $().load()等。

1. 使用 AJAX 底层 API

首选的 AJAX 编程方案是使用 $.ajax()方法,它不仅功能齐全,而且语法简单、易于理解。请看以下代码:

```
// 使用全功能的 $.ajax()方法
$.ajax({
  url: "post.php",
  data: { id: 123 },
  type: "GET",
  dataType : "json"
})
// 请求处理成功时的回调函数
// 响应数据被传递到函数中
```

```
.done(function( json ) {
   $ ( "<h1>" ).text( json.title ).appendTo( "body" );
   $ ( "<div class=\"content\">").html( json.html ).appendTo( "body" );
})
// 请求处理失败时的回调函数
// 原始请求及状态码被传递到函数中
.fail(function( xhr, status, errorThrown ) {
  alert( "Sorry, there was a problem!" );
  console.log( "Error: " + errorThrown );
  console.log( "Status: " + status );
  console.dir( xhr );
})
// 不论请求成功还是失败都要执行的回调函数
.always(function( xhr, status ) {
  alert( "The request is complete!" );
});
```

可以看出AJAX应用的代码被清晰地分为两个部分，一是AJAX请求，二是回调处理。

在AJAX请求部分使用了一个配置对象（大括号中加粗显示的部分，PlainObject类型）来包装本次请求所需要的一切信息，易读、易懂；而在回调处理中不仅考虑了成功的请求，也做了失败处理，非常完善。

AJAX请求中的配置对象由一组“名-值”对构成，主要配置项如下。

(1) url：本次请求的url，默认为请求当前页面的url。

(2) type：请求方法，包括GET、POST方法，默认为GET，也可以使用method参数指定请求方法。

(3) data：本次请求要发给服务器端的数据，将作为请求字符串传递给服务器端；本例列出的数据为“名-值”对形式，系统自动将其转化为请求字符串形式。

(4) dataType：期望从服务器端获得的响应数据的类型，如果没有指定，系统会自动根据响应头中的MIME类型进行推断，通常使用XML、HTML、Script、JSON、JSONP和Text几种类型。虽然AJAX名称中的X代表XML，但事实上AJAX应用并不必须依赖XML，目前更多的是使用纯HTML或JSON(JavaScript Object Notation)来传递数据。

(5) Timeout：请求超时时间，以毫秒为单位，若超过该时长还没有收到响应数据，则认为本次AJAX请求失败。

除配置参数外，用户还可以为AJAX请求配置一些事件处理方法，也就是回调函数，主要如下。

(1) success：请求处理成功时的回调函数。函数原型为：

```
Function( Anything data, String textStatus, jqXHR jqXHR )
```

第1个参数为返回的数据，第2个参数代表响应状态，第3个参数代表本次请求使用的XMLHttpRequest对象。

(2) error：请求处理失败时的回调函数。函数原型为：

```
Function( jqXHR jqXHR, String textStatus, String errorThrown )
```

(3) Complete：请求处理完成(即 success 或 error 回调后)时的回调函数。函数原型为：

```
Function( jqXHR jqXHR, String textStatus )
```

有了这些配置方法也可以直接在 AJAX 请求中编写回调代码，例如：

```
$.ajax({
    url: "test.php",
    type: get,
    success: function(){ $(this).addClass("done"); },
    error: function() { $(this).addClass("error"); }
});
```

这里使用 get 方法请求了 test.html 页面，若请求成功，则回调第 1 个匿名函数；若请求失败，则回调第 2 个匿名函数。

关于更多配置项的信息，请读者参阅"http://api.jquery.com/jQuery.ajax/"。

$.ajax()方法的返回值是一个 jqXHR(jQuery XMLHttpRequest)对象，这代表着在本地浏览器中创建的 XMLHttpRequest 对象，例如：

```
var jqxhr = $.ajax({ url: "test.php", type: get });
```

获取到 jqXHR 对象后，就可以通过它的 responseText 等属性访问响应数据，还可以通过它的方法进行回调处理。jqXHR 对象的常用回调方法如下。

(1) jqXHR.done(function(data, textStatus, jqXHR) {})：请求处理成功时的回调方法。

(2) jqXHR.fail(function(jqXHR, textStatus, errorThrown) {})：请求处理失败时的回调方法。

(3) jqXHR.always(function(data|jqXHR, textStatus, jqXHR|errorThrown) { })：请求处理完成(done 和 fail 回调后)时的回调方法。

可以看出这些回调方法与$.ajax()中的几个回调属性相对应，并对这些回调属性做了一些优化。用户既可以在$.ajax()请求中使用回调属性，也可以在 jqXHR 对象上使用回调方法。请看以下示例：

```
var jqxhr = $.ajax({ url: "test.php", type: get });
jqxhr.done(function( ) {  alert( "success" ); });
jqxhr.fail()(function( ) {  alert( "error" ); });
jqxhr.always()(function( ) {  alert( "complete" ); });
```

在实际编程中，经常使用链式调用的语法，例如：

```
$.ajax({ url: "test.php", type: get })
    .done(function( ) {  alert( "success" ); })
    .fail()(function( ) {  alert( "error" ); })
    .always()(function( ) {  alert( "complete" );
```

本节的第1个示例使用的就是这种链式调用的语法。

另外，由于jqXHR对象实现了Promise接口，该接口也允许调用jQuery的ajax方法，即在jqXHR对象上还可以直接调用success、error等方法。

2. 使用高层AJAX API

使用高层接口可以用最小的代码量发送常见的AJAX请求。

1) jQuery get方法

jQuery get方法用于发送一个get请求，原型如下：

```
$.get( url [, data ] [, success(data, textStatus, jqXHR) ] [, dataType ] )
```

第1个参数为请求的url，其他参数都可以省略；第2个参数代表要发送的数据；第3个参数为请求成功时的回调函数；第4个参数代表期望从服务器返回的数据类型。请看以下示例：

```
$.get('ajax/test.html', function(data) {
  $('#result').html(data);
});
```

这段代码将使用get方法请求test.html的内容，并将获取到的数据显示在ID为result的元素上。

get方法的返回值类型同样是一个jqXHR对象，这意味着用户同样可以在该对象上调用其done、fail、always等扩展方法以及success、error等ajax方法，例如：

```
var jqxhr =  $.get("example.php", function() {
    alert("success");
})
.success(function() { alert("second success"); })
.error(function() { alert("error"); })
.complete(function() { alert("complete"); });
jqxhr.complete(function(){ alert("second complete"); });
```

对于同一个回调允许绑定多个函数，本例中对success和complete事件都绑定了两个回调函数，它们会被依次调用。

在get方法中可以发送请求数据，例如：

```
$.get("test.php", { name: "John", time: "2pm" } );
$.get("test.php", { 'choices[]': ["Jon", "Susan"]} );
```

第 1 条调用以“名-值”对的形式包装了多个数据，第 2 条调用以数组的形式传递多个数据。不管哪种方式，最后都会被序列化为请求字符串的形式附加在 url 的后面发送。

2）jQuery getJSON 方法

jQuery getJSON 方法向服务器端发送 GET 请求，并返回 JSON 格式的数据，原型如下：

```
jQuery.getJSON( url [, data ] [, success(data, textStatus, jqXHR) ] )
```

相当于以下的 AJAX 请求：

```
$.ajax({ dataType: "json",  url: url,  data: data,  success: success });
```

例如：

```
$.getJSON('ajax/test.json', function(data) {
  var items = [];
  $.each(data, function(key, val) { items.push('<li id="' + key + '">' + val + '</li>'); });
  $('<ul/>', { 'class': 'my-new-list', html: items.join('') }).appendTo('body');
});
```

该代码通过 GET 请求从服务器端获取 JSON 数据，然后遍历 JSON 对象，根据每个对象构造一个<li>标签，最后形成<ul>在页面上显示出来。

3）jQuery post 方法

jQuery post 方法使用 HTTP POST 请求从服务器端加载数据，原型如下：

```
jQuery.post( url [, data ] [, success(data, textStatus, jqXHR) ] [, dataType ] )
```

相当于以下的 AJAX 请求：

```
$.ajax({ type: "POST", url: url, data: data, success: success, dataType: dataType });
```

例如：

```
$.post('ajax/test.html', function(data) { $('#result').html(data); });
```

这段代码将以 POST 方式请求 test.html 内容，并将结果显示在 ID 为 result 的元素上。

在发送 POST 请求时经常要将表单控件的输入打包上传，这可以通过一个序列化方法简单实现，请看以下示例：

```
$.post("test.php", $("#testform").serialize());
```

这段代码选择了 ID 为 testform 的表单元素，并调用其 serialize()方法序列化所有参数。

4) load 方法

load 方法从服务器载入数据并且将返回的 HTML 代码插入到所选的 HTML 元素中，原型如下：

```
.load( url [, data ] [, complete(responseText, textStatus, XMLHttpRequest) ] )
```

例如：

```
$('#result').load('ajax/test.html');
```

本行代码将通过 GET 请求获取 test.html 的内容，并加载到 ID 为 result 的对象中显示。

```
$('#result').load('ajax/test.html', function() { alert('Load was performed.'); });
```

该代码指定了 success 方法，可以在加载完数据后通过告警框显示提示信息。

使用 jQuery 选择器还可以只加载文档中的部分内容，例如：

```
$('#result').load('ajax/test.html #container');
```

这里只加载了 test.html 中 ID 为 container 的元素上的内容。

10.2 Web API 框架

为了在异构的分布式计算环境中提供计算服务和交换数据，Web Service 应运而生。Web Service 是一种跨平台的远程调用技术，是松耦合、可复用的软件模块，目的是支持跨网络的计算机间的互操作。

传统意义上的 Web Service 体系结构复杂、开发难度较大且执行效率不高，近年来一种简化风格的 Web Service 越来越深入人心，即 REST 风格的 Web Service。它抛弃了传统 Web Service 的复杂架构，以简单、高效、易于理解的方式提供 HTTP 服务，方便各类客户端程序调用。

Web API 是随 ASP.NET MVC 4 一起发布的框架，使用它可以很方便地构建 REST 风格的 Web Service，为应用开发带来了极大的便利。

10.2.1 Web API 基础

首先通过一个示例看一下 Web API 的基本用法。

例 10-3 使用 Web API 创建一个商品查询服务，可以获取所有商品的列表，或者按 ID 号查询指定商品的信息。

(1) 创建 Web 项目：使用 Visual Studio 创建 Web 项目，取名为 ProductsApp；在项目模板列表中选择“空”模板，并选中核心引用中的 Web API 复选框，如图 10-3 所示。

(2) 创建模型：打开解决方案资源管理器，右击其中的 Models 文件夹，选择“添加”→

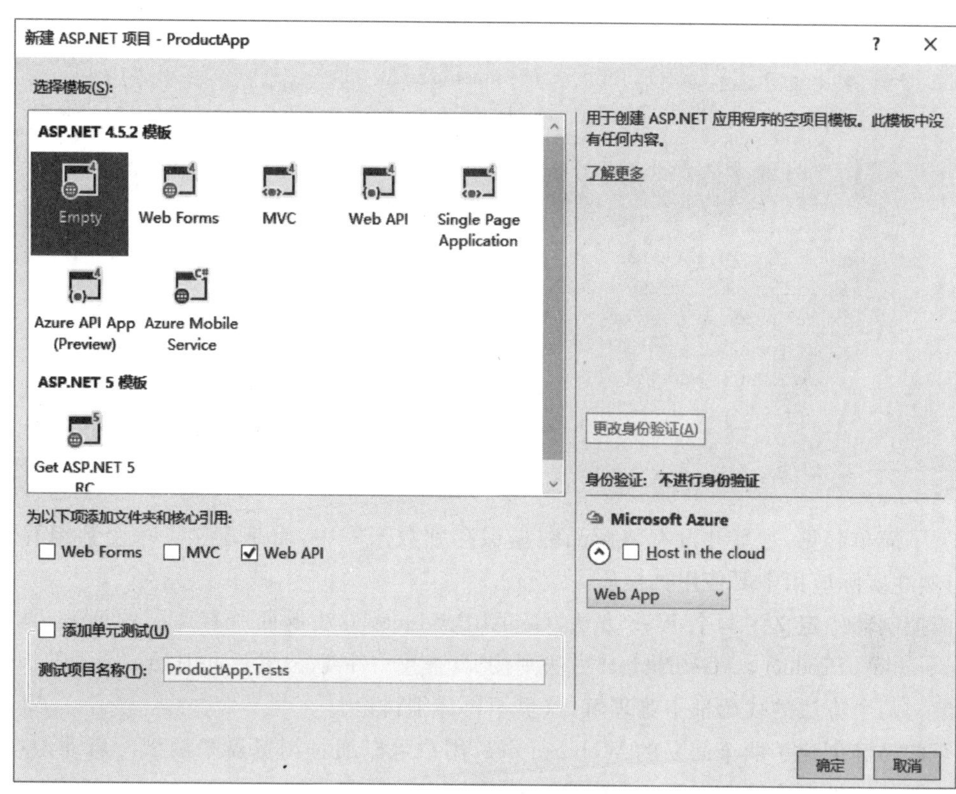

图 10-3 创建 Web API 项目

"类",在打开的对话框中输入类名 Product.cs,单击"添加"按钮创建 Product 类,并为其定义属性,如下:

```
public class Product {
    public int Id { get; set; }
    public string Name { get; set; }
    public string Category { get; set; }
    public decimal Price { get; set; }
}
```

(3) 创建控制器:在 Web API 中控制器用于处理 HTTP 请求。这里要创建一个控制器,实现两项核心功能,一是获取所有商品的列表,二是根据商品 ID 获取指定商品信息。

在解决方案资源管理器中右击 Controllers 文件夹,选择"添加"→"控制器",在添加基架对话框中选择"Web API 2 控制器-空",单击"添加"按钮,为控制器输入名称"ProductsController"。

双击打开 ProductsController.cs,为其输入以下代码:

```
using System;
using System.Collections.Generic;
using System.Net;
using System.Web.Http;
using ProductsApp.Models;
```

```
namespace ProductsApp.Controllers {
public class ProductsController : ApiController {
    Product[] products = new Product[] {
        new Product { Id = 1, Name = "Tomato Soup", Category = "Groceries", Price = 1 },
        new Product { Id = 2, Name = "Yo - yo", Category = "Toys", Price = 3.75M },
        new Product { Id = 3, Name = "Hammer", Category = "Hardware", Price = 16.99M }
    };
    public IEnumerable<Product> GetAllProducts() { return products; }
    public IHttpActionResult GetProduct(int id) {
        var product = products.FirstOrDefault((p) => p.Id == id);
        if (product == null) { return NotFound(); }
        return Ok(product);
    }
  }
}
```

为了简单起见，这里并没有将商品数据保存到数据库中，而是定义了一个数组存放数据，当然在实际应用中要使用数据库。

该控制器中定义了两个 Web 方法，GetAllProducts 方法返回所有商品的列表，类型为 IEnumerable< Product >；GetProduct 方法则按 ID 查找一件商品，并返回 IHttpActionResult 接口对象。两个方法的代码都不难理解，这里不再详细讨论。

至此已经创建了两个简易的 Web Service，用户可以通过浏览器来测试。启动该项目，在浏览器的地址栏中输入以下 url 地址：

```
http://localhost:端口号/api/products
```

可以看到返回的结果，如图 10-4 所示。

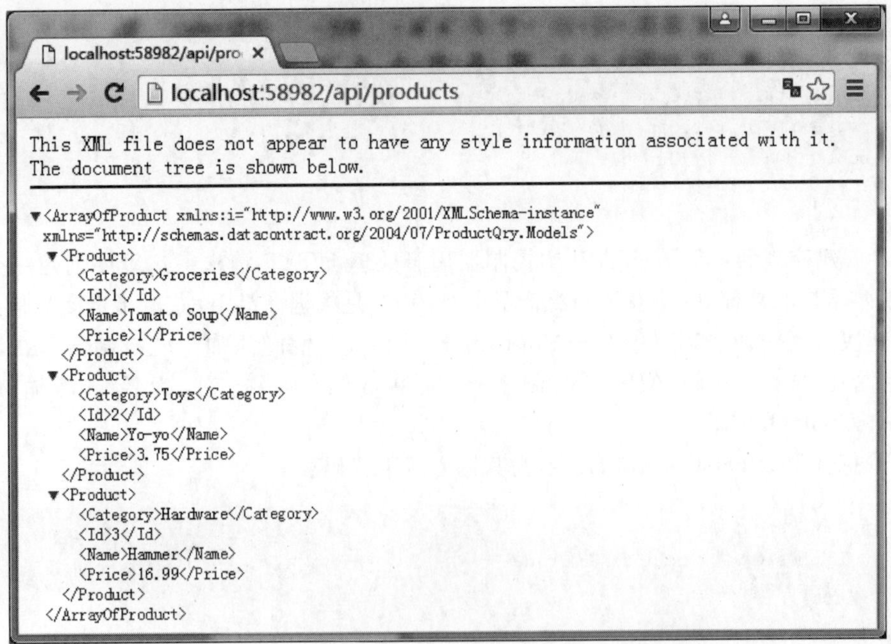

图 10-4　在浏览器中请求 Web API 返回的结果数据

在浏览器窗口打开的情况下按 F12 键，或者从浏览器菜单中选择“更多工具”→“开发者工具”命令，打开如图 10-5 所示的工具窗格（这里以 Chrome 浏览器为例，IE、Firefox 等浏览器也具有开发者工具，用法类似）；单击顶部的 Network 标签，可以跟踪请求处理的过程。刷新页面重新发送请求，在开发者工具的请求列表中会出现 Products 请求，单击该请求，在右侧窗格中会出现该请求处理的详情。从 Response Headers 响应头信息中可以看出响应的 Content-Type 为 application/xml，即服务器端返回的是 XML 格式的数据。

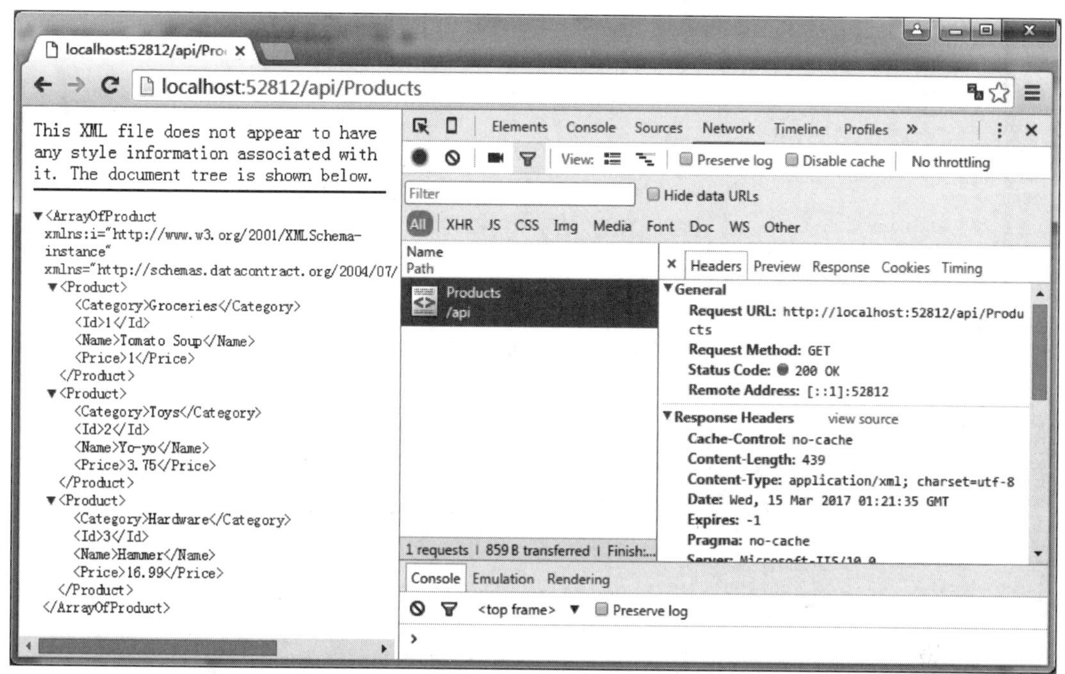

图 10-5　使用开发者工具跟踪请求处理过程

下面测试第 2 个 Web Service，在浏览器的地址栏中输入：

```
http://localhost:端口号/api/products/1
```

返回的结果如图 10-6 所示。

很显然，url 中最后的“1”代表商品 ID，用户通过这种 REST 风格的 Web Service 很容易访问需要的数据。与传统的 Web 请求返回 HTML 页面不同，这里只返回了 XML 格式的数据，由客户端进一步处理数据，并将其展示出来。

(4) 在客户端程序中调用 Web API：Web Service 创建后将在客户端创建一个 HTML 页面，使用 AJAX 技术来调用该 Web Service，并根据返回的数据动态刷新页面。为了方便 AJAX 编程，这里使用了 jQuery 框架。

在 ProductApp 项目中新建一个名称为 index.html 的页面，使用以下代码替换自动生成的内容：

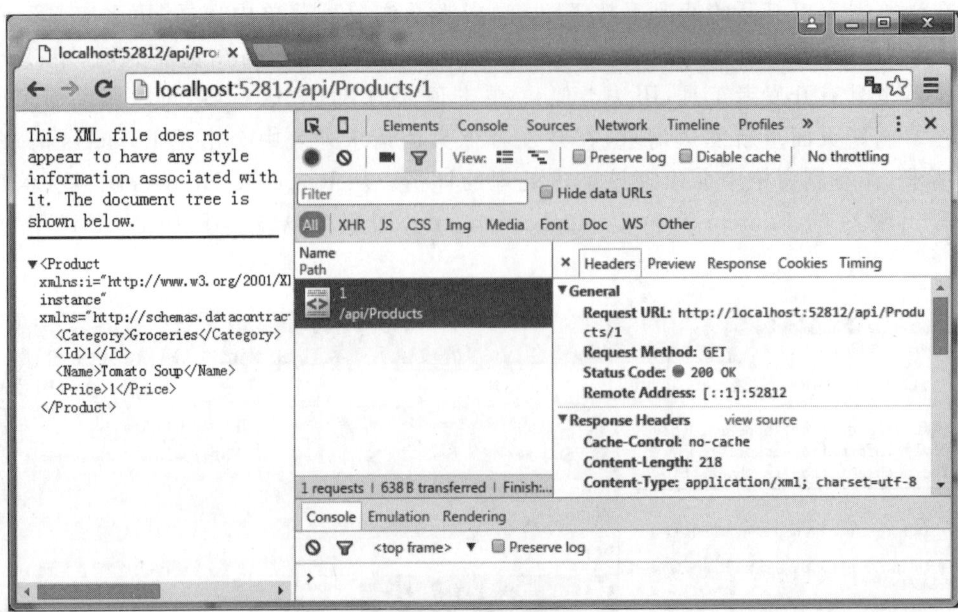

图 10-6　跟踪按 ID 访问商品信息的方法

```
<!doctype html>
<html xmlns="http://www.w3.org/1999/xhtml">
<head><title>Product App</title></head>
<body>
  <div>
    <h2>All Products</h2>
    <ul id="products" />
  </div>
  <div>
    <h2>Search by ID</h2>
    <input type="text" id="prodId" size="5" />
    <input type="button" value="Search" onclick="find();" />
    <p id="product" />
  </div>
  <script src="http://ajax.aspnetcdn.com/ajax/jQuery/jquery-2.0.3.min.js"></script>
  <script>
    var uri = 'api/products';
    $(document).ready(function () {
      // 发送一个 AJAX 请求
      $.getJSON(uri)
          .done(function (data) {
            // 成功, 'data'包含一个商品列表
            $.each(data, function (key, item) {
              // 添加一个商品列表项
              $('<li>', { text: formatItem(item) }).appendTo($('#products'));
            });
          });
    });
```

```
        function formatItem(item) {
          return item.Name + ': $ ' + item.Price;
        }
        function find() {
          var id = $ ('#prodId').val();
          $ .getJSON(uri + '/' + id)
              .done(function (data) {
                $ ('#product').text(formatItem(data));
              })
              .fail(function (jqXHR, textStatus, err) {
                $ ('#product').text('Error: ' + err);
              });
        }
    </script>
  </body>
</html>
```

启动该项目,运行结果如图 10-7 所示。

图 10-7 index.html 页面的运行效果

在上述代码中使用了 getJSON 方法发送 AJAX 请求,并返回 JSON 格式的数据;使用 done 方法指定匿名回调函数,当 AJAX 请求成功返回时,根据返回的 JSON 数据来刷新页面。

在代码开始的位置注册了 $(document).ready 回调方法,该方法会在页面加载就绪时自动调用;在该方法中发送了第 1 个 AJAX 请求,URL 为/api/products,以获取所有商品的列表,返回结果是一个 JSON 数组,如下:

```
[ {"Id":1,"Name":"Tomato Soup","Category":"Groceries","Price":1.0},
  {"Id":2,"Name":"Yo - yo","Category":"Toys","Price":3.75},
  {"Id":3,"Name":"Hammer","Category":"Hardware","Price":16.99} ]
```

当输入 ID 号 1 并单击 Search 按钮时调用 find 函数发送第 2 个 AJAX 请求,URL 为/api/products/1,返回一件产品信息的 JSON 字符串,如下:

```
{"Id":1,"Name":"Tomato Soup","Category":"Groceries","Price":1.0}
```

使用开发者工具跟踪程序的运行，如图 10-8 所示。可以看到当请求 index.html 页面时系统连续发送了 3 次 HTTP 请求：第 1 次请求该页面本身；因为该页面中引用了 jQuery 库，所以第 2 次请求下载相应的 JS 文件；当页面加载就绪时，自动触发了 ready 回调函数，请求获取商品列表的 Web Service。单击第 3 个请求(products)，在右侧窗格中可以查看该请求处理的详情。

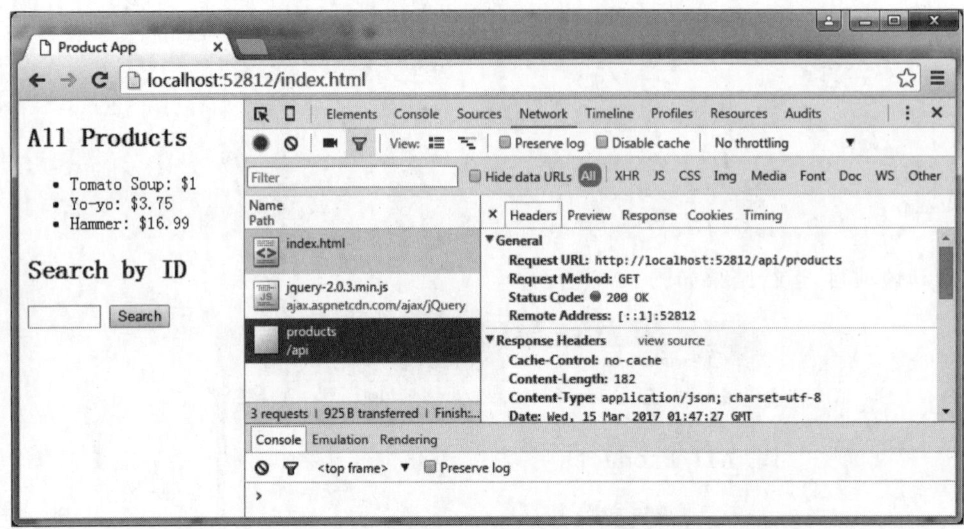

图 10-8　跟踪 index.html 页面的请求

在页面的文本框中输入 ID 号 1，单击 Search 按钮，在开发者工具窗口中可以跟踪到该请求，如图 10-9 所示。单击查看详情，从右侧的 Response 窗格中可以看到返回的 JSON 数据。

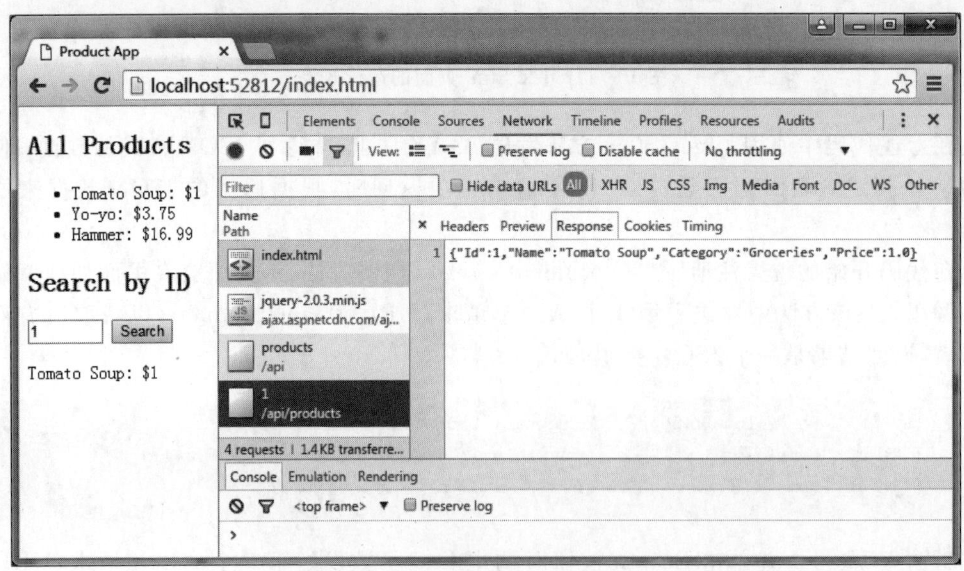

图 10-9　跟踪获取单个商品信息的请求

注意观察 Header 标签下的内容，Response Header 下的 Content-Type 类型变成了 application/json，这是因为在客户端调用了 getJSON 方法发送 AJAX 请求，于是浏览器将请求头中的 Accept 项设定为 application/json，告诉服务器需要接收 JSON 类型的数据，所以服务器端会自动将返回的数据组装成 JSON 格式的字符串。

10.2.2 Web API 中的路由

在 ASP. NET Web API 中使用控制器类处理请求，控制器中定义的公共方法被称为 action 方法，或简称为 action。当 Web API 框架收到一个请求时会选择合适的 action 来处理请求，这项工作被称为"路由"。至于实现路由选择，这就要用到"路由表"。

选择 App_Start 文件夹，双击打开其中的 WebApiConfig. cs 文件，可以看到系统预先定义的路由表：

```
config.Routes.MapHttpRoute(
    name: "DefaultApi",
    routeTemplate: "api/{controller}/{id}",
    defaults: new { id = RouteParameter.Optional }
);
```

这段代码在路由表中配置了一个名为 DefaultApi 的路由项，对应的 URL 模板如下：

```
"api/{controller}/{id}"
```

其中 api 为路由前缀，{controller}和{id}都是占位符，在 defaults 属性中将 id 占位符定义为可选项。之所以要使用 api 路由前缀，主要是为了与 MVC 路由相区分。例如，在同一个项目中使用/contacts 路径引导到 MVC 控制器，而用/api/contacts 路径引导到 Web API 控制器，这样就可以在一个项目中组合使用多项技术而不会产生冲突。

当 Web API 框架接收到一个 HTTP 请求时，它会尝试使用路由表中的各个模板去匹配该请求的 URL；如果没有一个路由项能匹配上，就会返回一个"404"错误页面；一旦找到一个匹配项，框架就会选择对应的控制器和 action 方法来处理请求。

为了简化控制器和 action 的选择，Web API 框架中使用了一些约定。

(1) 为匹配合适的控制器，框架会在{controller}值的后面添加 Controller 字符串来构造类名。例如根据 api/products 路径，控制器的类名应为 ProductsController。

(2) 为匹配合适的 action 方法，Web API 会首先确定该 HTTP 请求方式(GET、POST、PUT、DELETE)，然后查找以该请求方式作为名称前缀的 action。例如收到一个 GET 请求时，框架会查找控制器中形如"Get *** "的方法，如 GetProduct 和 GetAllProducts 等形式的 action 方法。

(3) 在路由模板中的其他占位符变量(例如{id})都会被映射为 action 方法的参数。

假如定义了以下控制器：

```
public class ProductsController : ApiController {
    public void GetAllProducts() { }
```

```
    public IEnumerable<Product> GetProductById(int id) { }
    public HttpResponseMessage DeleteProduct(int id){ }
}
```

表 10-2 列出了一些可能的请求及其映射方式。

表 10-2　可能的请求及其映射的方式

请求方式	URI 路径	action 方法	参　数
GET	api/products	GetAllProducts	无
GET	api/products/4	GetProductById	4
DELETE	api/products/4	DeleteProduct	4
POST	api/products	无法匹配	

以上列出了一些基本的路由机制，主要利用了一些命名约定。实际的 Web 应用比较复杂，还需要一些额外的路由方法。

(1) 可以使用注解来明确指定一个 action 可以处理什么样的 HTTP 请求，例如：

```
public class ProductsController : ApiController {
    [HttpGet]
    public Product FindProduct(id) {}
}
```

用户还可以使用 AcceptVerbs 注解为一个 action 指定多种请求方式，例如：

```
public class ProductsController : ApiController {
    [AcceptVerbs("GET", "HEAD")]
    public Product FindProduct(id) {}
}
```

(2) 为了精确映射 action，可以将 action 名称也包含在路由表中，请看以下路由定义：

```
routes.MapHttpRoute(
    name: "ActionApi",
    routeTemplate: "api/{controller}/{action}/{id}",
    defaults: new { id = RouteParameter.Optional }
);
```

该模板中包含了{action}变量，可以直接映射到控制器中的 action 方法，但通常要在 action 方法中使用注解来指明其请求方式。例如：

```
public class ProductsController : ApiController {
    [HttpGet]
    public string Details(int id);
}
```

如果收到一个 URI 为"api/products/details/1"的 GET 请求，则会映射到该控制器中的 Details 方法进行处理。

用户还可以使用 ActionName 注解为 action 方法指定别名，例如：

```
public class ProductsController : ApiController {
    [HttpGet]
    [ActionName("Thumbnail")]
    public HttpResponseMessage GetThumbnailImage(int id);

    [HttpPost]
    [ActionName("Thumbnail")]
    public void AddThumbnailImage(int id);
}
```

当请求 URI 形如"api/products/thumbnail/id"时，GET 请求将被映射到第 1 个方法，而 POST 请求将被映射到第 2 个方法。

若不允许控制器中的某个方法被映射为 action，可以使用 NonAction 注解，例如：

```
[NonAction]
public string GetPrivateData() { ... }
```

这样即使某个请求的 URI 能够匹配到该方法，Web API 框架也不会调用该方法。

10.2.3 Web API 中的返回值

从例 10-3 可以看出，当向 Web API 请求数据时，服务器端会根据客户端请求的方式不同返回不同格式的数据。那么，Web API 是如何将控制器中各方法的返回值转化为不同格式的 HTTP 响应消息的呢？下面进行简单剖析。

控制器的 action 方法可以返回 4 种类型的数据，即 void 类型、IHttpActionResult 类型、HttpResponseMessage 类型以及其他类型。

(1) 若返回 void 类型数据，Web API 框架会创建一个空的响应消息，其状态码为 204，表示没有页面内容。

(2) 若返回 HttpResponseMessage 类型的数据，则 Web API 框架会直接调用该对象的相关属性来生成 HTTP 响应，这种方式的优点是可以通过 HttpResponseMessage 对象对响应消息施加很多控制，详情请读者查阅 MSDN 文档。

若在创建 HttpResponseMessage 对象时向其传入一个领域对象，Web API 框架会使用一个 Media Formatter 对象对领域对象进行序列化，并将序列化的结果插入到响应消息中，请看以下示例：

```
public HttpResponseMessage GetAllProducts() {
    IEnumerable<Product> products = GetProductsFromDB();
    // 将列表内容写入响应体中
    HttpResponseMessage response =
                Request.CreateResponse(HttpStatusCode.OK, products );
    return response;
}
```

这里调用 Request 对象的 CreateResponse 方法创建一个 HttpResponseMessage 对象，该方法的第 1 个参数为响应状态码，第 2 个参数为 Product 的集合。于是 Web API 框架会根据请求消息中的 Accept 头来选择一个合适的 Formatter，将对象集合序列化为指定格式的数据发送给客户端。Web API 框架内置有支持 XML、JSON 等数据格式的 Formatter，可以自动将服务器端的对象序列化为 XML 格式或 JSON 格式的数据，若想转化成其他格式的数据，需要自定义 Formatter，详情请读者参阅微软技术文档。

(3) 若返回 IHttpActionResult 类型的数据，系统则会自动调用 IHttpActionResult 接口中定义的 ExecuteAsync 方法来创建 HttpResponseMessage 实例，然后根据该实例生成响应消息。

在 System. Web. Http. Results 命名空间中定义了多个 IHttpActionResult 的实现类，所以在控制器的 action 方法中，可以使用 ApiController 定义的帮助方法自动生成相应的 IHttpActionResult 对象来返回数据。例如在例 10-3 中有以下代码：

```
public IHttpActionResult GetProduct(int id) {
    var product = products.FirstOrDefault((p) => p.Id == id);
    if (product == null) {
        return NotFound();
    }
    return Ok(product);
}
```

首先在 products 集合中检索指定的 product；若未找到，则调用 ApiController 中定义的 NotFound 方法帮助生成一个“404 NOT FOUND”响应页面；若找到，则调用 Ok 方法帮助创建一个成功的响应页面，并将 product 数据包装进去。

(4) 若返回其他类型的数据，Web API 框架会自动选择一个合适的 media formatter 来序列化数据，并创建一个状态码为 200(成功)的响应，将序列化后的数据包装进去。请看例 10-3 中的以下代码：

```
public IEnumerable<Product> GetAllProducts() {
    return products;
}
```

这个 action 方法返回领域对象的集合，Web API 框架需要选择合适的 Formatter 来序列化数据。当请求“/api/products”时，系统自动选择默认的 XmlMediaTypeFormatter 进行处理，所以客户端收到的是 XML 格式的数据；而在调用 getJSON 方法发送请求时服务器端会选择“JsonMediaTypeFormatter”进行处理，所以返回的是 JSON 格式的数据。

10.3 单页应用程序示例

单页应用程序(Single-page application，SPA)是一种新的 Web 应用开发模式，近些年获得了快速发展。传统的 Web 应用由很多个页面构成，当请求某个页面时通常要在服务器端生成完整的页面并下载到客户端，这种方式服务器端的负荷较重，且传输的数据量大。

SPA 充分利用了 Web API 与 AJAX 技术，它在应用启动时加载一个页面，以后将不再重新加载整个页面，而是仅仅刷新页面的部分内容。在 SPA 应用中所有的请求都在客户端以 AJAX 方式发出，请求的目标不再是 Web 页面，而是 Web API；服务器端也不再返回 HTML 页面，而是 JSON 或 XML 数据，客户端再使用某个编程框架解析数据并刷新局部页面。

可以看出 SPA 方式有利于构建松耦合的系统，有利于减轻服务器端的负荷，也有利于减少客户端与服务器间传输的数据量。目前大量的移动应用就是基于 SPA 方式开发的。下面以一个单页应用的实例来说明如何综合使用 Web API、AJAX 等技术来实现松耦合的应用开发。

例 10-4 创建一个书籍管理的单页应用程序，如图 10-10 所示，能够实现列表显示、详情显示以及添加书籍等基本功能。

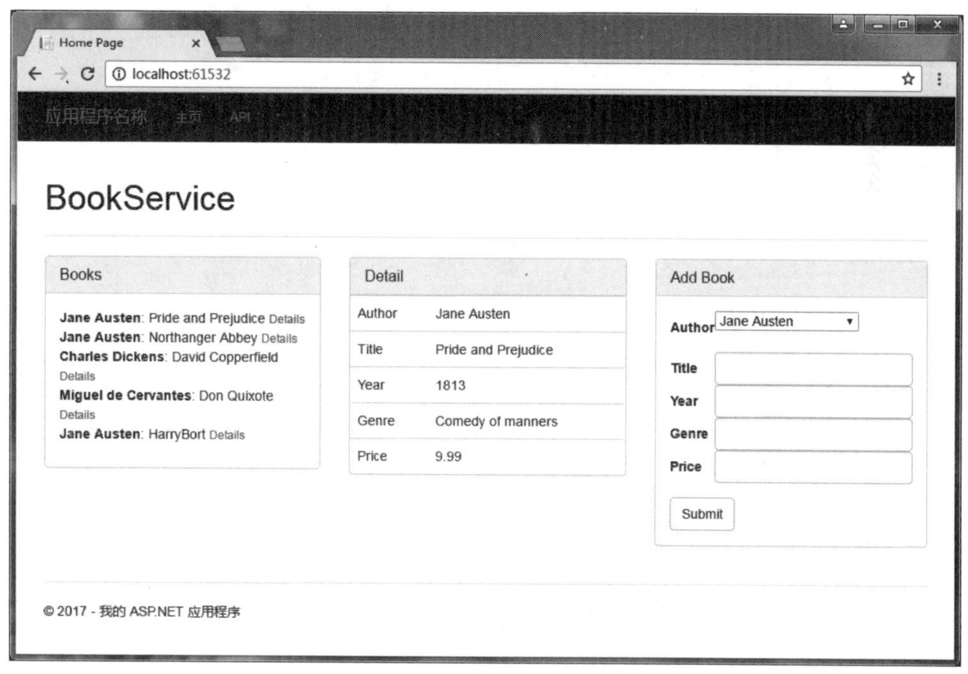

图 10-10 书籍管理程序的运行效果

(1) 创建 Web 项目：新建 ASP.NET Web Application 项目，取名为 BookService，并选择 Web API 模板。

(2) 创建模型：本例中需要创建两个模型类，即 Book 和 Author，分别代表书籍和作者。

在解决方案资源管理器中右击 Models 文件夹，选择“添加”→“类”，然后输入类名“Author.cs”并确定，在打开的编辑窗口中使用以下代码替换原来的代码：

```
using System.ComponentModel.DataAnnotations;
namespace BookService.Models {
    public class Author {
        public int Id { get; set; }
```

```
            [Required]
            public string Name { get; set; }
        }
}
```

用同样的方式创建 Book 类，代码如下：

```
using System.ComponentModel.DataAnnotations;
namespace BookService.Models {
    public class Book{
        public int Id { get; set; }
        [Required]
        public string Title { get; set; }
        public int Year { get; set; }
        public decimal Price { get; set; }
        public string Genre { get; set; }
        // 外键约束
        public int AuthorId { get; set; }
        // 导航属性
        public Author Author { get; set; }
    }
}
```

在两个模型类建好后构建整个工程，以便编译新加入的两个模型类。

(3) 创建控制器：在解决方案资源管理器中打开 Controllers 文件夹，可以看到 Visual Studio 自动为用户创建的两个控制器——HomeController 和 ValuesController，首先删除 ValuesController 控制器。

右击 Controllers 文件夹，选择"添加"→"控制器"命令，在添加基架对话框中选择"包含操作的 Web API 2 控制器(使用 Entiry Framework)"，并单击"添加"按钮；在随后弹出的"添加控制器"对话框中选择 Author 模型类，单击"数据上下文类"后面的"+"图标以添加新的 Context 类，并保持类名 BookServiceContext 不变，选中"使用异步控制器操作"复选框，如图 10-11 所示。

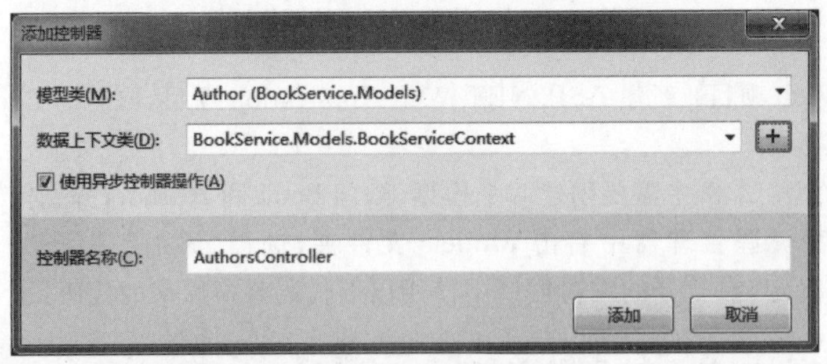

图 10-11　创建 AuthorsController 控制器

单击"添加"按钮，系统将创建 Web API 控制器 AuthorsController. cs，并同时创建数据库上下文类 BookServiceContext. cs；重新构建系统以便编译这两个类。

以相同的方式为 Book 模型类创建控制器，注意在“数据上下文类”下拉列表框中直接选择已创建好的 BookServiceContext 类。

(4) 使用代码优先的迁移工具生成数据库：为演示方便，这里将根据定义好的 Author 和 Book 模型类自动生成数据库，并使用迁移工具向库中添加初始数据。

在 Visual Studio 中选择“工具”→“Nuget 包管理器”→“程序包管理器控制台”，在“PM>”提示符后输入以下命令并回车执行：

```
Enable - Migrations
```

该命令将在工程中建立一个名为 Migrations 的文件夹，并自动生成 Configuration. cs 文件，该文件中包含名为 Seed 的方法，用于实现数据迁移。这里用一段代码替换 Seed 方法：

```
protected override void Seed(BookService.Models.BookServiceContext context) {
    context.Authors.AddOrUpdate(x => x.Id,
        new Author() { Id = 1, Name = "Jane Austen" },
        new Author() { Id = 2, Name = "Charles Dickens" },
        new Author() { Id = 3, Name = "Miguel de Cervantes" }
        );
    context.Books.AddOrUpdate(x => x.Id,
        new Book() { Id = 1, Title = "Pride and Prejudice", Year = 1813, AuthorId = 1,
            Price = 9.99M, Genre = "Comedy of manners" },
        new Book() { Id = 2, Title = "Northanger Abbey", Year = 1817, AuthorId = 1,
            Price = 12.95M, Genre = "Gothic parody" },
        new Book() { Id = 3, Title = "David Copperfield", Year = 1850, AuthorId = 2,
            Price = 15, Genre = "Bildungsroman" },
        new Book() { Id = 4, Title = "Don Quixote", Year = 1617, AuthorId = 3,
            Price = 8.95M, Genre = "Picaresque" }
        );
}
```

可以看出，Seed 方法中借助 Context 类向 Authors 表和 Books 表添加了几条测试数据。注意这里使用了两个模型类，需要在 Configuration 类的起始位置加入“using Models;”命令。

在程序包管理器控制台中执行以下两条命令：

```
Add - Migration Initial
Update - Database
```

第 1 条命令将生成建库的代码，第 2 条命令将执行该代码。至此测试数据库建立完成，用户可以在服务器资源管理器中创建数据库连接，并查询初始数据，如图 10-12 所示。

(5) 定义数据传递对象(Data Transfer Objects，DTO)：直接使用模型对象在各层之间传递数据存在许多弊端，一般专门定义 DTO 类来传递数据。这种方法具有以下优势：

- 隐藏不允许在客户端显示的数据项；
- 减少传递的数据量；

图 10-12　使用服务器资源管理器连接到数据库

- 重新组织数据以方便使用；
- 解耦服务层与数据层之间的关系；
- 解决模型类之间的“循环关联”问题。

在解决方案资源管理器中右击 BookService 项目，选择“添加”→“新建文件夹”命令，并修改文件夹的名称为 Dto。然后在 Dto 文件夹中添加以下两个类：

```
namespace BookService.Dto {
    public class BookDTO {
        public int Id { get; set; }
        public string Title { get; set; }
        public string AuthorName { get; set; }
    }
}
namespace BookService.Dto {
    public class BookDetailDTO {
        public int Id { get; set; }
        public string Title { get; set; }
        public int Year { get; set; }
        public decimal Price { get; set; }
        public string AuthorName { get; set; }
        public string Genre { get; set; }
    }
}
```

可以看出，BookDetailDTO 中包含了书籍的详细信息，主要用于书籍详情显示页面；而 BookDTO 中只包含了书籍的概要信息，主要用于书籍列表显示页面。下一步将改造 Book 控制器中的相关方法，以使用 DTO 传递数据。

(6) 使用 DTO 传递数据：打开 BooksController 控制器，使用以下代码替换原有的两个 get 方法。

```
// GET api/Books
public IQueryable<BookDTO> GetBooks() {
```

```
        var books = from b in db.Books
            select new BookDTO() { Id = b.Id, Title = b.Title, AuthorName = b.Author.Name };
        return books;
    }
    // GET api/Books/5
    [ResponseType(typeof(BookDetailDTO))]
    public async Task<IHttpActionResult> GetBook(int id) {
        var book = await db.Books.Include(b => b.Author).Select(b =>
            new BookDetailDTO() {
                Id = b.Id, Title = b.Title, Year = b.Year, Price = b.Price,
                AuthorName = b.Author.Name, Genre = b.Genre
            }).SingleOrDefaultAsync(b => b.Id == id);
        if (book == null) { return NotFound(); }
        return Ok(book);
    }
```

第 1 个 get 方法使用 LINQ 语法从 DBContext 中获取书籍列表，并实现从实体类到 DTO 的转换；第 2 个 get 方法在 Books 数据集上调用 Include 方法关联到 Author 实体，实现关联数据（AuthorName）的提前加载，并在此基础上将实体数据转换为 DTO。

最后注意观察 PostBook 方法，其原先的返回值为 Book 类型，也需要修改为 DTO 类型，代码如下：

```
    [ResponseType(typeof(BookDTO))]
    public async Task<IHttpActionResult> PostBook(Book book) {
        if (!ModelState.IsValid) { return BadRequest(ModelState); }
        db.Books.Add(book);
        await db.SaveChangesAsync();
        db.Entry(book).Reference(x => x.Author).Load();
        var dto = new BookDTO()
            { Id = book.Id, Title = book.Title, AuthorName = book.Author.Name };
        return CreatedAtRoute("DefaultApi", new { id = book.Id }, dto);
    }
```

(7) 创建客户端代码框架：本例的客户端包含 3 项主要功能，即显示所有书籍的列表、显示选定书籍的详情，以及添加一本书籍的信息。为简化客户端编程，本例使用了 Knockout 框架。

在包管理器控制台窗口中输入以下命令以安装 Knockout 框架。

```
Install-Package knockoutjs
```

Knockout 框架采用了 MVVM（Model-View-ViewModel）的设计模式，如图 10-13 所示：客户端使用 AJAX 技术请求 Web API，服务器端返回 JSON 格式的数据，以该数据作为 Model；ViewModel 作为 UI 的抽象层，包含了 Model 中要展示出来的数据，并将 Model 与 View 隔离开来；View 作为最终的展示界面，将 UI 组件与 ViewModel 中的属性进行绑定。下面根据 MVVM 模式来创建客户层的代码框架。

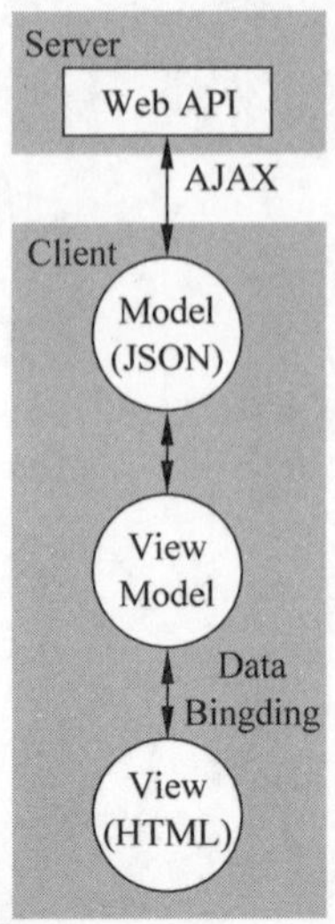

图 10-13　Knockout 框架采用的 MVVM 设计模式

在解决方案资源管理器中右击 Scripts 文件夹，选择"添加"→"JavaScript 文件"命令，在弹出的对话框中输入名称"App"并单击"确定"按钮，系统将创建 App.js 文件。

将以下代码粘贴到 App.js 中。

```
var ViewModel = function () {
    var self = this;
    self.books = ko.observableArray();
    self.error = ko.observable();
    var booksUri = '/api/books/';
    function ajaxHelper(uri, method, data) {
        self.error(''); // 清除错误信息
        return $.ajax({
            type: method,
            url: uri,
            dataType: 'json',
            contentType: 'application/json',
            data: data ? JSON.stringify(data) : null
        }).fail(function (jqXHR, textStatus, errorThrown) {
            self.error(errorThrown);
        });
    }
    function getAllBooks() {
        ajaxHelper(booksUri, 'GET').done(function (data) {
            self.books(data);
        });
    }
    // 获取初始数据
    getAllBooks();
};
ko.applyBindings(new ViewModel());
```

在 ViewModel 中定义了 error 属性及 books 属性，前者的类型为 observable，代表可以进行数据绑定的单值数据，当绑定到某个 UI 控件时，一旦该属性值改变会通知绑定到它的 UI 控件以更新其状态；后者的类型为 observableArray，即可进行数据绑定的数组，这种属性通常绑定到类似“< ul >”等列表控件上。

在本例中，books 属性包含书籍列表信息，在视图模型加载时自动调用 getAllBooks 函数，通过 AJAX 请求获取到所有书籍的信息（返回值存放在 data 中），并将其包装到 books 属性中。

在代码的最后调用 applyBindings 方法实现视图模型到 UI 控件的数据绑定。

为方便客户端加载 App. js 脚本及 Knockout 框架脚本，可以将这些资源打包成一个 Bundle 文件，这样可以加快资源的下载速度。在解决方案资源管理器中打开 App_Start 文件夹，然后打开 BundleConfig. cs 文件，向 RegisterBundles 方法中添加以下代码：

```
bundles.Add(new ScriptBundle("~/bundles/app").Include(
                        "~/Scripts/knockout-{version}.js",
                        "~/Scripts/app.js"));
```

至此建立了基本的客户端代码框架。

(8) 建立客户端界面：单页应用只需要一个视图文件，这里使用默认的起始文件，即 Views→Home 文件夹中的 Index. cshtml。打开该文件，并用以下代码替换原有内容：

```
@section scripts {      @Scripts.Render("~/bundles/app")  }
<div class="page-header"><h1>BookService</h1></div>
<div class="row">
  <div class="col-md-4">
    <div class="panel panel-default">
      <div class="panel-heading"><h2 class="panel-title">Books</h2></div>
      <div class="panel-body">
        <ul class="list-unstyled" data-bind="foreach: books">
          <li>
            <strong><span data-bind="text: AuthorName"></span></strong> :
            <span data-bind="text: Title"></span>
            <small><a href="#">Details</a></small>
          </li>
        </ul>
      </div>
    </div>
    <div class="alert alert-danger" data-bind="visible: error">
        <p data-bind="text: error"></p>
    </div>
  </div>
  <div class="col-md-4">
      <!-- TODO: Book details -->
  </div>
  <div class="col-md-4">
      <!-- TODO: Add new book -->
  </div>
</div>
```

这是一个典型的 BootStrap 布局页面，由 3 个 class＝"col-md-4"的 div 标签构成一行栅格。第 1 个 div 用来显示书籍列表，第 2 个 div 用来显示一本书的详情，第 3 个 div 用来显示添加书籍的界面。

Knockout 框架使用 data-bind 属性设置视图模型与 UI 控件之间的绑定关系，见代码中加粗的部分。

对于视图模型中的 books 属性，使用了以下绑定方法：

```
<ul class = "list - unstyled" data - bind = "foreach: books">
```

可以看出，将 books 属性绑定到了< ul >标签上，而 foreach 限定对所有的 book 进行迭代，将每本书绑定到一个< li >标签上。

对于每一本书，将其标题和作者分别绑定到一个< span >标签上，代码如下：

```
< span data - bind = "text: Title"></span >
< span data - bind = "text: AuthorName"></span >
```

如果 AJAX 请求出现错误，错误信息将被保存在 error 属性中，这里使用了一个< div >来显示错误信息，请注意这里的绑定方法：

```
< div class = "alert alert - danger" data - bind = "visible: error">
    < p data - bind = "text: error"></p >
</div >
```

首先使用了 data-bind＝"visible：error"将 error 属性绑定到< div >标签的 visible 属性上，这样当 error 为空时该< div >不会显示出来，只有当 error 不为空时才将其绑定到< p >标签的 text 属性上显示出来。

运行该程序，界面如图 10-14 所示。

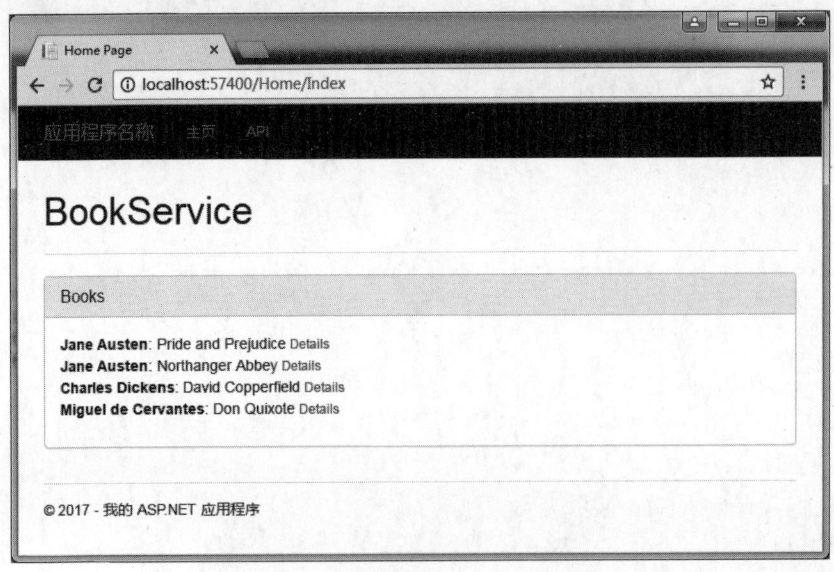

图 10-14　显示书籍列表的程序界面

(9) 实现书籍详情显示：首先需要在 App.js 中添加以下脚本代码获取书籍的详情数据。

```
self.detail = ko.observable();
self.getBookDetail = function (item) {
    ajaxHelper(booksUri + item.Id, 'GET').done(function (data) {
        self.detail(data);
    });
}
```

这里定义了 detail 属性，并调用 AJAX 请求根据 ID 获取书籍详情，最后将详情信息绑定到 detail 属性上以备 UI 标签绑定使用。

然后更改书籍列表中的 Details 超链接，以便触发 getBookDetail 函数。将原来的< a >标签修改为以下代码：

```
<a href = "#" data - bind = "click: $ parent.getBookDetail"> Details </a>
```

这里使用 data-bind 将< a >标签的 click 事件与页面脚本中的 getBookDetail 函数绑定起来。

最后将布局栅格中的第 2 个< div >内容替换成以下代码：

```
<! -- ko if:detail() -->
<div class = "col - md - 4">
  <div class = "panel panel - default">
    <div class = "panel - heading"> <h2 class = "panel - title"> Detail </h2> </div>
    <table class = "table">
      <tr><td> Author </td><td data - bind = "text: detail().AuthorName"></td></tr>
      <tr><td> Title </td><td data - bind = "text: detail().Title"></td></tr>
      <tr><td> Year </td><td data - bind = "text: detail().Year"></td></tr>
      <tr><td> Genre </td><td data - bind = "text: detail().Genre"></td></tr>
      <tr><td> Price </td><td data - bind = "text: detail().Price"></td></tr>
    </table>
  </div>
</div>
<! -- /ko -->
```

这段代码定义了一个表格，并将 detail 属性的各个数据项绑定到< td >标签的 text 属性上。

注意代码中的"<! -- ko if:detail() -->"部分，它的作用类似于 C 语言中的条件编译，即当 detail 属性的值不为空时这段内容才会在页面上显示出来。所以在用户单击某个 Detail 链接之前详情标签不会显示出来。

重新运行该程序，并单击某书籍后面的 Details 超链接，结果如图 10-15 所示。

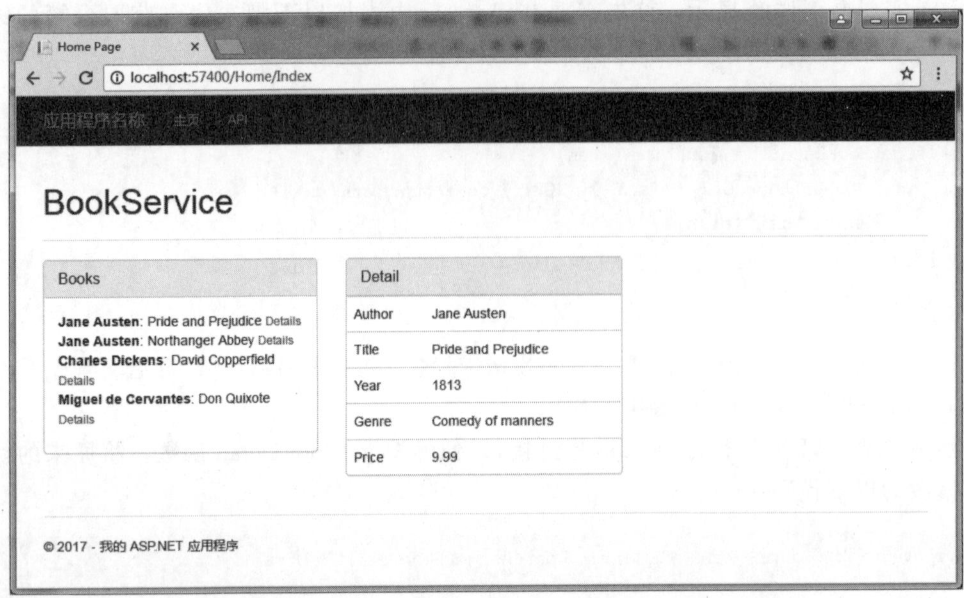

图 10-15　显示书籍列表及所选书籍详情信息的页面

(10) 实现添加书籍的功能：首先考虑视图模型，在 App.js 中添加以下代码。

```
self.authors = ko.observableArray();
self.newBook = {
    Author: ko.observable(),
    Genre: ko.observable(),
    Price: ko.observable(),
    Title: ko.observable(),
    Year: ko.observable()
}
var authorsUri = '/api/authors/';
function getAuthors() {
    ajaxHelper(authorsUri, 'GET').done(function (data) {
        self.authors(data);
    });
}
self.addBook = function (formElement) {
    var book = {
        AuthorId: self.newBook.Author().Id,
        Genre: self.newBook.Genre(),
        Price: self.newBook.Price(),
        Title: self.newBook.Title(),
        Year: self.newBook.Year()
    };
    ajaxHelper(booksUri, 'POST', book).done(function (item) {
        self.books.push(item);
    });
}
getAuthors();
```

第 1 行定义了 authors 属性，用于保存作者的列表，该属性将绑定到作者下拉列表框。第 2 行定义了 newBook 属性，该属性又包含 5 个数据项，用户在表单中输入的数据将被绑定到各个数据项上。

在该段代码中还定义了两个函数，getAuthors 函数用于获取所有作者的列表到 authors 属性，在页面初始化时会自动调用该函数；addBook 为事件函数，处理用户提交的添加书籍请求，Knockout 框架会从请求中获取表单数据填充给 newBook 属性，组装成 book 对象，并通过 AJAX 请求发送给服务器端；当书籍添加成功后，为了更新客户端的书籍列表显示标签，会将服务器端返回的数据压入 books 属性，这样属性的变更会导致客户端重新绑定，从而刷新页面显示。

其次在 Index. cshtml 中构造添加书籍的标签，代码如下：

```
<div class = "col - md - 4">
  <div class = "panel panel - default">
    <div class = "panel - heading"> <h2 class = "panel - title"> Add Book </h2 > </div >
    <div class = "panel - body">
      <form class = "form - horizontal" data - bind = "submit: addBook">
        <div class = "form - group">
          <label for = "inputAuthor" class = "col - sm - 2 control - label"> Author </label >
          <div class = "col - sm - 10">
            <select data - bind = "options:authors, optionsText: 'Name',
                  value: newBook. Author"> </select >
          </div >
        </div >
        <div class = "form - group" data - bind = "with: newBook">
          <label for = "inputTitle" class = "col - sm - 2 control - label"> Title </label >
          <div class = "col - sm - 10">
            <input type = "text" class = "form - control" id = "inputTitle"
                  data - bind = "value:Title" />
          </div >
          <label for = "inputYear" class = "col - sm - 2 control - label"> Year </label >
          <div class = "col - sm - 10">
            <input type = "number" class = "form - control" id = "inputYear"
                 data - bind = "value:Year" />
          </div >
          <label for = "inputGenre" class = "col - sm - 2 control - label"> Genre </label >
          <div class = "col - sm - 10">
            <input type = "text" class = "form - control" id = "inputGenre"
                 data - bind = "value:Genre" />
          </div >
          <label for = "inputPrice" class = "col - sm - 2 control - label"> Price </label >
          <div class = "col - sm - 10">
            <input type = "number" step = "any" class = "form - control" id = "inputPrice"
                  data - bind = "value:Price" />
          </div >
        </div >
        <button type = "submit" class = "btn btn - default"> Submit </button >
      </form >
```

```
            </div>
        </div>
    </div>
```

注意代码中的加粗部分，简单说明如下：

- 在< form >标签上使用了 data-bind="submit：addBook"的绑定形式将表单的提交事件绑定到了视图模型中的 addBook 方法上。
- 在< select >标签绑定上使用 options：authors 将各个选项绑定到作者列表，使用 optionsText：'Name'将列表项的显示文本设置为作者的姓名，而使用 value：newBook. Author 将列表项的提交值设置为作者的 ID。
- 在第 3 个粗体代码中使用 data-bind="with：newBook"指定要对 newBook 对象的各个属性进行遍历。
- 在第 4 个粗体代码中使用 data-bind="value：Title"将 newBook 对象的 Title 属性绑定到 UI 控件的 value 属性上。

再次运行该项目，完整的界面如图 10-16 所示。

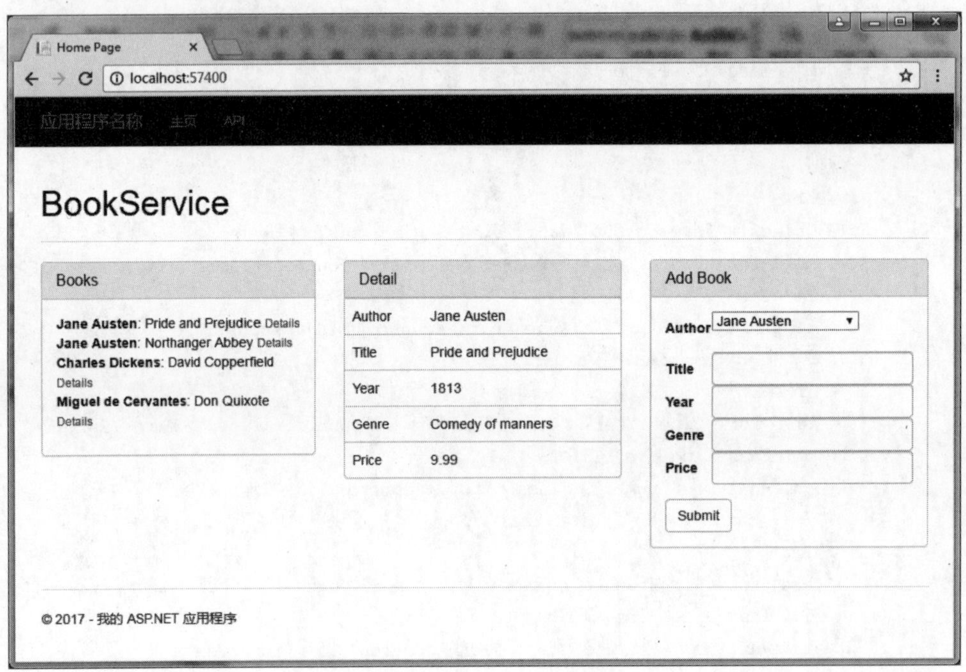

图 10-16　完整的书籍管理应用界面

在该例中综合使用了实体框架、Web API、AJAX 等技术，构建了一个完整的单页应用程序，并在客户端开发中使用了 jQuery、BootStrap 和 Knockout 框架，大幅度提高了编码效率，降低了开发难度。

前面提到的几项技术和框架都在相关章节中做过介绍。关于 Knockout 框架的使用，请参阅“http://knockoutjs.com/”。事实上，做客户端编程还有很多优秀的框架可以选择，例如 Angular 框架(https://angularjs.org/)等，请大家自行查阅资料深入学习。

10.4　习题和上机练习

简答题

(1) AJAX应用和传统Web应用相比主要有哪些不同?

(2) 在AJAX体系结构中XMLHttpRequest对象的作用是什么? 在IE和Firefox中分别如何创建该对象?

(3) 试简要介绍XMLHttpRequest对象的常用方法和属性。

(4) 试总结AJAX的技术体系中主要包含了哪些核心技术?

图书资源支持

感谢您一直以来对清华版图书的支持和爱护。为了配合本书的使用，本书提供配套的资源，有需求的读者请扫描下方的“书圈”微信公众号二维码，在图书专区下载，也可以拨打电话或发送电子邮件咨询。

如果您在使用本书的过程中遇到了什么问题，或者有相关图书出版计划，也请您发邮件告诉我们，以便我们更好地为您服务。

我们的联系方式：

地　　址：北京海淀区双清路学研大厦 A 座 707

邮　　编：100084

电　　话：010－62770175－4604

资源下载：http://www.tup.com.cn

电子邮件：weijj@tup.tsinghua.edu.cn

QQ：883604（请写明您的单位和姓名）

资源下载、样书申请

书圈

用微信扫一扫右边的二维码，即可关注清华大学出版社公众号“书圈”。

质检5